“十三五”高等院校数字艺术精品课程规划教材

CorelDRAW X8 核心应用案例教程

全彩慕课版

徐春林 陈明怀 主编 / 陈爱霞 张红 陈肖 副主编

人民邮电出版社
北京

图书在版编目（CIP）数据

CorelDRAW X8核心应用案例教程 ：全彩慕课版 / 徐春林，陈明怀主编. -- 北京 ：人民邮电出版社，2021.4（2022.10重印）
“十三五”高等院校数字艺术精品课程规划教材
ISBN 978-7-115-55328-7

Ⅰ. ①C… Ⅱ. ①徐… ②陈… Ⅲ. ①图形软件－高等学校－教材 Ⅳ. ①TP391.413

中国版本图书馆CIP数据核字(2020)第225760号

内 容 提 要

本书全面系统地介绍了 CorelDRAW X8 的基本操作方法和矢量图形的制作技巧，包括初识 CorelDRAW X8、CorelDRAW 基础知识、常用工具和泊坞窗、基础绘图、高级绘图、版式编排、特效应用，以及商业案例实训等内容。

本书内容均以案例为主线，通过对各案例的实际操作，学生可以快速上手，熟悉软件功能和艺术设计思路。书中的软件功能解析部分使学生能够深入学习软件功能。课堂练习和课后习题可以拓展学生的实际应用能力，提高学生的软件使用技巧。商业案例实训可以帮助学生快速地掌握商业图形的设计理念和设计元素，以顺利达到实战水平。

本书既可作为高等院校、高职高专 CorelDRAW 相关课程的教材，也可供初学者自学参考。

◆ 主　　编　徐春林　陈明怀
副 主 编　陈爱霞　张　红　陈　肖
责任编辑　刘　佳
责任印制　王　郁　彭志环

◆ 人民邮电出版社出版发行　　北京市丰台区成寿寺路 11 号
邮编　100164　　电子邮件　315@ptpress.com.cn
网址　https://www.ptpress.com.cn
临西县阅读时光印刷有限公司印刷

◆ 开本：787×1092　1/16
印张：12.75　　2021 年 4 月第 1 版
字数：460 千字　　2022 年 10 月河北第 5 次印刷

定价：69.80 元

读者服务热线：(010)81055256　印装质量热线：(010)81055316
反盗版热线：(010)81055315
广告经营许可证：京东市监广登字 20170147 号

FOREWORD —— 前言

CorelDRAW 简介

CorelDRAW 是由 Corel 公司开发的矢量图形处理和编辑软件。它在插画设计、平面设计、排版设计、包装设计、界面设计、产品设计和服饰设计等领域都有广泛的应用，它功能强大、易学易用，深受图形图像处理爱好者和平面设计人员的喜爱，已成为这一领域最流行的软件之一。

如何使用本书

Step1　精选基础知识，快速上手 CorelDRAW X8

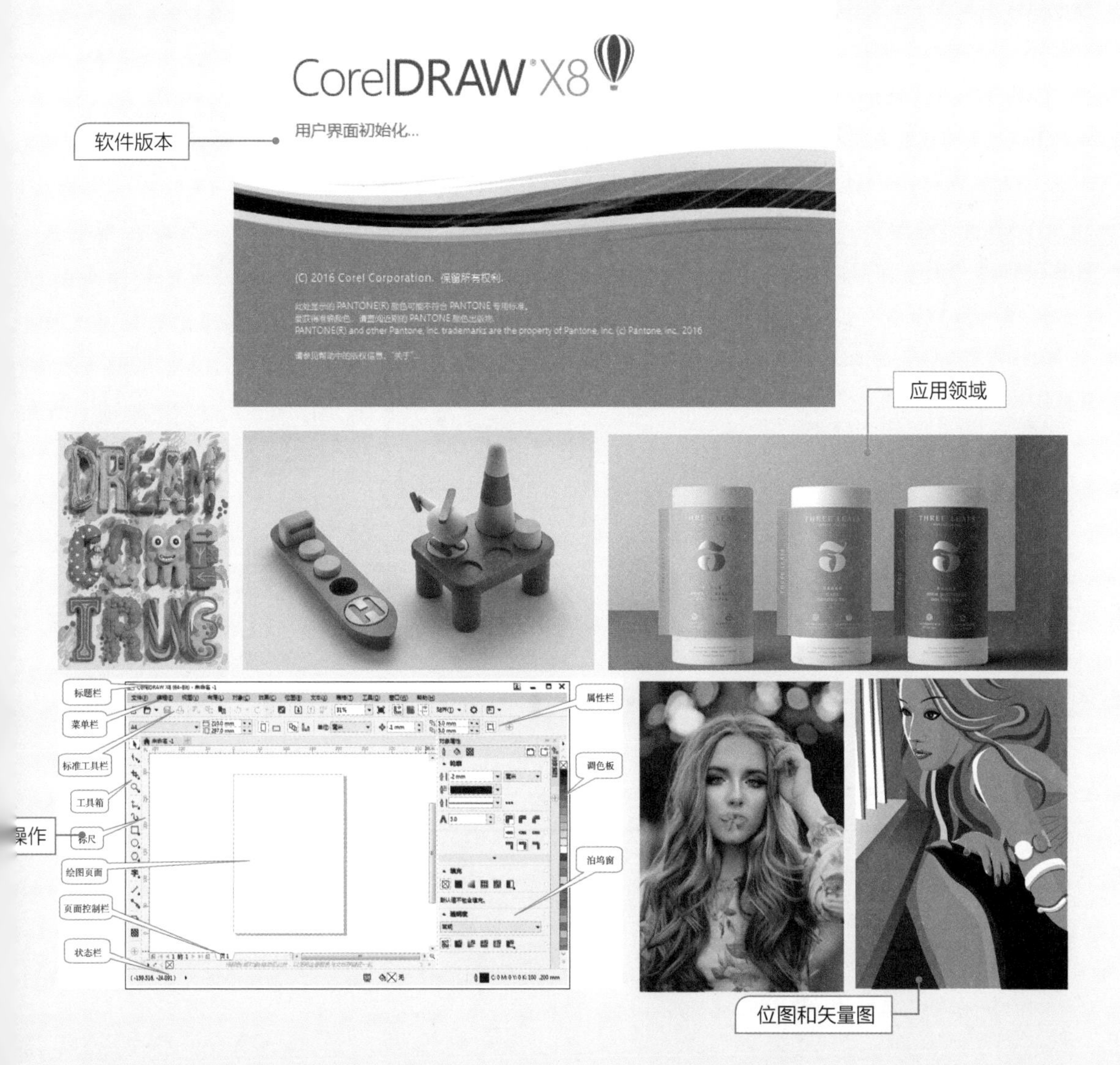

CorelDRAW

Step2 课堂案例 + 软件功能解析，边做边学软件功能，熟悉设计思路

4.1 绘制基本图形

基础绘图 + 高级绘图 + 版式编排 + 特效应用四大核心功能

使用 CorelDRAW 的基本绘图工具可以绘制简单的几何图形。通过本节的讲解和练习，读者可以初步掌握 CorelDRAW 基本绘图工具的特性，为今后绘制更复杂、更优质的图形打下坚实的基础。

4.1.1 课堂案例——绘制家电插画

了解学习目标和知识要点

【案例学习目标】 学会使用几何图形工具绘制家电插画。

【案例知识要点】 使用矩形工具、转角半径选项、2 点线工具、轮廓笔工具、多边形工具、椭圆形工具和 3 点椭圆形工具绘制微波炉；使用矩形工具、3 点矩形工具和形状工具绘制门框。家电插画效果如图 4-1 所示。

【效果所在位置】 云盘 /Ch04/ 效果 / 绘制家电插画 .cdr。

精选典型商业案例

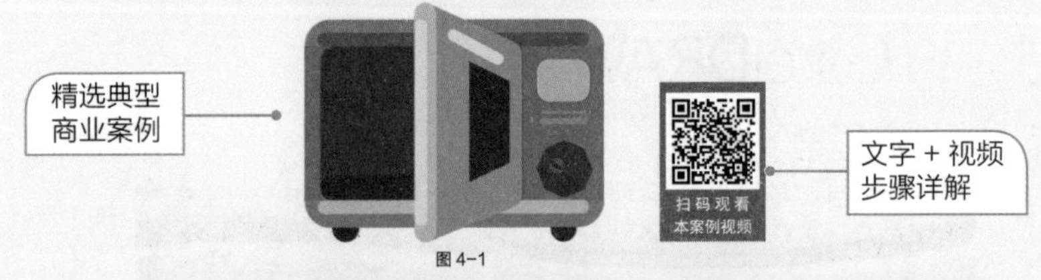

文字 + 视频步骤详解

图 4-1

（1）按 Ctrl+N 组合键，弹出“创建新文档”对话框。设置文档的宽度为 150 mm，高度为 100 mm，取向为横向，原色模式为 CMYK，渲染分辨率为 300 dpi。单击“确定”按钮，创建一个文档。

（2）选择“矩形”工具，在页面中绘制一个矩形，如图 4-2 所示。在属性栏中将“转角半径”选项均设为 9.0 mm，如图 4-3 所示。

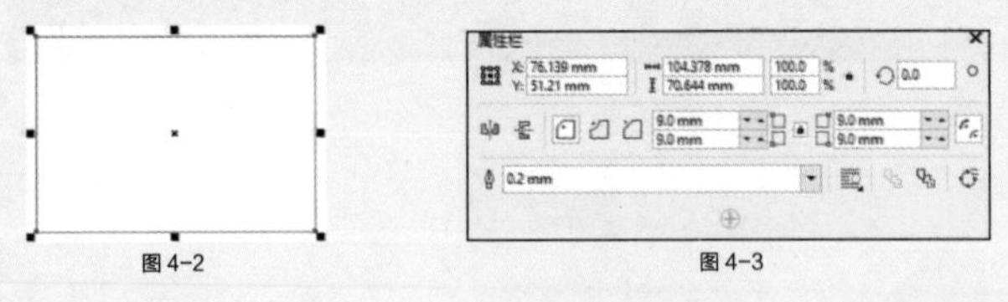

图 4-2　　图 4-3

完成案例后，深入学习软件功能和制作特色

4.1.2 2 点线工具

选择“2 点线”工具，在绘图页面中单击鼠标左键以确定直线的起点，鼠标光标变为十字形，拖曳光标到终点需要的位置，如图 4-48 所示。松开鼠标左键，一条直线绘制完成，如图 4-49 所示。

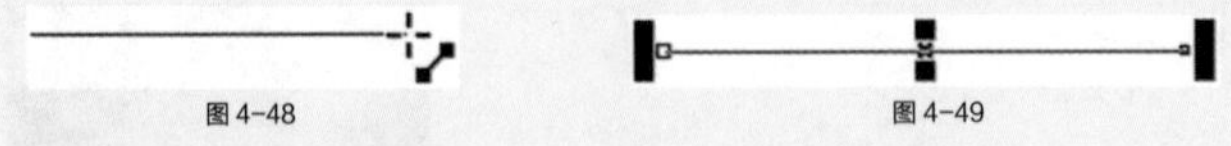

图 4-48　　图 4-49

选择“2 点线”工具，其属性栏如图 4-50 所示。

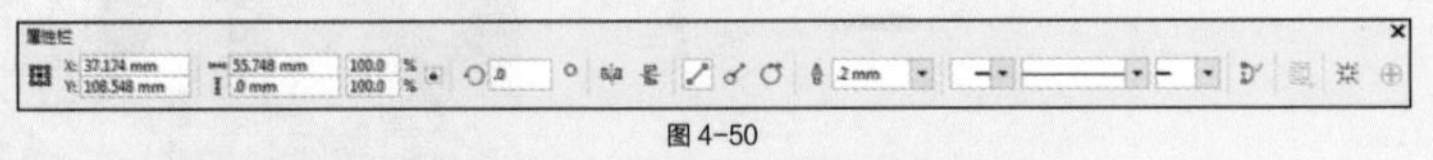

图 4-50

“2 点线工具”，用于绘制一条连接起点和终点的直线。

“垂直 2 点线”，用于绘制一条与现有的线条或对象垂直的 2 点线。

“相切的 2 点线”，用于绘制一条与现有的线条或对象相切的 2 点线。

FOREWORD 前言

Step3 课堂练习 + 课后习题，拓展应用能力

4.3 课堂练习——绘制收音机图标

【练习知识要点】使用矩形工具、椭圆形工具、3 点椭圆形工具、基本形状工具和变换泊坞窗绘制收音机图标。效果如图 4-236 所示。

【效果所在位置】云盘 /Ch04/ 效果 / 绘制收音机图标 .cdr。

图 4-236

4.4 课后习题——绘制抽象画

训练本章所学知识

【习题知识要点】使用矩形工具和倾斜工具绘制背景图形；使用椭圆形工具、矩形工具、基本形状工具和修整按钮绘制抽象画。效果如图 4-237 所示。

【效果所在位置】云盘 /Ch04/ 效果 / 绘制抽象画 .cdr。

图 4-237

Step4 综合实战，演练真实商业项目制作过程

CorelDRAW

配套资源

学习资源及获取方式：

- 所有案例的素材及最终效果文件的下载链接：www.ryjiaoyu.com。
- 全书慕课视频。登录人邮学院网站（www.rymooc.com）或扫描封面上的二维码，使用手机号码完成注册，在首页右上角单击“学习卡”选项，输入封底刮刮卡中的激活码，即可在线观看视频。扫描书中二维码，也可以使用手机观看视频。
- 扩展案例。扫描书中二维码，即可查看扩展案例操作步骤。

教学资源及获取方式：

- 全书 8 章 PPT 课件
- 教学大纲
- 教学教案

任课教师可登录人邮教育社区（www.ryjiaoyu.com），在本书页面中免费下载使用。

教学指导

本书的教学参考时长为 60 学时，其中实训环节为 24 学时，各章的具体学时参见下面的学时分配表。

章	课程内容	学时分配	
		讲 授	实 训
第 1 章	初识 CorelDRAW X8	2	
第 2 章	CorelDRAW 基础知识	2	
第 3 章	常用工具和泊坞窗	4	2
第 4 章	基础绘图	6	4
第 5 章	高级绘图	6	4
第 6 章	版式编排	4	4
第 7 章	特效应用	6	4
第 8 章	商业案例实训	6	6
学时总计		36	24

本书约定

本书案例素材所在位置：章号 / 素材 / 案例名，如 Ch04/ 素材 / 绘制家电插画。

本书案例效果文件所在位置：章号 / 效果 / 案例名，如 Ch04/ 效果 / 绘制家电插画 .cdr。

本书中关于颜色设置的表述，如红色（255、0、0），括号中的数字分别为其 R、G、B 的值。

本书中关于颜色设置的表述，如蓝色（100、100、0、0），括号中的数字分别为其 C、M、Y、K 的值。

由于作者水平有限，书中难免存在不妥之处，敬请广大读者批评指正。

编 者

2021 年 1 月

CoreIDRAW

CONTENTS 目录

01

第 1 章　初识 CorelDRAW X8

02

第 2 章　CorelDRAW 基础知识

CoreIDRAW

03

第 3 章 常用工具和泊坞窗

04

第 4 章 基础绘图

CONTENTS 目录

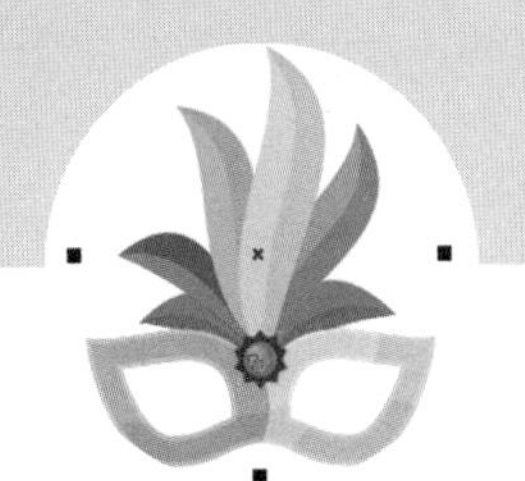

CorelDRAW

—07—

第 7 章 特效应用

CONTENTS 目录

08

第 8 章 商业案例实训

扩展知识扫码阅读

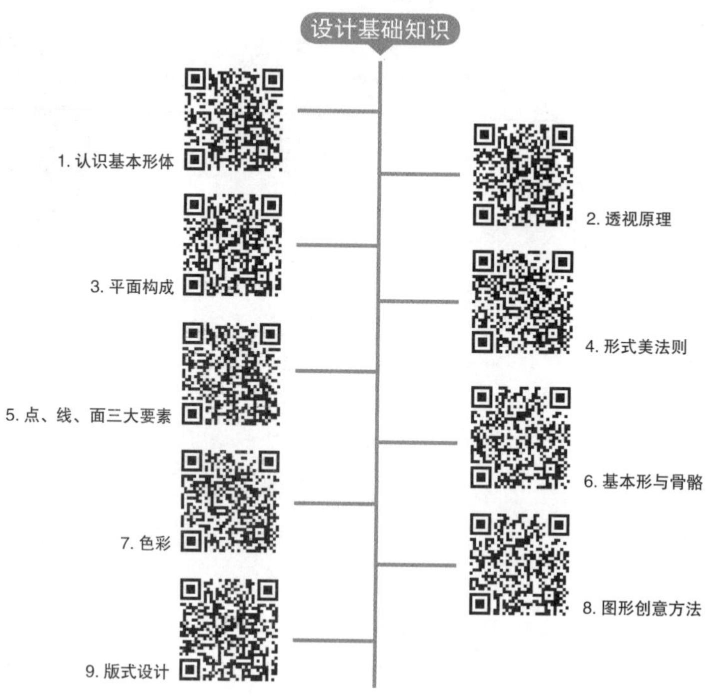

设计基础知识
1. 认识基本形体
2. 透视原理
3. 平面构成
4. 形式美法则
5. 点、线、面三大要素
6. 基本形与骨骼
7. 色彩
8. 图形创意方法
9. 版式设计

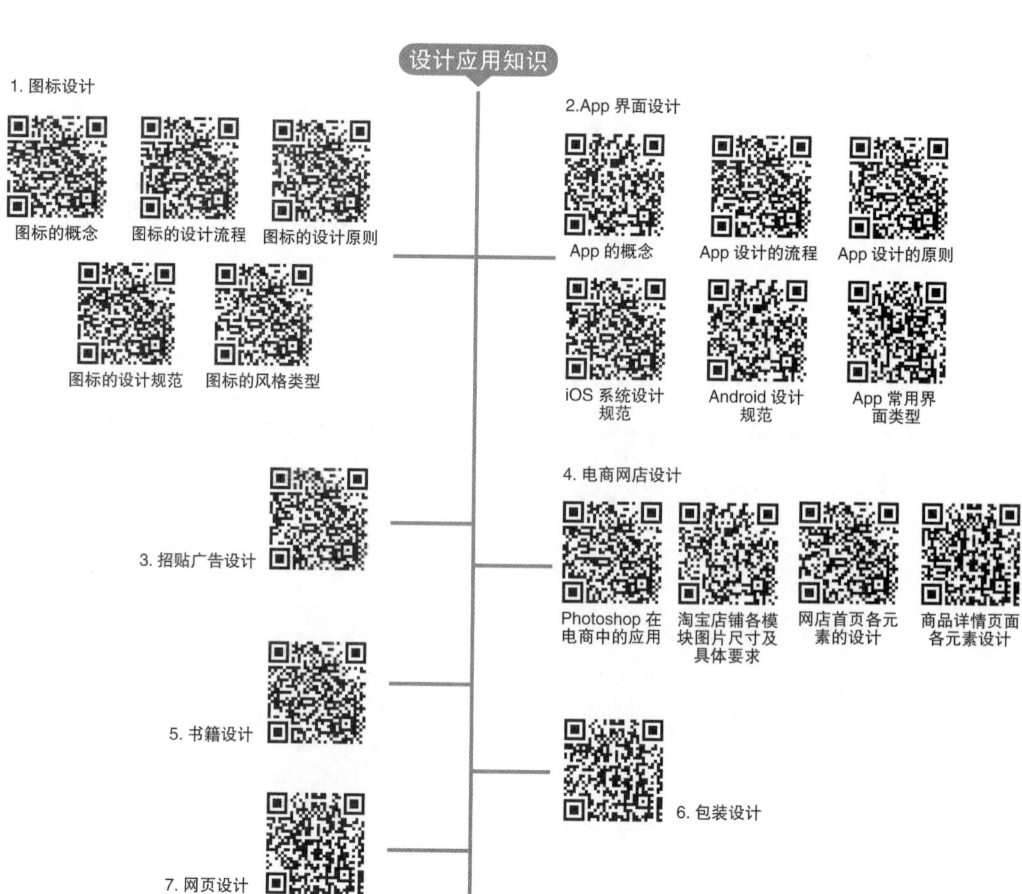

设计应用知识
1. 图标设计
图标的概念
图标的设计流程
图标的设计原则
图标的设计规范
图标的风格类型
2.App 界面设计
App 的概念
App 设计的流程
App 设计的原则
iOS 系统设计规范
Android 设计规范
App 常用界面类型
3. 招贴广告设计
4. 电商网店设计
Photoshop 在电商中的应用
淘宝店铺各模块图片尺寸及具体要求
网店首页各元素的设计
商品详情页面各元素设计
5. 书籍设计
6. 包装设计
7. 网页设计

第1章 初识 CorelDRAW X8

本章介绍

学习 CorelDRAW X8 软件，首先要了解 CorelDRAW。只有认识了 CorelDRAW X8 的软件特点和功能特色，才能更有效率地学习和运用 CorelDRAW X8，从而为我们的工作和学习带来便利。

学习目标

- 了解 CorelDRAW 的软件特点。
- 了解 CorelDRAW 的历史。
- 掌握 CorelDRAW 的应用领域。

慕课视频

初识 CorelDRAW X8

1.1 CorelDRAW 的概述

慕课视频

CorelDRAW 的概述

CorelDRAW 是由加拿大 Corel 公司开发的专用图形设计软件。CorelDRAW 拥有强大的绘制编辑图形图像的功能，广泛应用于插画设计、平面设计、排版设计、包装设计、界面设计、产品设计和服装设计等多个领域，深受图形图像处理爱好者和平面设计人员的喜爱，已成为专业设计师和设计爱好者的必备工具。

1.2 CorelDRAW 的历史

1989 年的春天，CorelDRAW 1.0 面世，成为第一款适用于 Windows 系统的图形设计软件，同时引入了全彩的矢量插图和版面设计程序，在计算机图形设计领域掀起了一场革命浪潮。接着，于 1990 年和 1991 年分别发布了 1.11 版本和 2 版本。

1992 年，发布了 CorelDRAW 3，推出了具有里程碑意义的首款一体化图形套件。随后，几乎每年发布一个版本。随着版本的不断升级和优化，CorelDRAW 的功能也越来越强大。2006 年发布的 CorelDRAW Graphics Suite X3 软件开始以 X 版命名，直至 X8 版本。CorelDRAW Graphics Suite 2017 在 2017 年发布，这次的版本采用了年份命名的方式。

2018 年，CorelDRAW Graphics Suite 2018 发布。随着最新软件包和版本功能的更新，设计师借助 CorelDRAW 将创意转化为更加精美的设计作品。

1.3 应用领域

1.3.1 插画设计

现代插画艺术发展迅速，已经广泛应用于互联网、广告、包装、报纸、杂志和纺织品领域。使用 CorelDRAW 绘制的插画简洁明快、新颖独特，是十分流行的插画表现形式，如图 1-1 所示。

图 1-1

1.3.2 字体设计

字体设计随着人类文明的发展而逐步成熟。根据字体设计的创意需求，使用 CorelDRAW 可以设计制作出多样的字体，通过独特的字体设计将企业或品牌传达给受众，强化企业形象与品牌的诉求力，如图 1-2 所示。

图 1-2

1.3.3 广告设计

广告以多样的形式出现在大众生活中，通过互联网、手机、电视、报纸和户外灯箱等媒介发布。使用 CorelDRAW 设计制作的广告具有很强的视觉冲击力，能够更好地传播广告和推广内容，如图 1-3 所示。

图 1-3

1.3.4 VI 设计

VI 是企业形象设计的整合。CorelDRAW 可以根据 VI 设计的创意构思，完成整套的 VI 设计制作工作，将企业理念、企业文化、企业规范等抽象概念进行充分的表达，以标准化、系统化和统一化的方式塑造良好的企业形象，如图 1-4 所示。

图 1-4

1.3.5 包装设计

在书籍装帧设计和产品包装设计中，CorelDRAW 对图像元素的绘制和处理也至关重要。它还可以完成产品包装平面模切图的绘制制作，是设计产品包装的必备利器，如图 1-5 所示。

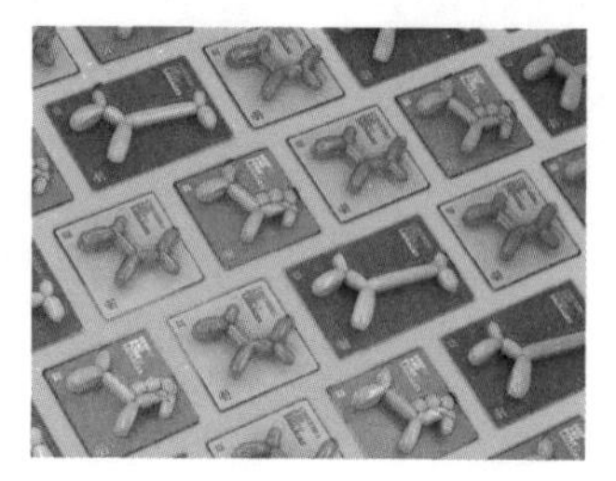

图 1-5

1.3.6 界面设计

随着互联网的普及，界面设计已经成为一个重要的设计领域。CorelDRAW 的应用也因此显得尤为重要，它可以美化网页元素、制作各种细腻的质感和特效，已经成为界面设计的重要工具，如图 1-6 所示。

图 1-6

1.3.7 排版设计

在排版设计中，使用 CorelDRAW 将图形和文字进行灵活的组织、编排和整合，从而形成更具特色的艺术形象和画面风貌，提高读者的阅读兴趣和理解能力，已成为现代设计师的必备技能，如图 1-7 所示。

图 1-7

图 1-7（续）

1.3.8 产品设计

在产品设计的效果图表现阶段，经常要用到 CorelDRAW。利用 CorelDRAW 的强大功能来充分表现产品功能上的优越和细节，更能让所设计的产品赢得用户，如图 1-8 所示。

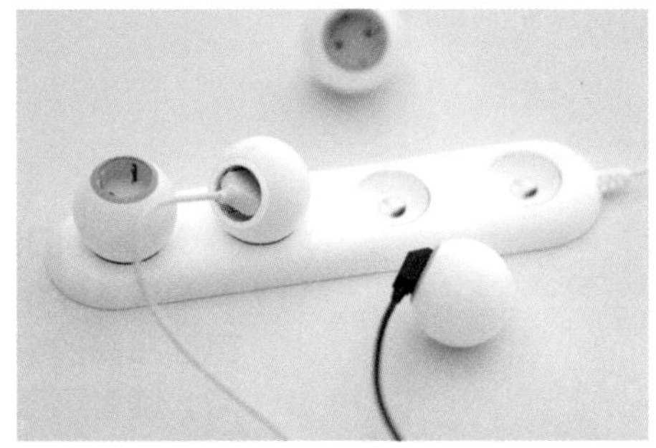

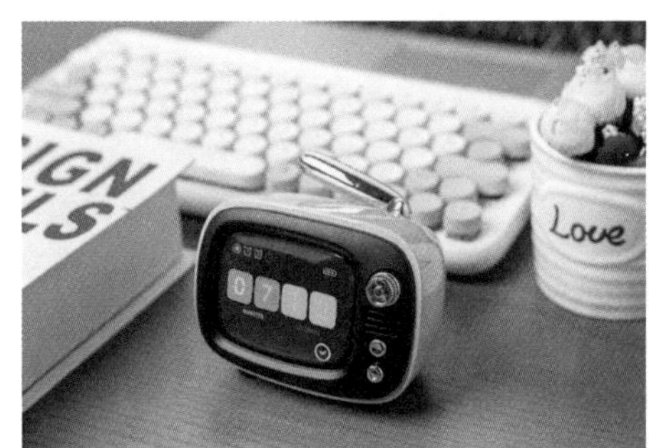

图 1-8

1.3.9 服饰设计

随着科学与文明的进步，人类的艺术设计手段也在不断发展，服装艺术表现形式越来越丰富多彩。利用 CorelDRAW 绘制的服装设计图，可以让受众领略并感受到服装本身的无穷魅力，如图 1-9 所示。

图 1-9

第 2 章 CorelDRAW 基础知识

本章介绍

CorelDRAW 的基础知识和基本操作是软件学习的基础。本章将主要介绍 CorelDRAW 的工作环境、文件的操作方法、页面布局的编辑方法和图形图像的基础知识。通过对本章的学习，读者可以达到初步认识和简单使用这一创作工具的目的，为后期的设计制作工作打下坚实的基础。

慕课视频

CorelDRAW
基础知识

学习目标

- 熟悉 CorelDRAW 中文版的工作界面。
- 熟练掌握文件的基本操作。
- 掌握页面布局的设置方法。
- 了解位图与矢量图、色彩模式、文件格式等基本概念。
- 了解标尺、辅助线和网格的使用方法。

技能目标

- 能够新建、打开、保存、关闭、导出文件。
- 能够熟练设置页面大小、标签、背景以及插入、删除与重命名页面。
- 能够根据图片正确识别矢量图、位图以及文件格式。

2.1 CorelDRAW 中文版的工作界面

本节将介绍 CorelDRAW 中文版的工作界面，并简单介绍 CorelDRAW 中文版的菜单、工具栏、工具箱及泊坞窗。

2.1.1 工作界面

CorelDRAW 中文版的工作界面主要由“标题栏”“菜单栏”“标准工具栏”“工具箱”“标尺”“绘图页面”“页面控制栏”“状态栏”“属性栏”“调色板”和“泊坞窗”等部分组成，如图 2-1 所示。

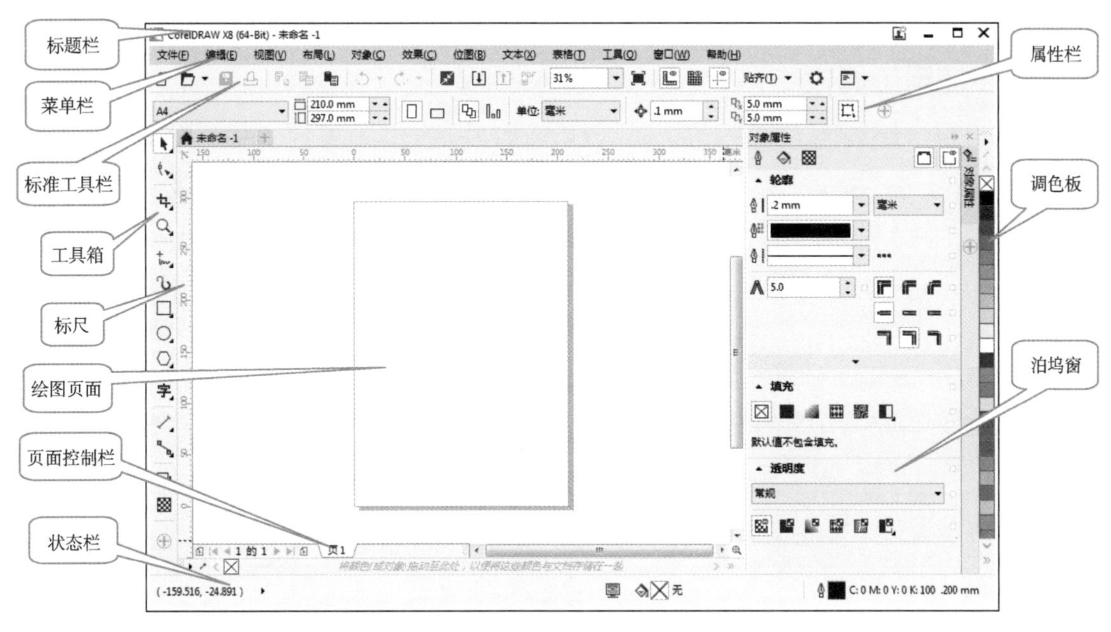

图 2-1

标题栏：用于显示软件和当前操作文件的文件名，还可以用于调整 CorelDRAW 中文版窗口的大小。

菜单栏：集合了 CorelDRAW 中文版中的所有命令，并将它们分门别类地放置在不同的菜单中，供用户选择使用。执行 CorelDRAW 中文版菜单中的命令是最基本的操作方式。

标准工具栏：提供了最常用的几种操作按钮，可使用户轻松地完成几个最基本的操作任务。

工具箱：分类存放着 CorelDRAW 中文版中最常用的工具，这些工具可以帮助用户完成各种工作。使用工具箱，可以大大简化操作步骤，提高工作效率。

标尺：用于度量图形的尺寸并对图形进行定位，是进行平面设计工作不可缺少的辅助工具。

绘图页面：指绘图窗口中带矩形边沿的区域，只有此区域内的图形才可被打印出来。

页面控制栏：可用于创建新页面并显示 CorelDRAW 中文版中文档各页面的内容。

状态栏：可以为用户提供有关当前操作的各种提示信息。

属性栏：显示了所绘制图形的信息，并提供了一系列可对图形进行相关修改操作的工具。

调色板：可以直接对所选定的图形或图形边缘的轮廓线进行颜色填充。

泊坞窗：这是 CorelDRAW 中文版中最具特色的窗口，因为可以放在绘图窗口边缘而得名；它提供了许多常用的功能，使用户在创作时更加得心应手。

2.1.2 使用菜单

CorelDRAW 中文版的菜单栏包含“文件”“编辑”“视图”“布局”“对象”“效果”“位图”“文本”“表格”“工具”“窗口”和“帮助”几个大类，如图 2-2 所示。

图 2-2

单击每一类的按钮都将弹出其下拉菜单。如单击“编辑”按钮，将弹出图 2-3 所示的“编辑”下拉菜单。

最左边为图标，它和工具栏中具有相同功能的图标保持一致，便于用户记忆和使用。

图 2-3

最右边显示的组合键则为操作快捷键，便于用户提高工作效率。

某些命令后带有▶按钮，表明该命令还有下一级菜单，将光标停放在其上即可弹出下拉菜单。

某些命令后带有・・・按钮，单击该命令即可弹出对话框，允许对其进行进一步设置。

此外，“编辑”下拉菜单中有些命令呈灰色状，表明该命令当前还不可使用，需进行一些相关的操作后方可使用。

2.1.3 使用工具栏

在菜单栏的下方通常是工具栏。CorelDRAW 中文版的标准工具栏如图 2-4 所示。

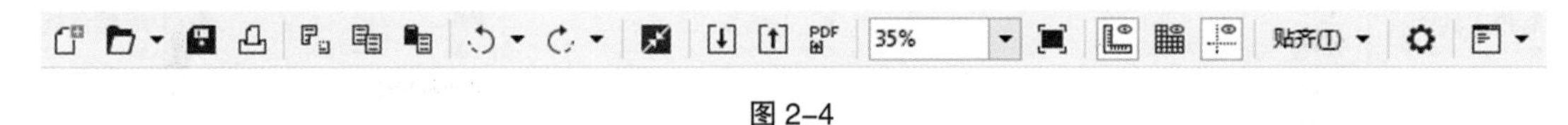

图 2-4

这里存放了最常用的命令按钮，如“新建”“打开”“保存”“打印”“剪切”“复制”“粘贴”“撤销”“重做”“搜索内容”“导入”“导出”“发布为 PDF”“缩放级别”“全屏预览”“显示标尺”“显示网格”“显示辅助线”“贴齐”“选项”和“应用程序启动器”。它们可方便用户快速地完成以上这些最基本的操作。

此外，CorelDRAW 中文版还提供了其他一些工具栏，用户可以在“选项”对话框中选择它们。选择“窗口 > 工具栏 > 文本”命令，则可显示“文本”工具栏。“文本”工具栏如图 2-5 所示。

图 2-5

选择“窗口 > 工具栏 > 变换”命令，则可显示“变换”工具栏。“变换”工具栏如图 2-6 所示。

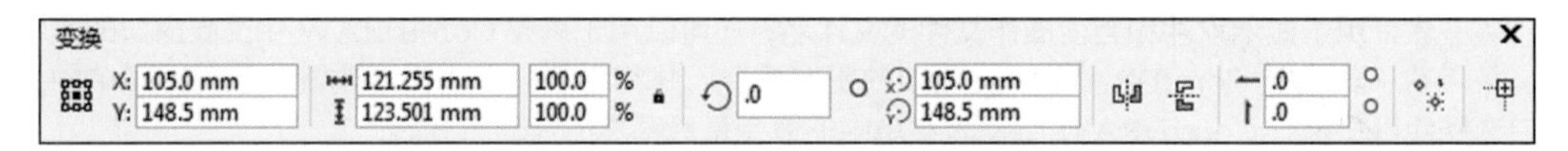

图 2-6

2.1.4 使用工具箱

CorelDRAW 中文版的工具箱中放置着在绘制图形时常用到的一些工具，这些工具是每一个软件使用者都必须掌握的基本操作工具。CorelDRAW 中文版的工具箱如图 2-7 所示。

在工具箱中，依次分类排放着“选择”工具、“形状”工具、“裁剪”工具、“缩放”工具、“手绘”工具、“艺术笔”工具、“矩形”工具、“椭圆形”工具、“多边形”工具、“文本”工具、“平行度量”工具、“直线连接器”工具、“阴影”工具、“透明度”工具、“颜色滴管”工具、“交互式填充”工具和“智能填充”工具几大类。其中，有些工具按钮带有小三角标记◢，表明其还有展开工具栏，用鼠标单击即可展开。例如，按住“阴影”工具，将展开其工具栏，如图 2-8 所示。

2.1.5 使用泊坞窗

CorelDRAW 中文版的泊坞窗是一个十分有特色的窗口，当打开这一窗口时，它会停靠在绘图窗口的边缘，因此被称为“泊坞窗”。选择“窗口 > 泊坞窗 > 对象属性”命令，或按 Alt+Enter 组合键，即可弹出图 2-9 右侧所示的“对象属性”泊坞窗。

还可将泊坞窗拖曳出来，放在任意的位置，并可通过单击窗口右上角的和按钮将窗口卷起或放下，如图 2-10 所示。因此，它又被称为“卷帘工具”。

图 2-7

图 2-8

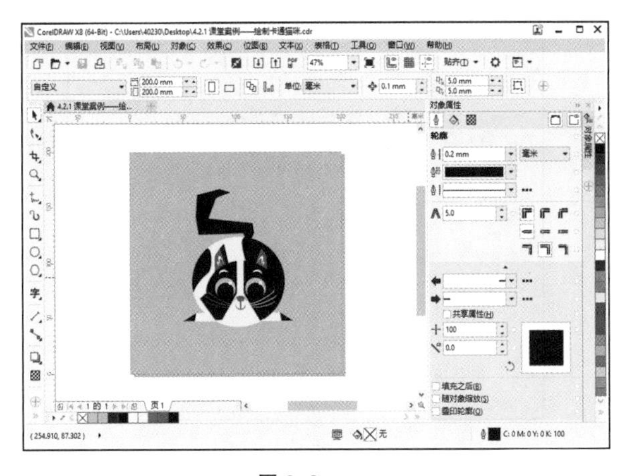

图 2-9

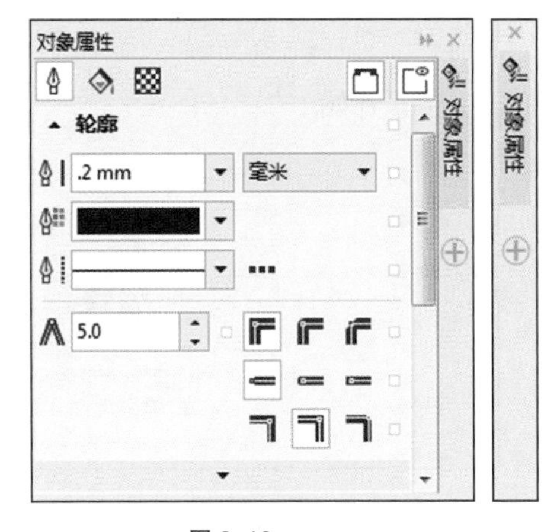

图 2-10

CorelDRAW 中文版泊坞窗的列表位于“窗口 > 泊坞窗”子菜单中，可以选择“泊坞窗”下的各个命令来打开相应的泊坞窗。用户可以选择打开一个或多个泊坞窗。当几个泊坞窗都打开时，除了活动的泊坞窗之外，其余的泊坞窗将沿着泊坞窗的边缘以标签形式显示，效果如图 2-11 所示。

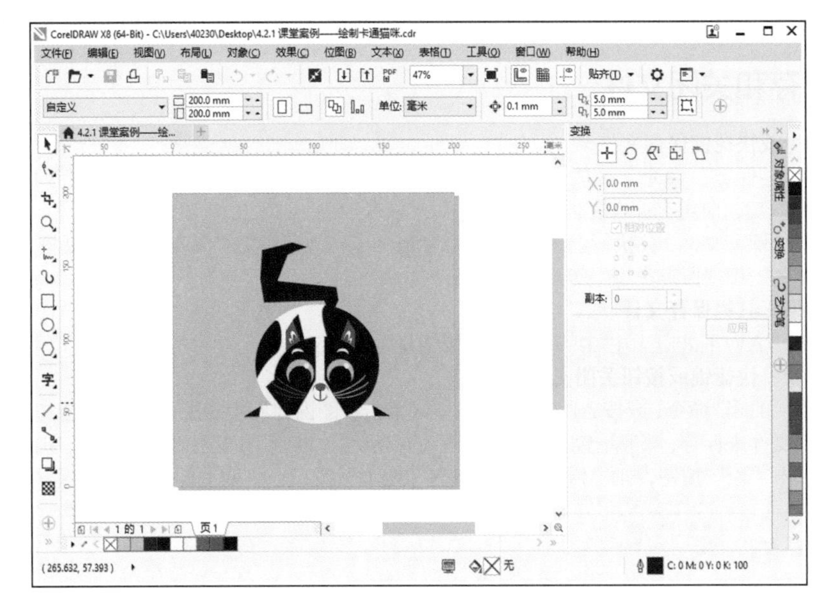

图 2-11

2.2 文件的基本操作

掌握一些文件的基本操作方法，是开始设计和制作作品所必需的。下面，将介绍 CorelDRAW 中文版的一些基本操作。

2.2.1 新建和打开文件

1. 使用 CorelDRAW 启动时的欢迎窗口新建和打开文件

启动时的欢迎窗口如图 2-12 所示。单击“新建文档”图标，可以建立一个新的文档；单击“从模板新建”图标，可以使用系统默认的模板创建文件；单击“打开其他文档”图标，弹出图 2-13 所示的“打开绘图”对话框，可以从中选择要打开的图形文件；单击“打开最近用过的文档”下方的文件名，可以打开最近编辑过的图形文件，在右侧的预览框中显示选中文件的效果图、文件名称，文件创建时间和位置、文件大小等信息。

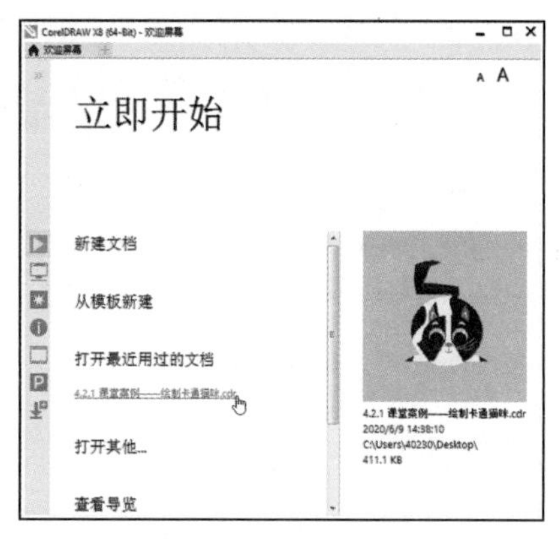

图 2-12

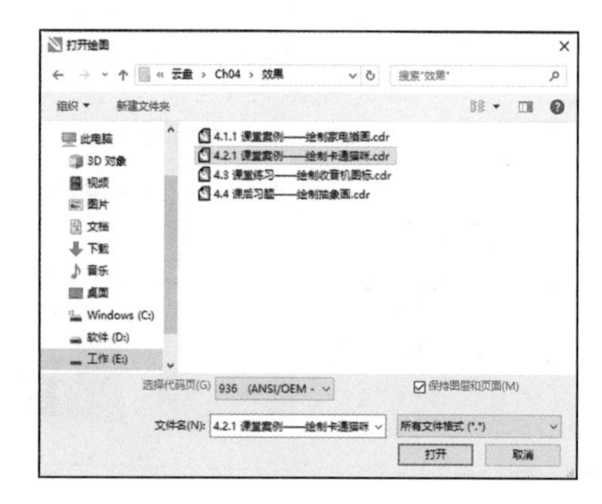

图 2-13

2. 使用命令或快捷键新建和打开文件

选择“文件 > 新建”命令，或按 Ctrl+N 组合键，可新建文件。选择“文件 > 从模板新建”或“打开”命令，或按 Ctrl+O 组合键，可打开文件。

3. 使用标准工具栏新建和打开文件

使用 CorelDRAW 标准工具栏中的“新建”按钮和“打开”按钮可新建和打开文件。

2.2.2 保存和关闭文件

1. 使用命令或快捷键保存文件

选择“文件 > 保存”命令，或按 Ctrl+S 组合键，可保存文件。选择“文件 > 另存为”命令，或按 Ctrl+Shift+S 组合键，可更名保存文件。

如果是第一次保存文件，在执行上述操作后，会弹出图 2-14 所示的“保存绘图”对话框。在对话框中，可以设置“文件名”和“保存类型”等选项。

2. 使用标准工具栏保存文件

使用 CorelDRAW 标准工具栏中的“保存”按钮可保存文件。

3. 使用命令、快捷键或按钮关闭文件

选择“文件 > 关闭”命令，或按 Alt+F4 组合键，或单击绘图窗口右上角的“关闭”按钮，可关闭文件。

此时，如果文件未保存，将弹出如图 2-15 所示的提示框，询问用户是否保存文件。单击“是”按钮，则保存文件；单击“否”按钮，则不保存文件；单击“取消”按钮，则取消保存操作。

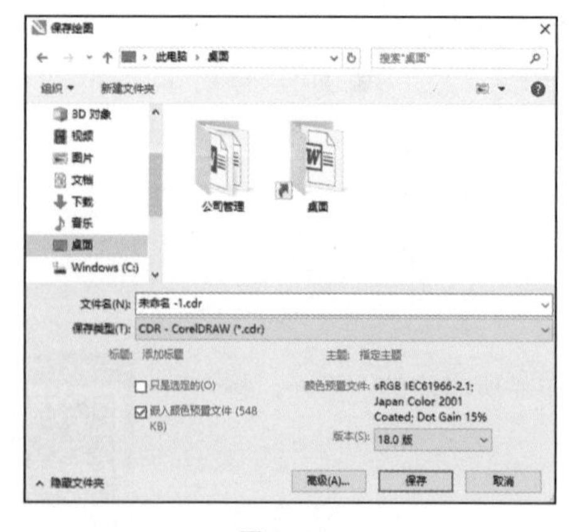

图 2-14

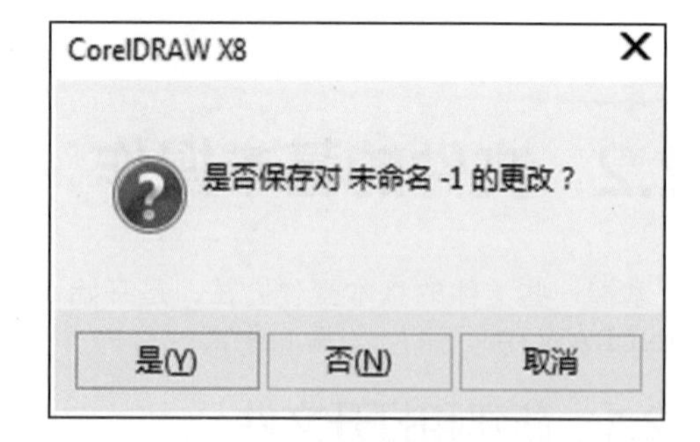

图 2-15

2.2.3 导出文件

1. 使用命令或快捷键导出文件

选择“文件 > 导出”命令，或按 Ctrl+E 组合键，弹出图 2-16 所示的“导出”对话框。在对话框中，可以设置“文件路径”“文件名”和“保存类型”等选项。

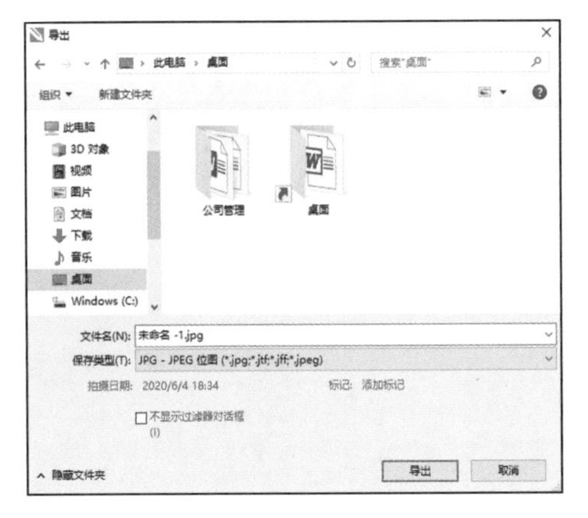

图 2-16

2. 使用标准工具栏导出文件

使用 CorelDRAW 标准工具栏中的“导出”按钮也可以将文件导出。

2.3 设置页面布局

利用“选择”工具属性栏可以轻松地进行 CorelDRAW 版面的设置。选择“选择”工具，选择“工具 > 选项”命令，单击标准工具栏中的“选项”按钮。或按 Ctrl+J 组合键，弹出“选项”对话框。在该对话框中单击“自定义 > 命令栏”选项，再勾选“属性栏”选项，如图 2-17 所示；然后单击“确定”按钮，则可显示图 2-18 所示的“选择”工具属性栏。

在属性栏中，可以设置纸张的类型、大小、高度、宽度和放置方向等。

图 2-17

图 2-18

2.3.1 设置页面大小

利用“布局”菜单下的“页面设置”命令，可以进行更为详细的设置。选择“布局 > 页面设置”命令，弹出“选项”对话框，如图 2-19 所示。

在“页面尺寸”选项栏中对版面纸张类型、大小和放置方向等进行设置，还可设置页面分辨率、出血等。

选择“布局”选项，则“选项”对话框如图 2-20 所示，可从中选择版面的样式。

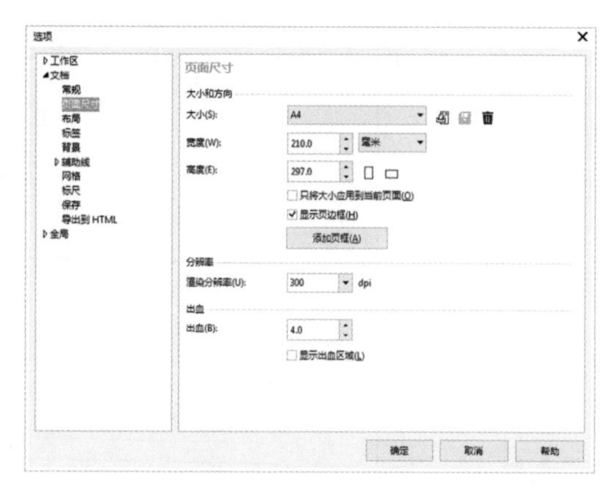

图 2-19

图 2-20

2.3.2 设置页面标签

选择“标签”选项，则“选项”对话框如图 2-21 所示，这里汇集了由 40 多家标签制造商设计的 800 多种标签格式供用户选择。

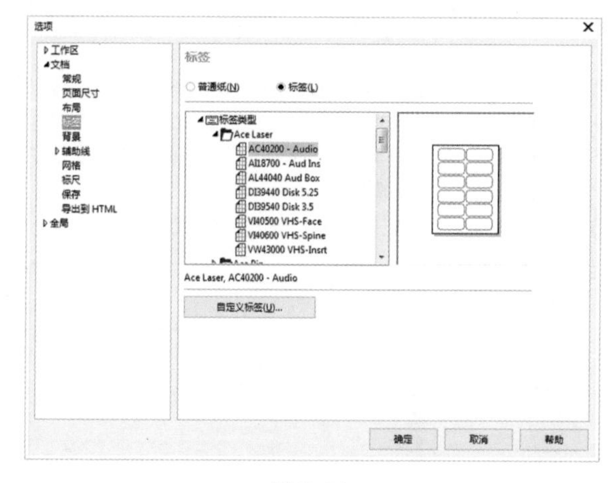

图 2-21

2.3.3 设置页面背景

选择“背景”选项，则“选项”对话框如图 2-22 所示，可以从中选择纯色或位图作为绘图页面的背景。

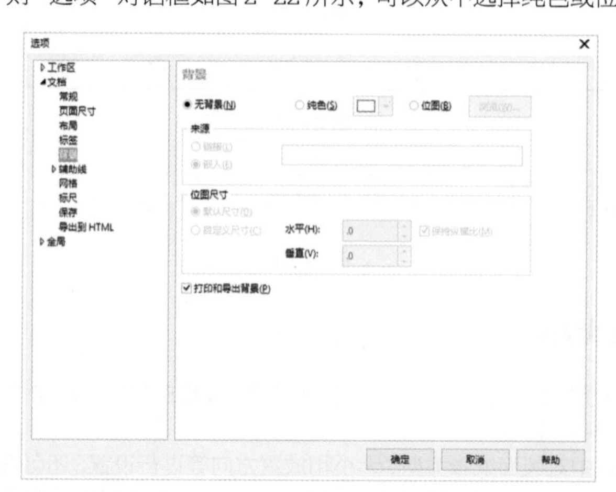

图 2-22

2.3.4 插入、删除与重命名页面

1. 插入页面

选择“布局 > 插入页面”命令，弹出图 2-23 所示的“插入页面”对话框。在对话框中，可以设置插入的页面数、地点、现存页面、大小、宽度和高度等。

在 CorelDRAW 页面控制栏的页面标签上单击鼠标右键，弹出图 2-24 所示的快捷菜单，在菜单中选择插入页的命令，即可插入新页面。

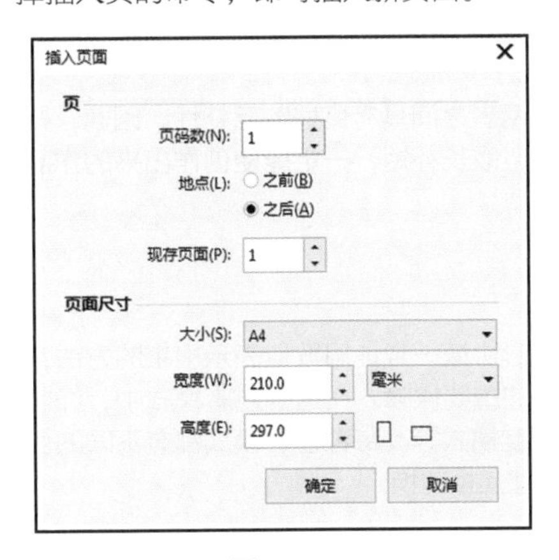

图 2-23

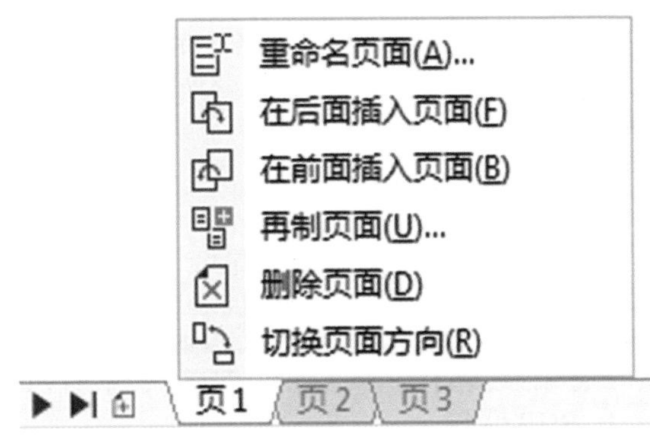

图 2-24

2. 删除页面

选择“布局 > 删除页面”命令，弹出图 2-25 所示的“删除页面”对话框。在该对话框中，可以设置要删除的页面序号，另外，还可以同时删除多个连续的页面。

3. 重命名页面

选择“布局 > 重命名页面”命令，弹出图 2-26 所示的“重命名页面”对话框。在对话框中的“页名”文本框中输入名称，单击“确定”按钮，即可重命名页面。

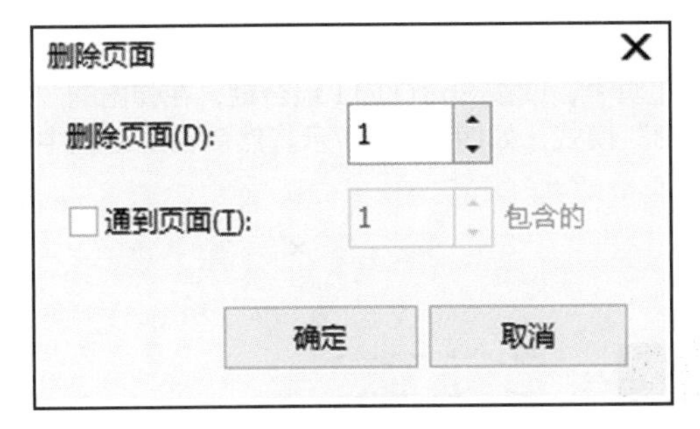

图 2-25

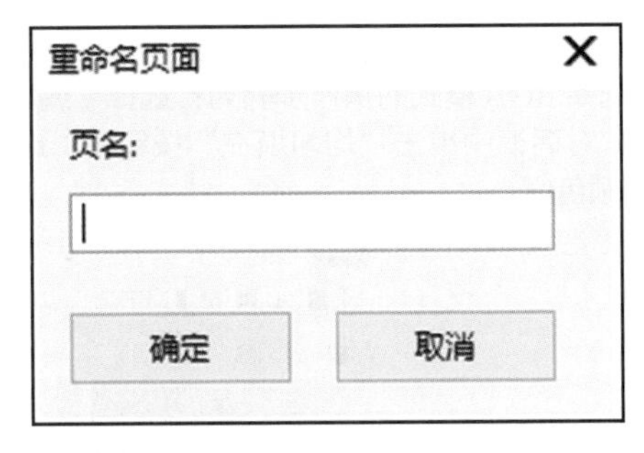

图 2-26

2.4 图形和图像的基础知识

想要应用好 CorelDRAW，就需要对图像的种类、色彩模式及文件格式有所了解和掌握。下面将进行详细的介绍。

2.4.1 位图与矢量图

在计算机中，图像文件可以分为两大类：位图和矢量图。在绘图或处理图像的过程中，这两种类型的图像可以交叉使用。位图效果如图 2-27 所示，矢量图效果如图 2-28 所示。

图 2-27

图 2-28

位图也叫点阵图像，是由许多单独的小方块组成的，这些小方块称为像素点。每个像素点都有特定的位置和颜色值，位图的显示效果是与像素点紧密联系在一起的，不同排列和着色的像素点组合在一起构成了一幅色彩丰富的图像。像素点越多，图像的分辨率越高，相应地，图像文件的数据量也会越大。因此，处理位图时，对计算机硬盘和内存的要求也较高。同时由于位图本身的特点，图像在缩放和旋转变形时会产生失真的现象。

矢量图也叫向量图，是一种基于图形的几何特性来描述的图像。矢量图中的各种图形元素称为对象，每一个对象都是独立的个体，都具有大小、颜色、形状和轮廓等属性。矢量图在缩放时不会产生失真的现象，并且它的文件占用的内存空间较小。这种图像的缺点是不易制作出色彩丰富的图像，无法像位图那样精确地描绘出各种绚丽的色彩。

位图和矢量图两种类型的图像各具特色，也各有优缺点，并且两者之间具有良好的互补性。因此，在进行图像处理和绘制图形的过程中，这两种类型的图像可交互使用，取长补短，一定能使创作出来的作品更加完美。

2.4.2 色彩模式

CorelDRAW 提供了多种色彩模式，这些色彩模式提供了把色彩协调一致地用数值表示出来的方法，这些色彩模式是使设计制作的作品能够在屏幕和印刷品上成功表现的重要保障。在这些色彩模式中，经常使用到的有 RGB 模式、CMYK 模式、HSB 模式、Lab 模式以及灰度模式等。每种色彩模式都有不同的色域，读者可以根据需要选择合适的色彩模式，并且各个模式之间可以互相转换。

1. RGB 模式

RGB 模式是工作中使用最广泛的一种色彩模式。RGB 模式是一种加色模式，它通过红、绿、蓝 3 种色光相叠加形成更多的颜色。同时 RGB 也是色光的彩色模式，一幅 24 位的 RGB 图像有 3 个色彩信息的通道：红色（R）、绿色（G）和蓝色（B）。

每个通道都有 8 位的色彩信息—— 一个 0 ~ 255 的亮度值色域。RGB 3 种色彩的数值越大，颜色就越浅，如 3 种色彩的数值都为 255 时，颜色被调整为白色；RGB 3 种色彩的数值越小，颜色就越深，如 3 种色彩的数值都为 0 时，颜色被调整为黑色。

RGB 3 种色彩的每一种色彩都有 256 个亮度水平级。3 种色彩相互叠加，可以有 256×256×256 ≈ 1678 万种可能的颜色。这 1678 万种颜色足以表现出这个绚丽多彩的世界。用户使用的显示器就是 RGB 模式的。

选择 RGB 模式的操作步骤为：选择“编辑填充”工具，或按 Shift+F11 组合键，在弹出的“编辑填充”对话框中单击“均匀填充”按钮，选择“RGB”模式，如图 2-29 所示。然后在对话框中设置 RGB 颜色值。

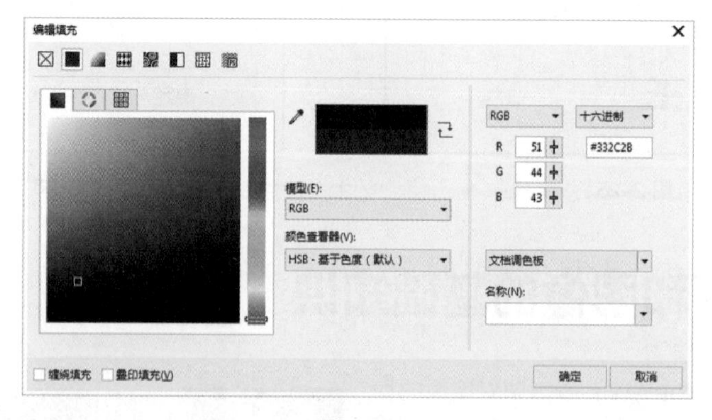

图 2-29

在编辑图像时，RGB 色彩模式应是最佳的选择。因为它可以提供全屏幕的多达 24 位的色彩范围，一些计算机领域的色彩专家称之为“True Color”真彩显示。

2. CMYK 模式

CMYK 模式在印刷时应用了色彩学中的减法混合原理，它通过反射某些颜色的光并吸收另外一些颜色的光来产生不同的颜色，是一种减色色彩模式。CMYK 代表了印刷上用到的 4 种油墨色：C 代表青色，M 代表洋红色，Y 代表黄色，K 代表黑色。CorelDRAW 默认状态下使用的就是 CMYK 模式。

CMYK 模式是图片和其他作品中最常用的一种印刷方式。这是因为在印刷中通常都要先进行四色分色，出四色胶片，然后进行印刷。

选择 CMYK 模式的操作步骤为：选择“编辑填充”工具，在弹出的“编辑填充”对话框中单击“均匀填充”按钮，选择“CMYK”模式，如图 2-30 所示。然后在对话框中设置 CMYK 颜色值。

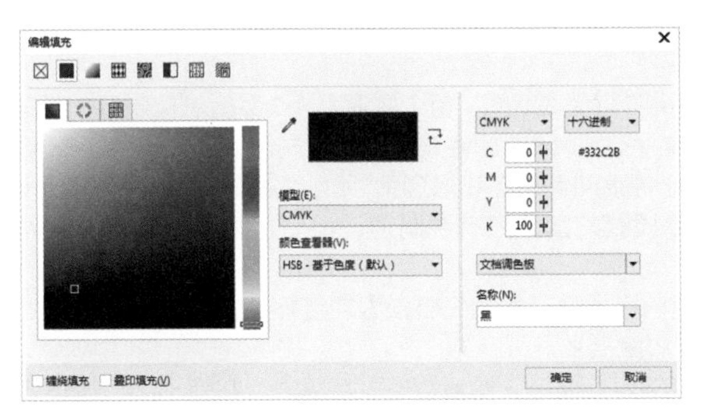

图 2-30

3. HSB 模式

HSB 是一种更为直观的色彩模式，它的调色方法更接近人的视觉原理，在调色过程中更容易找到需要的颜色。

H 代表色相，S 代表饱和度，B 代表亮度。色相的意思是纯色，即组成可见光谱的单色。红色为 0 度，绿色为 120 度，蓝色为 240 度。饱和度代表色彩的纯度，饱和度为零时即灰色，黑色、白色 2 种色彩没有饱和度。亮度是色彩的明亮程度，最大亮度是色彩最鲜明的状态，黑色的亮度为 0。

选择 HSB 模式的操作步骤为：选择“编辑填充”工具，在弹出的“编辑填充”对话框中单击“均匀填充”按钮，选择“HSB”模式，如图 2-31 所示。然后在对话框中设置 HSB 颜色值。

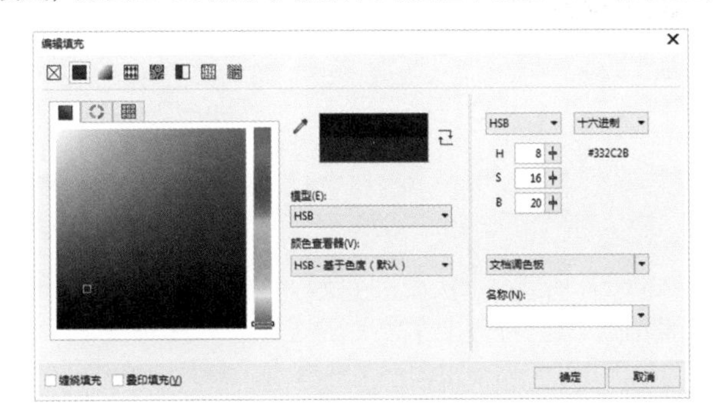

图 2-31

4. Lab 模式

Lab 是一种国际色彩标准模式，它由 3 个通道组成：一个通道是透明度，即 L；其他两个通道是色彩通道，即色相和饱和度，用 a 和 b 表示。a 通道包括的颜色值从深绿色到灰色，再到亮粉红色；b 通道是从亮蓝色到灰色，再到焦黄色。这些色彩混合后将产生明亮的色彩。

选择 Lab 模式的操作步骤为：选择“编辑填充”工具，在弹出的“编辑填充”对话框中单击“均匀填充”按钮，选择“Lab”模式，如图 2-32 所示。然后在对话框中设置 Lab 颜色值。

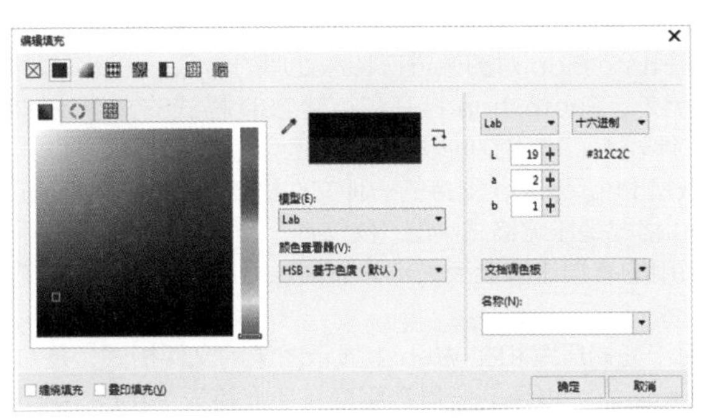

图 2-32

Lab 模式在理论上包括了人眼可见的所有色彩，它弥补了 CMYK 模式和 RGB 模式的不足。在这种模式下，图像的处理速度比在 CMYK 模式下快数倍，与 RGB 模式的速度相仿。而且，在把 Lab 模式转换成 CMYK 模式的过程中，所有的色彩都不会丢失或被替换。事实上，在将 RGB 模式转换成 CMYK 模式时，Lab 模式一直扮演着中介者的角色。也就是说，RGB 模式先转成 Lab 模式，然后转成 CMYK 模式。

5. 灰度模式

灰度模式形成的灰度图又叫 8 位深度图。每个像素用 8 个二进制位表示，能产生 2^8 即 256 级灰色调。当彩色文件被转换成灰度模式文件时，所有的颜色信息都将从文件中丢失。尽管 CorelDRAW 允许将灰度文件转换成彩色模式文件，但不可能将原来的颜色完全还原。所以，在转换灰度模式时，请预先做好图像的备份。

像黑白照片一样，灰度模式的图像只有明暗值，没有色相和饱和度这两种颜色信息。0 代表黑色，255 代表白色。

将彩色模式转换为双色调模式时，必须先转换为灰度模式，然后由灰度模式转换为双色调模式。在制作黑白印刷品时会经常使用灰度模式。

选择灰度模式的操作步骤为：选择“编辑填充”工具，在弹出的“编辑填充”对话框中单击“均匀填充”按钮■，选择“灰度”模式，如图 2-33 所示。然后在对话框中设置灰度值。

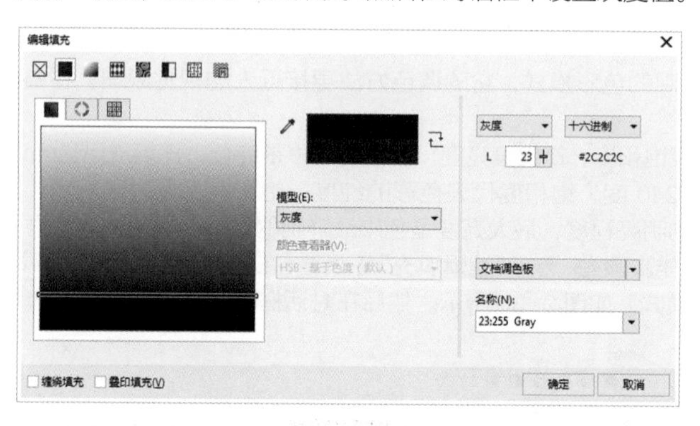

图 2-33

2.4.3 文件格式

CorelDRAW 中有 20 多种文件格式可供选择。在这些文件格式中，既有 CorelDRAW 的专用格式，也有用于应用程序交换的文件格式，还有一些比较特殊的格式。

CDR 格式： CDR 是 CorelDRAW 的专用图形文件格式。由于 CorelDRAW 是矢量图形绘制软件，所以 CDR 可以记录文件的属性、位置和分页等。但它在兼容度上比较差，虽然所有 CorelDRAW 应用程序均能够使用，但其他图像编辑软件无法打开此类文件。

AI 格式： AI 是一种矢量图片格式，是 Adobe 公司的软件 Illustrator 的专用格式。它的兼容度比较高，可以在 CorelDRAW 中打开，也可以将 CDR 格式的文件导出为 AI 格式。

TIF（TIFF）格式： TIF 是标签图像格式。TIF 格式对于色彩通道图像来说是最有用的格式，具有很强的可移植性，可以用于 PC、Macintosh 及 UNIX 工作站三大平台，是这三大平台上使用最广泛的绘图格式。用 TIF 格式存储时，应考虑到文件的大小，因为 TIF 格式的结构要比其他格式更大、更复杂。TIF 格式支持 24 个通道，能存储多于 4 个通道的文件格式。TIF 格式非常适合于印刷和输出。

PSD 格式： PSD 是 Photoshop 软件自身的专用文件格式。PSD 格式能够保存图像数据的细小部分，如图层、附加的蒙版通道等 Photoshop 对图像进行特殊处理的信息。在没有最终决定图像存储的格式前，最好先以 PSD 格式存储。另外，Photoshop 打开和存储 PSD 格式的文件较其他格式更快。但是 PSD 格式也有缺点，存储的图像文件较大、占用空间较多、通用性不强。

JPEG 格式： JPEG 既是 Photoshop 支持的一种文件格式，也是一种压缩方案。它是 Macintosh 上常用的一种存储类型。JPEG 格式是压缩格式中的“佼佼者”，与 TIF 文件格式采用的 LZW 无损压缩相比，它的压缩比例更大。但它采用的有损压缩会丢失部分数据。用户可以在存储前选择图像的最后质量，这样就能控制数据的损失程度。

PNG 格式： PNG 是用于无损压缩和在 Web 上显示图像的文件格式，是 GIF 格式的无专利替代品，它支持 24 位图像且能产生无锯齿状边缘的背景透明度；还支持无 Alpha 通道的 RGB、索引颜色、灰度和位图模式的图像。某些 Web 浏览器不支持 PNG 格式的图像。

2.5 标尺、辅助线和网格的使用

2.5.1 标尺

标尺可以帮助用户了解图形对象的当前位置，以便在设计作品时确定作品的精确尺寸。下面介绍标尺的设置和使用方法。

选择“视图 > 标尺”命令，可以显示或隐藏标尺。显示标尺的效果如图 2-34 所示。

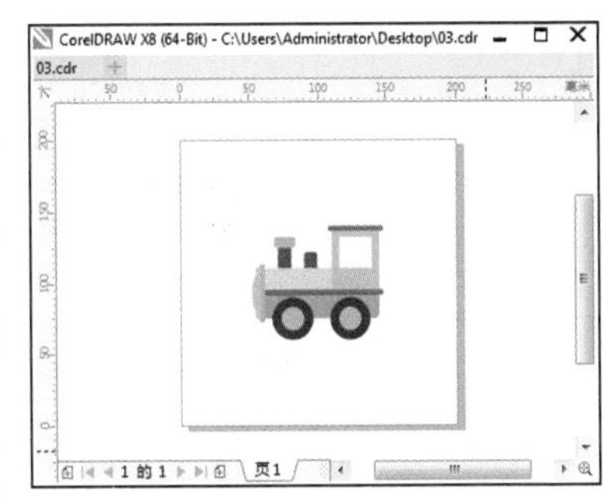

图 2-34

将鼠标的光标放在标尺左上角的图标上，单击按住鼠标左键不放并拖曳光标，出现十字虚线的标尺定位线，如图 2-35 所示。在合适的位置松开鼠标左键，可以设定新的标尺坐标原点。双击图标，可以将标尺还原到原始的位置。

按住 Shift 键，将鼠标的光标放在标尺左上角的图标上，单击按住鼠标左键不放并拖曳光标，可以将标尺移动到新位置，如图 2-36 所示。使用相同的方法将标尺拖放回左上角，可以还原标尺的位置。

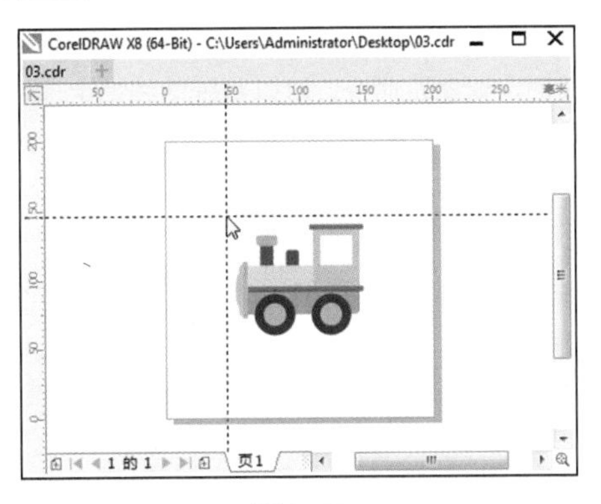

图 2-35

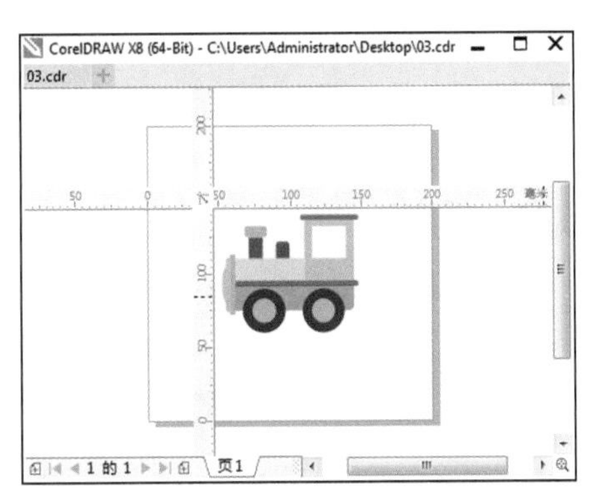

图 2-36

2.5.2 辅助线

将鼠标的光标移动到水平或垂直标尺上，按住鼠标左键不放，并向下或向右拖曳光标，可以绘制一条辅助线，在适当的位置松开鼠标左键，辅助线效果如图 2-37 所示。

要想移动辅助线，必须先选中辅助线。将鼠标的光标放在辅助线上并单击鼠标左键，辅助线被选中并呈红色，用鼠标光标拖曳辅助线到适当的位置即可，如图 2-38 所示。单击鼠标右键可以在当前位置复制出一条辅助线。选中辅助线后，按 Delete 键，可以将辅助线删除。

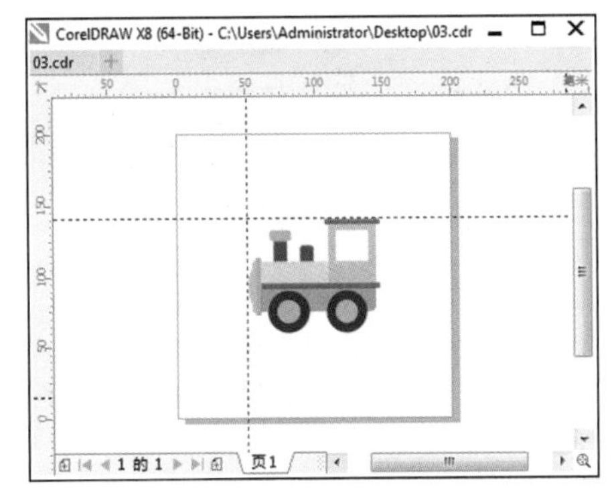

图 2-37

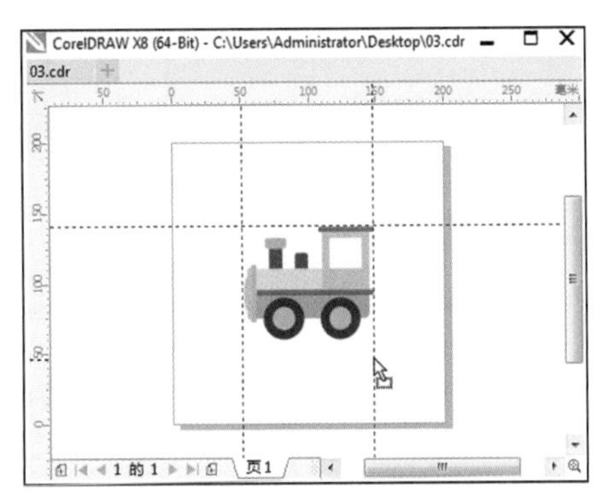

图 2-38

辅助线被选中变成红色后，再次单击辅助线，将出现辅助线的旋转模式，如图 2-39 所示。可以通过拖曳两端的旋转控制点来旋转辅助线，如图 2-40 所示。

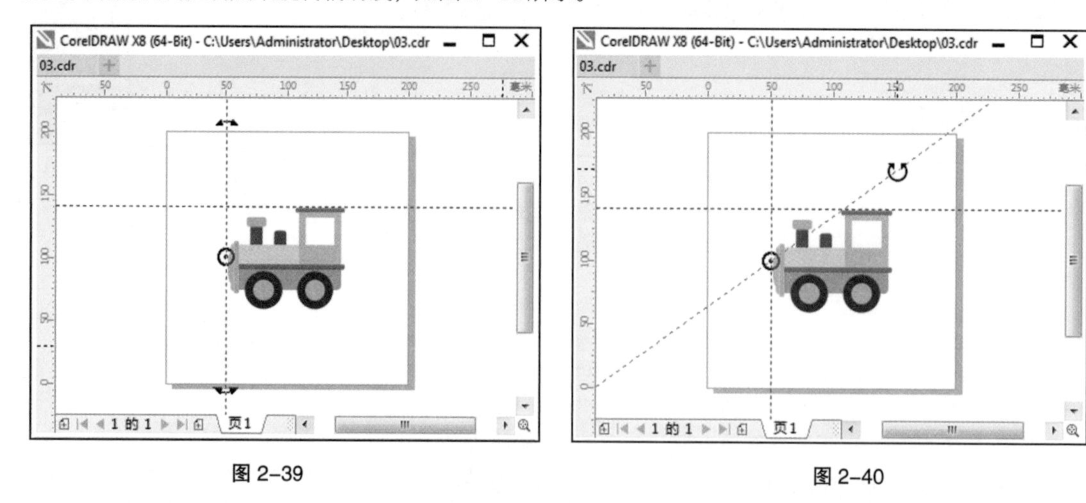

图 2-39　　图 2-40

提示：选择“窗口 > 泊坞窗 > 辅助线”命令，或使用鼠标右键单击标尺，弹出快捷菜单，在其中选择“辅助线设置”命令，弹出“辅助线”泊坞窗，也可设置辅助线。

在辅助线上单击鼠标右键，在弹出的快捷菜单中选择“锁定对象”命令，可以将辅助线锁定；用相同的方法在弹出的快捷菜单中选择“解锁对象”命令，可以将辅助线解锁。

2.5.3　网格

选择“视图 > 网格 > 文档网格”命令，在页面中生成网格，效果如图 2-41 所示。如果想消除网格，只要再次选择“视图 > 网格 > 文档网格”命令即可。

在绘图页面中单击鼠标右键，弹出其快捷菜单，在菜单中选择“视图 > 文档网格”命令，如图 2-42 所示，也可以在页面中生成网格。

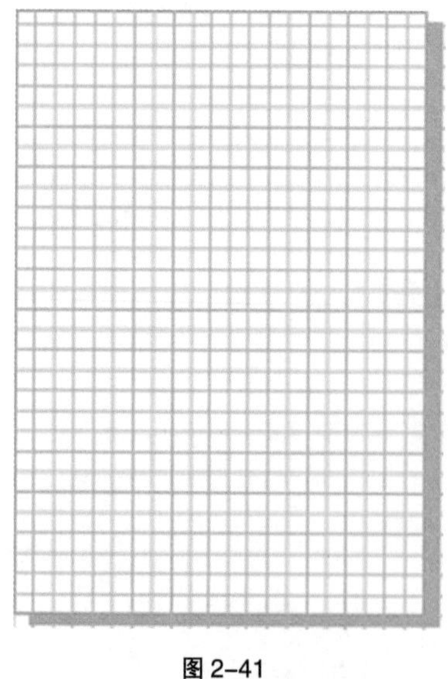

图 2-41

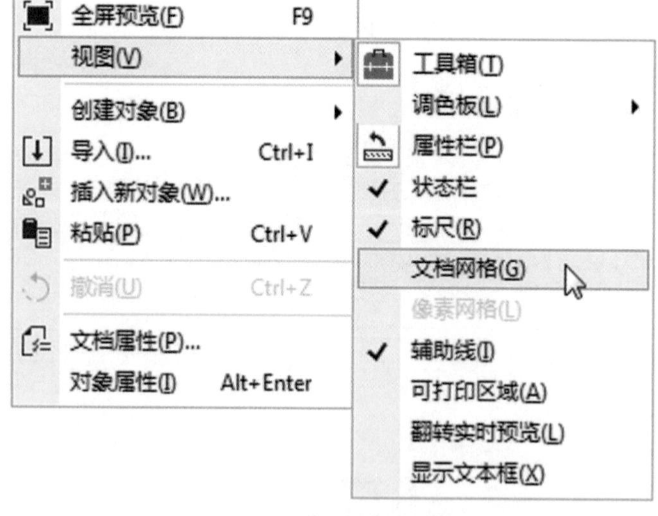

图 2-42

在绘图页面的标尺上单击鼠标右键，弹出快捷菜单，在菜单中选择“栅格设置”命令，如图 2-43 所示，弹出“选项”对话框，如图 2-44 所示。在“文档网格”选项组中可以设置网格的密度和网格点的间距。“基线网格”选项组中可以设置从顶部开始的距离和基线间的间距。若要查看像素网格设置的效果，必须切换到“像素”视图。

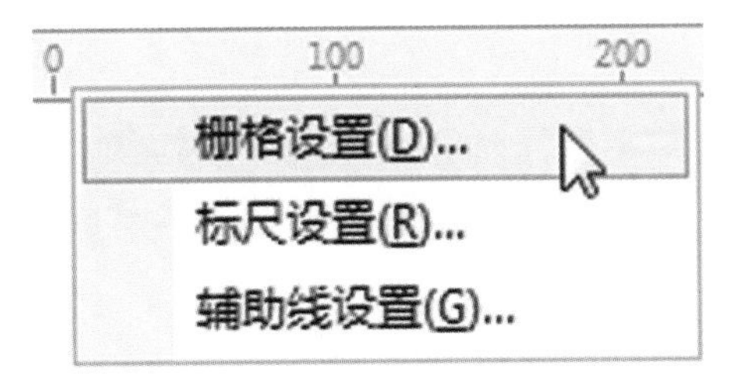

图 2-43

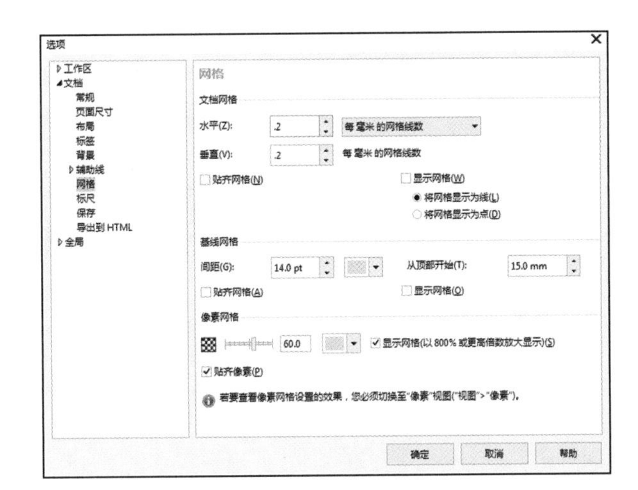

图 2-44

2.5.4 度量工具

度量工具可以给图形对象绘制标注线。在工具箱中共有 5 种度量工具，它们从上到下依次是“平行度量”工具、“水平或垂直度量”工具、“角度量”工具、“线段度量”工具和“3 点标注”工具。选择“平行度量”工具，弹出其属性栏，如图 2-45 所示。

图 2-45

打开一个图形对象，如图 2-46 所示。选择“平行度量”工具，将鼠标的光标移动到图形对象的右侧顶部单击并向下拖曳光标，将光标移动到图形对象的底部后再次单击鼠标左键，再将鼠标指针拖曳到线段的中间，如图 2-47 所示。再次单击完成标注，效果如图 2-48 所示。使用相同的方法，可以用其他标注工具为图形对象进行标注，标注完成后的图形效果如图 2-49 所示。

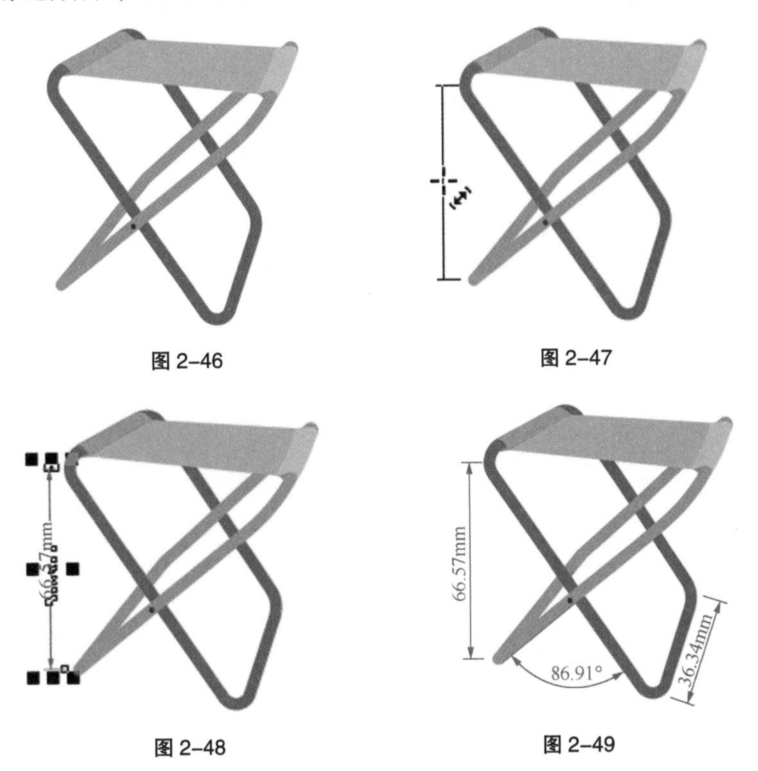

图 2-46

图 2-47

图 2-48

图 2-49

第 3 章 常用工具和泊坞窗

本章介绍

本章将讲解 CorelDRAW 中变换与填充工具的使用方法，以及文本的创建和编辑功能。通过本章的学习，读者可以进行常规的文本输入和编辑，还可以制作出不同效果的图形轮廓线，了解并掌握各种颜色的填充方式，以及图形对象的编辑技巧。

学习目标

- 掌握选择工具组的使用方法。
- 掌握不同类型文字的输入和编辑技巧。
- 熟练掌握各种颜色的填充方式和技巧。
- 熟练掌握变换工具编辑对象的技巧。

技能目标

- 掌握“小图标”的组合方法。
- 掌握“促销海报”的制作方法。
- 掌握“手机设置图标”的绘制方法。
- 掌握“风景插画”的绘制方法。

3.1 选择工具组

在 CorelDRAW 中，新建一个图形对象时，一般图形对象呈选取状态，在对象的周围出现圈选框，圈选框是由 8 个控制手柄组成的。对象的中心有一个“×”形的中心标记。对象的选取状态如图 3-1 所示。

提示：在 CorelDRAW 中，要编辑一个对象，首先要选取这个对象。当选取多个图形对象时，多个图形对象共用一个圈选框。要取消对象的选取状态，只要在绘图页面中的其他位置单击鼠标左键或按 Esc 键即可。

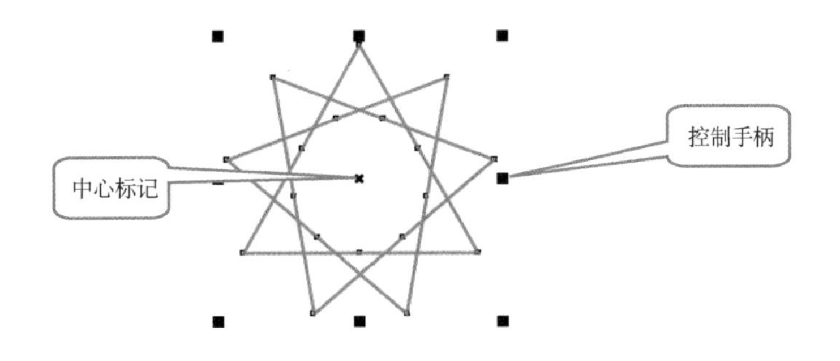

图 3-1

3.1.1 课堂案例——组合小图标

【案例学习目标】学会使用选择类工具选取并编辑图形对象。

【案例知识要点】使用选择工具调整图形对象的位置；使用形状工具调整矩形边角的圆滑度；组合小图标效果如图 3-2 所示。

【效果所在位置】云盘 /Ch03/ 效果 / 组合小图标 .cdr。

图 3-2

（1）按 Ctrl+O 组合键，打开云盘中的“Ch03 > 素材 > 组合小图标 > 01”文件，如图 3-3 所示。

（2）选择“选择”工具，选中左侧灰色矩形上单击将其选中，如图 3-4 所示。向右下拖曳灰色矩形到适当的位置，如图 3-5 所示。松开鼠标左键后，如图 3-6 所示。

图 3-3

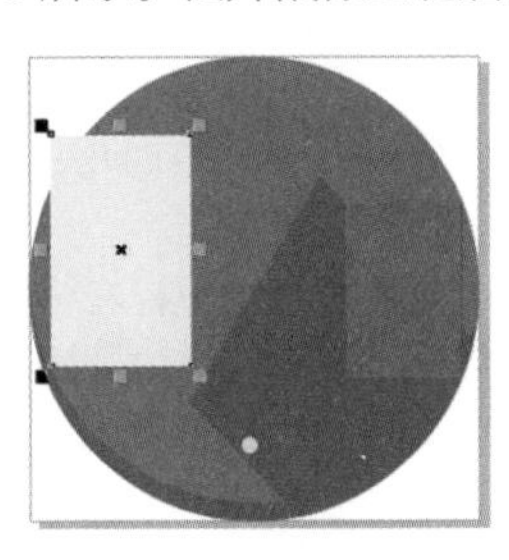

图 3-4

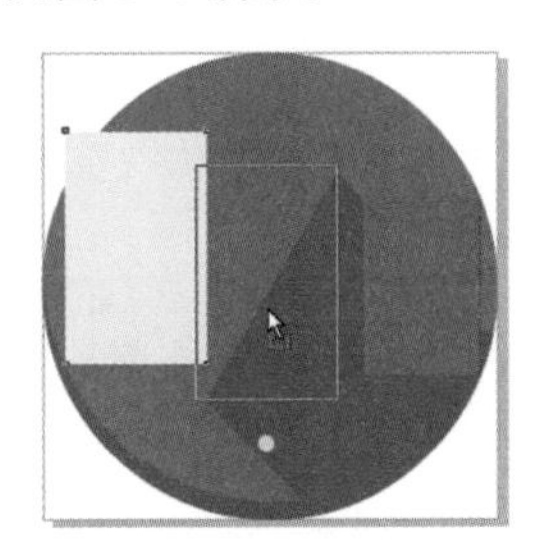

图 3-5

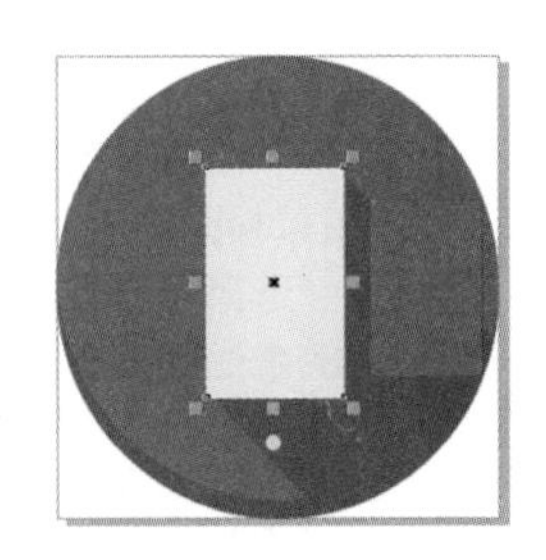

图 3-6

（3）选择“形状”工具，选中矩形边角的节点，如图 3-7 所示；按住鼠标左键向内拖曳矩形边角的节点，改变边角的圆滑度，如图 3-8 所示；松开鼠标左键后，圆角矩形效果如图 3-9 所示。

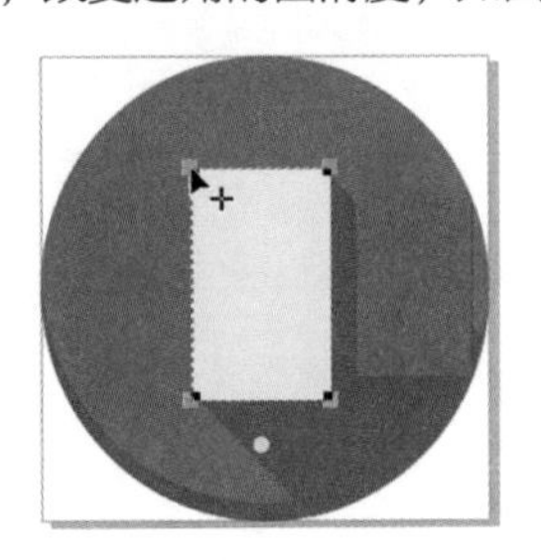

图 3-7

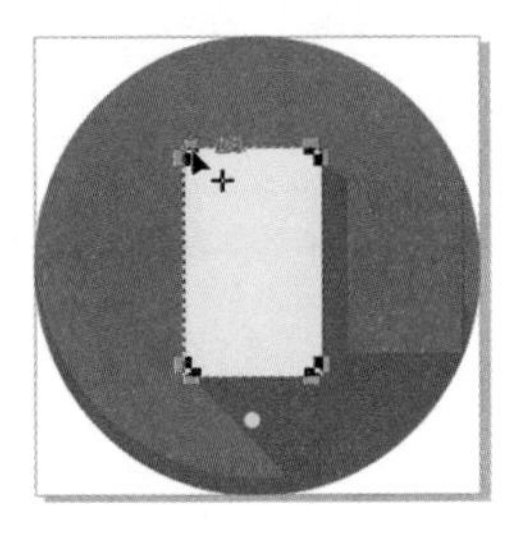

图 3-8

图 3-9

（4）选择“选择”工具，在右侧蓝色矩形上单击将其选中，如图 3-10 所示。向左上拖曳蓝色矩形到适当的位置，如图 3-11 所示。松开鼠标左键后，如图 3-12 所示。

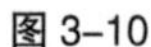

图 3-10

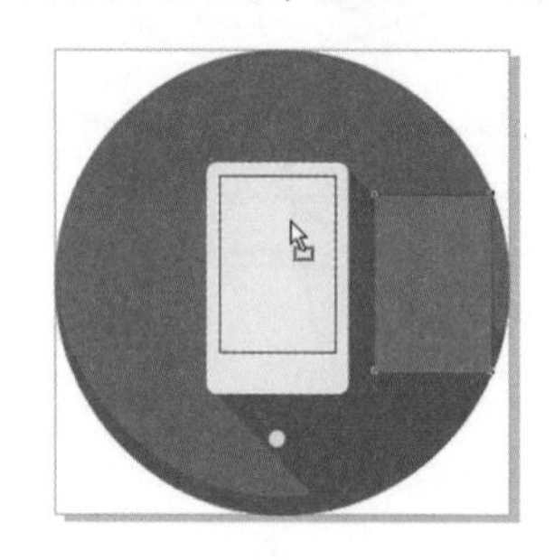

图 3-11

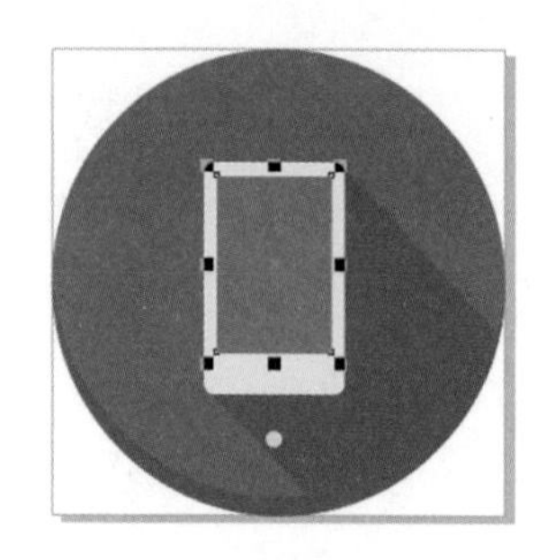

图 3-12

（5）使用相同的方法选中并调整下方圆形的位置，效果如图 3-13 所示。取消图形选取状态，小图标组合完成，效果如图 3-14 所示。

图 3-13

图 3-14

3.1.2 选择工具

“选择”工具可以通过鼠标点选、鼠标圈选和使用命令选取对象来选取整个对象。

1. 用鼠标点选的方法选取对象

选择“选择”工具，在要选取的图形对象上单击鼠标左键，即可选取该对象。

选取多个图形对象时，按住 Shift 键，依次单击选取的对象即可。同时选取的效果如图 3-15 所示。

2. 用鼠标圈选的方法选取对象

选择“选择”工具，在绘图页面中要选取的图形对象外围单击鼠标左键并拖曳光标，拖曳后会出现一个蓝色的虚线圈选框，如图 3-16 所示。在圈选框完全圈选住对象后松开鼠标左键，被圈选的对象即处于选取状态，如图 3-17 所示。用圈选的方法可以同时选取一个或多个对象。

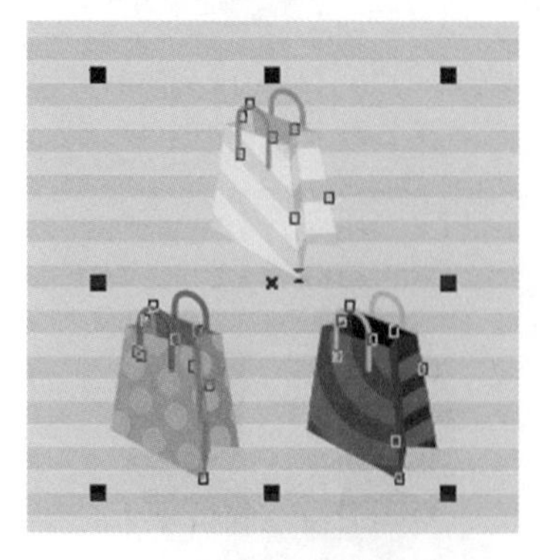

图 3-15

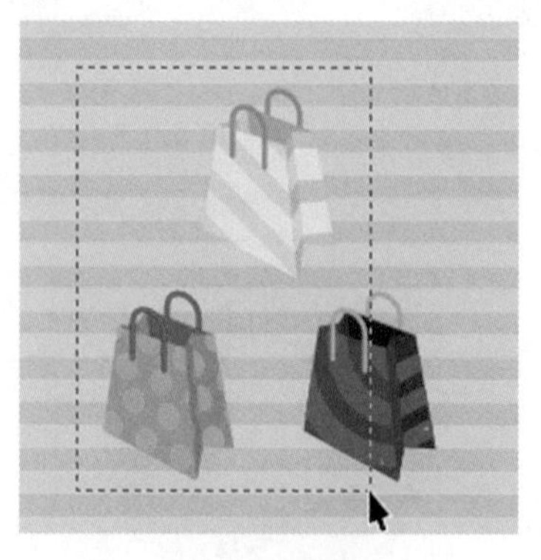

图 3-16

图 3-17

在圈选的同时按住 Alt 键，蓝色的虚线圈选框接触到的对象都将被选取，如图 3-18 所示。

图 3-18

3. 使用命令选取对象

选择“编辑 > 全选”子菜单下的各个命令来选取对象，按 Ctrl+A 组合键，可以选取绘图页面中的全部对象。

技巧： 当绘图页面中有多个对象时，按空格键，快速选择“选择”工具，连续按 Tab 键，可以依次选择下一个对象。按住 Shift 键，再连续按 Tab 键，可以依次选择上一个对象。按住 Ctrl 键，用光标点选，可以选取群组中的单个对象。

3.1.3 形状工具

“形状”工具可以选择曲线上独立的节点或线段，并显示出曲线上的所有方向线，以便调整。

选择“形状”工具，用鼠标单击对象可以选取整个对象，如图 3-19 所示。在对象的某个节点上单击，可选中该节点，如图 3-20 所示。选中该节点不放，向左下角拖曳，将改变对象的形状，如图 3-21 所示。

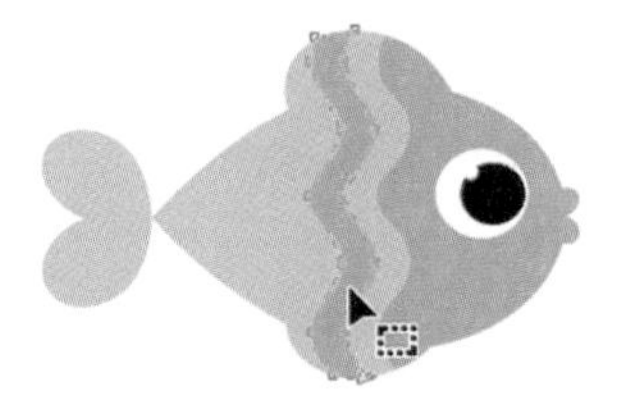

图 3-19

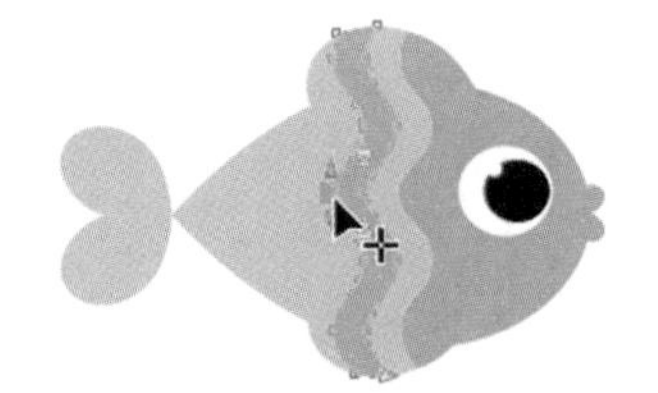

图 3-20

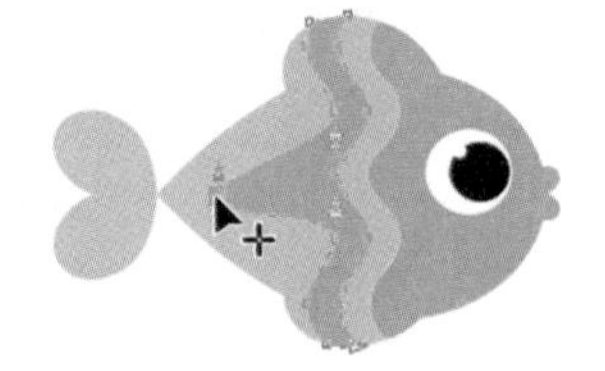

图 3-21

3.2 文本工具组

在 CorelDRAW 中，文本是具有特殊属性的图形对象。下面介绍在 CorelDRAW 中处理文本的一些基本操作。

3.2.1 课堂案例——制作促销海报

【案例学习目标】学会使用文本工具制作促销海报。

【案例知识要点】使用文本工具、填充工具添加并填充文字；使用文本属性面板设置文字字体和大小；促销海报效果如图 3-22 所示。

【效果所在位置】云盘 /Ch03/ 效果 / 制作促销海报 .cdr。

图 3-22

（1）按 Ctrl+N 组合键，弹出“创建新文档”对话框。设置文档的宽度为 900 px，高度为 500 px，取向为横向，原色模式为 RGB，渲染分辨率为 72 dpi。单击“确定”按钮，创建一个文档。

（2）按 Ctrl+I 组合键，弹出“导入”对话框。选择云盘中的“Ch03 > 素材 > 制作促销海报 > 01”文件，单击“导入”按钮，在页面中单击导入图片，如图 3-23 所示。按 P 键，图片在页面中居中对齐，效果如图 3-24 所示。

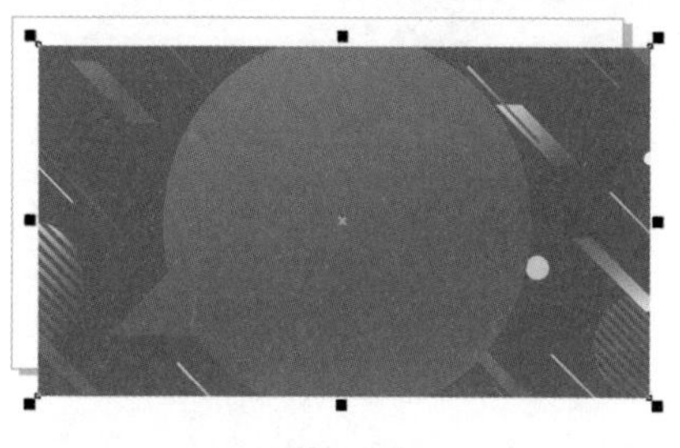

图 3-23

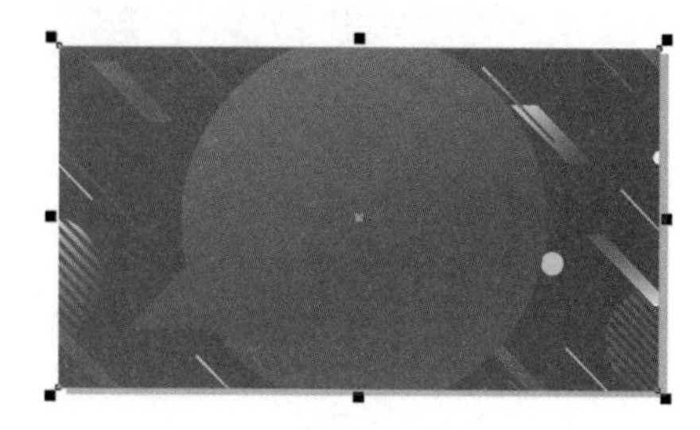

图 3-24

（3）选择“文本”工具字，在适当的位置输入合适的文字。选择“选择”工具，在属性栏中选取适当的字体并设置文字的大小，填充文字为白色，效果如图 3-25 所示。

（4）选择“文本”工具字，选取文字“最高立减 99 元”。在“RGB 调色板”中的“黄”色块上单击鼠标左键，填充文字，效果如图 3-26 所示。

图 3-25

图 3-26

（5）选取数字“99”，选择“文本 > 文本属性”命令，在弹出的“文本属性”面板中进行设置，如图 3-27 所示。按 Enter 键，效果如图 3-28 所示。

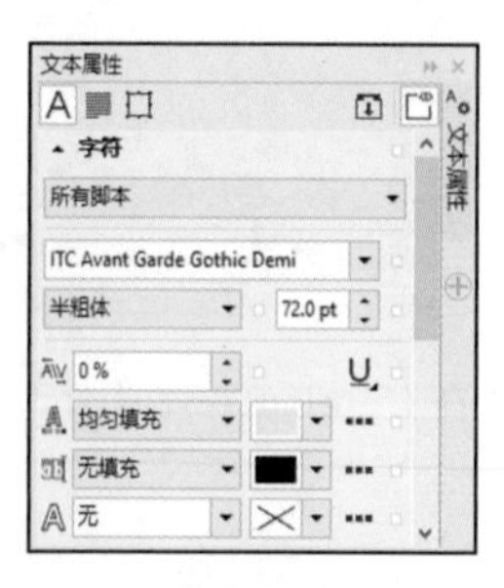

图 3-27

图 3-28

（6）使用相同的方法选取并设置数字“10”的字体和大小，效果如图 3-29 所示。选择“椭圆形”工具，按住 Ctrl 键的同时，在适当的位置绘制一个圆形，填充图形为白色。在“RGB 调色板”中的“无填充”按钮上单击鼠标右键，去除图形的轮廓线，效果如图 3-30 所示。

图 3-29

图 3-30

（7）按数字键盘上的 + 键，复制圆形。选择“选择”工具，按住 Shift 键的同时，水平向右拖曳复制的圆形到适当的位置，效果如图 3–31 所示。连续按 Ctrl+D 组合键，根据需要再制作多个圆形，效果如图 3–32 所示。

图 3–31　　图 3–32

（8）选中第 4 个圆形，在“RGB 调色板”中的“黄”色块上单击鼠标左键，填充图形，效果如图 3–33 所示。促销海报制作完成，效果如图 3–34 所示。

图 3–33

图 3–34

3.2.2 文本工具

“文本”工具用于输入美术字文本和段落文本。

1. 创建文本

CorelDRAW 中的文本共有两种类型，分别是美术字文本和段落文本。它们在使用方法、应用编辑格式和应用特殊效果等方面有很大的区别。

◎ 输入美术字文本

选择“文本”工具，在绘图页面中单击，出现“I”形插入文本光标，这时属性栏显示为“属性栏：文本”。选择字体，设置字号和字符属性，如图 3–35 所示。设置好后，直接输入美术字文本，效果如图 3–36 所示。

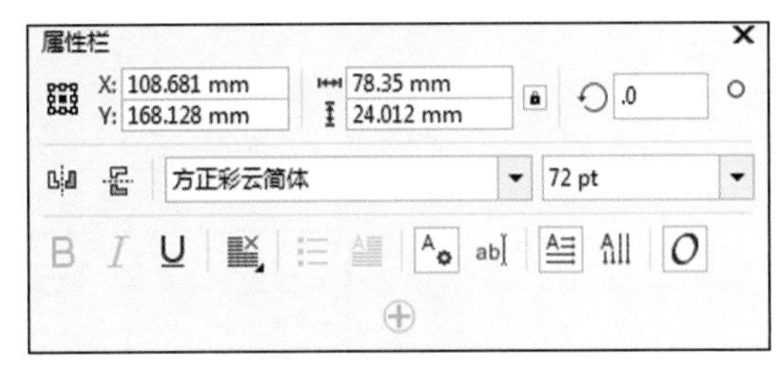

图 3–35

图 3–36

◎ 输入段落文本

选择“文本”工具，在绘图页面中按住鼠标左键不放，沿对角线拖曳鼠标，出现一个矩形的文本框，松开鼠标左键，文本框如图 3–37 所示。在“文本”属性栏中选择字体，设置字号和字符属性，如图 3–38 所示。设置好后，直接在虚线框中输入段落文本，效果如图 3–39 所示。

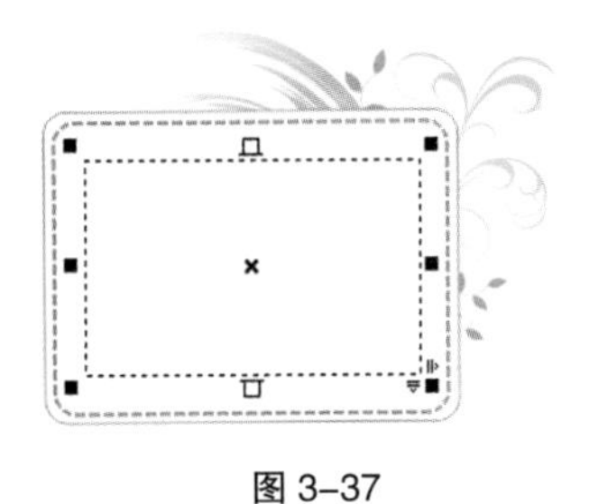

图 3–37

图 3–38

图 3–39

技巧：利用剪切、复制和粘贴命令，可以将其他文本处理软件中的文本复制到 CorelDRAW 的文本框中，如 Office 软件。

◎ 转换文本模式

使用“选择”工具选中美术字文本，如图 3-40 所示。选择“文本 > 转换为段落文本”命令，或按 Ctrl+F8 组合键，可以将其转换到段落文本，如图 3-41 所示。再次按 Ctrl+F8 组合键，可以将其转换回美术字文本，如图 3-42 所示。

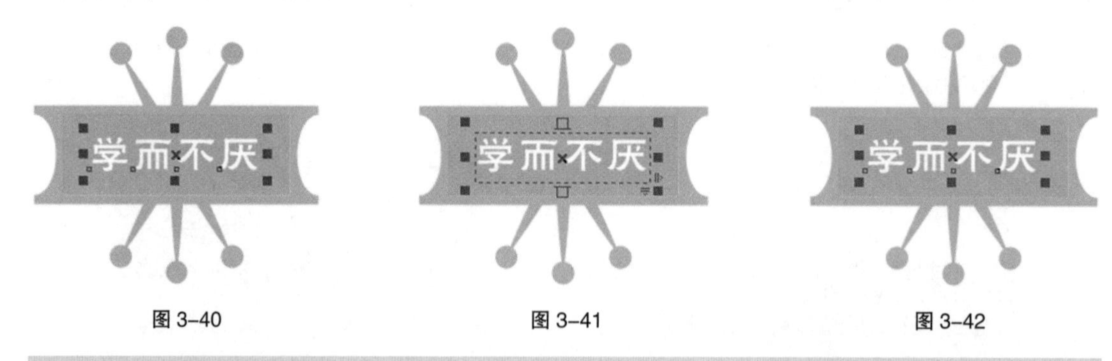

图 3-40　　图 3-41　　图 3-42

提示：当美术字文本转换成段落文本后，它就不再是图形对象，也就不能进行特殊效果的操作了。当段落文本转换成美术字文本后，它会失去段落文本的格式。

2. 改变文本的属性

◎ 在属性栏中改变文本的属性

选择“文本”工具，属性栏如图 3-43 所示。各选项的含义如下。

字体： 单击 Arial 右侧的三角按钮，可以选取所需要的字体。

字号： 单击 12 pt 右侧的三角按钮，可以选取所需要的字号。

B I U： 分别设定字体为粗体、斜体或下画线的属性。

“文本方式”按钮： 在其下拉列表中选择文本的对齐方式。

“文本属性”按钮： 打开“文本属性”对话框。

“编辑文本”按钮： 打开“编辑文本”对话框，可以编辑文本的各种属性。

 / ：设置文本的排列方式为水平或垂直。

◎ 利用“文本属性”面板改变文本的属性

单击属性栏中的“文本属性”按钮，打开“文本属性”泊坞窗，如图 3-44 所示，可以设置文字的字体及大小等属性。

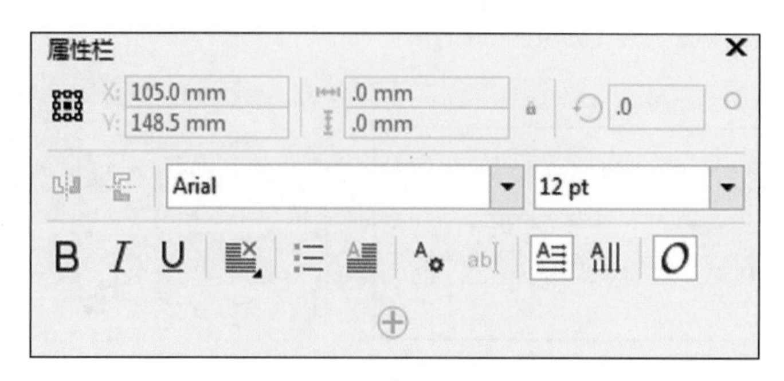

图 3-43

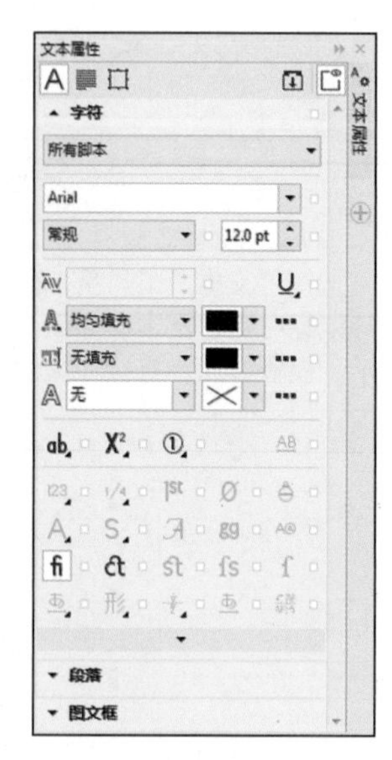

图 3-44

3. 文本编辑

选择“文本”工具字，在绘图页面的文本中单击鼠标左键，插入鼠标光标并按住鼠标左键不放，拖曳光标可以选中需要的文本。松开鼠标左键，如图 3–45 所示。

在“文本”属性栏中重新选择字体，如图 3–46 所示。设置好后，选中文本的字体被改变，效果如图 3–47 所示。在“文本”属性栏中还可以设置文本的其他属性。

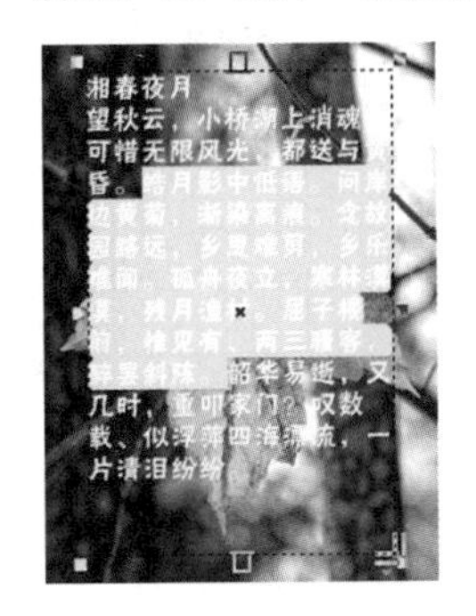

图 3–45

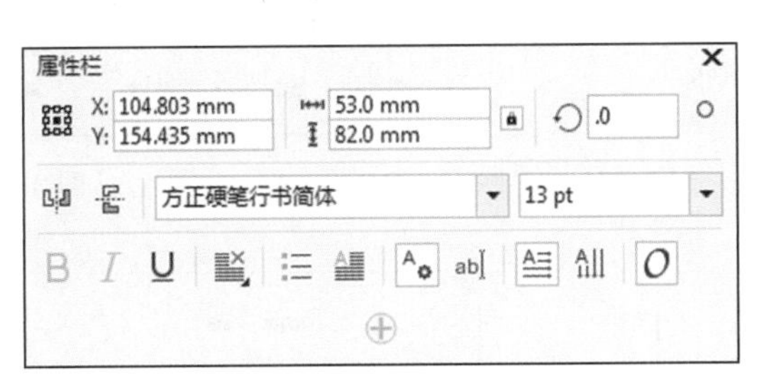

图 3–46

图 3–47

选中需要填色的文本，如图 3–48 所示。在调色板中选定的颜色上单击鼠标左键，可以为选中的文本填充颜色，如图 3–49 所示。在页面上的任意位置单击鼠标左键，可以取消对文本的选取。

按住 Alt 键并拖曳文本框，如图 3–50 所示，可以按文本框的大小改变段落文本的大小，如图 3–51 所示。

图 3–48

图 3–49

图 3–50

图 3–51

选中需要复制的文本，如图 3–52 所示，按 Ctrl+C 组合键，将选中的文本复制到 Windows 的剪贴板中。用光标在文本中其他位置单击插入光标，再按 Ctrl+V 组合键，可以将选中的文本粘贴到文本中的其他位置，效果如图 3–53 所示。

在文本中的任意位置插入鼠标的光标，效果如图 3–54 所示。再按 Ctrl+A 组合键，可以将整个文本选中，效果如图 3–55 所示。

图 3–52

图 3–53

图 3–54

图 3–55

选择“选择”工具，选中需要编辑的文本。单击属性栏中的“编辑文本”按钮，或选择“文本 > 编辑文本”命令，或按 Ctrl+Shift+T 组合键，弹出“编辑文本”对话框，如图 3–56 所示。

在“编辑文本”对话框中，上面的选项 方正艺黑简体 13 pt 可以设置文本的属性，中间的文本栏可以输入所需要的文本。

单击下面的“选项”按钮，弹出如图 3-57 所示的快捷菜单，在其中选择合适的命令来完成编辑文本的操作。

单击下面的“导入”按钮，弹出如图 3-58 所示的“导入”对话框，可以将所需要的文本导入“编辑文本”对话框的文本框中。

在“编辑文本”对话框中编辑好文本后，单击“确定”按钮，编辑好的文本内容就会出现在绘图页面中。

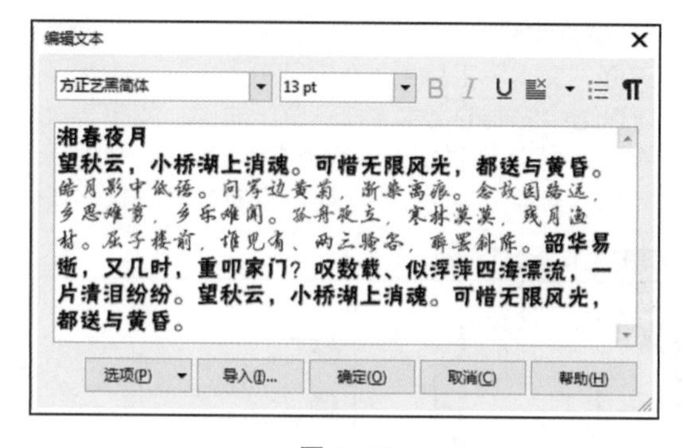

图 3-56

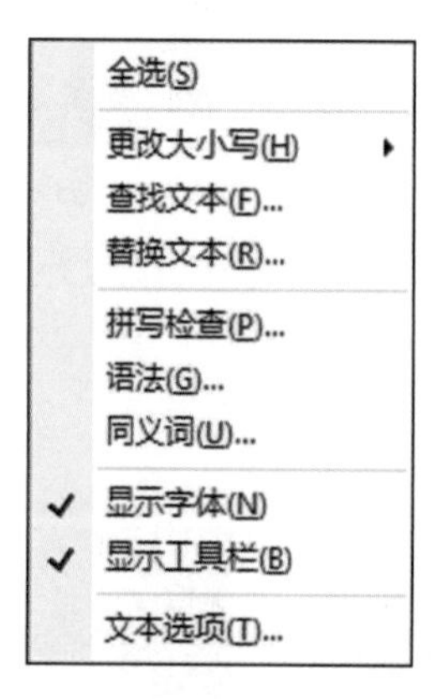

图 3-57

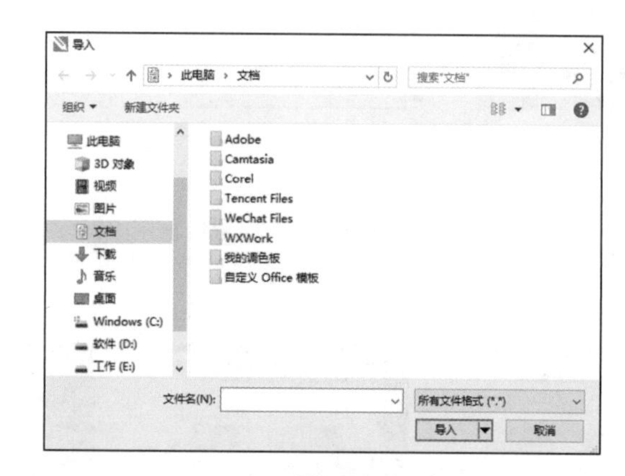

图 3-58

3.3 填充工具组

CorelDRAW 提供了丰富的轮廓线和各种填充设置，可以制作出精美的轮廓线和填充效果。下面具体介绍编辑轮廓线和均匀填充、渐变填充、图样填充以及其他填充的方法和技巧。

3.3.1 课堂案例——绘制手机设置图标

【案例学习目标】学会使用几何形状工具和填充工具绘制手机设置图标。

【案例知识要点】使用导入命令添加图标背景；使用矩形工具、渐变工具、网状填充工具、颜色泊坞窗绘制设置图标；使用阴影工具为图标添加阴影效果；使用椭圆形工具、轮廓笔工具绘制圆环。手机设置图标效果如图 3-59 所示。

【效果所在位置】云盘 /Ch03/ 效果 / 绘制手机设置图标 .cdr。

图 3-59

（1）按 Ctrl+N 组合键，新建一个 A4 页面。单击属性栏中的“横向”按钮，显示为横向页面。按 Ctrl+I 组合键，弹出“导入”对话框。选择云盘中的“Ch03 > 素材 > 绘制手机设置图标 > 01”文件，单击“导入”按钮，在页面中单击导入图片，如图 3-60 所示。按 P 键，图片在页面中居中对齐，效果如图 3-61 所示。

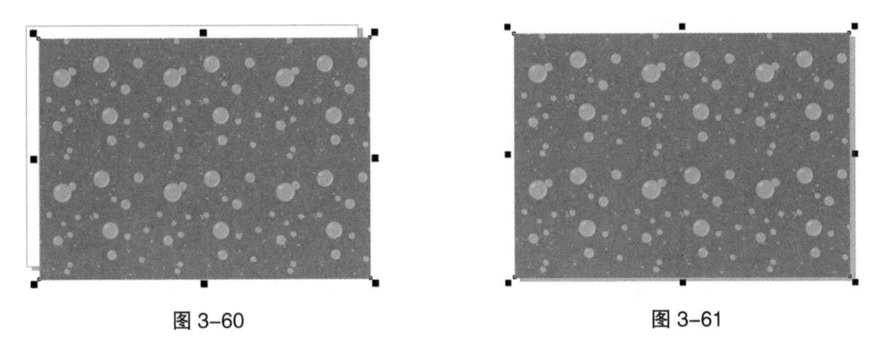

图 3-60　　　　图 3-61

（2）选择“矩形”工具□，在适当的位置绘制一个矩形，填充图形为白色，并去除图形的轮廓线，效果如图 3-62 所示。在属性栏中将“转角半径”选项均设为 30 mm，按 Enter 键，圆角矩形效果如图 3-63 所示。

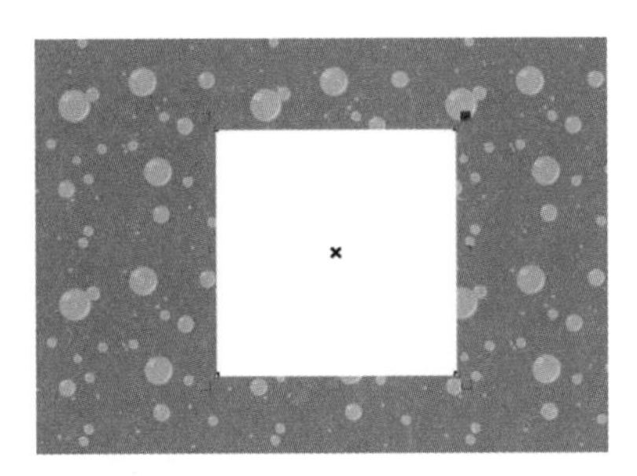

图 3-62

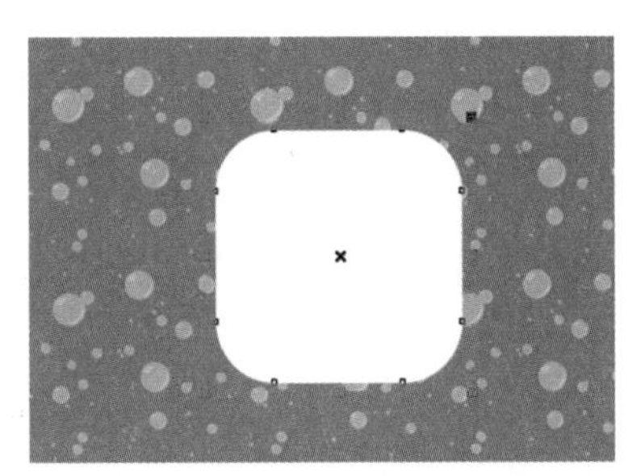

图 3-63

（3）选择“阴影”工具□，在图形对象中由上至下拖曳光标，为图形添加阴影效果，在属性栏中的设置如图 3-64 所示；按 Enter 键，效果如图 3-65 所示。

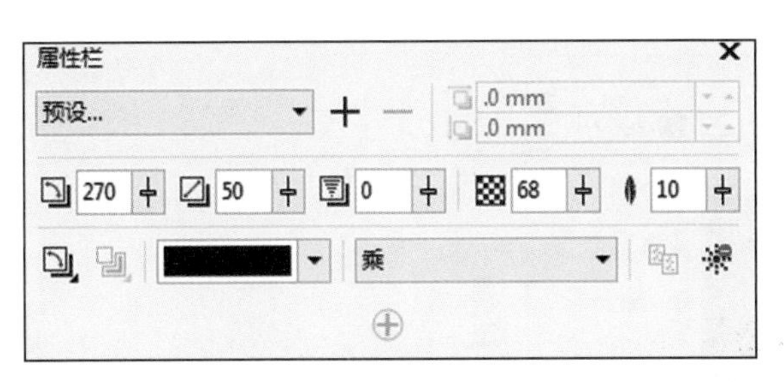

图 3-64

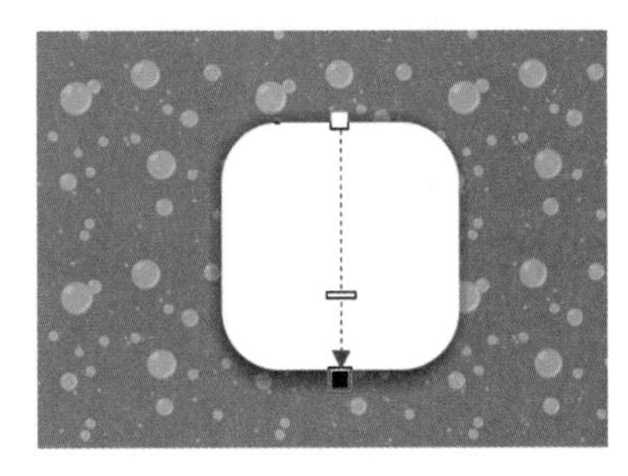

图 3-65

（4）选择“选择”工具，选取白色圆角矩形，按数字键盘上的 + 键，复制图形。选择“网状填充”工具，编辑状态如图 3-66 所示。在适当的位置双击添加网格，如图 3-67 所示。

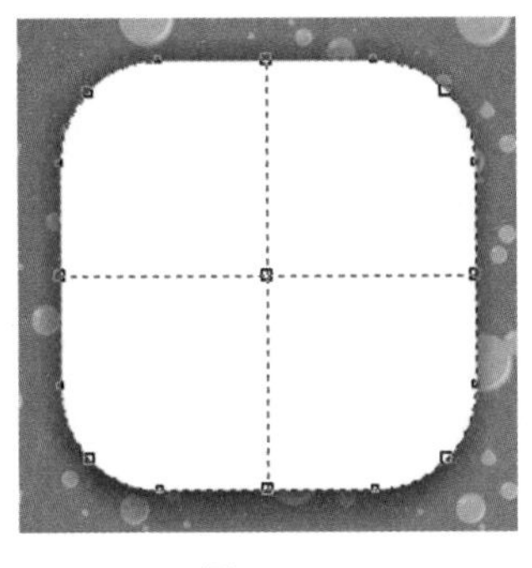

图 3-66

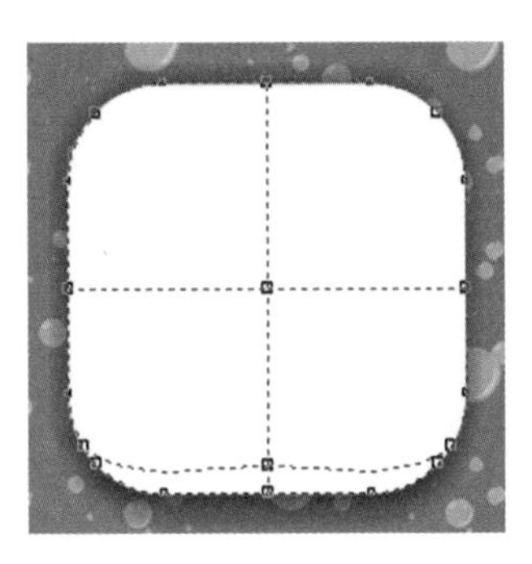

图 3-67

（5）单击选中网格中添加的节点，选择“窗口 > 泊坞窗 > 彩色”命令，弹出“颜色泊坞窗”，设置如图 3-68 所示。单击“填充”按钮，效果如图 3-69 所示。

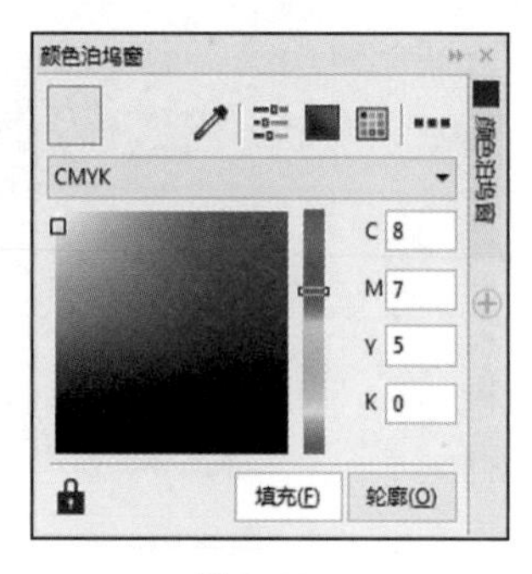

图 3-68

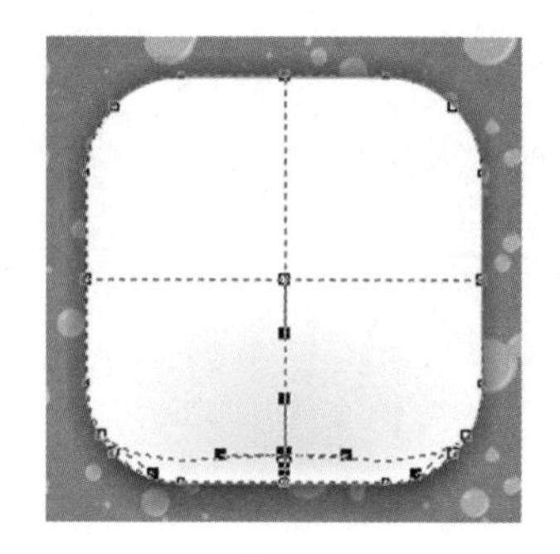

图 3-69

（6）放大显示视图，在适当的位置再次双击添加网格，如图 3-70 所示。单击选中网格中添加的节点，在“颜色泊坞窗”中进行设置，如图 3-71 所示。单击“填充”按钮，效果如图 3-72 所示。

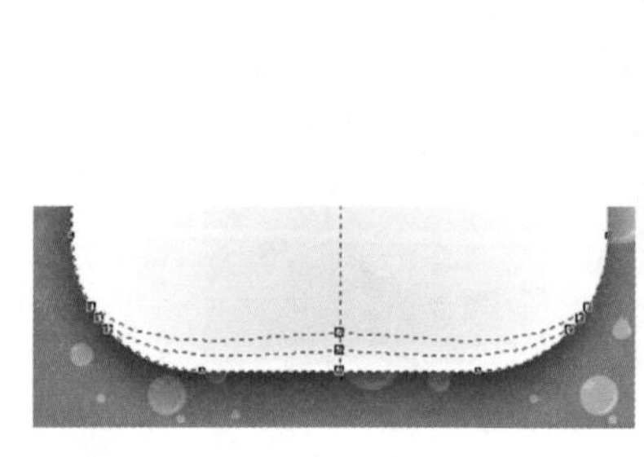

图 3-70

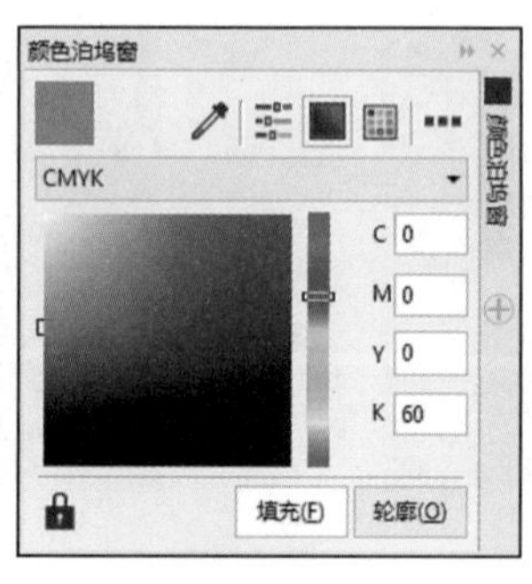

图 3-71

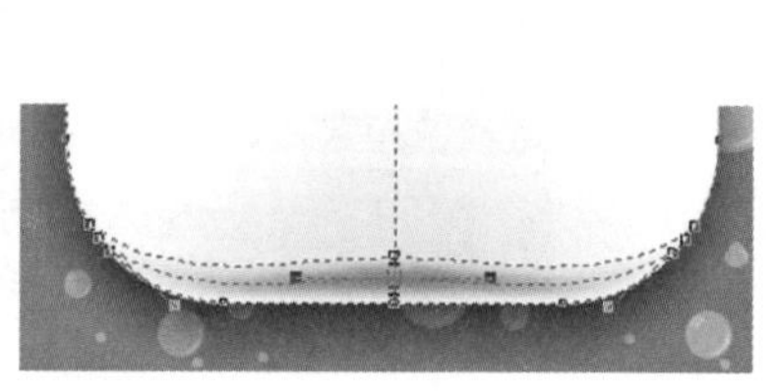

图 3-72

（7）单击选中网格中最下方的节点，如图 3-73 所示；在“颜色泊坞窗”中进行设置，如图 3-74 所示；单击“填充”按钮，效果如图 3-75 所示。

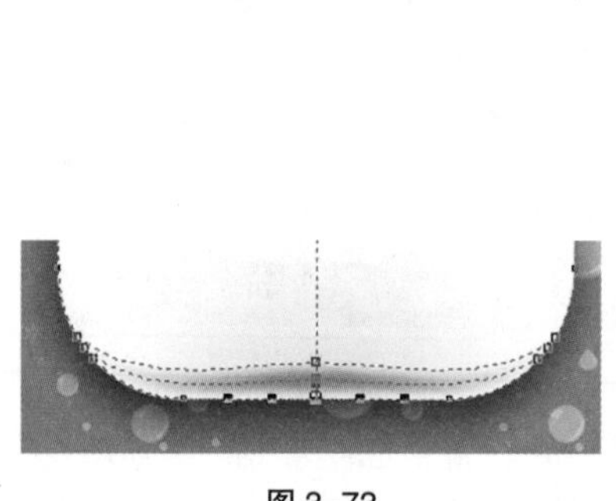

图 3-73

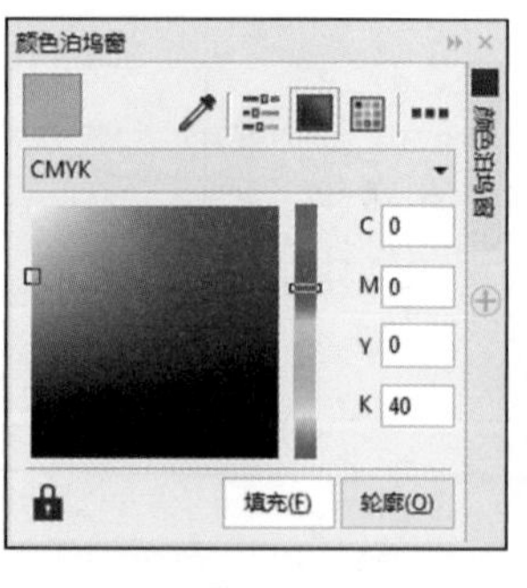

图 3-74

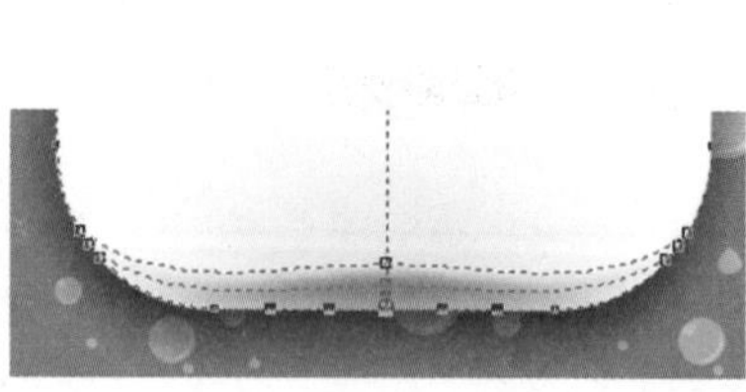

图 3-75

（8）选择“椭圆形”工具，按住 Shift+Ctrl 组合键的同时，以圆角矩形中点为圆心绘制一个圆形，如图 3-76 所示。按 F11 键，弹出“编辑填充”对话框，选择“渐变填充”按钮，在“节点位置”选项中分别添加并输入 0、51、100 三个位置点，分别设置三个位置点颜色的 CMYK 值为 0（68、52、5、0）、51（34、0、15、0）、100（11、0、4、0），其他选项的设置如图 3-77 所示。单击“确定”按钮，填充图形，并去除图形的轮廓线，效果如图 3-78 所示。

（9）选择“选择”工具，按住 Shift 键的同时，向内拖曳圆形右上角的控制手柄到适当的位置，再单击鼠标右键，复制一个圆形。按 F11 键，弹出“编辑填充”对话框，选择“渐变填充”按钮，将“起点”选项颜色的 CMYK 值设为 100、100、57、20，“终点”选项颜色的 CMYK 值设为 82、21、62、0。在“类型”选项卡下方单击“椭圆形渐变填充”按钮，其他选项的设置如图 3-79 所示。单击“确定”按钮，填充图形，效果如图 3-80 所示。用相同的方法制作其他渐变圆形，效果如图 3-81 所示。

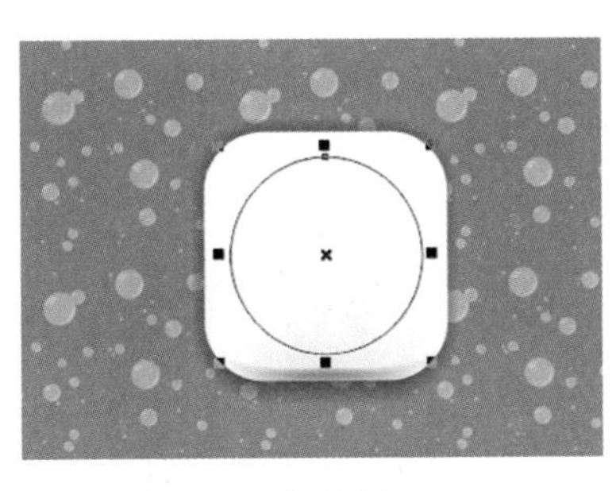

图 3-76

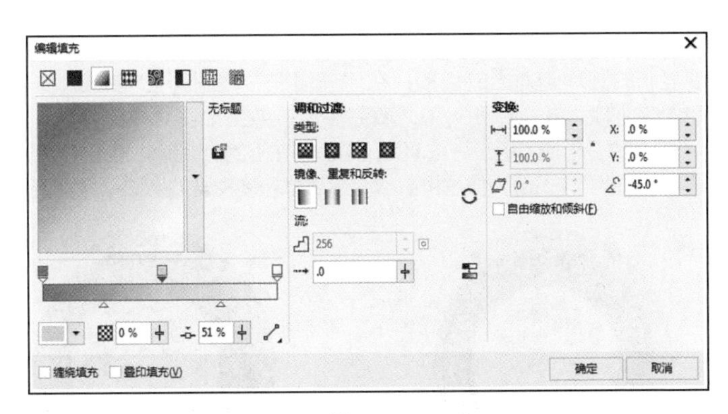

图 3-77

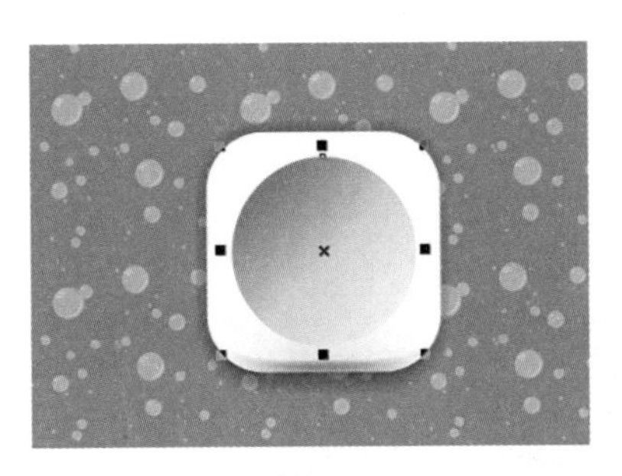

图 3-78

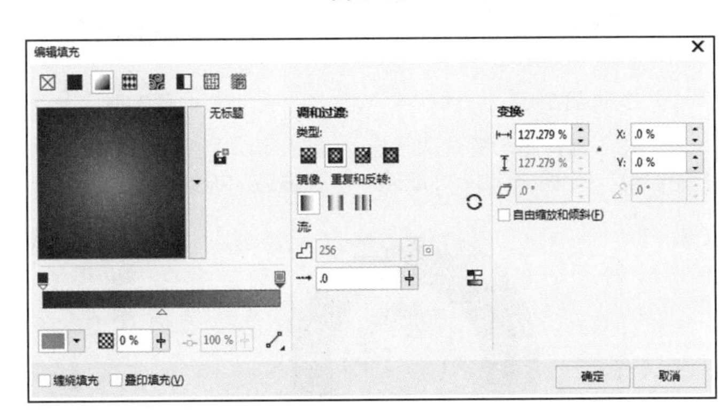

图 3-79

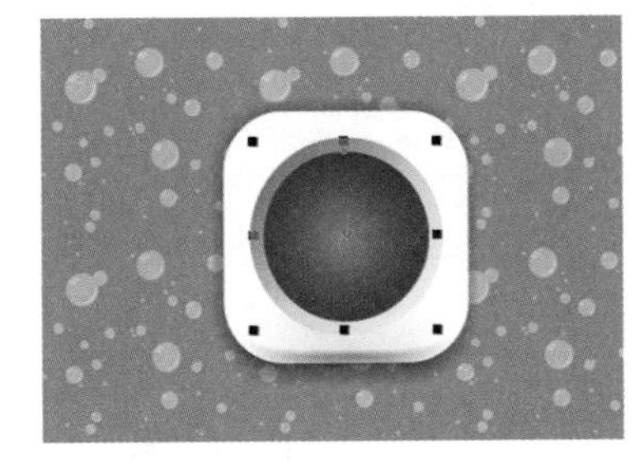

图 3-80

图 3-81

（10）选择“椭圆形”工具◯，按住 Ctrl 键的同时，在适当的位置绘制一个圆形，如图 3-82 所示。按 F12 键，弹出“轮廓笔”对话框，在“颜色”选项中设置轮廓线颜色的 CMYK 值为 56、0、16、0，其他选项的设置如图 3-83 所示。单击“确定”按钮，效果如图 3-84 所示。

图 3-82

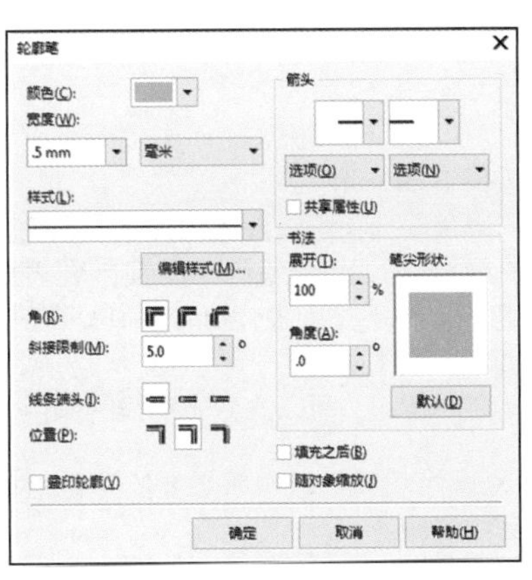

图 3-83

图 3-84

（11）选择“选择”工具，按数字键盘上的 + 键，复制圆环；按住 Shift 键的同时，水平向右拖曳复制的圆环到适当的位置；在“无填充”按钮上单击鼠标右键，去除图形的轮廓线；设置图形颜色的 CMYK 值为 56、0、16、0，填充图形。效果如图 3-85 所示。

（12）选择“矩形”工具，在适当的位置绘制一个矩形，如图 3-86 所示。在属性栏中将“转角半径”选项均设为 10mm，按 Enter 键，圆角矩形效果如图 3-87 所示。

图 3-85　　图 3-86　　图 3-87

（13）保持图形的选取状态。设置图形颜色的 CMYK 值为 79、67、13、0，填充图形，并去除图形的轮廓线，效果如图 3-88 所示。手机设置图标绘制完成，效果如图 3-89 所示。

图 3-88

图 3-89

3.3.2 轮廓填充

轮廓线是指一个图形对象的边缘或路径。

1. 使用轮廓工具

单击“轮廓笔”工具，弹出“轮廓”工具的展开工具栏，如图 3-90 所示。

展开工具栏中的“轮廓笔”工具，可以编辑图形对象的轮廓线。“轮廓色”工具可以用于编辑图形对象的轮廓线颜色。11 个按钮都是设置图形对象的轮廓宽度用的，分别是无轮廓、细线轮廓、0.1mm、0.2mm、0.25mm、0.5mm、0.75mm、1mm、1.5mm、2mm 和 2.5mm。点“彩色”工具，可以弹出“颜色泊坞窗”，对图形的轮廓线颜色进行编辑。

2. 设置轮廓线的颜色

绘制一个图形对象，并使图形对象处于选取状态。单击“轮廓笔”工具，弹出“轮廓笔”对话框，如图 3-91 所示。

在“轮廓笔”对话框中，单击“颜色”选项可以设置轮廓线的颜色。在 CorelDRAW 的默认状态下，轮廓线被设置为黑色。在颜色列表框右侧的按钮上单击鼠标左键，打开颜色下拉列表，如图 3-92 所示。在颜色下拉列表中可以调配自己需要的颜色。

设置好需要的颜色后，单击“确定”按钮，可以改变轮廓线的颜色。

提示：图形对象在选取状态下，直接在调色板中所需要的颜色上单击鼠标右键，可以快速填充轮廓线的颜色。

轮廓笔	F12
轮廓色	Shift+F12
无轮廓	
细线轮廓	
0.1 mm	
0.2 mm	
0.25 mm	
0.5 mm	
0.75 mm	
1 mm	
1.5 mm	
2 mm	
2.5 mm	
彩色(C)	

图 3-90

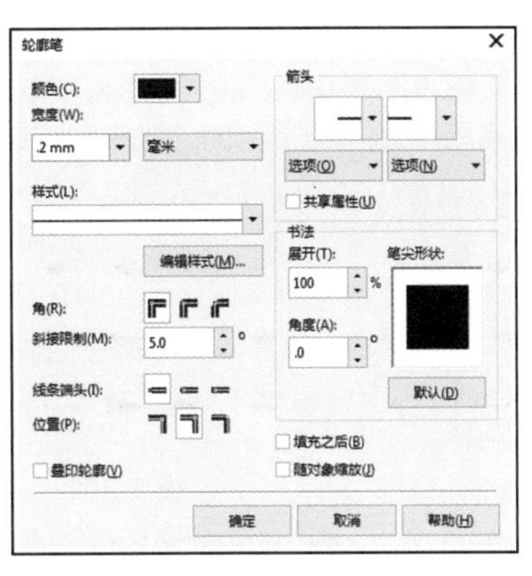

图 3-91

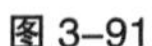

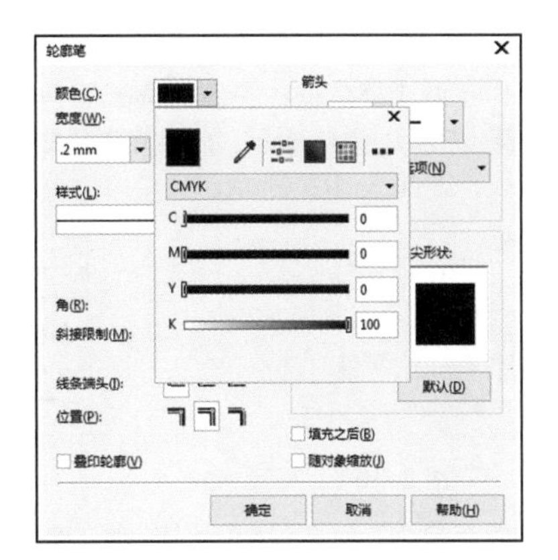

图 3-92

3. 设置轮廓线的粗细及样式

在“轮廓笔”对话框中，“宽度”选项可以用于设置轮廓线的宽度值和宽度的度量单位。在左侧的三角按钮上单击鼠标左键，弹出下拉列表，可以选择宽度数值，如图 3-93 所示。也可以在数值框中直接输入宽度数值。在右侧的三角按钮上单击鼠标左键，弹出下拉列表，可以选择宽度的度量单位，如图 3-94 所示。在“样式”选项右侧的三角按钮上单击鼠标左键，弹出下拉列表，可以选择轮廓线的样式，如图 3-95 所示。

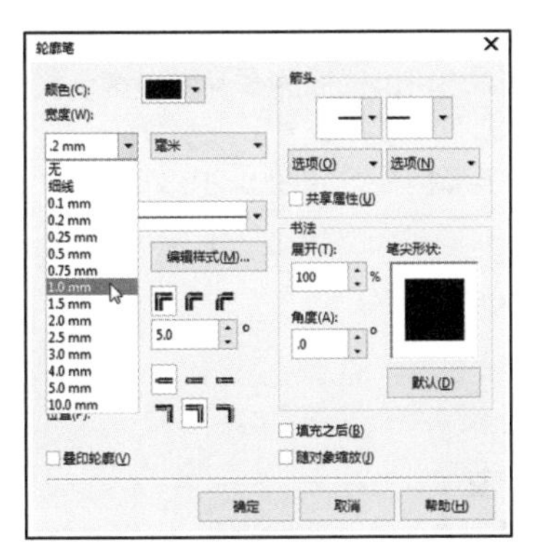

图 3-93

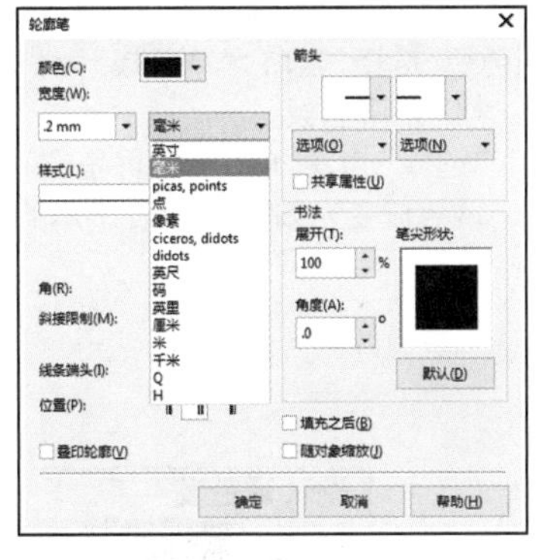

图 3-94

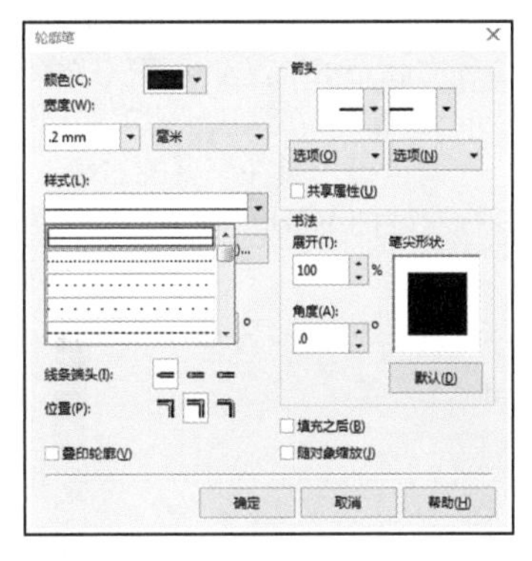

图 3-95

4. 设置轮廓线角的样式及端头样式

在“轮廓笔”对话框中，“角”设置区可以用于设置轮廓线角的样式，如图 3-96 所示。“角”设置区提供了 3 种拐角的样式，它们分别是尖角、圆角和平角。

将轮廓线的宽度增加，因为较细的轮廓线在设置拐角后效果不明显。3 种拐角的效果如图 3-97 所示。

图 3-96　　图 3-97

在“轮廓笔”对话框中，“线条端头”设置区可以用于设置线条端头的样式，如图 3-98 所示。“线条端头”设置区提供了 3 种端头的样式，它们分别是削平两端点、两端点延伸成半圆形、削平两端点并延伸。3 种端头的效果如图 3-99 所示。

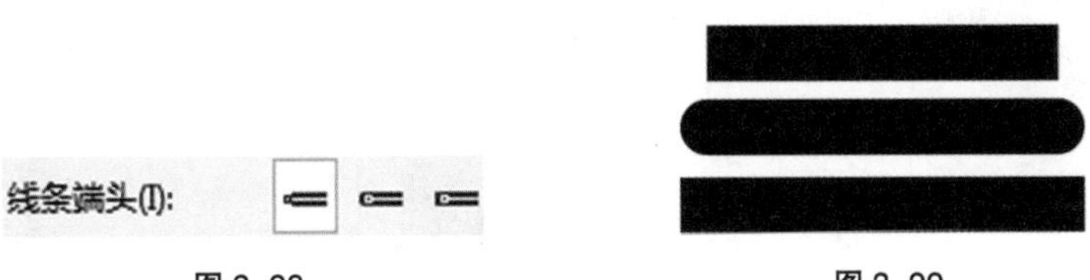

图 3-98　　图 3-99

在“轮廓笔”对话框中，在“箭头”设置区可以设置线条两端的箭头样式，如图 3–100 所示。“箭头”设置区中提供了两个样式框：左侧的样式框用来设置箭头样式，单击样式框上的三角按钮，弹出“箭头样式”列表，如图 3–101 所示。右侧的样式框用来设置箭尾样式，单击样式框上的三角按钮，弹出“箭尾样式”列表，如图 3–102 所示。

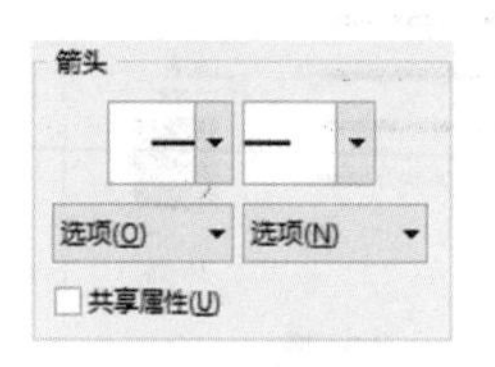

图 3–100

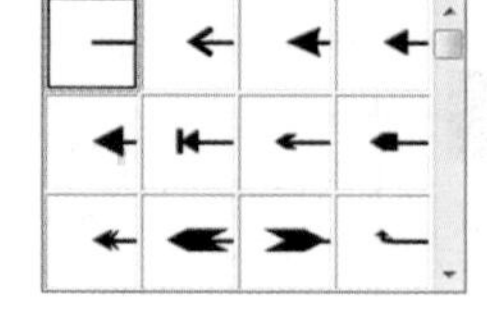

图 3–101

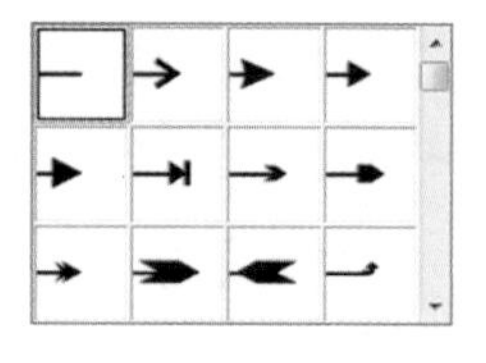

图 3–102

勾选“填充之后”复选框将图形对象的轮廓置于图形对象的填充之后，图形对象的填充会遮挡图形对象的轮廓颜色，因此只能观察到轮廓的一段宽度的颜色。

勾选“随对象缩放”复选框缩放图形对象时，图形对象的轮廓线会根据图形对象的大小而改变，使图形对象的整体效果保持不变。如果不选择此选项，在缩放图形对象时，图形对象的轮廓线不会根据图形对象的大小而改变，轮廓线和填充不能保持原图形对象的效果，图形对象的整体效果就会被破坏。

3.3.3 均匀填充

1. 使用调色板填充颜色

通过选取调色板中的颜色，可以把一种新颜色快速填充到图形对象中。

在 CorelDRAW 中提供了多种调色板。选择“窗口 > 调色板”命令，将弹出可供选择的多种颜色调色板。CorelDRAW 在默认状态下使用的是 CMYK 调色板。

调色板一般在屏幕的右侧。使用“选择”工具，选中屏幕右侧的条形色板，如图 3–103 所示。用鼠标左键拖曳条形色板到屏幕的中间，调色板变为如图 3–104 所示的形状。

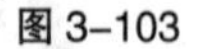

图 3–103

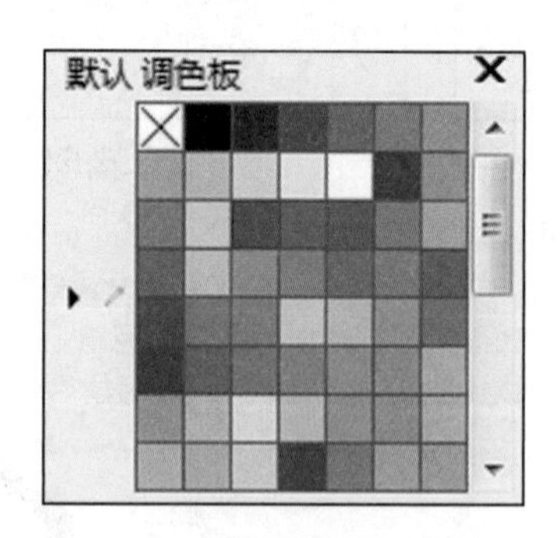

图 3–104

打开一个要填充的图形对象。使用“选择”工具选中要填充的图形对象，如图 3–105 所示。在调色板选中的颜色上单击鼠标左键，如图 3–106 所示，图形对象的内部即被选中的颜色填充，如图 3–107 所示。单击调色板中的“无填充”按钮☒，可取消对图形对象内部的颜色填充。

图 3–105

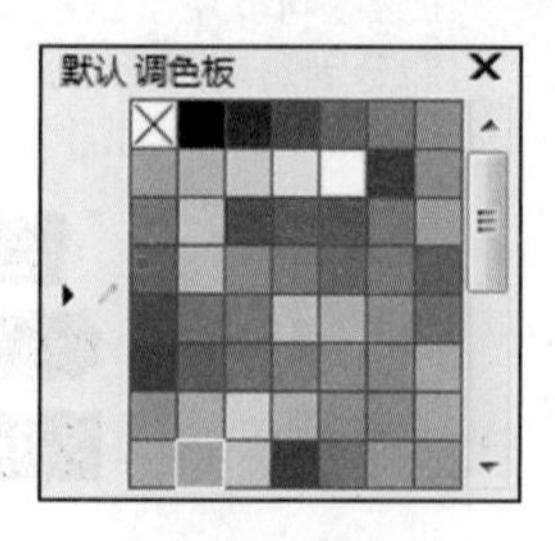

图 3–106

图 3–107

保持选取状态。在调色板选中的颜色上单击鼠标右键，如图 3–108 所示，图形对象的轮廓线即被选中的颜色填充。填充适当的轮廓宽度，效果如图 3–109 所示。

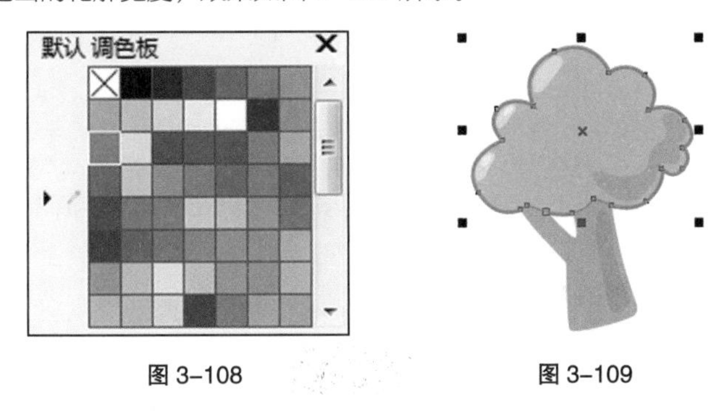

图 3–108　　图 3–109

> **技巧：** 选中调色板的色块，按住鼠标左键不放拖曳色块到图形对象上，松开鼠标左键，也可填充对象。

2. “均匀填充”对话框

选择“编辑填充”工具，弹出“编辑填充”对话框。单击“均匀填充”按钮，或按 Shift+F11 组合键，弹出“编辑填充”对话框，可以在对话框中设置需要的颜色。

在对话框中的 3 种设置颜色的方式分别为模型、混合器和调色板。具体设置如下。

◎ 模型设置框

模型设置框如图 3–110 所示，在设置框中提供了完整的色谱。通过操作颜色关联控件可更改颜色，也可以通过在颜色模式的各参数值框中设置数值来设定所需要的颜色。在设置框中还可以选择不同的颜色模式，模型设置框默认的是 CMYK 模式，如图 3–111 所示。

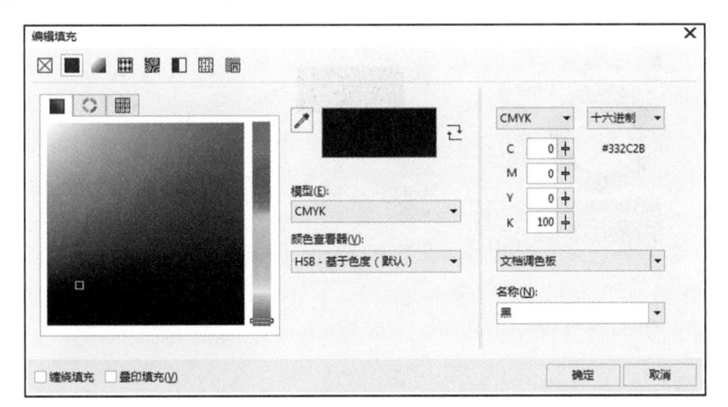

图 3–110

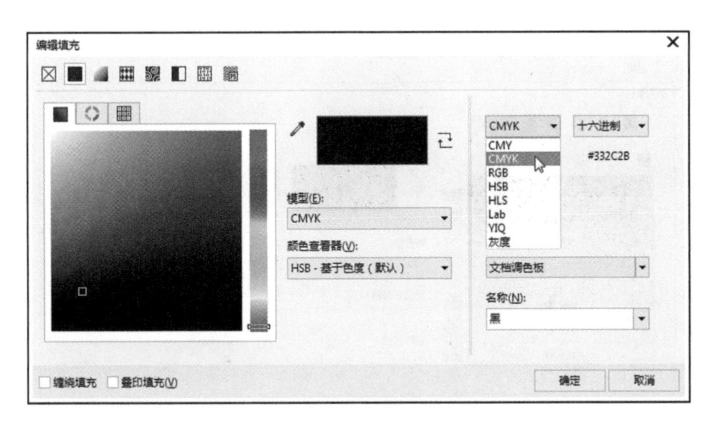

图 3–111

调配好需要的颜色后，单击“确定”按钮，可以将需要的颜色填充到图形对象中。

技巧： 如果有经常需要使用的颜色，调配好这种颜色后，单击对话框中的“文档调色板”选项右侧的按钮▾，在弹出的下拉列表中选择“调色板”选项，就可以将颜色添加到调色板中。在下一次需要使用时就不需要再次调配了，直接在调色板中调用即可。

◎ 混和器设置框

混和器设置框如图 3-112 所示。混和器设置框是通过组合其他颜色的方式来生成新颜色的，从“色度”选项的下拉列表中选择各种形状，通过转动色环可以设置自己需要的颜色。从“变化”选项的下拉列表中选择各种选项，可以调整颜色的明度。调整“大小”选项下的滑动块可以使选择的颜色更丰富。

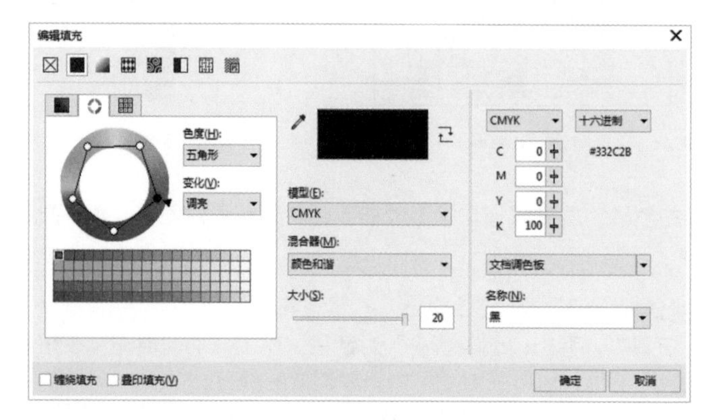

图 3-112

可以通过在颜色模式的各参数值框中设置数值来设定自己需要的颜色。在设置框中还可以选择不同的颜色模式，混合器设置框默认的是 CMYK 模式，如图 3-113 所示。

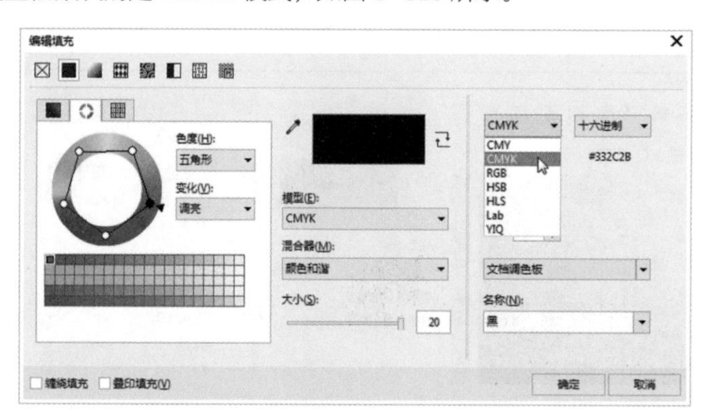

图 3-113

◎ 调色板设置框

调色板设置框如图 3-114 所示。调色板设置框是通过 CorelDRAW 中已有颜色库中的颜色来填充图形对象的，在“调色板”选项的下拉列表中可以选择所需要的颜色库，如图 3-115 所示。

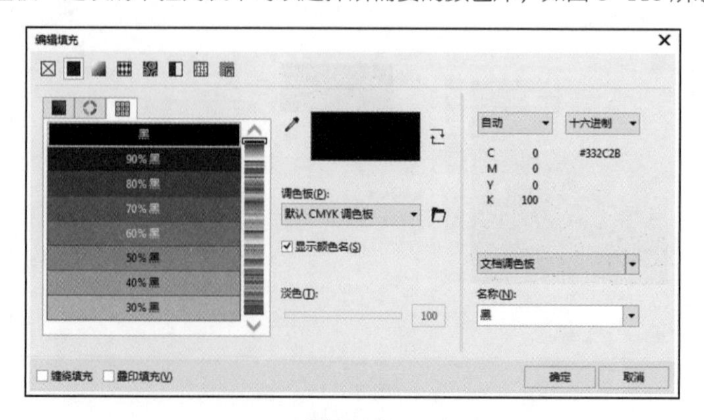

图 3-114

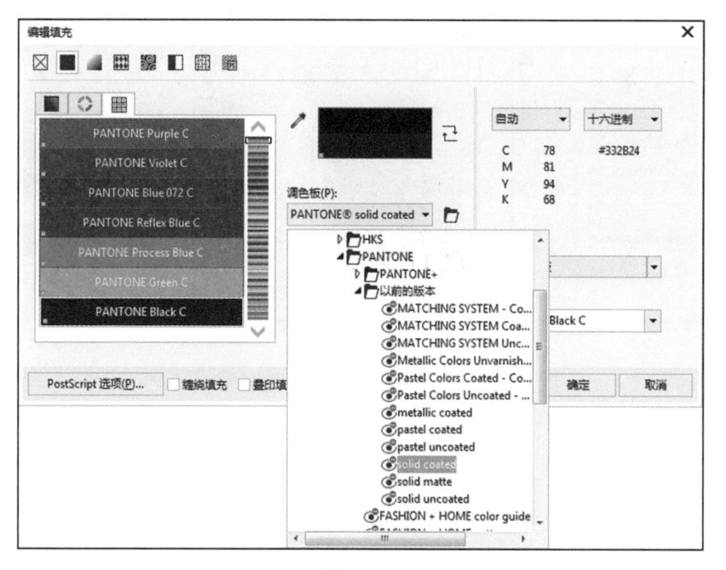

图 3-115

在调色板中的颜色上单击鼠标左键就可以选中需要的颜色了，调整“淡色”选项下的滑动块可以使选择的颜色变淡。调配好需要的颜色后，单击“确定”按钮，可以将所需要的颜色填充到图形对象中。

3．使用“颜色泊坞窗”填充

“颜色泊坞窗”是为图形对象填充颜色的辅助工具，特别适合在实际工作中应用。

单击工具箱下方的“快速自定”按钮⊕，添加“彩色”工具，弹出“颜色泊坞窗”，如图 3-116 所示。绘制一个笑脸，如图 3-117 所示。在“颜色泊坞窗”中调配颜色，如图 3-118 所示。

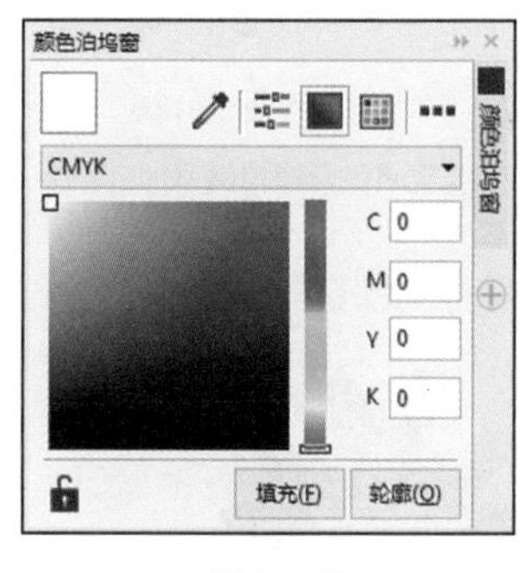

图 3-116

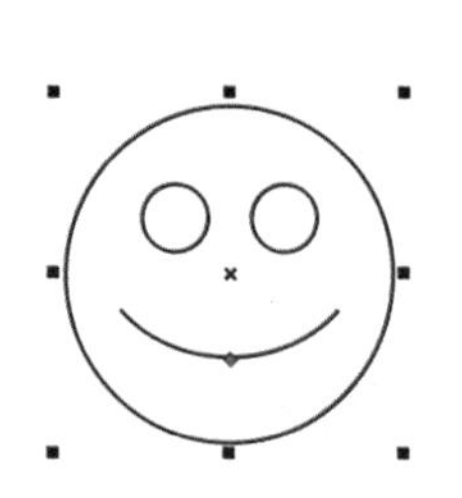

图 3-117

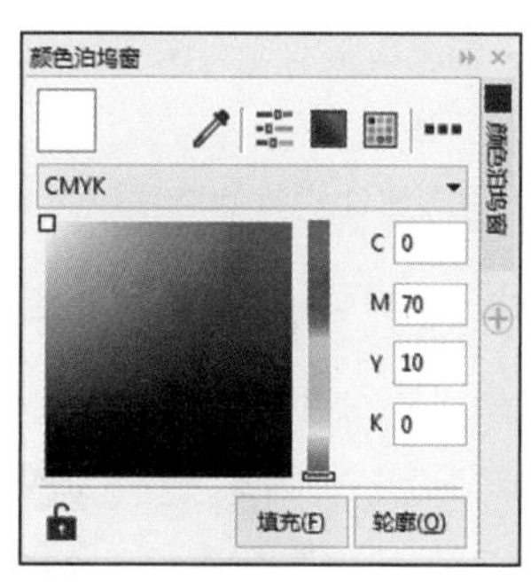

图 3-118

调配好颜色后，单击“填充”按钮，如图 3-119 所示。颜色填充到笑脸的内部，效果如图 3-120 所示。也可在调配好颜色后，单击“轮廓”按钮，如图 3-121 所示。颜色填充到笑脸的轮廓线，效果如图 3-122 所示。

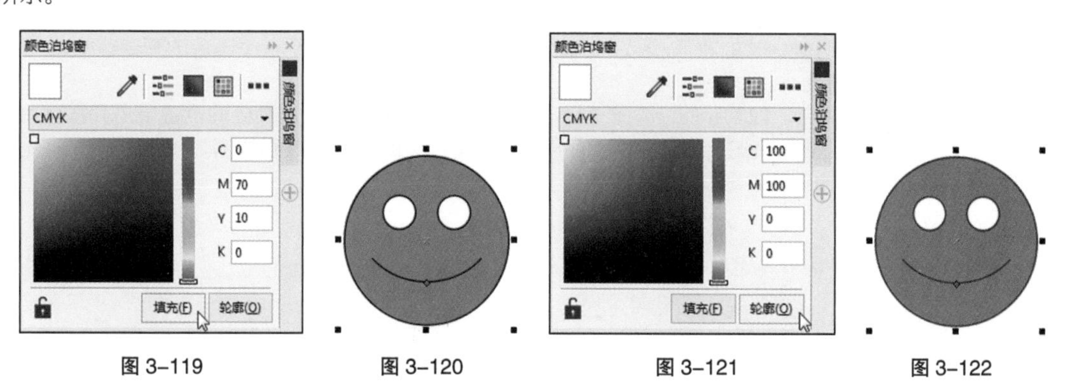

图 3-119　图 3-120　图 3-121　图 3-122

在“颜色泊坞窗”的右上角的 3 个按钮，分别是“显示颜色滑块”“显示颜色查看器”“显示调色板”。分别单击这 3 个按钮可以选择不同的调配颜色的方式，如图 3-123 所示。

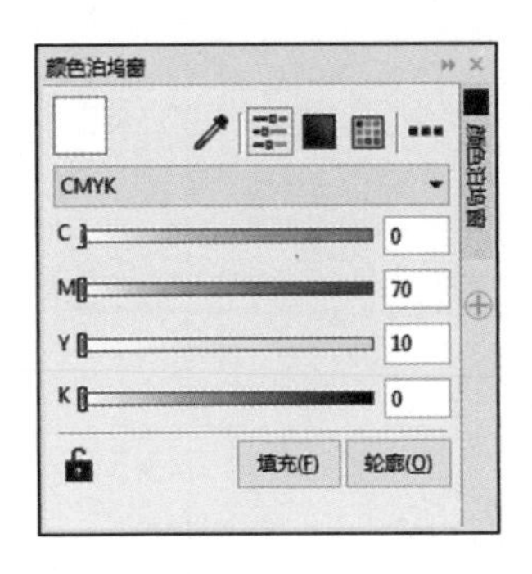

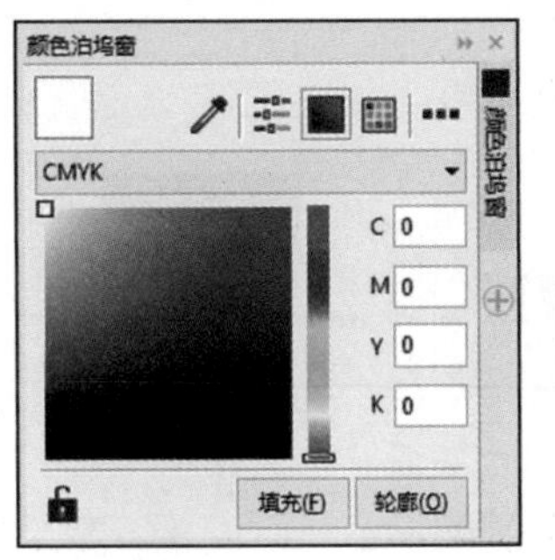

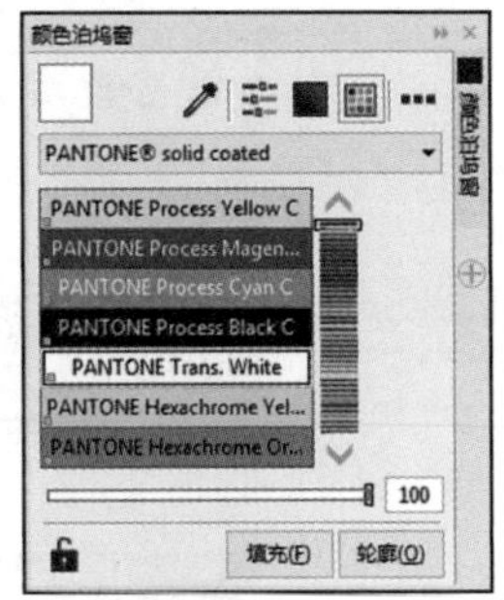

图 3–123

3.3.4 渐变填充

渐变填充提供了线性、辐射、圆锥和正方形 4 种渐变色彩的形式，可用于绘制出多种渐变颜色效果。下面将介绍使用渐变填充的方法和技巧。

1. 使用属性栏进行填充

绘制一个图形，效果如图 3–124 所示。选择“交互式填充”工具，在属性栏中单击“渐变填充”按钮，属性栏如图 3–125 所示。效果如图 3–126 所示。

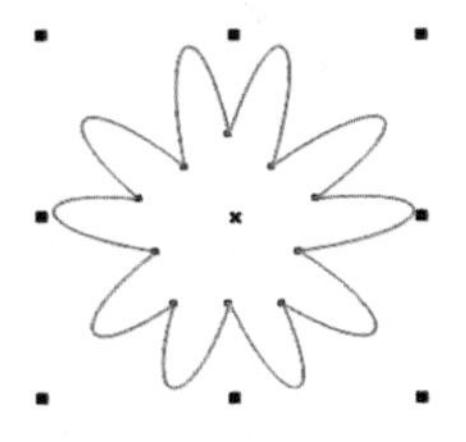

图 3–124

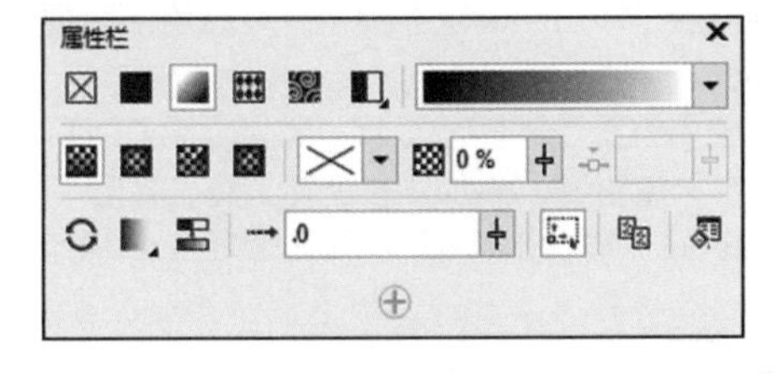

图 3–125

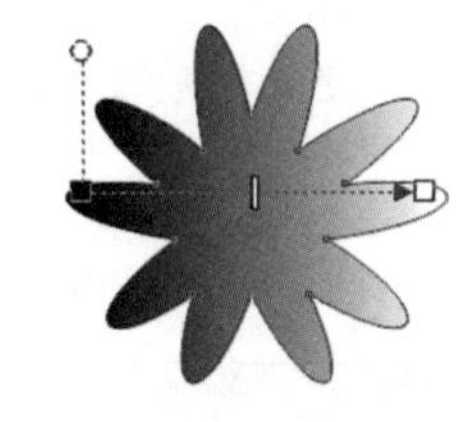

图 3–126

单击属性栏其他选项按钮，可以选择渐变的类型。椭圆形、圆锥形和矩形的效果如图 3–127 所示。

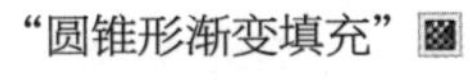

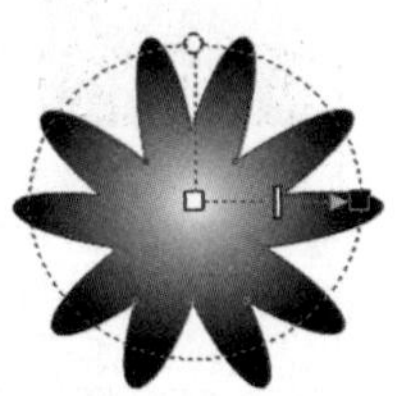
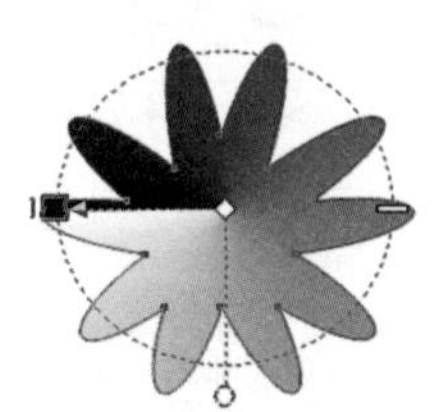

图 3–127

属性栏中的“节点颜色”用于指定选择渐变节点的颜色，“节点透明度”文本框用于设置指定选定渐变节点的透明度，“加速”文本框用于设置从一个颜色到另一个颜色的渐变速度。

2. 使用工具进行填充

绘制一个图形，如图 3–128 所示。选择“交互式填充”工具，在起点颜色的位置单击并按住鼠标左键拖曳光标到适当的位置，松开鼠标左键，图形就填充了预设的颜色，效果如图 3–129 所示。在拖曳的过程中可以控制渐变的角度、渐变的边缘宽度等渐变属性。

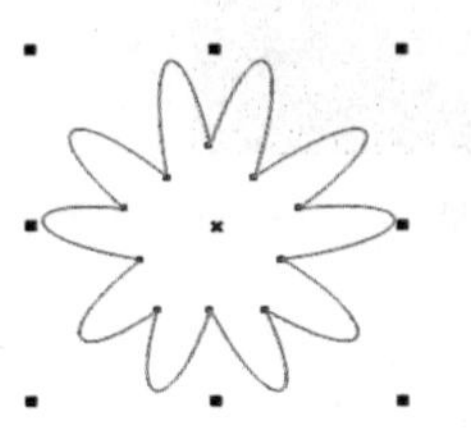

图 3–128

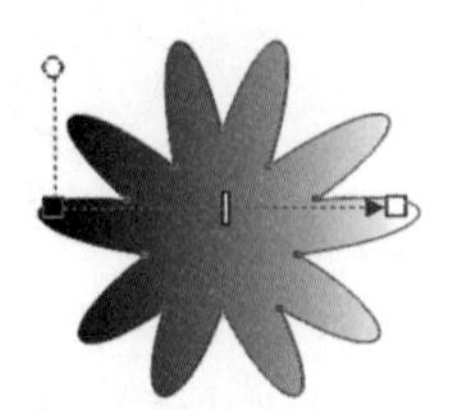

图 3–129

拖曳起点颜色和终点颜色可以改变渐变的角度和边缘宽度；拖曳中间点颜色可以调整渐变颜色的分布；拖曳渐变虚线，可以控制颜色渐变与图形之间的相对位置；拖曳渐变上方的圆圈图标可以调整渐变倾斜角度。

3．使用“渐变填充”对话框填充

选择“编辑填充”工具，在弹出的“编辑填充”对话框中单击“渐变填充”按钮。在对话框中的“镜像、重复和反转”设置区中可选择渐变填充的 3 种类型：“默认渐变填充”“重复和镜像”以及“重复”。

◎ 默认渐变填充

选择“默认渐变填充”按钮，如图 3–130 所示。在对话框中设置好渐变颜色后，单击“确定”按钮，完成图形的渐变填充。

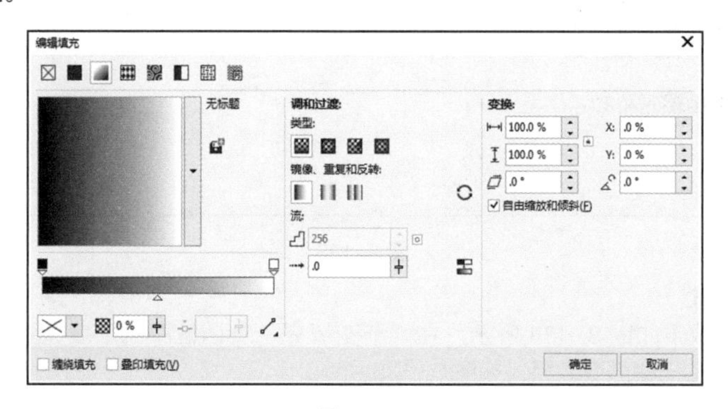

图 3–130

在“预览色带”上的起点和终点颜色之间双击鼠标左键，将在预览色带上产生一个倒三角形色标，也就是新增了一个渐变颜色标记，如图 3–131 所示。“节点位置”选项中显示的百分数就是当前新增渐变颜色标记的位置。单击“节点颜色”选项右侧的按钮，在弹出其下拉选项中设置所需要的渐变颜色，“预览”色带上新增渐变颜色标记上的颜色将改变为需要的新颜色。“节点颜色”选项中显示的颜色就是当前新增渐变颜色标记的颜色。

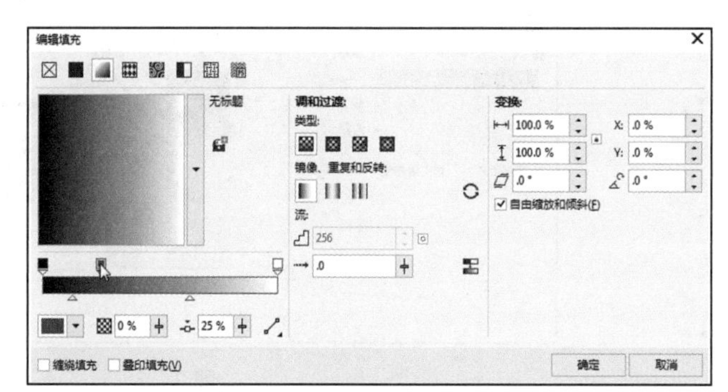

图 3–131

◎ 重复和镜像

选择“重复和镜像”按钮，如图 3–132 所示。再单击调色板中的颜色，可改变自定义渐变填充终点的颜色。

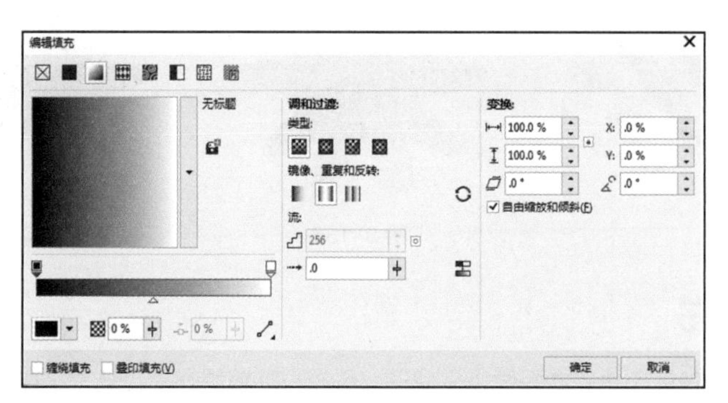

图 3–132

◎ 重复

单击选择“重复”按钮▥，如图 3-133 所示。

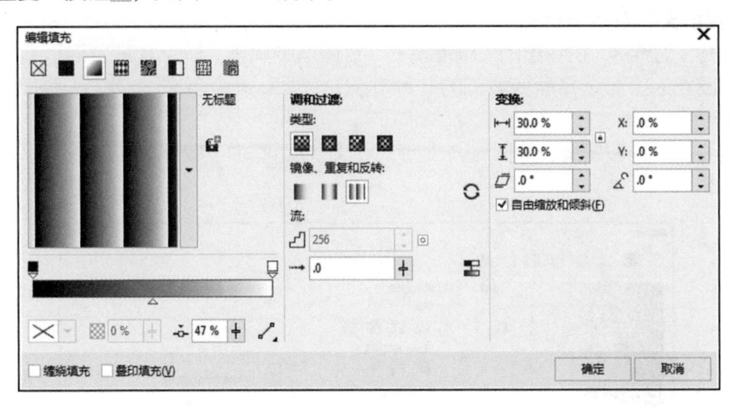

图 3-133

4. 渐变填充的样式

绘制一个图形，效果如图 3-134 所示。在“渐变填充”对话框中的“填充挑选器”选项中包含了 CorelDRAW X8 预设的一些渐变效果，如图 3-135 所示。

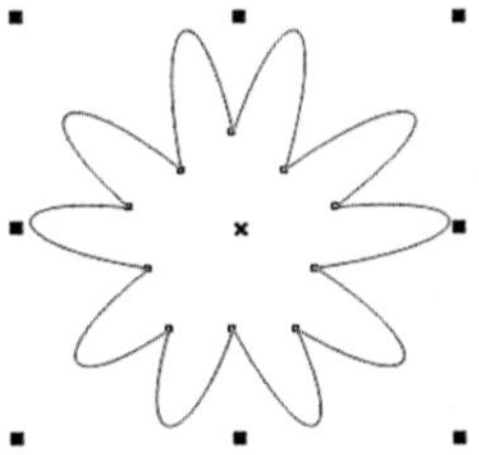

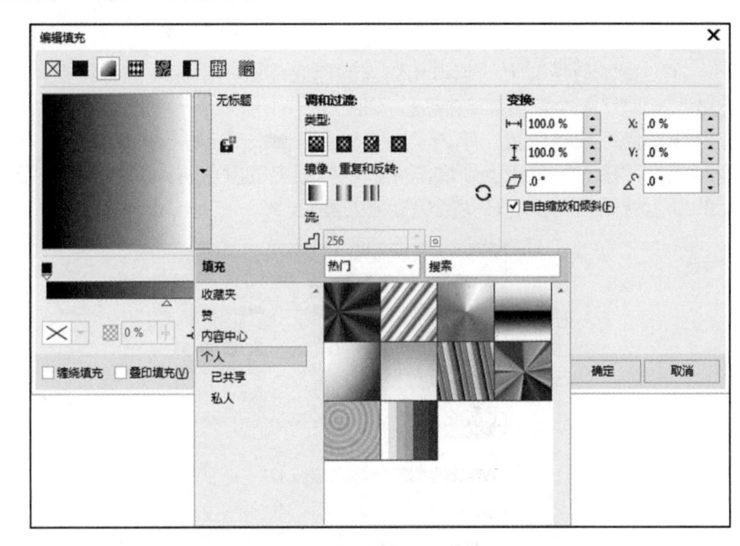

图 3-134

图 3-135

选择好一个预设的渐变效果，单击“确定”按钮，可以完成渐变填充。使用预设的渐变效果填充后的各种效果如图 3-136 所示。

图 3-136

3.3.5 图样填充

向量图样填充是由矢量和线描式图像来生成的。选择“编辑填充”工具，在弹出的“编辑填充”对话框中单击“向量图样填充”按钮，如图 3-137 所示。

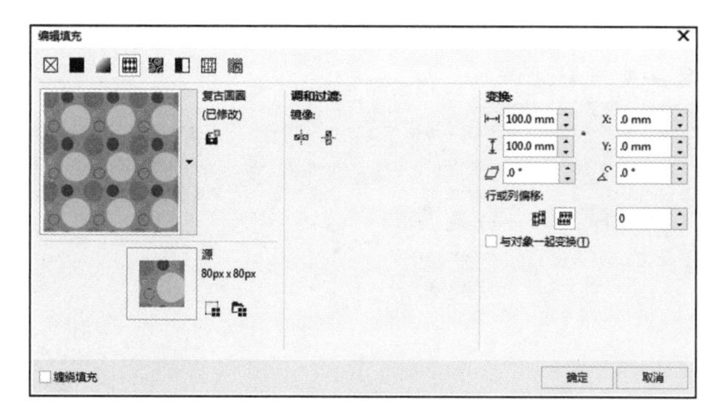

图 3-137

位图图样填充是指使用位图图片进行填充。选择“编辑填充”工具，在弹出的“编辑填充”对话框中单击“位图图样填充”按钮，如图 3-138 所示。

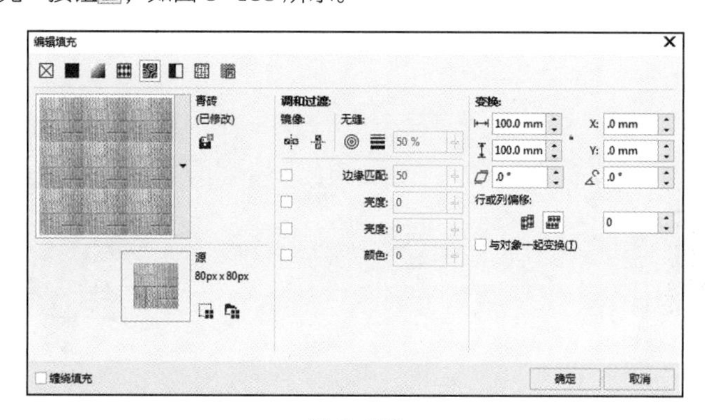

图 3-138

双色图样填充是指用两种颜色构成的图案来填充，也就是通过设置前景色和背景色的颜色来填充。选择“编辑填充”工具，在弹出的“编辑填充”对话框中单击“双色图样填充”按钮，如图 3-139 所示。

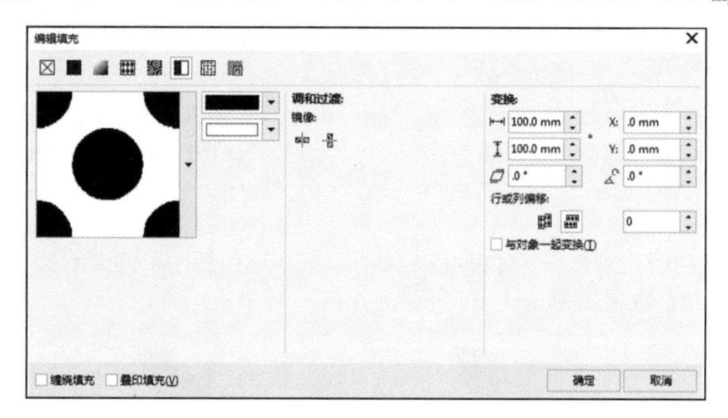

图 3-139

3.3.6 其他填充

除均匀填充、渐变填充和图样填充外，常用的填充还包括底纹填充、网状填充、PostScript 填充等，这些填充可以使图形更加自然、多变。下面具体介绍这些填充方法和技巧。

1. 底纹填充

选择“编辑填充”工具，弹出“编辑填充”对话框，单击“底纹填充”按钮。在对话框中，CorelDRAW X8 的底纹库提供了多个样本组和几百种预设的底纹填充图案，如图 3-140 所示。

在对话框中的“底纹库”选项的下拉列表中可以选择不同的样本组。CorelDRAW X8 底纹库提供了 7 个样本组。选择样本组后，在上面的“预览”框中显示出底纹的效果，单击“预览”框右侧的按钮，在弹出的面板中可以选择所需要的底纹图案。

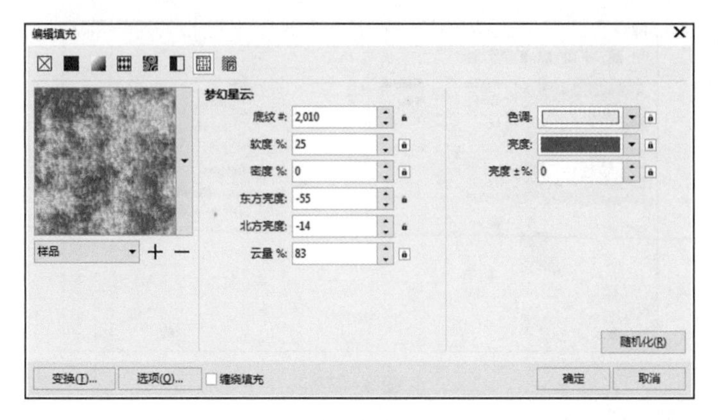

图 3–140

绘制一个图形，在“底纹库”中选择好需要的样本后，单击“预览”框右侧的按钮▾，在弹出的面板中选择所需要的底纹效果。单击“确定”按钮，可以将底纹填充到图形对象中。几个填充了不同底纹的图形效果如图 3–141 所示。

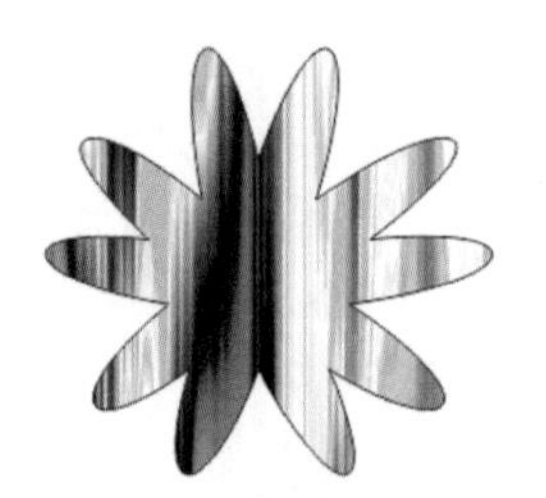

图 3–141

选择“交互式填充”工具，在属性栏中选择“底纹填充”选项，单击“填充挑选器”选项右侧的按钮▾，在弹出的下拉列表中可以选择底纹填充的样式。

提示：底纹填充会增加文件的大小，并使操作的时间延长，因此，在对大型的图形对象使用底纹填充时要慎重。

2. 网状填充

绘制一个要进行网状填充的图形，如图 3–142 所示。选择“交互式填充”工具展开式工具栏中的“网状填充”工具，在属性栏中将横竖网格的数值均设置为 3，按 Enter 键。图形的网状填充效果如图 3–143 所示。

单击选中网格中需要填充的节点，如图 3–144 所示。在调色板中所需要的颜色上单击鼠标左键，可以为选中的节点填充颜色，效果如图 3–145 所示。

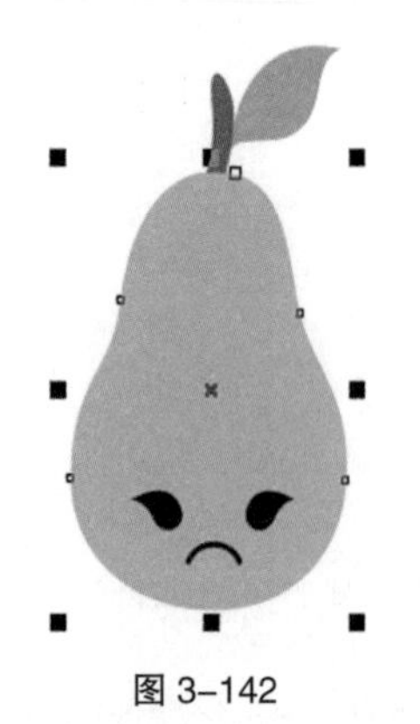

图 3–142

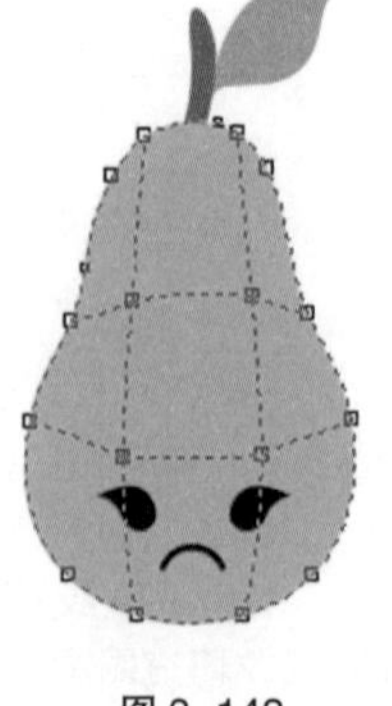

图 3–143

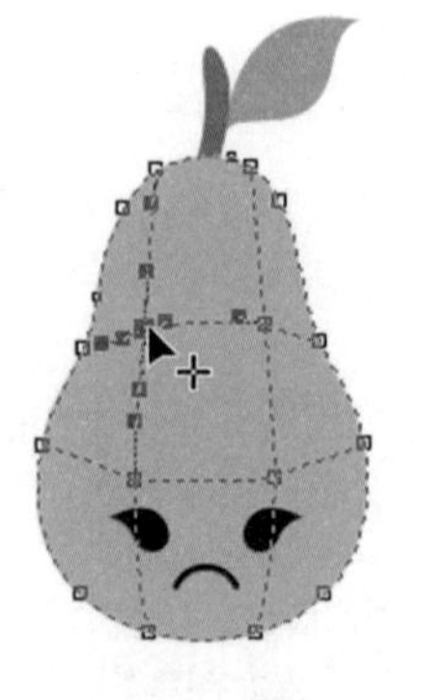

图 3–144

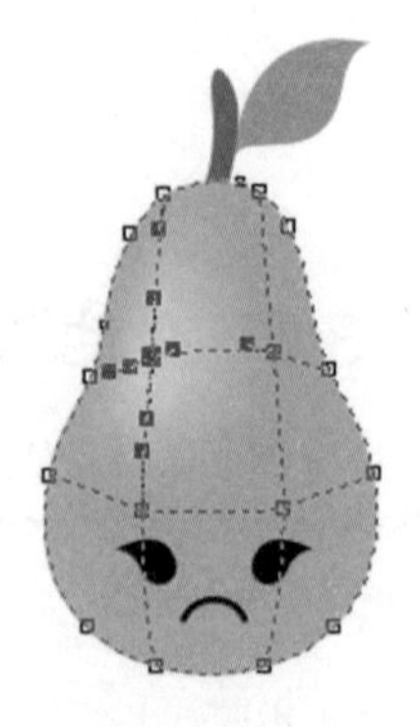

图 3–145

再依次选中需要的节点并进行颜色填充，如图 3–146 所示。选中节点后，拖曳节点的控制点可以扭曲颜色填充的方向，如图 3–147 所示。交互式网格填充效果如图 3–148 所示。

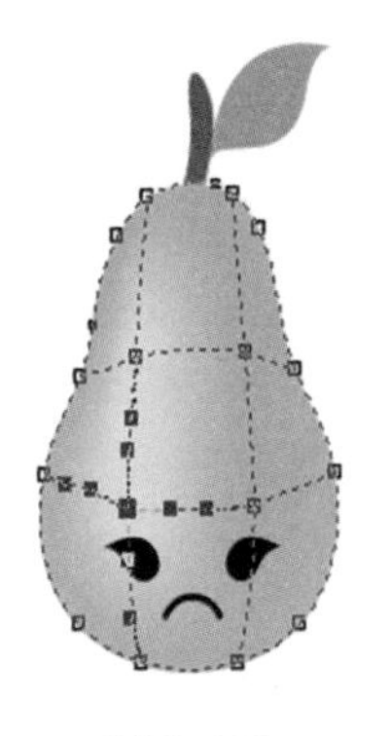

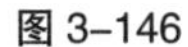

图 3-146

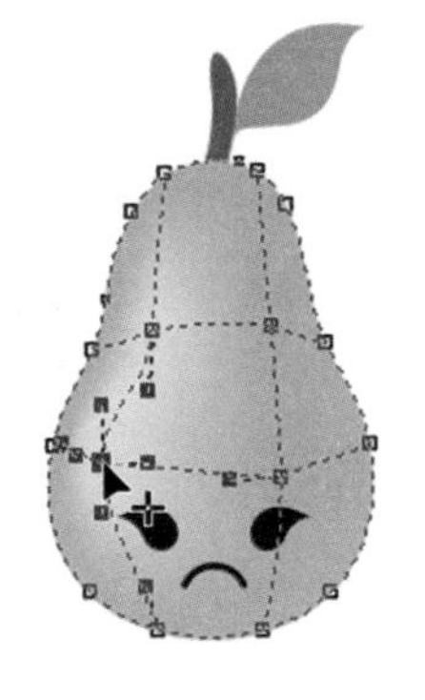

图 3-147

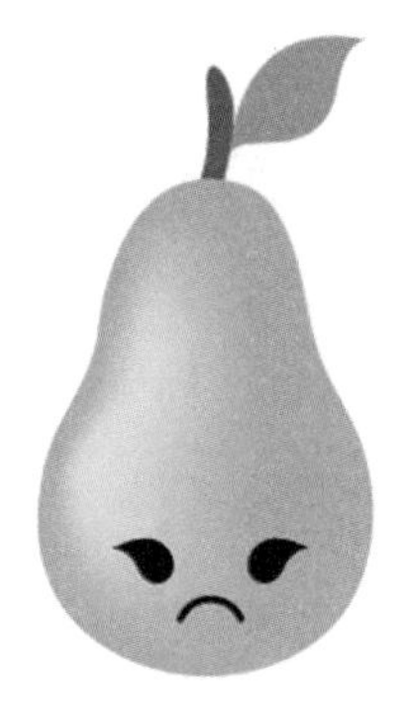

图 3-148

3. PostScript 填充

PostScript 填充是利用 PostScript 语言设计出来的一种特殊的图案填充。PostScript 图案是一种特殊的图案。只有在“增强”视图模式下，PostScript 填充的底纹才能显示出来。下面介绍 PostScript 填充的方法和技巧。

选择“编辑填充”工具，弹出“编辑填充”对话框，单击“PostScript 填充”按钮，切换到相应的对话框，如图 3-149 所示。CorelDRAW X8 提供了多个 PostScript 底纹图案。

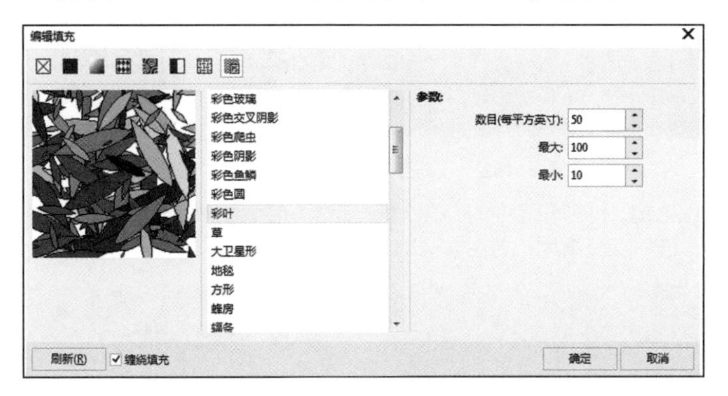

图 3-149

在对话框中，左侧“预览”框中不需要打印就可以看到 PostScript 底纹的效果。在中间的列表框中提供了多个 PostScript 底纹，选择一个 PostScript 底纹，在右侧的“参数”设置区中会出现所选 PostScript 底纹的参数。不同的 PostScript 底纹对应不同的参数。

在“参数”设置区的各个选项中输入需要的数值，可以改变所选择的 PostScript 底纹，产生新的 PostScript 底纹效果，如图 3-150 所示。

选择“交互式填充”工具，在属性栏中选择“PostScript 填充”选项。单击“PostScript 填充底纹” DNA 选项，可以在弹出的下拉面板中选择多种 PostScript 底纹填充的样式并对图形对象进行填充，如图 3-151 所示。

图 3-150

图 3-151

提示： CorelDRAW X8 在屏幕上显示 PostScript 填充时用字母“PS”表示。PostScript 填充使用的限制非常多，由于 PostScript 填充图案非常复杂，因此在打印和更新屏幕显示时会使处理时间变长。PostScript 填充非常占用系统资源，使用时一定要慎重。

3.4 变换工具组

在 CorelDRAW 中，可以使用变换工具及泊坞窗对图形对象进行编辑，其中包括对象的缩放、移动、镜像、旋转、倾斜变形以及复制和删除等操作。本节将讲解多种编辑图形对象的方法和技巧。

3.4.1 课堂案例——绘制风景插画

【案例学习目标】学习使用对象编辑方法绘制风景插画。

【案例知识要点】使用选择工具移动图片；使用水平镜像按钮翻转图片；使用旋转角度选项对图片进行旋转，使用变换泊坞窗缩放图片。风景插画效果如图 3–152 所示。

【效果所在位置】云盘 /Ch03/ 效果 / 绘制风景插画 .cdr。

图 3–152

（1）按 Ctrl+O 组合键，打开云盘中的“Ch03 > 素材 > 绘制风景插画 > 01”文件，如图 3–153 所示。选择“选择”工具，选中云彩图片，如图 3–154 所示。

图 3–153

图 3–154

（2）按数字键盘上的 + 键，复制云彩图片。向右下拖曳复制的云彩图片到适当的位置，效果如图 3–155 所示。单击属性栏中的“水平镜像”按钮，水平翻转图片，效果如图 3–156 所示。

图 3–155

图 3–156

（3）在属性栏中的“旋转角度”框中设置数值为 187；按 Enter 键，效果如图 3–157 所示。选择“选择”工具，选中白色花朵图片，按数字键盘上的 + 键，复制白色花朵图片。在按住 Shift 键的同时，水平向右拖曳复制的白色花朵图片到适当的位置，效果如图 3–158 所示。

图 3-157

图 3-158

（4）选择“选择”工具，选中深蓝色植物，如图 3-159 所示。按数字键盘上的 + 键，复制深蓝色植物。按住 Shift 键的同时，水平向右拖曳复制的深蓝色植物到适当的位置，效果如图 3-160 所示。

图 3-159

图 3-160

（5）按 Alt+F9 组合键，弹出“变换”泊坞窗，选项的设置如图 3-161 所示。再单击“应用”按钮 应用，效果如图 3-162 所示。使用相同的方法分别复制其他图片，并调整其大小，效果如图 3-163 所示。

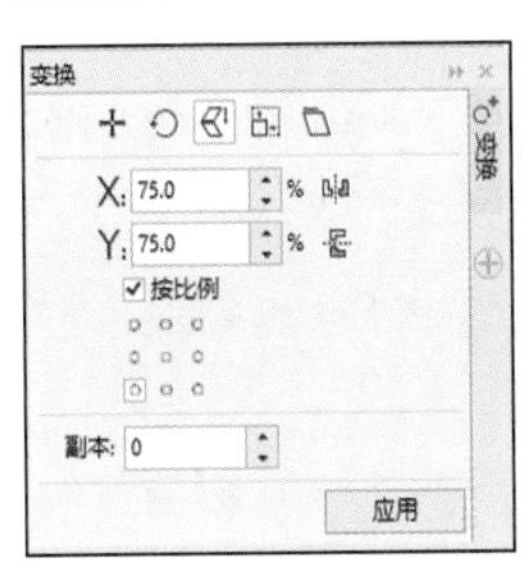

图 3-161

图 3-162

图 3-163

（6）选择“形状”工具，选中树图片，如图 3-164 所示。用圈选的方法将树图片下方需要的节点同时选取，如图 3-165 所示。向上拖曳选中的节点到适当的位置，效果如图 3-166 所示。

图 3-164

图 3-165

图 3-166

（7）选择“选择”工具，选中小鸟图片，如图 3-167 所示。单击属性栏中的“水平镜像”按钮，水平翻转小鸟图片，效果如图 3-168 所示。风景插画绘制完成，效果如图 3-169 所示。

图 3-167

图 3-168

图 3-169

3.4.2 对象的缩放

1. 使用鼠标缩放对象

使用“选择”工具选取要缩放的对象，对象的周围出现控制手柄。

用鼠标拖曳控制手柄可以缩放对象。拖曳对角线上的控制手柄可以按比例缩放对象，如图 3-170 所示。拖曳中间的控制手柄可以不按比例缩放对象，如图 3-171 所示。

图 3-170　　图 3-171

拖曳对角线上的控制手柄时，按住 Ctrl 键，对象会以 100% 的比例缩放。同时按下 Shift+Ctrl 组合键，对象会以 100% 的比例从中心缩放。

2. 使用“自由变换”工具缩放对象

选择“选择”工具并选取要缩放的对象，对象的周围出现控制手柄。选择“选择”工具展开式工具栏中的“自由变换”工具，选中“自由缩放”按钮，属性栏如图 3-172 所示。

图 3-172

在“自由变换”工具属性栏中的“对象大小”中，输入对象的宽度和高度。如果选择了“缩放因子”中的“锁定比率”按钮，则宽度和高度将按比例缩放，只要改变宽度和高度中的一个值，另一个值就会自动按比例调整。在“自由变换”工具属性栏中调整好宽度和高度后，按 Enter 键，完成对象的缩放。缩放的效果如图 3-173 所示。

图 3-173

3. 使用“变换”泊坞窗缩放对象

使用“选择”工具选取要缩放的对象，如图 3-174 所示。选择“窗口 > 泊坞窗 > 变换 > 大小”命令，或按 Alt+F10 组合键，弹出“变换”泊坞窗，如图 3-175 所示。其中，“X”表示宽度，“Y”表示高度。如果不勾选“按比例”复选框，就可以不按比例缩放对象。

在“变换”泊坞窗中，图 3-176 所示的是可供选择的圈选框控制手柄 9 个点的位置。单击一个按钮，以定义一个在缩放对象时保持固定不动的点，缩放的对象将基于这个点进行缩放，这个点可以决定缩放后的图形与原图形的相对位置。

图 3-174

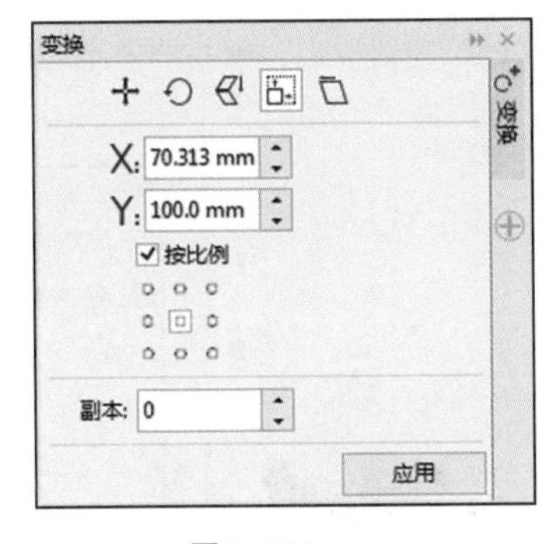

图 3-175

图 3-176

设置好需要的数值，如图 3-177 所示。单击“应用”按钮，对象的缩放完成，效果如图 3-178 所示。“副本”选项，可以复制生成多个缩放好的对象。

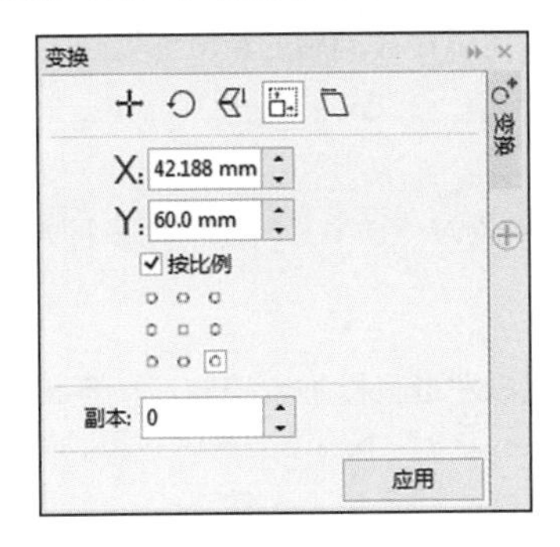

图 3-177

图 3-178

选择“窗口 > 泊坞窗 > 变换 > 缩放和镜像”命令，或按 Alt+F9 组合键，在弹出的“变换”泊坞窗中对对象进行缩放。

3.4.3 对象的移动

1. 使用工具和键盘移动对象

使用“选择”工具选取要移动的对象，如图 3-179 所示。使用“选择”工具或其他的绘图工具，将鼠标的光标移到对象的中心控制点，光标将变为十字箭头形，如图 3-180 所示。按住鼠标左键不放，拖曳对象到需要的位置，松开鼠标左键，完成对象的移动，效果如图 3-181 所示。

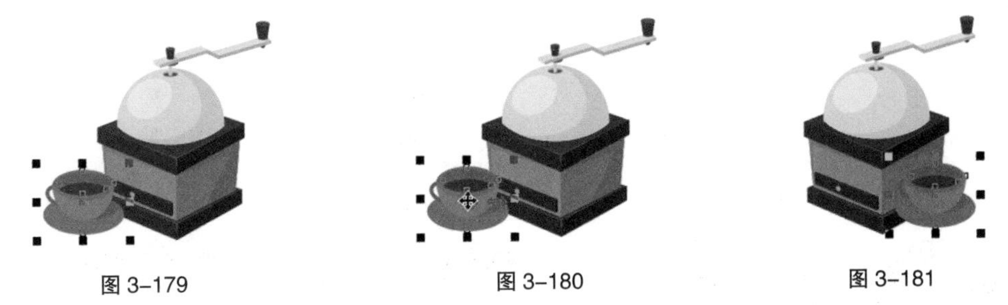

图 3-179　　图 3-180　　图 3-181

选取要移动的对象，用键盘上的方向键可以微调对象的位置，系统使用默认值时，对象将以 2.5mm 的增量移动。选择“选择”工具后不选取任何对象，在属性栏中的 .1 mm 框中可以重新设定每次微调移动的距离。

2. 使用属性栏移动对象

选取要移动的对象，在属性栏的“对象位置” X: 45.068 mm Y: 93.79 mm 框中输入对象要移动到的新位置的横坐标和纵坐标，可移动对象。

3．使用“变换”泊坞窗移动对象

选取要移动的对象，选择“窗口 > 泊坞窗 > 变换 > 位置”命令，或按 Alt+F7 组合键，将弹出“变换”泊坞窗，“X”表示对象所在位置的横坐标，“Y”表示对象所在位置的纵坐标。如果勾选“相对位置”复选框，对象将相对于原位置的中心进行移动。设置好后，单击“应用”按钮，或按 Enter 键，完成对象的移动。移动前后的位置如图 3–182 所示。

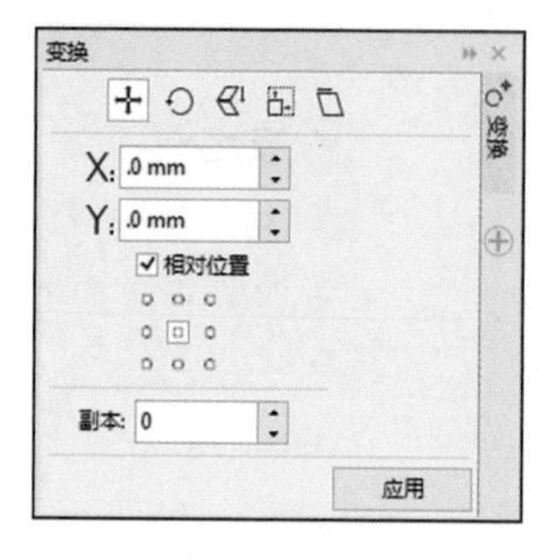

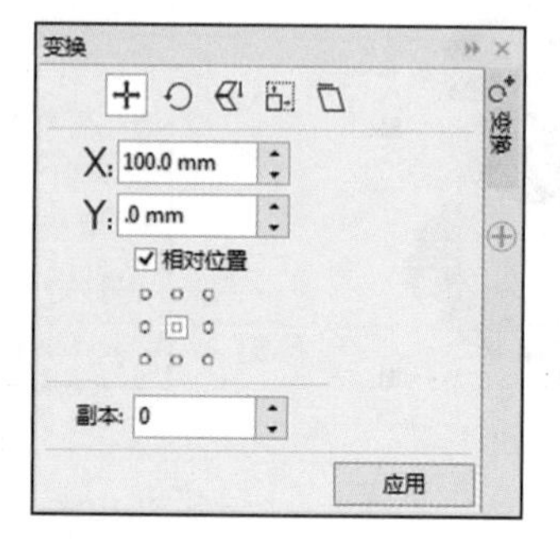

图 3–182

设置好数值后，在“副本”选项中输入数值 1，可以在移动后的新位置复制生成一个新的对象。

3.4.4　对象的镜像

镜像效果经常被应用到设计作品中。在 CorelDRAW X8 中，可以使用多种方法使对象沿水平、垂直或对角线的方向做镜像翻转。

1．使用鼠标镜像对象

选取要镜像的对象，如图 3–183 所示。按住鼠标左键直接拖曳控制手柄到相对的边，直到显示对象的蓝色虚线框，如图 3–184 所示。松开鼠标左键就可以得到不规则的镜像对象，如图 3–185 所示。

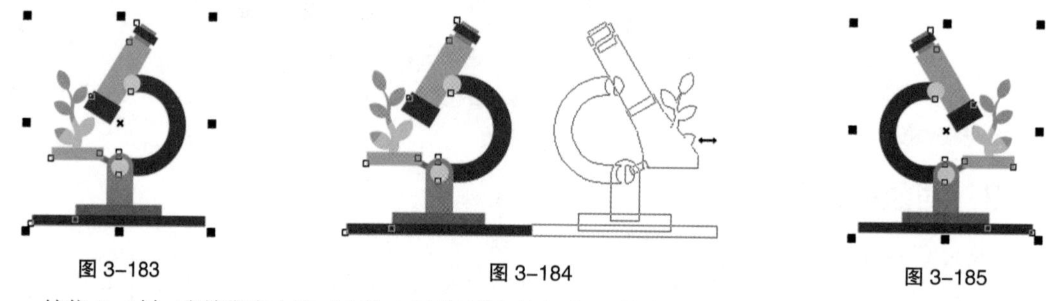

图 3–183　　图 3–184　　图 3–185

按住 Ctrl 键，直接拖曳左边或右边中间的控制手柄到相对的边，可以达成保持原对象比例的水平镜像，如图 3–186 所示。按住 Ctrl 键，直接拖曳上边或下边中间的控制手柄到相对的边，可以达成保持原对象比例的垂直镜像，如图 3–187 所示。按住 Ctrl 键，直接拖曳边角上的控制手柄到相对的边，可以达成保持原对象比例的沿对角线方向的镜像，如图 3–188 所示。

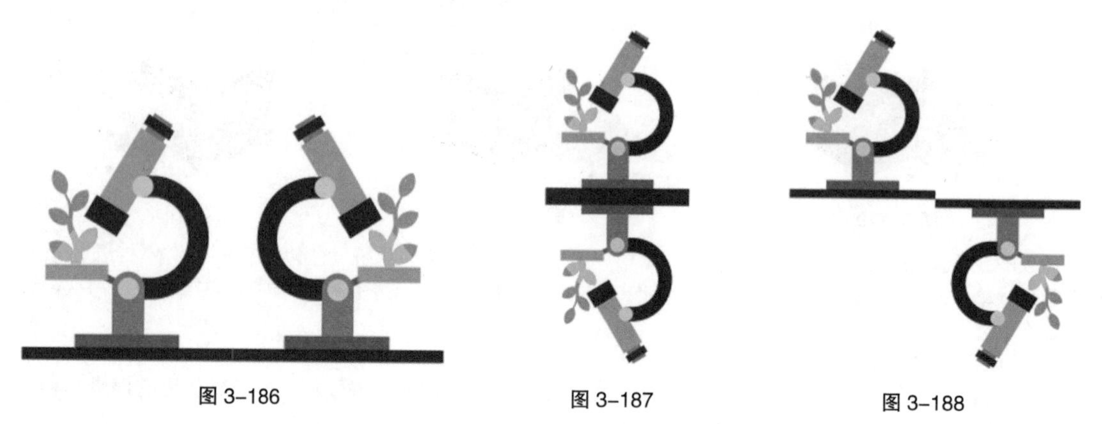

图 3–186　　图 3–187　　图 3–188

> **提示：**在进行镜像的过程中，只能使对象本身产生镜像。如果想达成图 3-186、图 3-187 和图 3-188 所示的效果，就要在镜像的位置生成一个复制对象。方法很简单，在松开鼠标左键之前按下鼠标右键，就可以在镜像的位置生成一个复制对象。

2. 使用属性栏镜像对象

使用“选择”工具选取要镜像的对象，如图 3-189 所示，属性栏如图 3-190 所示。

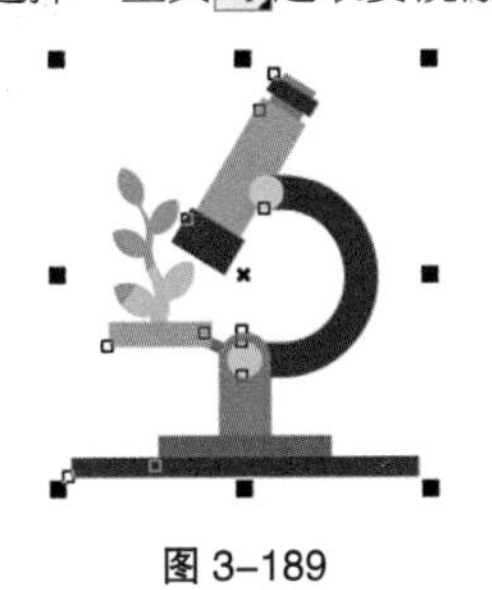

图 3-189

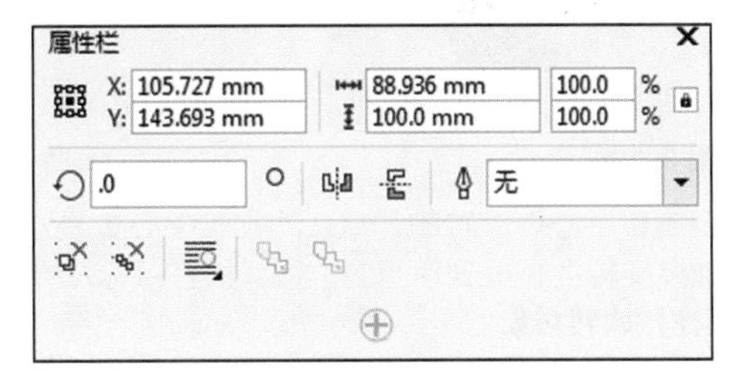

图 3-190

单击属性栏中的“水平镜像”按钮，可以使对象沿水平方向做镜像翻转。单击“垂直镜像”按钮，可以使对象沿垂直方向做镜像翻转。

3. 使用“变换”泊坞窗镜像对象

选取要镜像的对象，选择“窗口 > 泊坞窗 > 变换 > 缩放和镜像”命令，或按 Alt+F9 组合键，弹出“变换”泊坞窗。单击“水平镜像”按钮，可以使对象沿水平方向做镜像翻转。单击“垂直镜像”按钮，可以使对象沿垂直方向做镜像翻转。设置好需要的数值，单击“应用”按钮即可看到镜像效果。

还可以设置产生一个变形的镜像对象。“变换”泊坞窗进行如图 3-191 所示的参数设定。设置好后，单击“应用”按钮，生成一个变形的镜像对象，效果如图 3-192 所示。

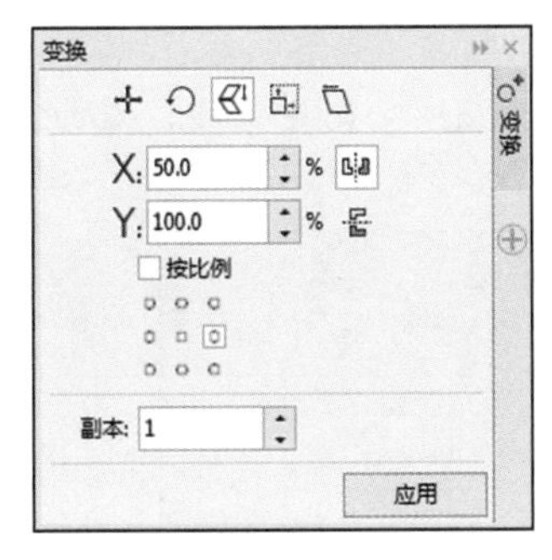

图 3-191

图 3-192

3.4.5 对象的旋转

1. 使用鼠标旋转对象

使用“选择”工具选取要旋转的对象，对象的周围出现控制手柄。再次单击对象，这时对象的周围出现旋转控制手柄和倾斜控制手柄，如图 3-193 所示。

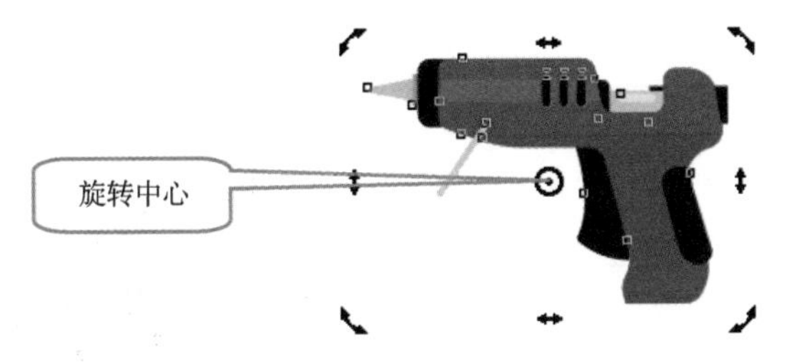

图 3-193

将鼠标的光标移动到旋转控制手柄上，这时的光标变为旋转符号，如图 3-194 所示。按住鼠标左键，拖曳鼠标旋转对象，旋转时对象会出现蓝色的虚线框指示旋转方向和角度，如图 3-195 所示。旋转到合适的角度后，松开鼠标左键，完成对象的旋转，效果如图 3-196 所示。

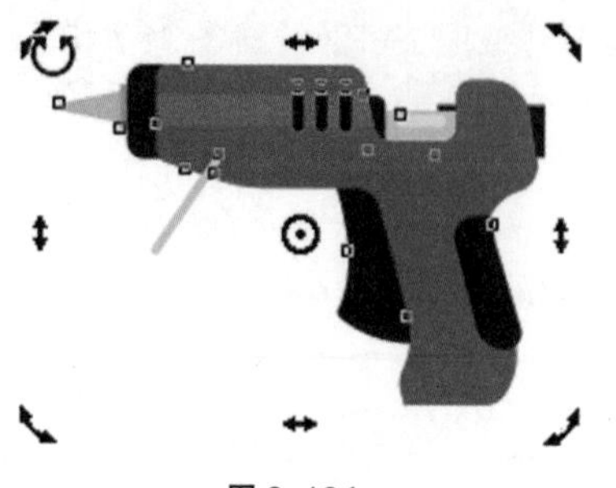

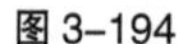

图 3-194

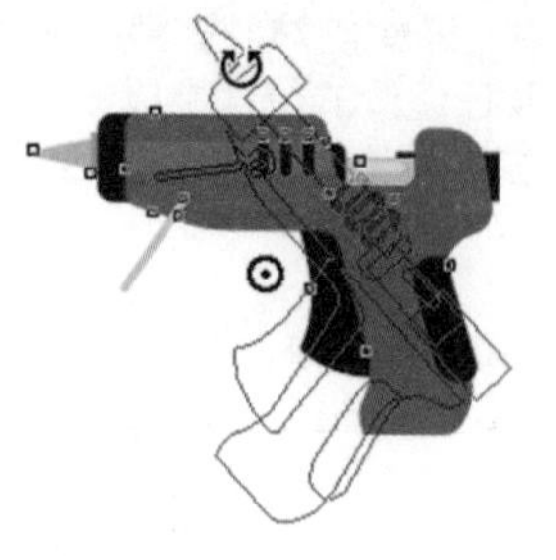

图 3-195

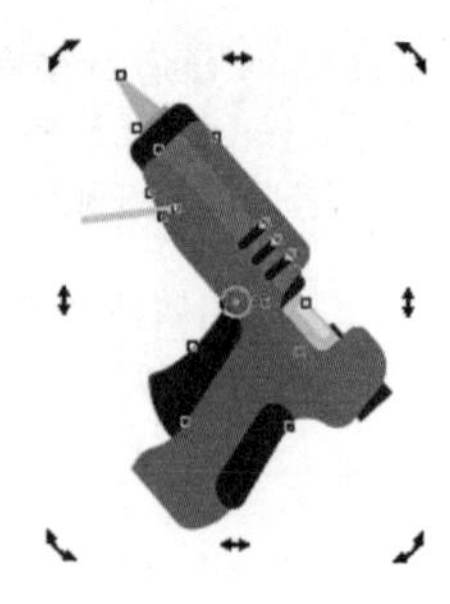

图 3-196

对象是围绕旋转中心⊙旋转的，默认的旋转中心⊙是对象的中心点。将鼠标指针移动到旋转中心上，按住鼠标左键拖曳旋转中心⊙到理想的位置，松开鼠标左键，完成对旋转中心的移动。

2. 使用属性栏旋转对象

选取要旋转的对象，效果如图 3-197 所示。选择“选择”工具，在属性栏中的“旋转角度”文本框中输入旋转的角度数值为 30.0，如图 3-198 所示。按 Enter 键，效果如图 3-199 所示。

图 3-197　　图 3-198　　图 3-199

3. 使用“变换”泊坞窗旋转对象

选取要旋转的对象，如图 3-200 所示。选择“窗口 > 泊坞窗 > 变换 > 旋转”命令，或按 Alt+F8 组合键，弹出“变换”泊坞窗，设置如图 3-201 所示。也可以在已打开的“变换”泊坞窗中单击“旋转”按钮。

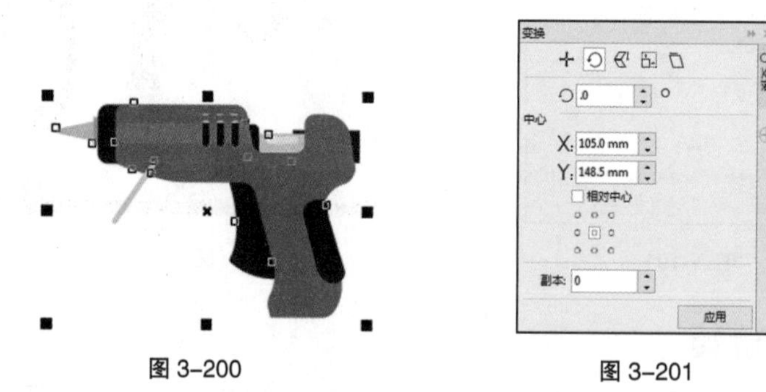

图 3-200　　图 3-201

在“变换”泊坞窗的“旋转”设置区的“角度”选项框中直接输入旋转的角度数值，旋转角度数值可以是正值也可以是负值。在“中心”选项的设置区中输入旋转中心的坐标位置。勾选“相对中心”复选框，对象将围绕选中的旋转中心旋转。“变换”泊坞窗如图 3-202 所示进行设定，设置完成后，单击“应用”按钮，对象旋转的效果如图 3-203 所示。

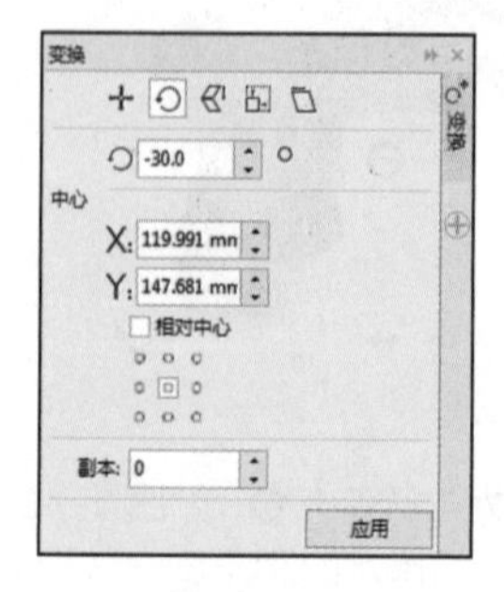

图 3-202

图 3-203

3.4.6 对象的倾斜变形

1. 使用鼠标倾斜变形对象

选取要倾斜变形的对象，对象的周围出现控制手柄。再次单击对象，这时对象的周围出现旋转控制手柄和倾斜控制手柄，如图 3-204 所示。

将鼠标的光标移动到倾斜控制手柄上，光标变为倾斜符号，如图 3-205 所示。按住鼠标左键，拖曳鼠标变形对象。倾斜变形时对象会出现蓝色的虚线框指示倾斜变形的方向和角度，如图 3-206 所示。倾斜到理想的角度后，松开鼠标左键，对象倾斜变形的效果如图 3-207 所示。

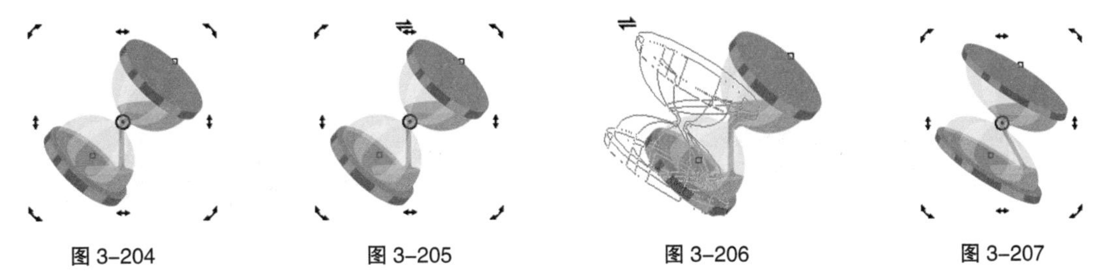

图 3-204　　图 3-205　　图 3-206　　图 3-207

2. 使用“变换”泊坞窗倾斜变形对象

选取要倾斜变形的对象，如图 3-208 所示。选择“窗口 > 泊坞窗 > 变换 > 倾斜”命令，弹出“变换”泊坞窗，如图 3-209 所示。也可以在已打开的“变换”泊坞窗中单击“倾斜”按钮。

在“变换”泊坞窗中设定倾斜变形对象的数值，如图 3-210 所示。单击“应用”按钮，对象产生倾斜变形，效果如图 3-211 所示。

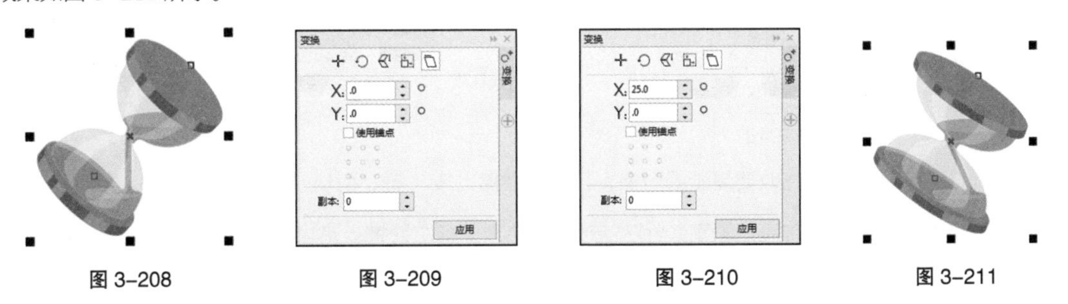

图 3-208　　图 3-209　　图 3-210　　图 3-211

3.4.7 对象的复制

1. 使用命令复制对象

选取要复制的对象，如图 3-212 所示。选择“编辑 > 复制”命令，或按 Ctrl+C 组合键，对象的副本将被放置在剪贴板中。选择“编辑 > 粘贴”命令，或按 Ctrl+V 组合键，对象的副本被粘贴到原对象的下面，与原对象平行。用鼠标移动对象，可以显示复制的对象，如图 3-213 所示。

图 3-212　　图 3-213

> **提示：** 选择“编辑 > 剪切”命令，或按 Ctrl+X 组合键，对象将从绘图页面中删除并被放置在剪贴板上。

2. 使用鼠标拖曳的方式复制对象

选取要复制的对象，如图 3-214 所示。将鼠标指针移动到对象的中心点上，光标变为移动光标，如图 3-215 所示。按住鼠标左键拖曳对象到需要的位置，如图 3-216 所示。确定位置合适后单击鼠标右键，完成对象的复制，效果如图 3-217 所示。

图 3-214

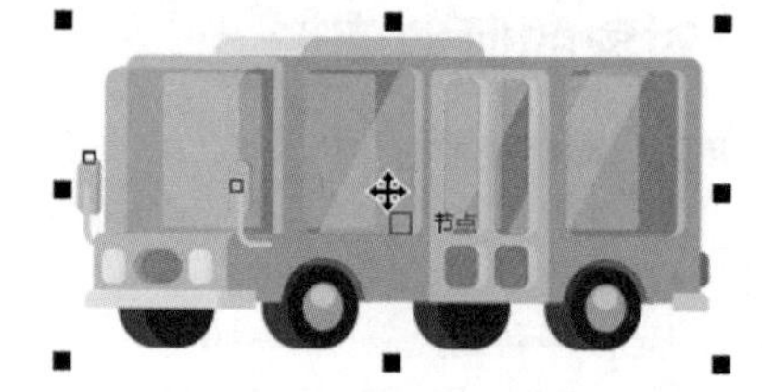

图 3-215

图 3-216

图 3-217

选取要复制的对象，用鼠标右键单击并拖曳对象到需要的位置，松开鼠标右键后弹出如图 3-218 所示的快捷菜单。选择“复制”命令，对象的复制完成，如图 3-219 所示。

图 3-218

图 3-219

使用“选择”工具选取要复制的对象，在数字键盘上按 + 键，可以快速复制对象。

技巧：可以在两个不同的绘图页面中复制对象。使用鼠标左键拖曳其中一个绘图页面中的对象到另一个绘图页面，在松开鼠标左键前单击鼠标右键即可复制对象。

3. 使用命令复制对象属性

选取要复制属性的对象，如图 3-220 所示。选择“编辑 > 复制属性自”命令，弹出“复制属性”对话框，在对话框中勾选“填充”复选框，如图 3-221 所示，单击“确定”按钮，鼠标光标显示为黑色箭头，在要复制其属性的对象上单击，如图 3-222 所示。对象的属性复制完成，效果如图 3-223 所示。

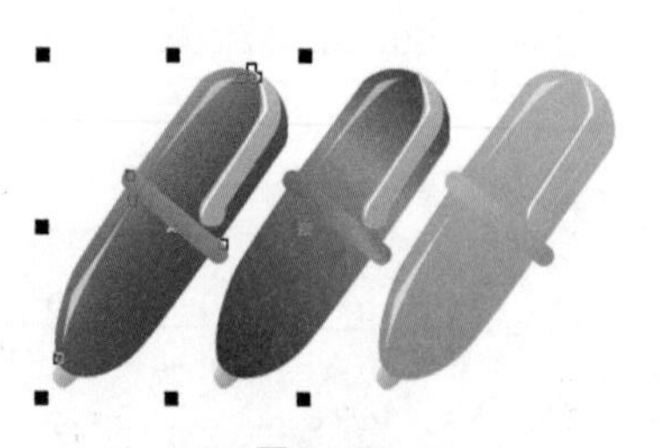

图 3-220

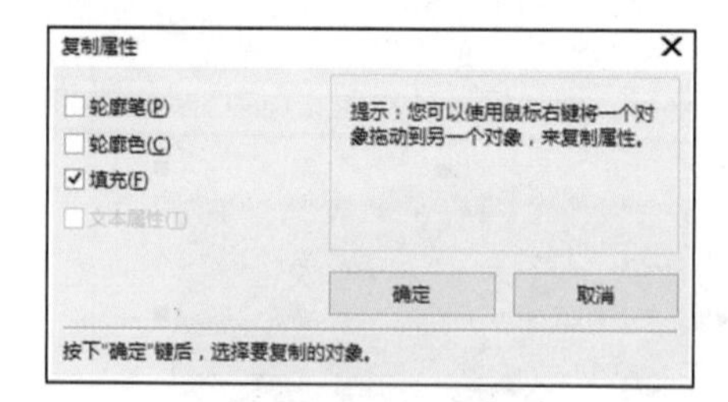

图 3-221

图 3-222

图 3-223

3.4.8　对象的删除

在 CorelDRAW 中，可以方便快捷地删除对象。下面介绍如何删除不需要的对象。

选取要删除的对象，选择“编辑 > 删除”命令，或按 Delete 键，如图 3-224 所示，可以将选取的对象删除。

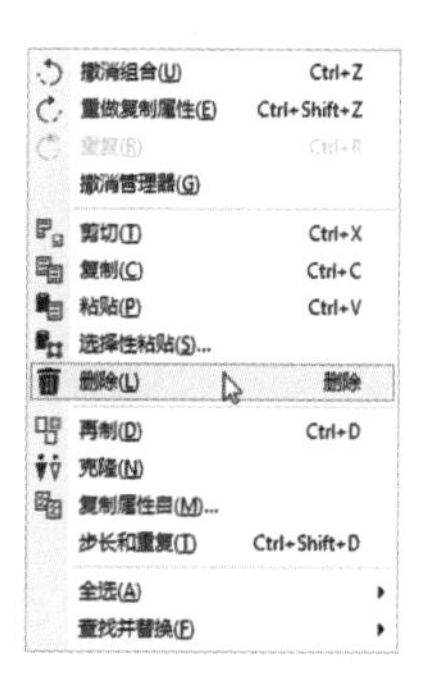

图 3-224

> **提示：**如果想删除多个或全部的对象，首先要选取这些对象，然后选择“删除”命令或按 Delete 键。

3.5　课堂练习——绘制咖啡馆插画

【练习知识要点】使用矩形工具、多边形工具、椭圆形工具、贝塞尔工具和复制 / 粘贴命令绘制太阳伞；使用矩形工具、形状工具和填充工具绘制咖啡杯；使用文本工具添加文字；效果如图 3-225 所示。

【效果所在位置】云盘 /Ch03/ 效果 / 绘制咖啡馆插画 .cdr。

图 3-225

3.6　课后习题——绘制头像

【习题知识要点】使用椭圆形工具、贝塞尔工具、矩形工具、移除前面对象按钮以及轮廓笔工具绘制帽子、脸部和衣服；使用合并按钮和轮廓笔工具绘制头像阴影；效果如图 3-226 所示。

【效果所在位置】云盘 /Ch03/ 效果 / 绘制头像 .cdr。

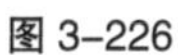

图 3-226

第 4 章 基础绘图

本章介绍

本章将讲解 CorelDRAW 中基本图形工具的使用方法，并详细讲解使用“造型”泊坞窗编辑对象的方法。认真学习本章的内容，读者可以更好地掌握绘制基本图形和修整图形的方法，为绘制出更复杂、更绚丽的作品打好基础。

学习目标

- **掌握几何图形的绘制方法。**
- **熟练掌握修整功能里各种命令的操作方法。**

技能目标

- **掌握“家电插画”的绘制方法。**
- **掌握“卡通猫咪”的绘制方法。**

4.1 绘制基本图形

使用 CorelDRAW 的基本绘图工具可以绘制简单的几何图形。通过本节的讲解和练习，读者可以初步掌握 CorelDRAW 基本绘图工具的特性，为今后绘制更复杂、更优质的图形打下坚实的基础。

4.1.1 课堂案例——绘制家电插画

【案例学习目标】学会使用几何图形工具绘制家电插画。

【案例知识要点】使用矩形工具、转角半径选项、2 点线工具、轮廓笔工具、多边形工具、椭圆形工具和 3 点椭圆形工具绘制微波炉；使用矩形工具、3 点矩形工具和形状工具绘制门框。家电插画效果如图 4-1 所示。

【效果所在位置】云盘 /Ch04/ 效果 / 绘制家电插画 .cdr。

图 4-1

（1）按 Ctrl+N 组合键，弹出“创建新文档”对话框。设置文档的宽度为 150 mm，高度为 100 mm，取向为横向，原色模式为 CMYK，渲染分辨率为 300 dpi。单击“确定”按钮，创建一个文档。

（2）选择“矩形”工具□，在页面中绘制一个矩形，如图 4-2 所示。在属性栏中设置“转角半径”选项均为 9.0 mm，如图 4-3 所示。

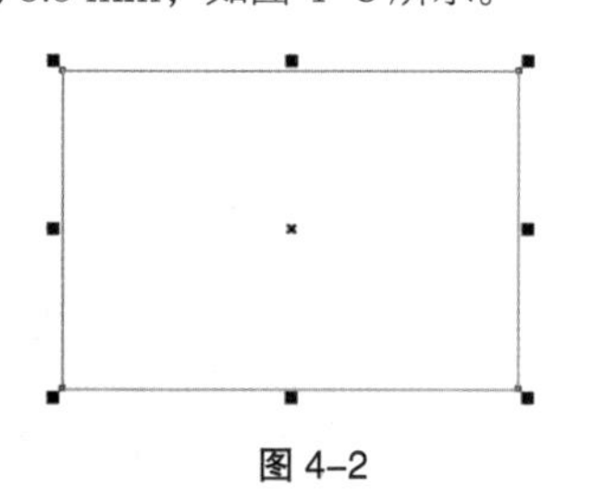

图 4-2

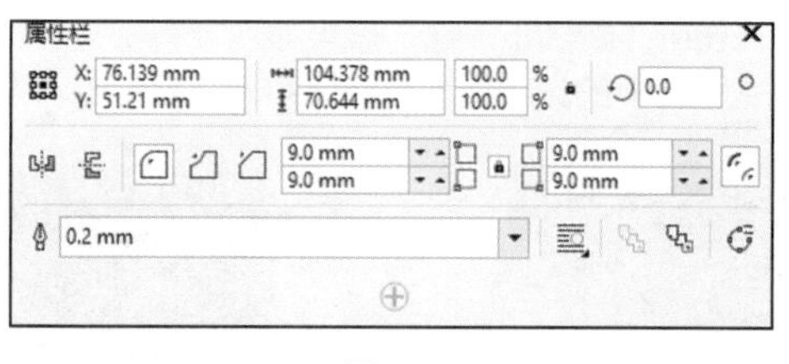

图 4-3

按 Enter 键，效果如图 4-4 所示。设置图形颜色的 CMYK 值为 60、49、32、0，填充图形，并去除图形的轮廓线，效果如图 4-5 所示。

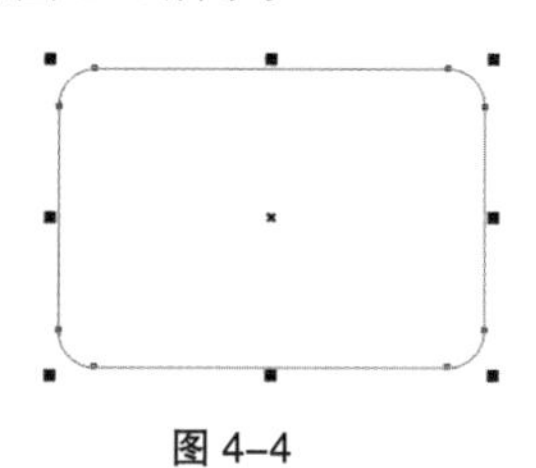

图 4-4

图 4-5

（3）选择“矩形”工具□，在适当的位置再次绘制一个矩形，如图 4-6 所示。设置图形颜色的 CMYK 值为 0、87、53、0，填充图形，并去除图形的轮廓线，效果如图 4-7 所示。

图 4-6

图 4-7

（4）选择“矩形”工具□，在适当的位置再次绘制一个矩形，如图 4-8 所示。在属性栏中设置“转角半径”选项均为 5.0 mm；按 Enter 键，效果如图 4-9 所示。设置图形颜色的 CMYK 值为 100、100、56、27，填充图形，并去除图形的轮廓线，效果如图 4-10 所示。使用相同的方法分别绘制其他圆角矩形，并填充相应的颜色，效果如图 4-11 所示。

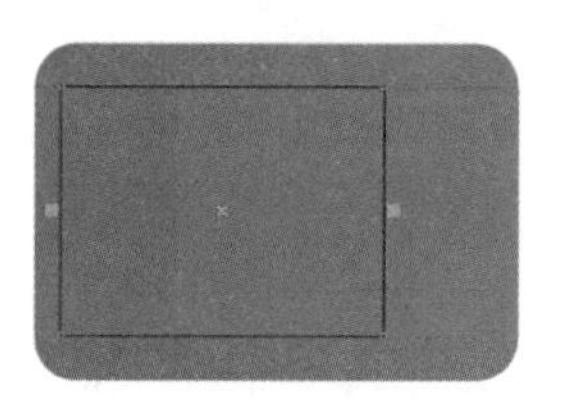

图 4-8

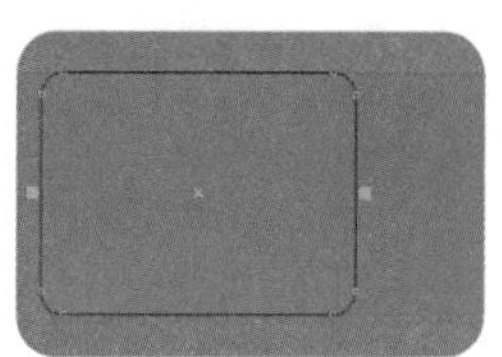

图 4-9

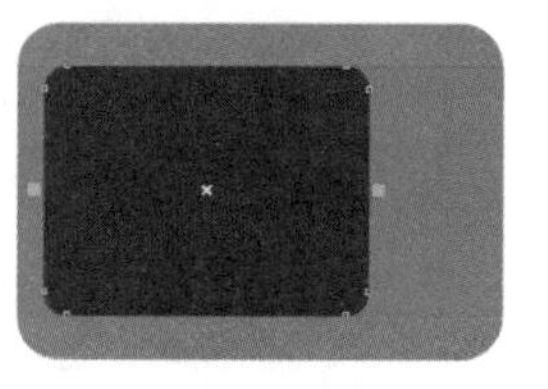

图 4-10

图 4-11

（5）选择“椭圆形”工具，按住 Ctrl 键的同时，在适当的位置绘制一个圆形，设置图形颜色的 CMYK 值为 100、100、62、49，填充图形，并去除图形的轮廓线，效果如图 4-12 所示。按 Shift+PageDown 组合键，将圆形移至图层后面，效果如图 4-13 所示。

（6）按数字键盘上的 + 键，复制圆形。选择“选择”工具，按住 Shift 键的同时，水平向右拖曳复制的圆形到适当的位置，效果如图 4-14 所示。

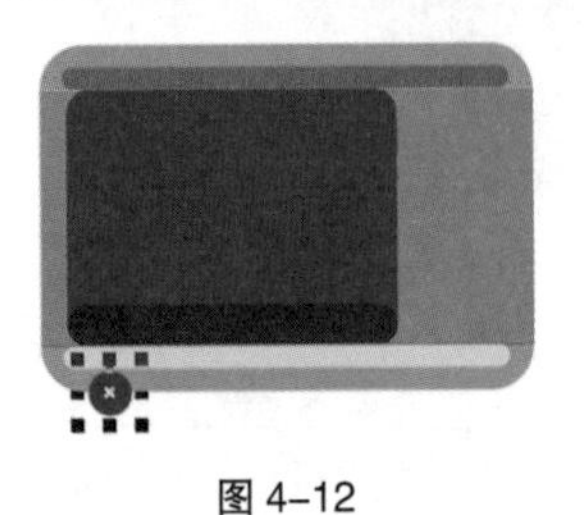

图 4-12

图 4-13

图 4-14

（7）选择“矩形”工具，在适当的位置绘制一个矩形，如图 4-15 所示。在属性栏中设置“转角半径”选项均为 4.5 mm；按 Enter 键，效果如图 4-16 所示。设置图形颜色的 CMYK 值为 53、0、29、0，填充图形，并去除图形的轮廓线，效果如图 4-17 所示。

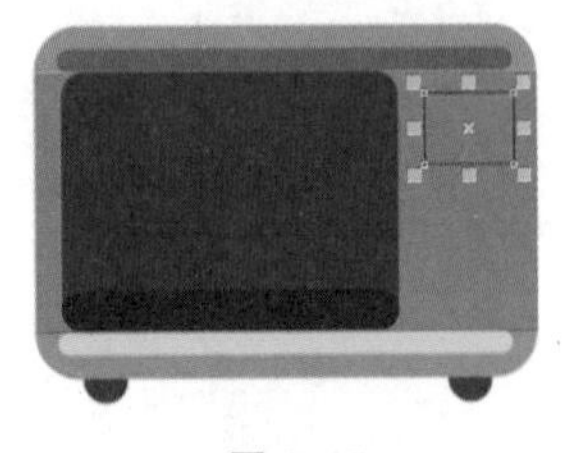

图 4-15

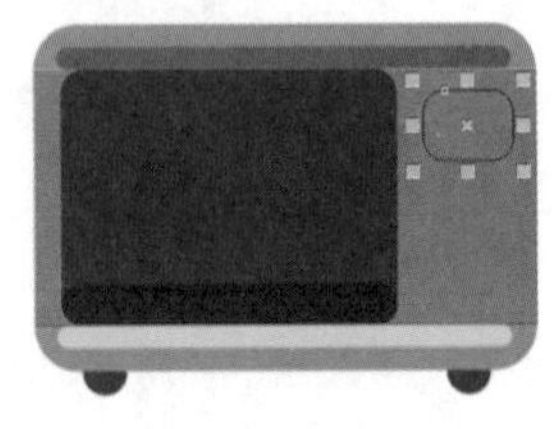

图 4-16

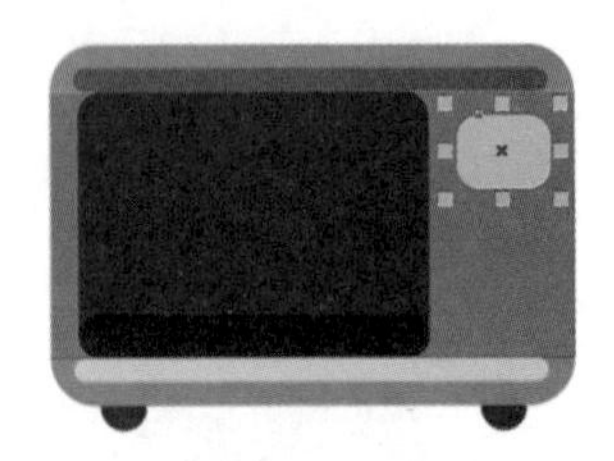

图 4-17

（8）选择“2 点线”工具，按住 Ctrl 键的同时，在适当的位置绘制一条直线，如图 4-18 所示。按 F12 键，弹出“轮廓笔”对话框，在“颜色”框中设置轮廓线颜色的 CMYK 值为 0、65、26、0，其他选项的设置如图 4-19 所示。单击“确定”按钮，效果如图 4-20 所示。

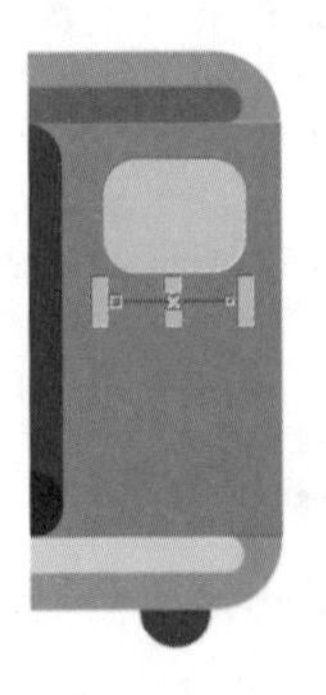

图 4-18

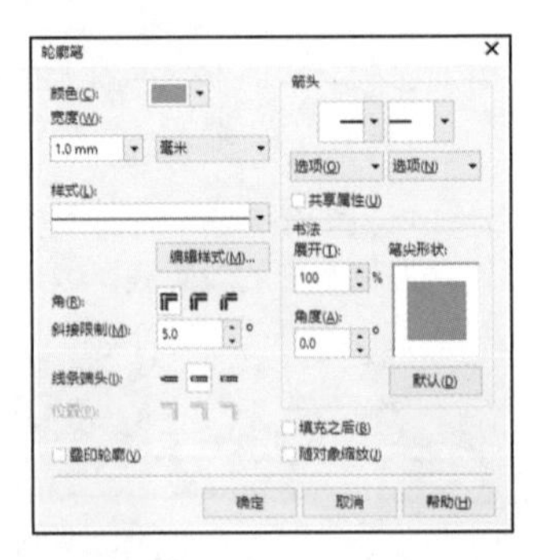

图 4-19

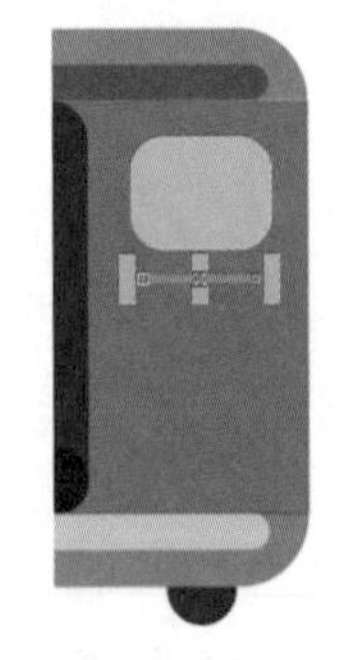

图 4-20

（9）选择“选择”工具，按数字键盘上的 + 键，复制直线。按住 Shift 键的同时，垂直向下拖曳复制的直线到适当的位置，效果如图 4-21 所示。在属性栏中的“轮廓宽度” 0.2 mm 框中设置数值为 2.0 mm，按 Enter 键，效果如图 4-22 所示。

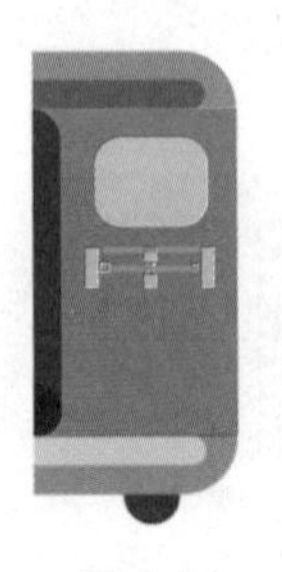

图 4-21

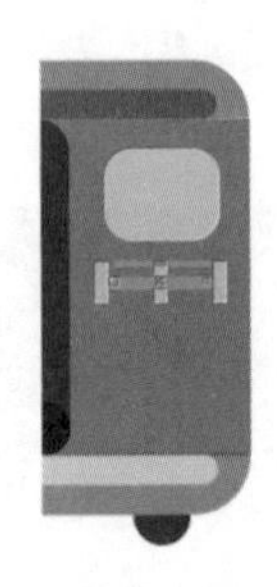

图 4-22

（10）选择“多边形”工具，在属性栏中进行设置如图 4-23 所示。按住 Ctrl 键的同时，在适当的位置绘制一个多边形，效果如图 4-24 所示。设置图形颜色的 CMYK 值为 100、100、56、27，填充图形，并去除图形的轮廓线，效果如图 4-25 所示。

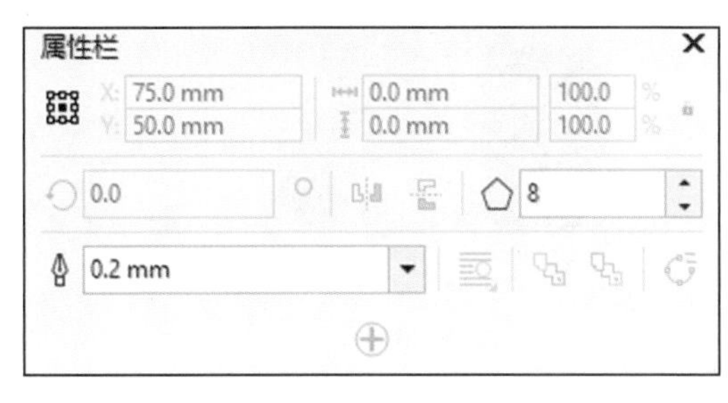

图 4-23

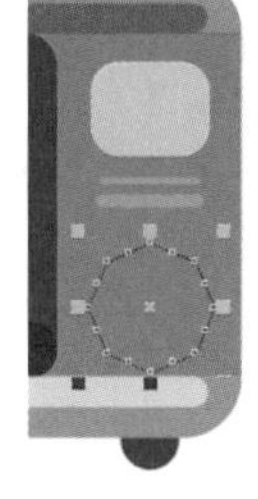
图 4-24

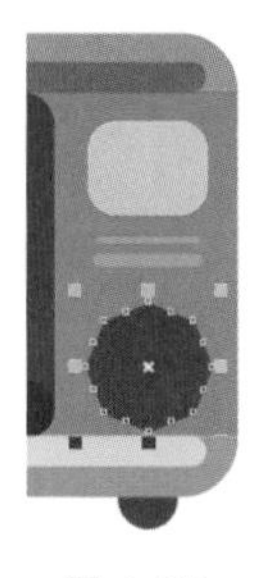
图 4-25

（11）选择“椭圆形”工具，按住 Ctrl 键的同时，在适当的位置绘制一个圆形；在“CMYK 调色板”中的“红”色块上单击鼠标左键，填充图形，并去除图形的轮廓线，效果如图 4-26 所示。

（12）选择“3 点椭圆形”工具，在适当的位置拖曳鼠标绘制一个倾斜的椭圆形，如图 4-27 所示。设置图形颜色的 CMYK 值为 0、100、100、60，填充图形，并去除图形的轮廓线，效果如图 4-28 所示。

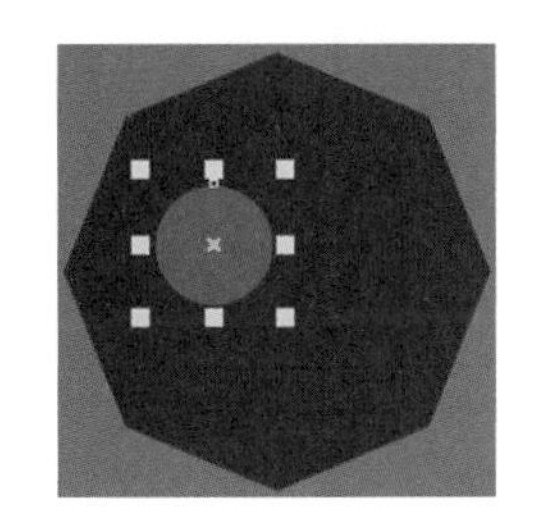
图 4-26

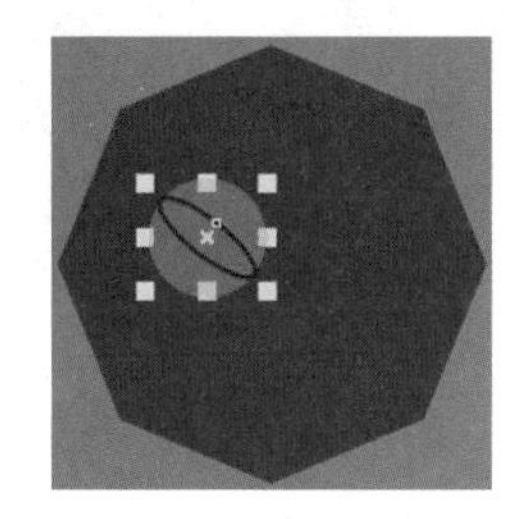
图 4-27

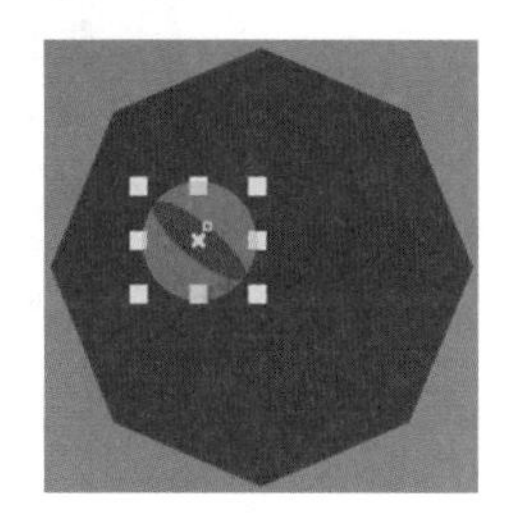
图 4-28

（13）选择“矩形”工具，在适当的位置绘制一个矩形，如图 4-29 所示。在属性栏中设置“转角半径”选项均为 5.0 mm；按 Enter 键，效果如图 4-30 所示。单击属性栏中的“转换为曲线”按钮，将图形转换为曲线，如图 4-31 所示。

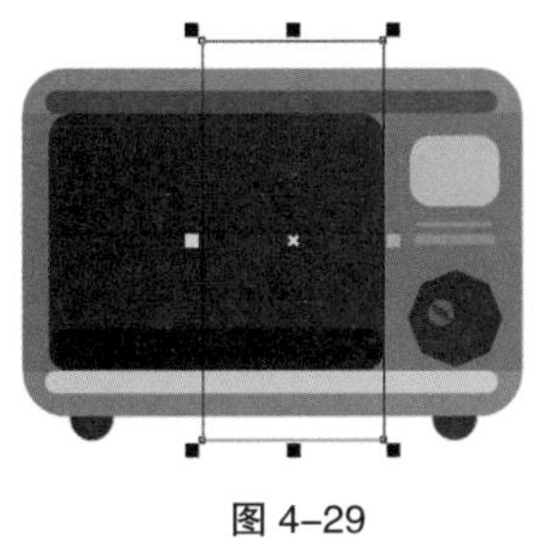
图 4-29

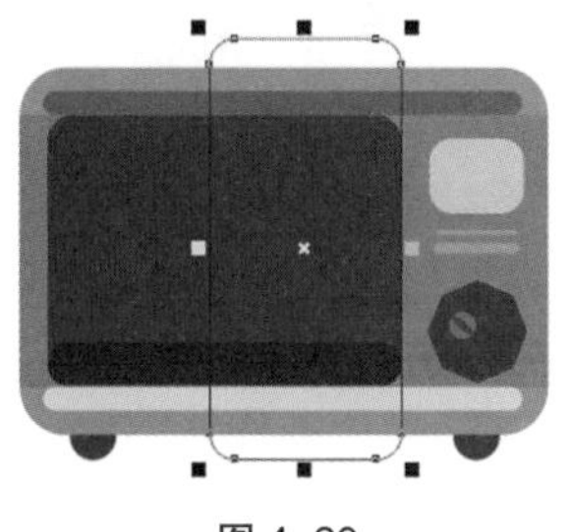
图 4-30

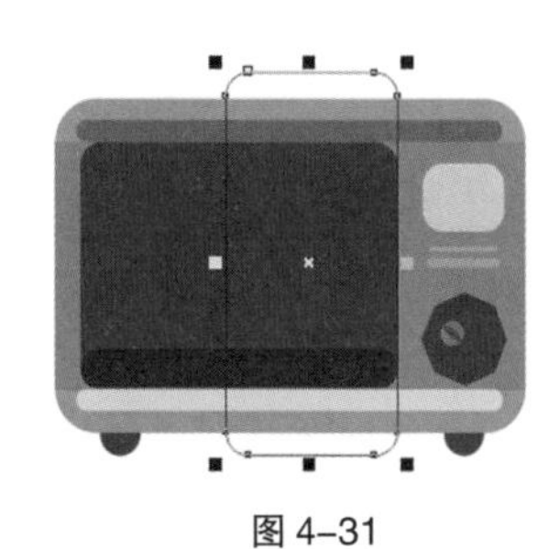
图 4-31

（14）选择“形状”工具，用圈选的方法选取右上角的节点，向下拖曳选中的节点到适当的位置，效果如图 4-32 所示。使用相同的方法调整右下角的节点到适当的位置，效果如图 4-33 所示。选择“选择”工具，选取图形，设置图形颜色的 CMYK 值为 47、39、23、0，填充图形，并去除图形的轮廓线，效果如图 4-34 所示。

图 4-32

图 4-33

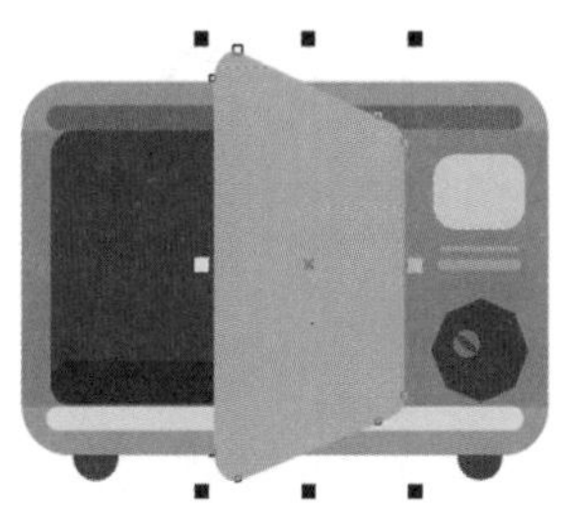
图 4-34

（15）选择“矩形”工具，在适当的位置绘制一个矩形，如图 4-35 所示。在属性栏中设置“转角半径”选项均为 4.0 mm；按 Enter 键，效果如图 4-36 所示。

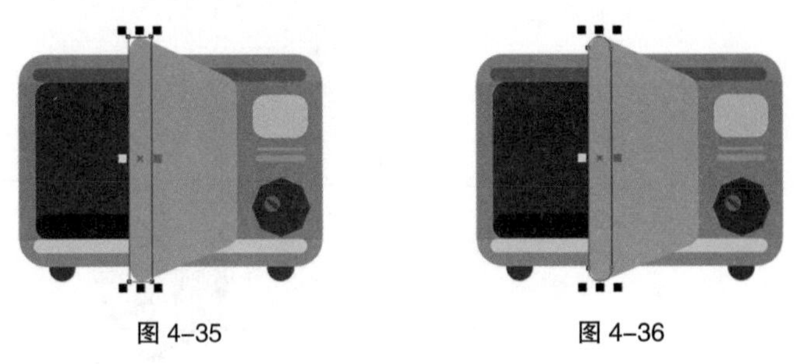

图 4-35　　图 4-36

（16）保持图形处于选取状态。设置图形颜色的 CMYK 值为 24、19、11、0，填充图形，并去除图形的轮廓线，效果如图 4-37 所示。使用相同的方法再次绘制一个圆角矩形，并填充相应的颜色，效果如图 4-38 所示。

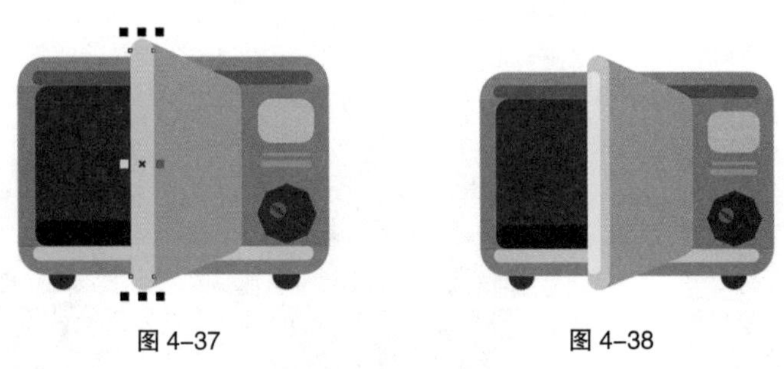

图 4-37　　图 4-38

（17）选择“3 点矩形”工具，在适当的位置拖曳鼠标绘制一个倾斜矩形，如图 4-39 所示。在属性栏中设置“转角半径”选项均为 2.0 mm；按 Enter 键，效果如图 4-40 所示。设置图形颜色的 CMYK 值为 11、7、6、0，填充图形，并去除图形的轮廓线，效果如图 4-41 所示。

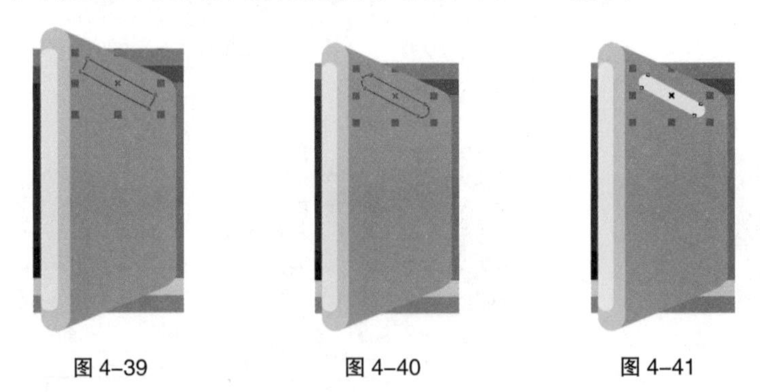

图 4-39　　图 4-40　　图 4-41

（18）选择“矩形”工具，在适当的位置绘制一个矩形，如图 4-42 所示。单击属性栏中的“转换为曲线”按钮，将图形转换为曲线，如图 4-43 所示。

（19）选择“形状”工具，选中并向下拖曳右上角的节点到适当的位置，效果如图 4-44 所示。用相同的方法调整右下角的节点，效果如图 4-45 所示。

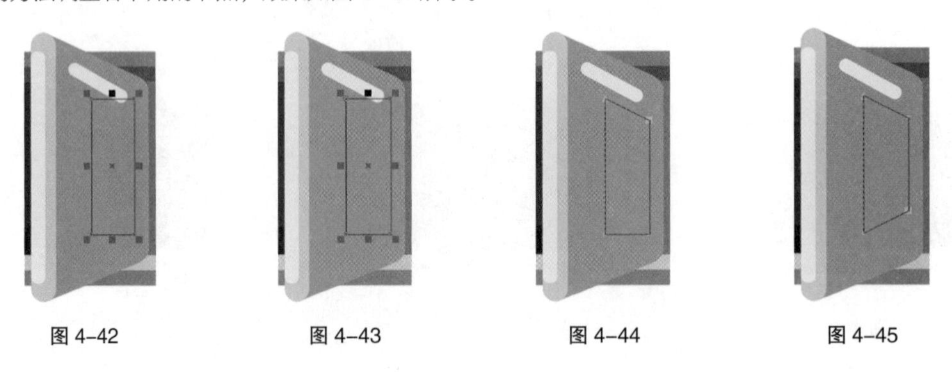

图 4-42　　图 4-43　　图 4-44　　图 4-45

（20）选择“选择”工具，选取图形，设置图形颜色的 CMYK 值为 100、100、62、49，填充图形，并去除图形的轮廓线，效果如图 4-46 所示。家电插画绘制完成，效果如图 4-47 所示。

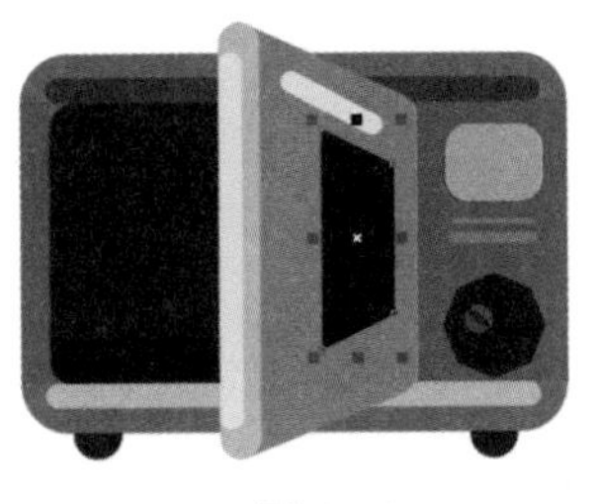

图 4-46

图 4-47

4.1.2　2 点线工具

选择“2 点线”工具，在绘图页面中单击鼠标左键以确定直线的起点，鼠标光标变为十字形，拖曳光标到终点需要的位置，如图 4-48 所示。松开鼠标左键，一条直线绘制完成，如图 4-49 所示。

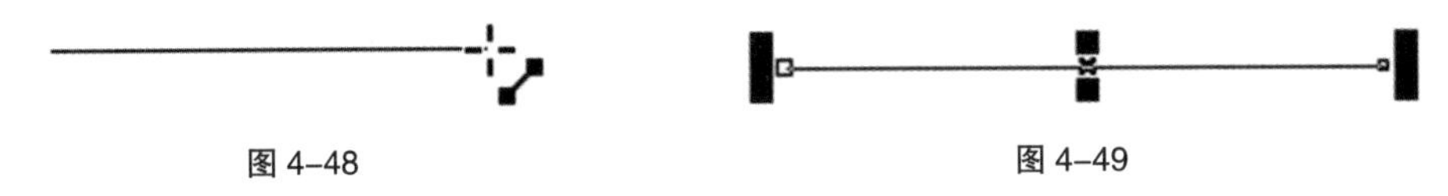

图 4-48　　图 4-49

选择“2 点线”工具，其属性栏如图 4-50 所示。

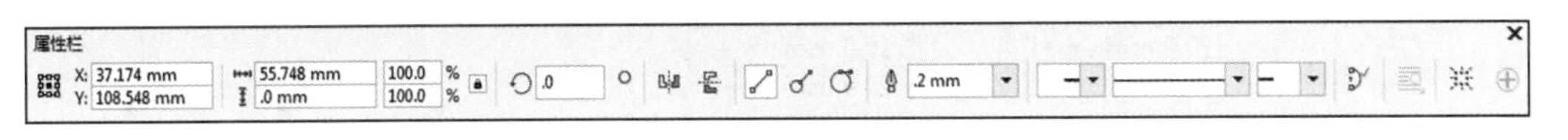

图 4-50

“2 点线工具”，用于绘制一条连接起点和终点的直线。

“垂直 2 点线”，用于绘制一条与现有的线条或对象垂直的 2 点线。

“相切的 2 点线”，用于绘制一条与现有的线条或对象相切的 2 点线。

4.1.3　矩形与 3 点矩形工具

1. 绘制直角矩形

单击工具箱中的“矩形”工具，在绘图页面中按住鼠标左键不放，拖曳光标到需要的位置，松开鼠标，完成绘制，如图 4-51 所示。绘制矩形的属性栏如图 4-52 所示。

按 Esc 键，取消矩形的选取状态，效果如图 4-53 所示。选择“选择”工具，在矩形上单击鼠标左键，选择刚绘制好的矩形。

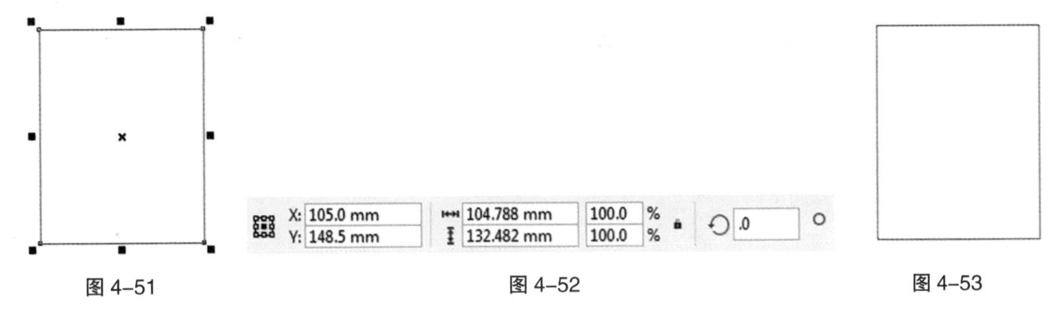

图 4-51　　图 4-52　　图 4-53

按 F6 键，快速选择“矩形”工具，可在绘图页面中适当的位置绘制矩形。

按住 Ctrl 键，可在绘图页面中绘制正方形。

按住 Shift 键，可在绘图页面中以当前点为中心绘制矩形。

按住 Shift+Ctrl 组合键，可在绘图页面中以当前点为中心绘制正方形。

技巧：双击工具箱中的“矩形”工具，可以绘制出一个和绘图页面一样大的矩形。

2．使用“矩形”工具绘制圆角矩形

在绘图页面中绘制一个矩形，如图 4-54 所示。在绘制矩形的属性栏中，如果先将“转角半径”后的小锁图标选定，则改变“转角半径”时，4 个角的角圆滑度数值将发生相同的改变。设定“转角半径”，如图 4-55 所示；按 Enter 键，效果如图 4-56 所示。

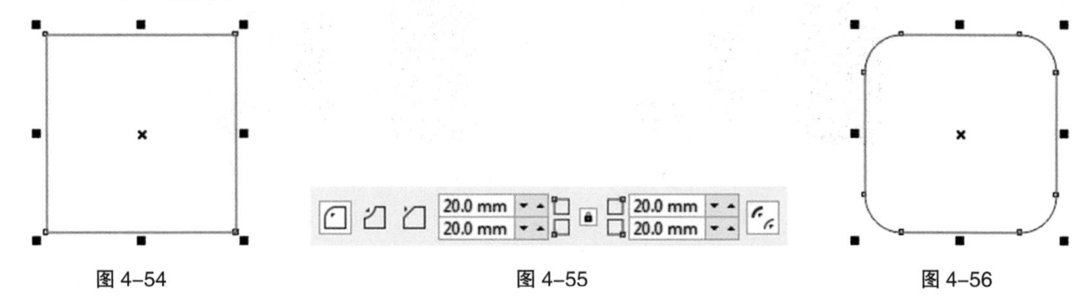

图 4-54　　图 4-55　　图 4-56

如果不选定小锁图标，则可以单独改变一个角的角圆滑度数值。在绘制矩形的属性栏中，分别设定“转角半径”，如图 4-57 所示。按 Enter 键，效果如图 4-58 所示。如果要将圆角矩形还原为直角矩形，可以将角圆滑度数值设定为 0 mm。

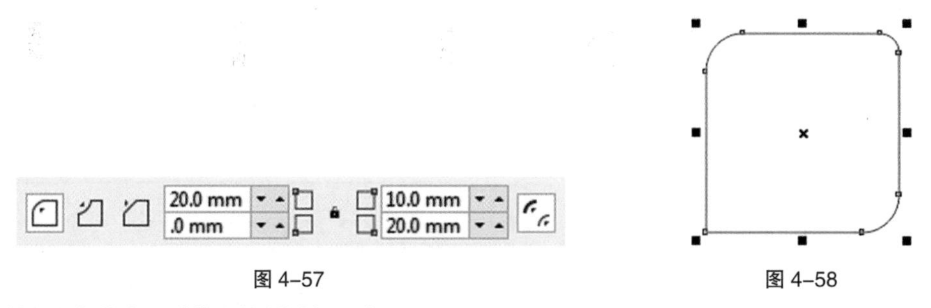

图 4-57　　图 4-58

3．使用鼠标拖曳矩形节点绘制圆角矩形

绘制一个矩形。按 F10 键，快速选择“形状”工具，选中矩形边角的节点，如图 4-59 所示。按住鼠标左键拖曳矩形边角的节点，可以改变边角的圆滑程度，如图 4-60 所示。松开鼠标左键，圆角矩形的效果如图 4-61 所示。

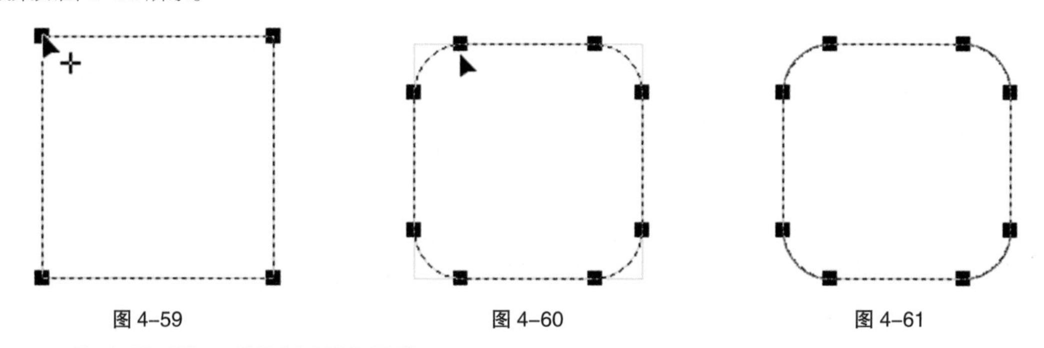

图 4-59　　图 4-60　　图 4-61

4．使用“矩形”工具绘制扇形角图形

在绘图页面中绘制一个矩形，如图 4-62 所示。在绘制矩形的属性栏中，单击“扇形角”按钮，在“转角半径”框中设置值为 20.0 mm，如图 4-63 所示。按 Enter 键，效果如图 4-64 所示。

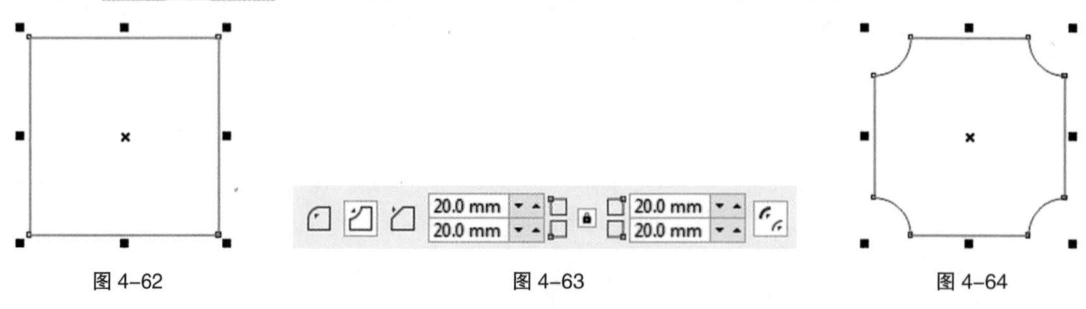

图 4-62　　图 4-63　　图 4-64

5. 使用“矩形”工具绘制倒棱角图形

在绘图页面中绘制一个矩形，如图 4-65 所示。在绘制矩形的属性栏中，单击“倒棱角”按钮，在“转角半径”框中设置值为 20.0 mm，如图 4-66 所示。按 Enter 键，效果如图 4-67 所示。

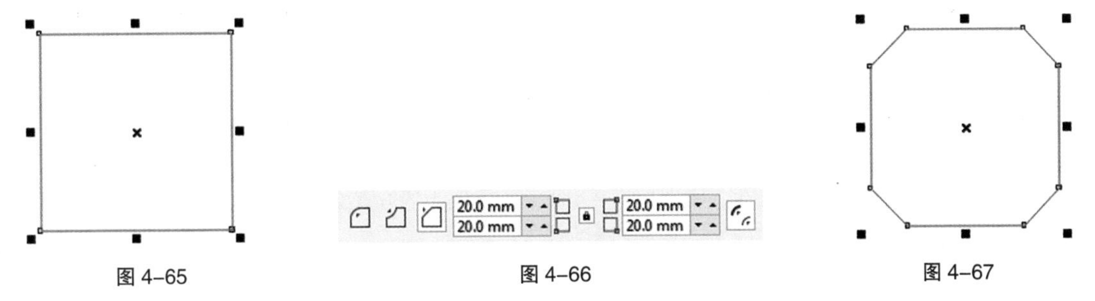

图 4-65　　图 4-66　　图 4-67

6. 使用角缩放按钮调整图形

在绘图页面中绘制一个圆角矩形，属性栏和效果如图 4-68 所示。在绘制矩形的属性栏中，单击“相对角缩放”按钮，拖曳控制手柄调整图形的大小，圆角的半径根据图形的调整进行改变，属性栏和效果如图 4-69 所示。

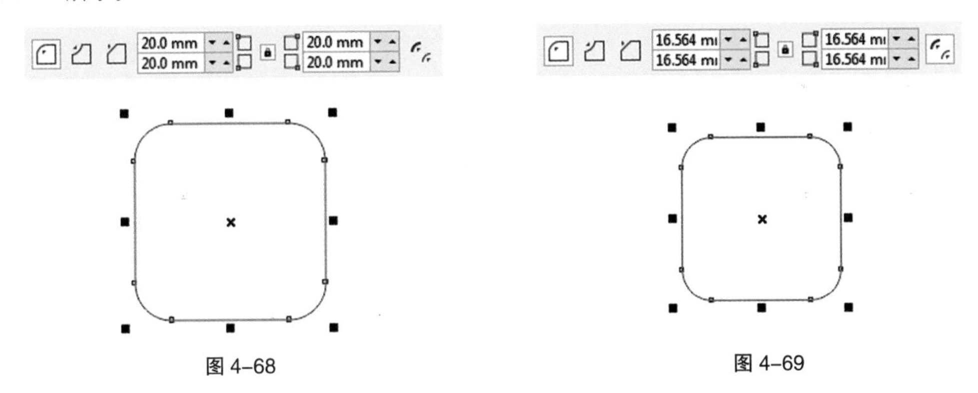

图 4-68　　图 4-69

当图形为扇形角图形或倒棱角图形时，调整的效果与圆角矩形相同。

7. 绘制任意角度放置的矩形

选择“矩形”工具展开式工具栏中的“3 点矩形”工具，在绘图页面中按住鼠标左键不放，拖曳光标到需要的位置，可绘制出一条任意方向的线段作为矩形的一条边，如图 4-70 所示；松开鼠标左键，再拖曳鼠标到需要的位置，即可确定矩形的另一条边，如图 4-71 所示；单击鼠标左键，有角度的矩形绘制完成，效果如图 4-72 所示。

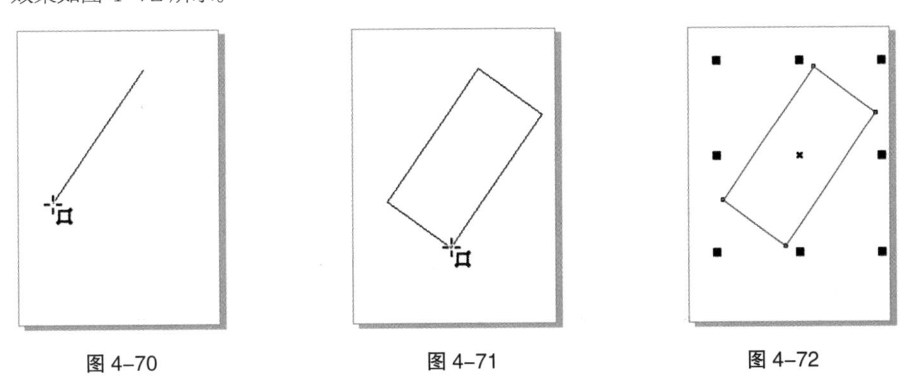

图 4-70　　图 4-71　　图 4-72

4.1.4 椭圆形与 3 点椭圆形工具

1. 绘制椭圆形

选择“椭圆形”工具，在绘图页面中按住鼠标左键不放，拖曳光标到需要的位置，松开鼠标左键，椭圆形绘制完成，如图 4-73 所示；椭圆形的属性栏如图 4-74 所示。

按住 Ctrl 键，在绘图页面中可以绘制圆形，如图 4-75 所示。

图 4-73　　图 4-74　　图 4-75

按 F7 键，快速选择“椭圆形”工具，可在绘图页面中适当的位置绘制椭圆形。

按住 Shift 键，可在绘图页面中以当前点为中心绘制椭圆形。

按住 Shift+Ctrl 组合键，可在绘图页面中以当前点为中心绘制圆形。

2. 使用“椭圆形”工具绘制饼形和弧形

绘制一个圆形，如图 4-76 所示。单击“椭圆形”工具属性栏（见图 4-77）中的“饼图”按钮，可将圆形转换为饼形，如图 4-78 所示。

图 4-76　　图 4-77　　图 4-78

单击“椭圆形”工具属性栏（见图 4-79）中的“弧”按钮，可将圆形转换为弧形，如图 4-80 所示。

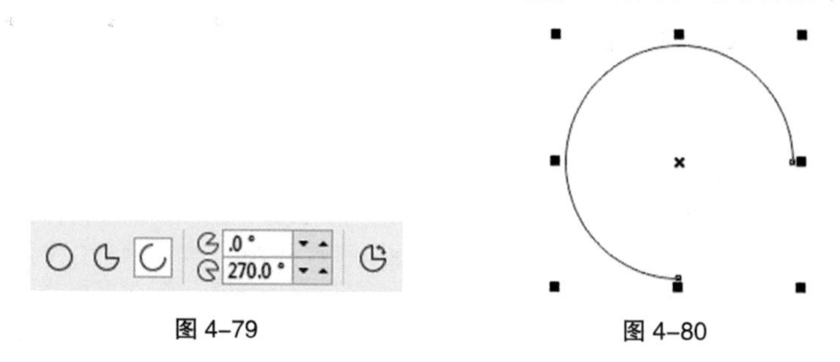

图 4-79　　图 4-80

在“起始和结束角度”中设置饼形和弧形的起始角度和终止角度，按 Enter 键，可以获得饼形和弧形角度的精确值，效果如图 4-81 所示。

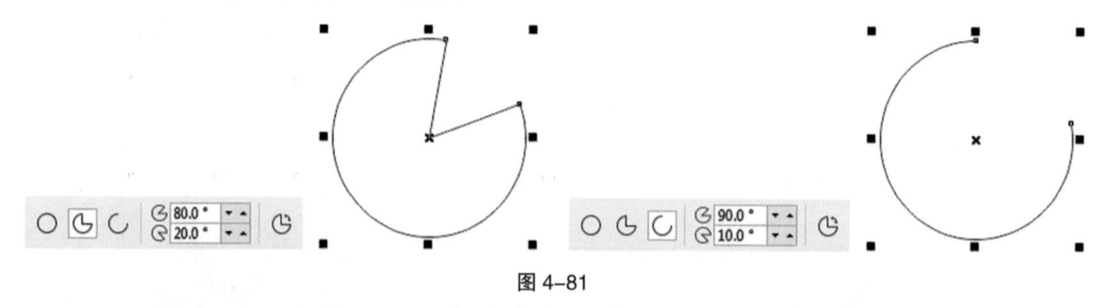

图 4-81

> **技巧：** 椭圆形处于选中状态下，在“椭圆形”工具属性栏中，单击“饼图”按钮或“弧”按钮，可以使图形在饼形和弧形之间转换。单击属性栏中的“更改方向”按钮，可以将饼形或弧形进行 180° 的镜像。

3. 拖曳椭圆形的节点来绘制饼形和弧形

选择“椭圆形”工具，绘制一个圆形。按 F10 键，快速选择“形状”工具，单击轮廓线上的节点并按住鼠标左键不放，如图 4-82 所示。向圆形内拖曳节点，如图 4-83 所示。松开鼠标左键，圆形变成饼形，效果如图 4-84 所示。向圆形外拖曳轮廓线上的节点，可使圆形变成弧形。

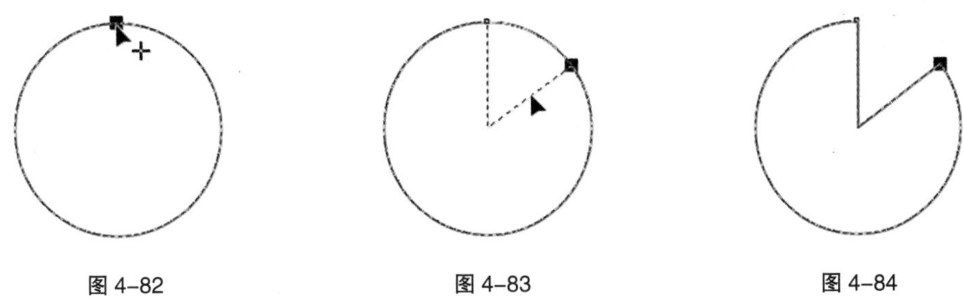

图 4-82　　图 4-83　　图 4-84

4．绘制任意角度放置的椭圆形

选择“椭圆形”工具展开式工具栏中的“3 点椭圆形”工具，在绘图页面中按住鼠标左键不放，拖曳光标到需要的位置，可绘制一条任意方向的线段作为椭圆形的一个轴，如图 4-85 所示。松开鼠标左键，再拖曳鼠标到需要的位置，即可确定椭圆的形状，如图 4-86 所示。单击鼠标左键，有角度的椭圆形绘制完成，如图 4-87 所示。

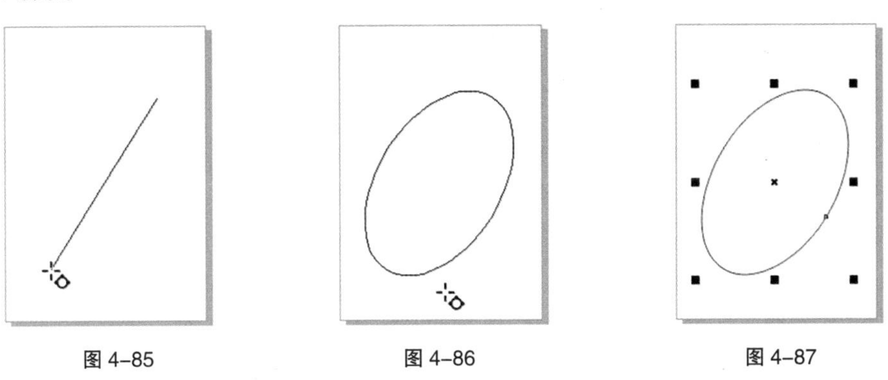

图 4-85　　图 4-86　　图 4-87

4.1.5　多边形工具

选择“多边形”工具，在绘图页面中按住鼠标左键不放，拖曳光标到需要的位置，松开鼠标左键，多边形绘制完成，如图 4-88 所示。“多边形”属性栏如图 4-89 所示。

设置“多边形”属性栏中的“点数或边数”数值为 9，如图 4-90 所示。按 Enter 键，多边形效果如图 4-91 所示。

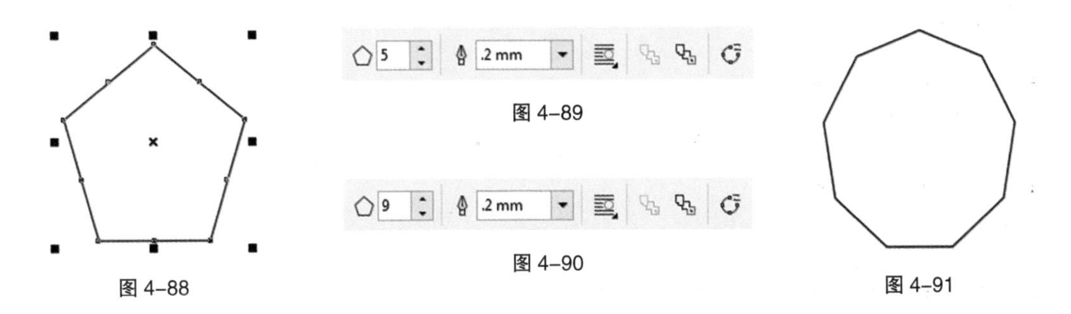

图 4-88　　图 4-89　　图 4-90　　图 4-91

4.1.6　星形与复杂星形工具

1．绘制星形

选择“多边形”工具展开式工具栏中的“星形”工具，在绘图页面中按住鼠标左键不放，拖曳光标到需要的位置，松开鼠标左键，星形绘制完成，如图 4-92 所示。“星形”属性栏如图 4-93 所示。设置“星形”属性栏中的“点数或边数”数值为 8，按 Enter 键，星形效果如图 4-94 所示。

图 4-92

图 4-93

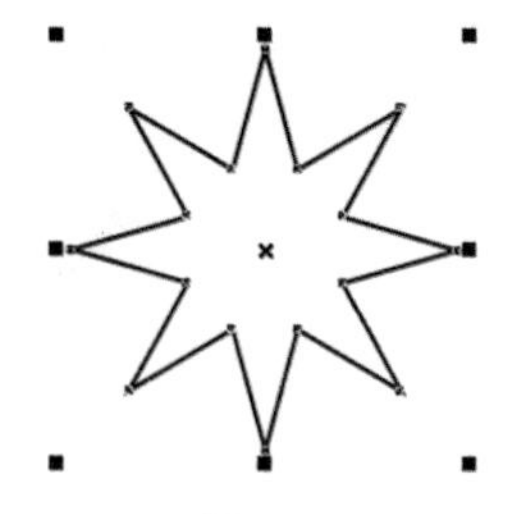

图 4-94

2. 绘制复杂星形

选择“多边形”工具展开式工具栏中的“复杂星形”工具，在绘图页面中按住鼠标左键不放，拖曳光标到需要的位置，松开鼠标左键，复杂星形绘制完成，如图 4-95 所示。其属性栏如图 4-96 所示。设置“复杂星形”工具属性栏中的“点数或边数”数值为 9，“锐度”数值为 3，如图 4-97 所示。按 Enter 键，复杂星形效果如图 4-98 所示。

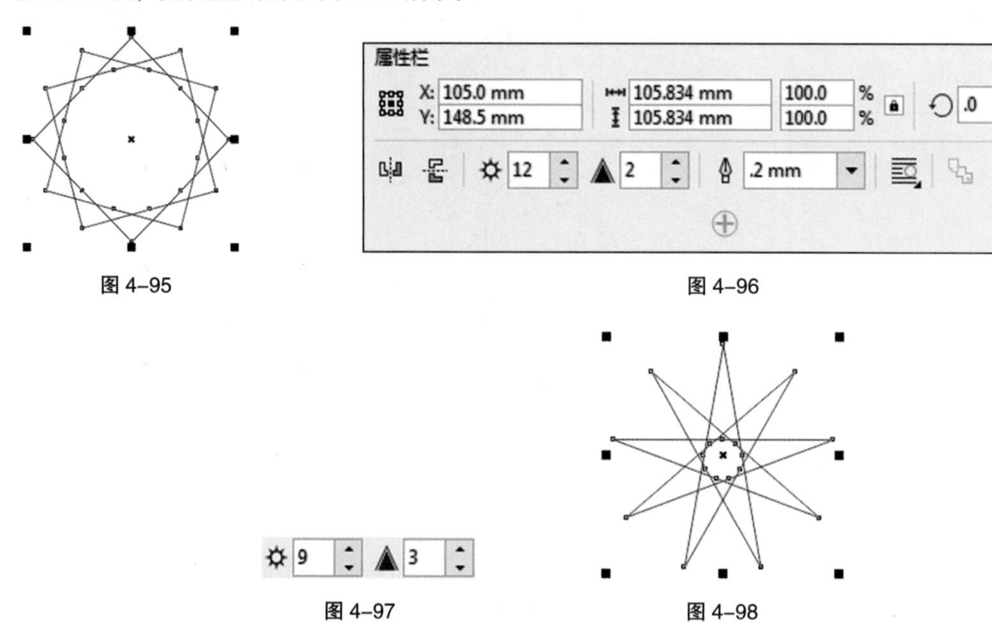

图 4-95

图 4-96

图 4-97

图 4-98

3. 使用鼠标拖曳多边形的节点来绘制星形

绘制一个多边形，如图 4-99 所示。选择“形状”工具，单击轮廓线上的节点并按住鼠标左键不放，如图 4-100 所示。向多边形内或多边形外拖曳轮廓线上的节点，如图 4-101 所示，可以将多边形改变为星形，效果如图 4-102 所示。

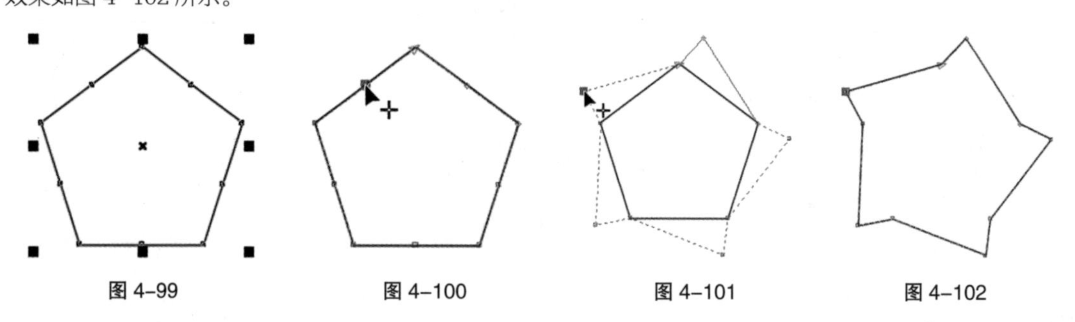

图 4-99　图 4-100　图 4-101　图 4-102

4.1.7 螺纹工具

1. 绘制对称式螺旋线

选择“螺纹”工具，在绘图页面中按住鼠标左键不放，从左上角向右下角拖曳光标到需要的位置，松开鼠标左键，对称式螺旋线绘制完成，如图 4-103 所示；其属性栏如图 4-104 所示。

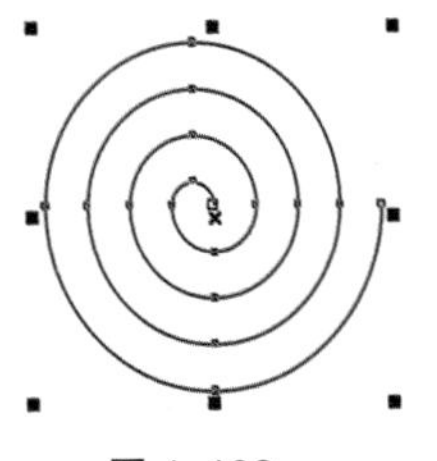

图 4-103

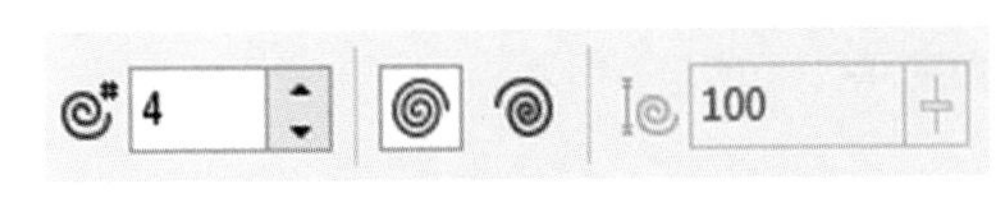

图 4-104

如果从右下角向左上角拖曳光标到需要的位置，可以绘制出反向的对称式螺旋线。在 4 框中可以重新设定螺旋线的圈数，绘制出需要的螺旋线效果。

2．绘制对数螺旋数

选择“螺纹”工具，在属性栏中单击“对数螺纹”按钮，在绘图页面中按住鼠标左键不放，从左上角向右下角拖曳光标到需要的位置，松开鼠标左键，对数螺旋线绘制完成，如图 4-105 所示；其属性栏如图 4-106 所示。

图 4-105　　图 4-106

在 100 中可以重新设定螺旋线的扩展参数，将数值分别设定为 80 和 20 时，螺旋线向外扩展的幅度会逐渐变小，如图 4-107 所示。当数值为 1 时，将绘制出对称式螺旋线。

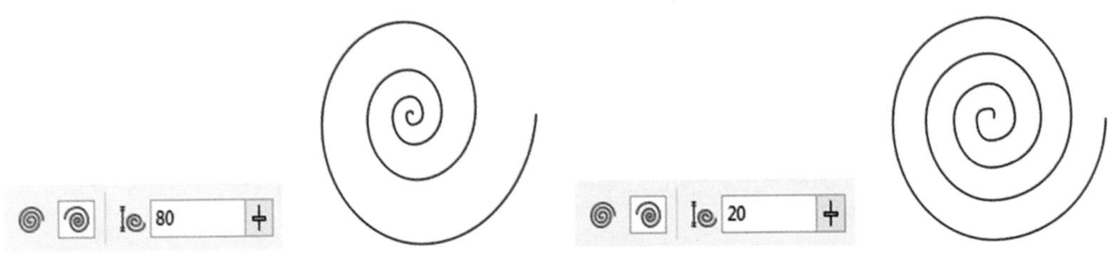

图 4-107

按 A 键，快速选择“螺纹”工具，可在绘图页面中适当的位置绘制螺旋线。

按住 Ctrl 键，在绘图页面中可绘制正圆螺旋线。

按住 Shift 键，在绘图页面中可以当前点为中心绘制螺旋线。

按住 Shift+Ctrl 组合键，在绘图页面中可以当前点为中心绘制正圆螺旋线。

4.1.8　基本形状的绘制与调整

1．绘制基本形状

单击“基本形状”工具，在属性栏中单击“完美形状”按钮，在弹出的面板中选择需要的基本图形，如图 4-108 所示。

在绘图页面中按住鼠标左键不放，从左上角向右下角拖曳光标到需要的位置，松开鼠标左键，基本图形绘制完成，效果如图 4-109 所示。

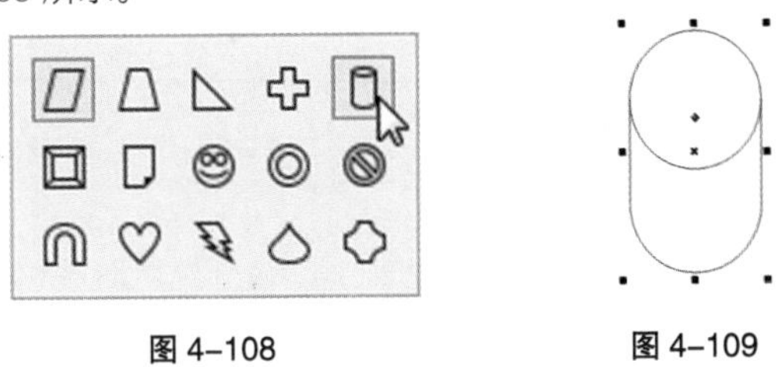

图 4-108　　图 4-109

2. 绘制箭头图形

单击“箭头形状”工具，在属性栏中单击“完美形状”按钮，在弹出的面板中选择所需要的箭头图形，如图 4-110 所示。

在绘图页面中按住鼠标左键不放，从左上角向右下角拖曳光标到需要的位置，松开鼠标左键，箭头图形绘制完成，如图 4-111 所示。

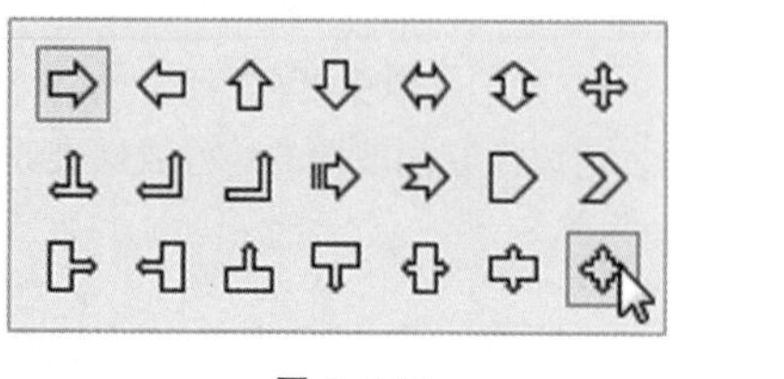

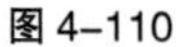

图 4-110

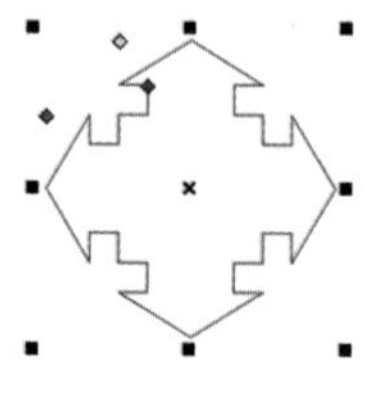

图 4-111

3. 绘制流程图图形

单击“流程图形状”工具，在属性栏中单击“完美形状”按钮，在弹出的面板中选择所需要的流程图图形，如图 4-112 所示。

在绘图页面中按住鼠标左键不放，从左上角向右下角拖曳光标到需要的位置，松开鼠标左键，流程图图形绘制完成，如图 4-113 所示。

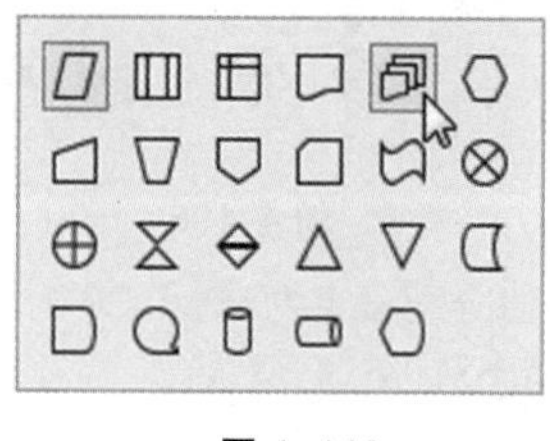

图 4-112

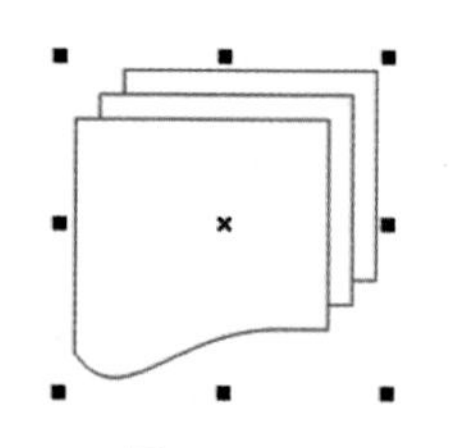

图 4-113

4. 绘制标题图形

单击“标题形状”工具，在属性栏中单击“完美形状”按钮，在弹出的面板中选择需要的标题图形，如图 4-114 所示。

在绘图页面中按住鼠标左键不放，从左上角向右下角拖曳光标到需要的位置，松开鼠标左键，标题图形绘制完成，如图 4-115 所示。

图 4-114

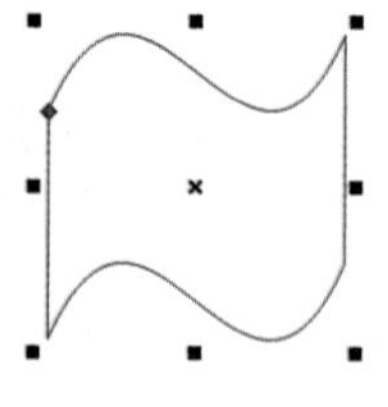

图 4-115

5. 绘制标注图形

单击“标注形状”工具，在属性栏中单击“完美形状”按钮，在弹出的面板中选择需要的标注图形，如图 4-116 所示。

在绘图页面中按住鼠标左键不放，从左上角向右下角拖曳光标到需要的位置，松开鼠标左键，标注图形绘制完成，如图 4-117 所示。

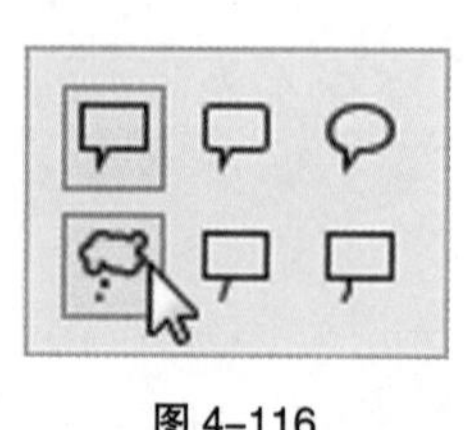

图 4-116

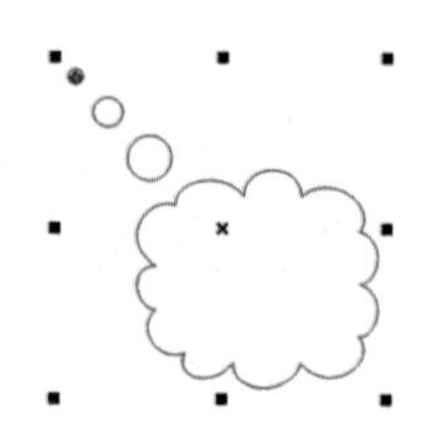

图 4-117

6. 调整基本形状

绘制一个基本形状，如图 4–118 所示。单击要调整的基本图形的红色菱形符号，按住鼠标左键不放将其拖曳到需要的位置，如图 4–119 所示。得到需要的形状后，松开鼠标左键，效果如图 4–120 所示。

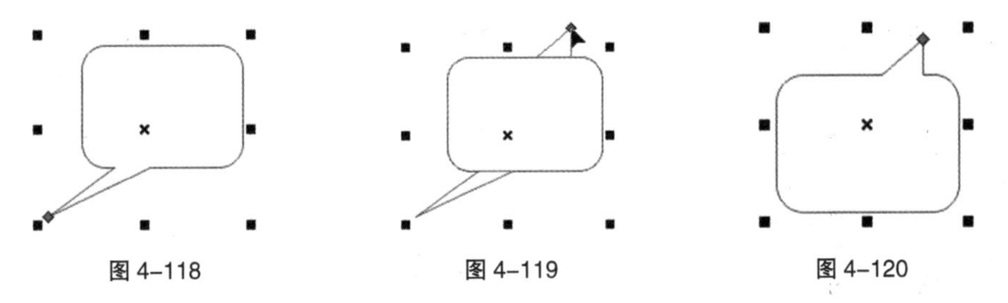

图 4–118　　图 4–119　　图 4–120

提示：在流程图图形中没有红色菱形符号，故不能对它进行调整。

4.2 修整图形

在 CorelDRAW 中，修整功能是编辑图形对象非常重要的手段。使用修整功能中的焊接、修剪、相交和简化等命令可以创建出复杂的全新图形。

4.2.1 课堂案例——绘制卡通猫咪

【案例学习目标】学会使用绘图工具、修整图形功能绘制卡通猫咪。

【案例知识要点】使用椭圆形工具、矩形工具、3 点矩形工具、移除前面对象按钮、合并按钮和贝塞尔工具绘制猫咪头部；使用 3 点椭圆形工具、移除前面对象按钮、折线工具和形状工具绘制猫咪五官、腿和尾巴；卡通猫咪效果如图 4–121 所示。

【效果所在位置】云盘 /Ch04/ 效果 / 绘制卡通猫咪 .cdr。

图 4–121

1. 绘制猫咪的头部和眼睛

（1）按 Ctrl+N 组合键，弹出“创建新文档”对话框。设置文档的宽度为 200 mm，高度为 200 mm，取向为纵向，原色模式为 CMYK，渲染分辨率为 300 dpi。单击“确定”按钮，创建一个文档。

（2）选择“椭圆形”工具◯，在页面中绘制一个椭圆形，如图 4–122 所示。选择“矩形”工具□，在适当的位置分别绘制 2 个矩形，如图 4–123 所示。

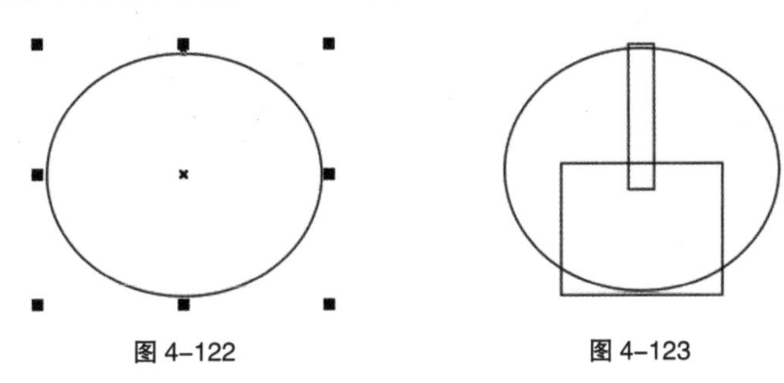

图 4–122　　图 4–123

（3）选择“选择”工具，选取需要的矩形，单击属性栏中的“转换为曲线”按钮，将图形转换为曲线，如图 4-124 所示。选择“形状”工具，选中并向右拖曳左上角的节点到适当的位置，效果如图 4-125 所示。使用相同的方法调整右上角的节点，效果如图 4-126 所示。

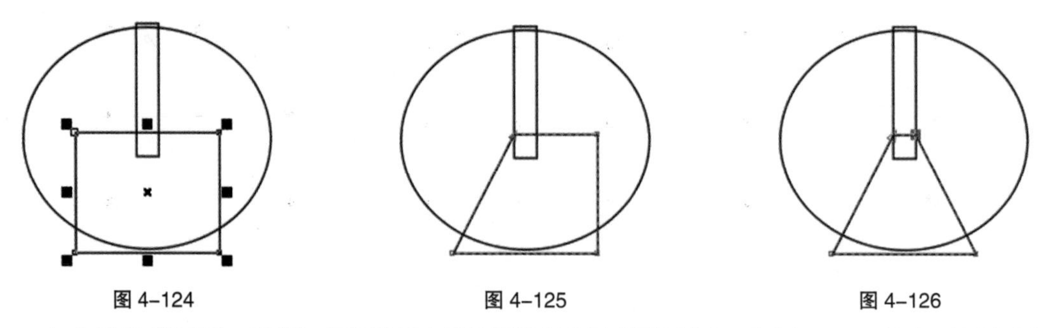

图 4-124　　图 4-125　　图 4-126

（4）选择“选择”工具，用圈选的方法将所绘制的图形同时选取，如图 4-127 所示。单击属性栏中的“移除前面对象”按钮，将三个图形剪切为一个图形，效果如图 4-128 所示。

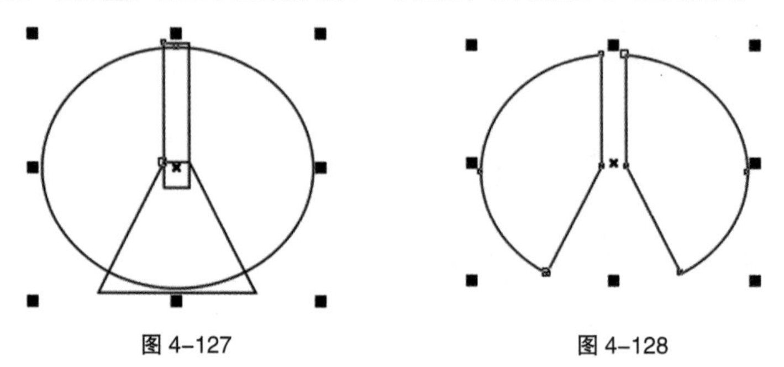

图 4-127　　图 4-128

（5）选择“3 点矩形”工具，在适当的位置拖曳光标绘制一个倾斜矩形，如图 4-129 所示。单击属性栏中的“转换为曲线”按钮，将图形转换为曲线，如图 4-130 所示。

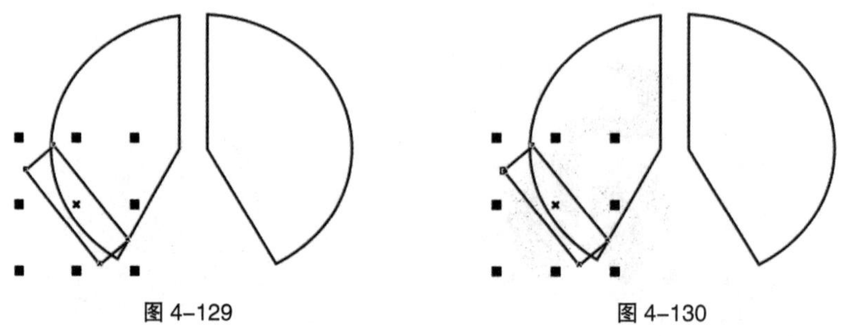

图 4-129　　图 4-130

（6）选择“形状”工具，选中并向下拖曳右上角的节点到适当的位置，效果如图 4-131 所示。用相同的方法调整左下角的节点，效果如图 4-132 所示。

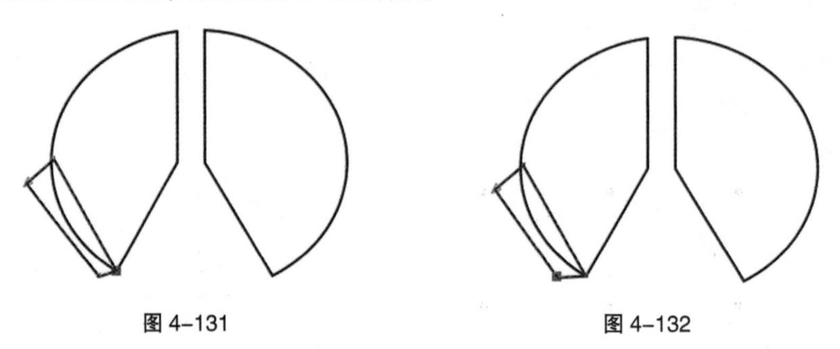

图 4-131　　图 4-132

（7）选择“选择”工具，用圈选的方法将所绘制的图形同时选取，如图 4-133 所示。单击属性栏中的“合并”按钮，合并图形，如图 4-134 所示。填充图形为黑色，并去除图形的轮廓线，效果如图 4-135 所示。

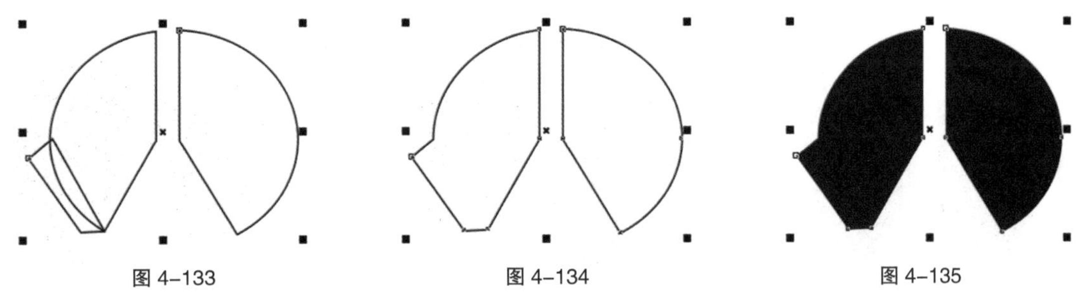

图 4-133　　图 4-134　　图 4-135

（8）选择“椭圆形”工具，在适当的位置绘制一个椭圆形，如图 4-136 所示。设置图形颜色的 CMYK 值为 0、5、10、0，填充图形，并去除图形的轮廓线，效果如图 4-137 所示。按 Ctrl+PageDown 组合键，将图形向后移一层，效果如图 4-138 所示。

图 4-136　　图 4-137　　图 4-138

（9）选择“贝塞尔”工具，在适当的位置分别绘制不规则图形，如图 4-139 所示。选择“选择”工具，按住 Shift 键的同时，依次单击不规则图形将其同时选取，填充图形为黑色，并去除图形的轮廓线，效果如图 4-140 所示。

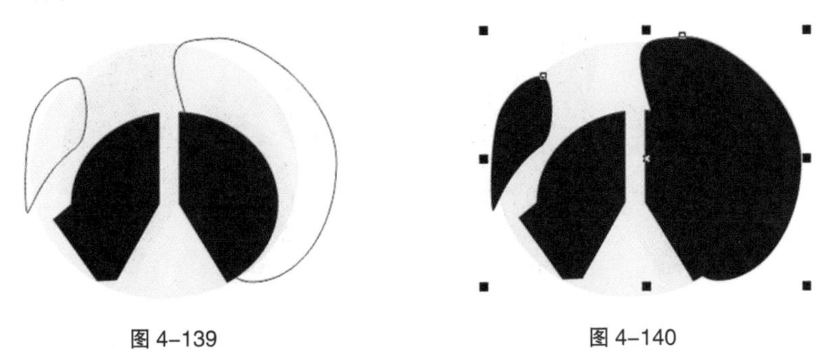

图 4-139　　图 4-140

（10）选择“对象 > PowerClip > 置于图文框内部”命令，鼠标光标变为黑色箭头形状，在矩形上单击鼠标左键，如图 4-141 所示，将图片置入椭圆形中，效果如图 4-142 所示。

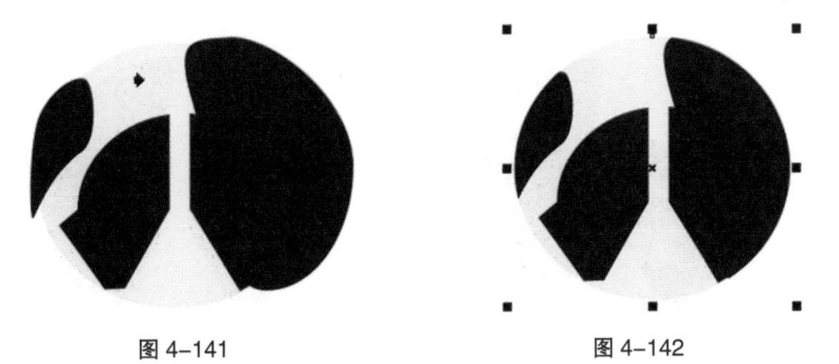

图 4-141　　图 4-142

（11）选择“椭圆形”工具，按住 Ctrl 键的同时，在适当的位置绘制一个圆形，效果如图 4-143 所示。选择“选择”工具，按住 Shift 键的同时，向内拖曳圆形右上角的控制手柄到适当的位置，并单击鼠标右键，复制一个圆形，效果如图 4-144 所示。垂直向下拖曳复制的圆形到适当的位置，效果如图 4-145 所示。（为了方便读者观看，这里以白色显示）

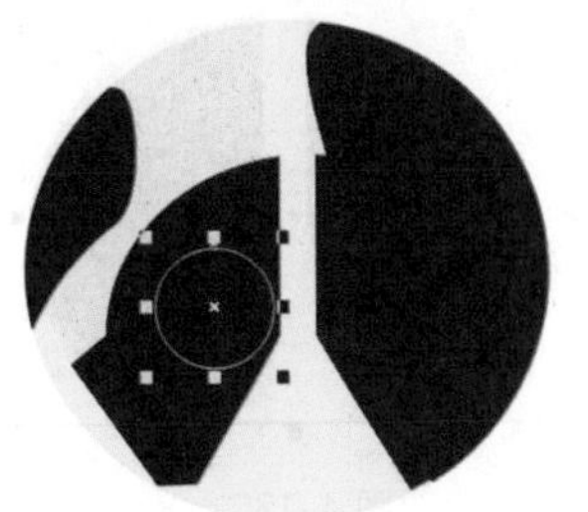
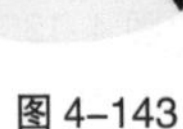

图 4-143

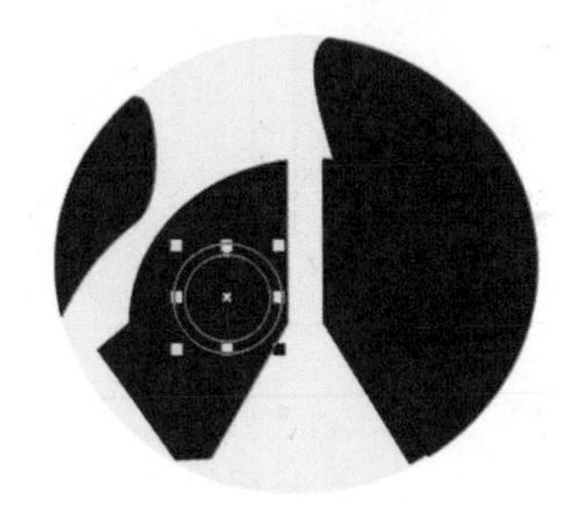

图 4-144

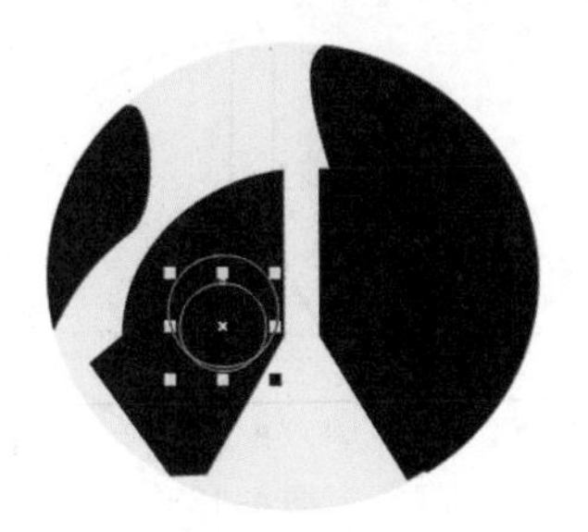

图 4-145

（12）选择“选择”工具，按住 Shift 键的同时，单击大圆形将其同时选取，如图 4-146 所示。单击属性栏中的“移除前面对象”按钮，将两个图形剪切为一个图形，效果如图 4-147 所示。

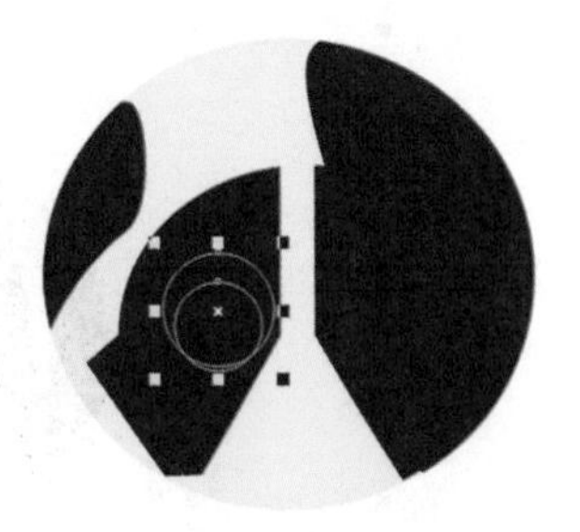

图 4-146

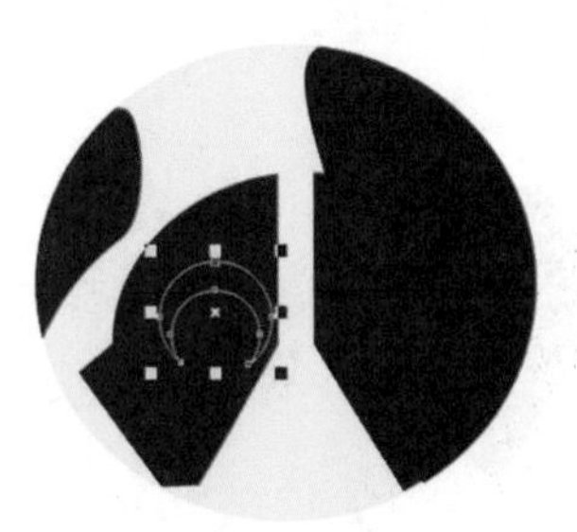

图 4-147

（13）保持图形处于选取状态。设置图形颜色的 CMYK 值为 44、0、24、0，填充图形，并去除图形的轮廓线，效果如图 4-148 所示。选择“椭圆形”工具，按住 Ctrl 键的同时，在适当的位置绘制一个圆形，设置图形颜色的 CMYK 值为 0、5、10、0，填充图形，并去除图形的轮廓线，效果如图 4-149 所示。

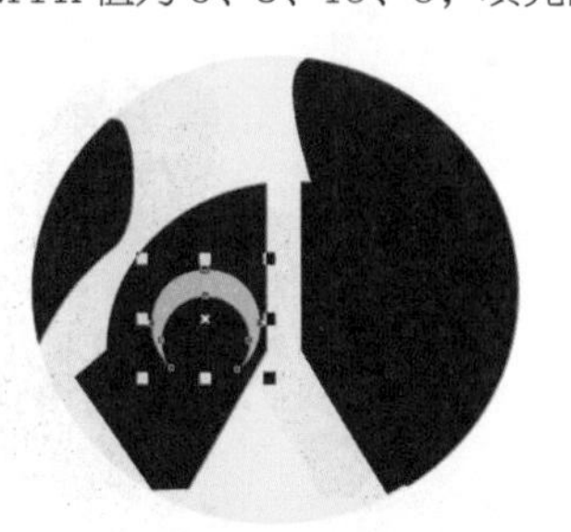

图 4-148

图 4-149

（14）选择“选择”工具，按住 Shift 键的同时，单击下方剪切图形将其同时选取，如图 4-150 所示。按数字键盘上的 + 键，复制图形。按住 Shift 键的同时，水平向右拖曳复制的图形到适当的位置，效果如图 4-151 所示。

图 4-150

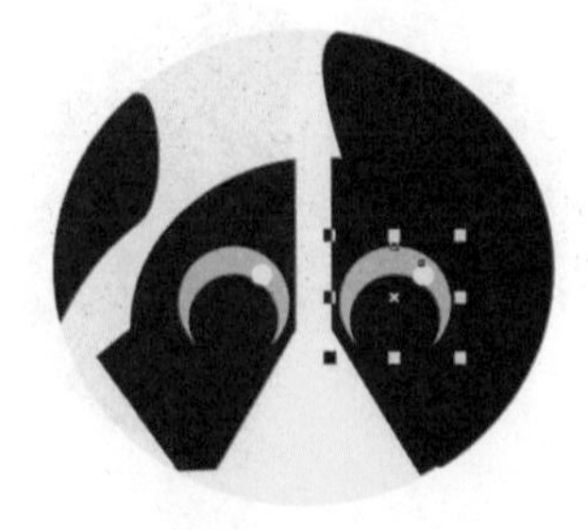

图 4-151

（15）选择“椭圆形”工具，在适当的位置分别绘制两个椭圆形，如图 4-152 所示。选择“选择”工具，按住 Shift 键的同时，依次单击将两个椭圆形同时选取，如图 4-153 所示。

（16）单击属性栏中的“移除前面对象”按钮，将两个图形剪切为一个图形，效果如图 4-154 所示。设置图形颜色的 CMYK 值为 0、5、10、0，填充图形，并去除图形的轮廓线，效果如图 4-155 所示。

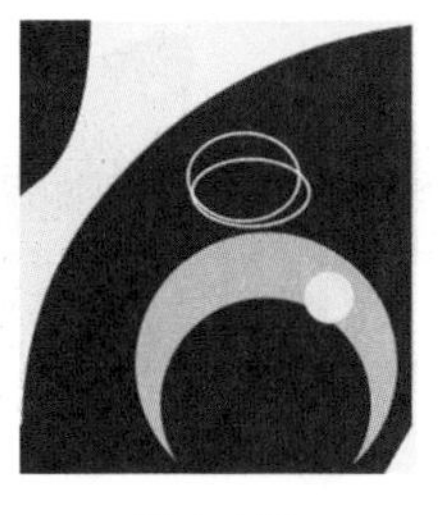

图 4-152

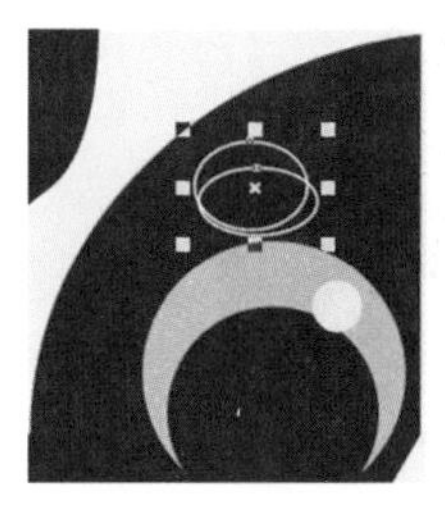

图 4-153

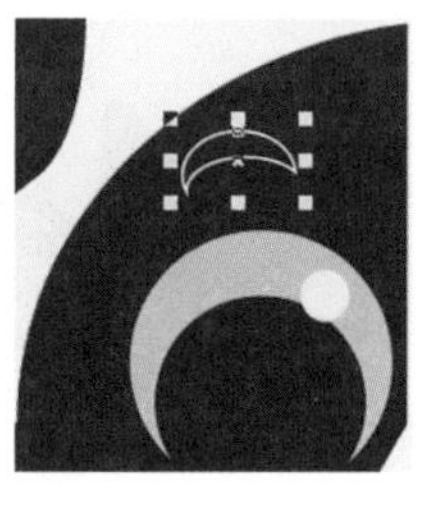

图 4-154

图 4-155

（17）按数字键盘上的 + 键，复制图形。选择“选择”工具，按住 Shift 键的同时，水平向右拖曳复制的图形到适当的位置，效果如图 4-156 所示。单击属性栏中的“水平镜像”按钮，水平翻转图形，效果如图 4-157 所示。

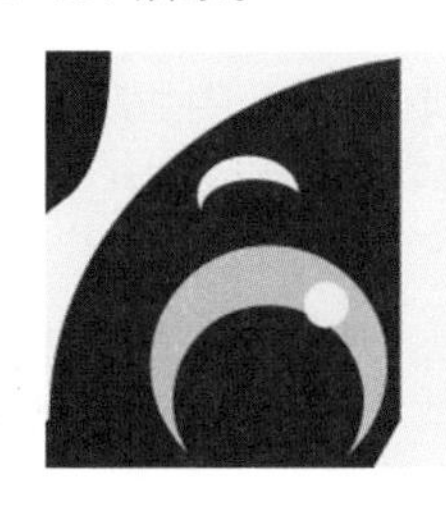

图 4-156

图 4-157

2. 绘制猫咪胡须和其他元素

（1）选择“3 点椭圆形”工具，在适当的位置拖曳光标绘制一个倾斜椭圆形，如图 4-158 所示。按数字键盘上的 + 键，复制图形。向上微调复制的椭圆形到适当的位置，效果如图 4-159 所示。

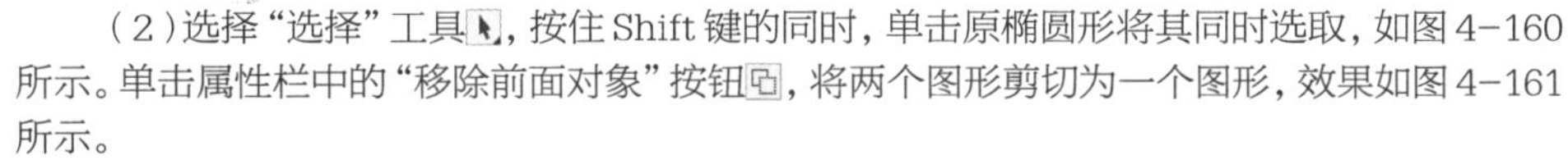

（2）选择“选择”工具，按住 Shift 键的同时，单击原椭圆形将其同时选取，如图 4-160 所示。单击属性栏中的“移除前面对象”按钮，将两个图形剪切为一个图形，效果如图 4-161 所示。

图 4-158

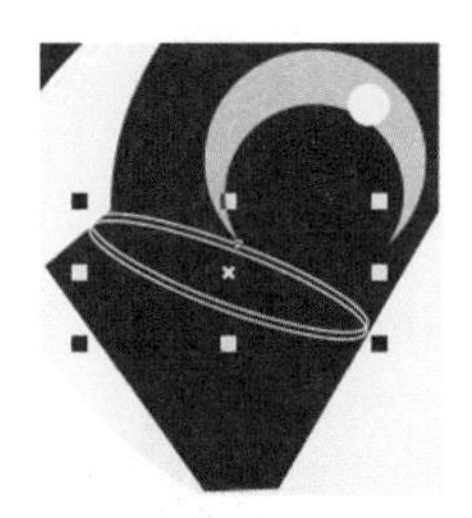

图 4-159

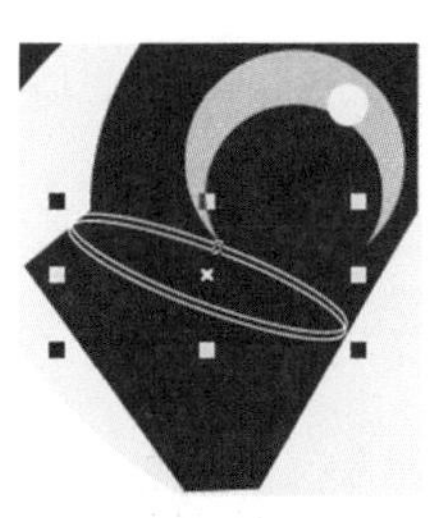

图 4-160

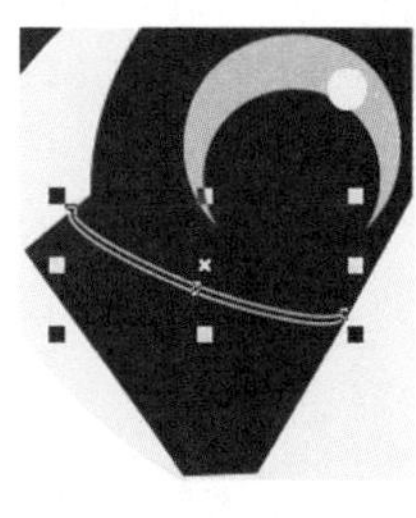

图 4-161

（3）保持图形处于选取状态。设置图形颜色的 CMYK 值为 0、5、10、0，填充图形，效果如图 4-162 所示。使用相同的方法制作其他胡须，效果如图 4-163 所示。选择“选择”工具，用圈选的方法将所绘制的胡须同时选取，如图 4-164 所示，按 Ctrl+G 组合键，将其群组。

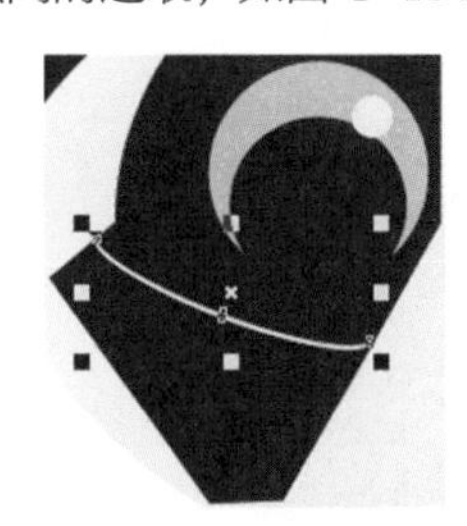

图 4-162

图 4-163

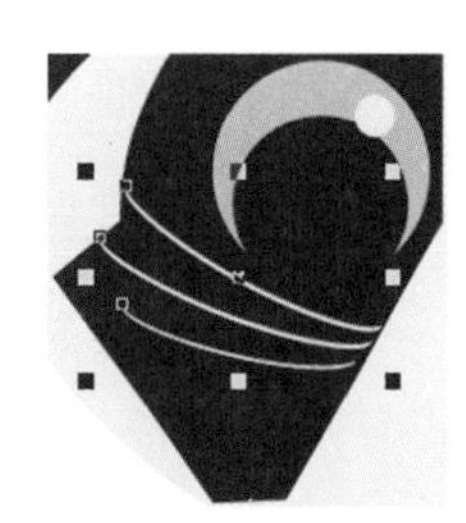

图 4-164

（4）按数字键盘上的 + 键，复制图形。选择“选择”工具，按住 Shift 键的同时，水平向右拖曳复制的图形到适当的位置，效果如图 4-165 所示。单击属性栏中的“水平镜像”按钮，水平翻转图形，效果如图 4-166 所示。在“无填充”按钮上单击鼠标右键，去除图形的轮廓线，效果如图 4-167 所示。

图 4-165

图 4-166

图 4-167

（5）选择“折线”工具，在适当的位置分别绘制不规则图形，如图 4-168 所示。选择“选择”工具，选取右侧的图形，填充图形为黑色，并去除图形的轮廓线，效果如图 4-169 所示。（为了方便读者观看，这里以红色显示）

（6）选取左侧的图形，设置图形颜色的 CMYK 值为 0、88、100、0，填充图形，并去除图形的轮廓线，效果如图 4-170 所示。按住 Shift 键的同时，单击右侧的图形将其同时选取，连续按 Ctrl+PageDown 组合键，将图形向后移至适当的位置，效果如图 4-171 所示。

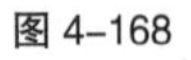

图 4-168

图 4-169

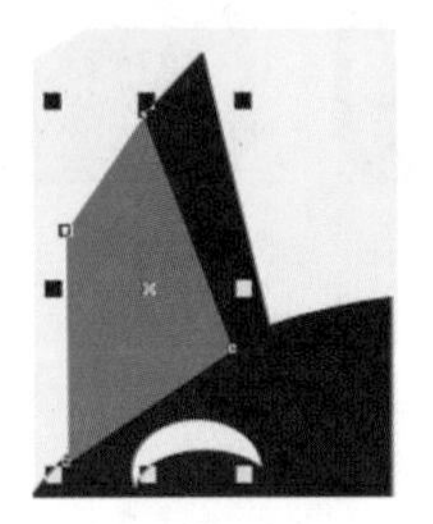

图 4-170

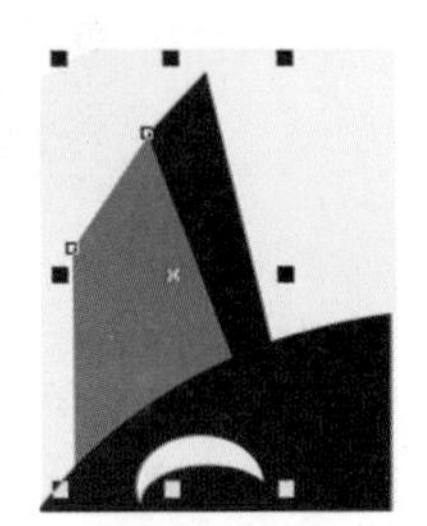

图 4-171

（7）选择“3 点椭圆形”工具，在适当的位置拖曳光标分别绘制两个倾斜椭圆形，如图 4-172 所示。选择“选择”工具，按住 Shift 键的同时，依次单击两个椭圆形将其同时选取，如图 4-173 所示。

（8）单击属性栏中的“移除前面对象”按钮，将两个图形剪切为一个图形，效果如图 4-174 所示。设置图形颜色的 CMYK 值为 0、5、10、0，填充图形，并去除图形的轮廓线，效果如图 4-175 所示。

图 4-172

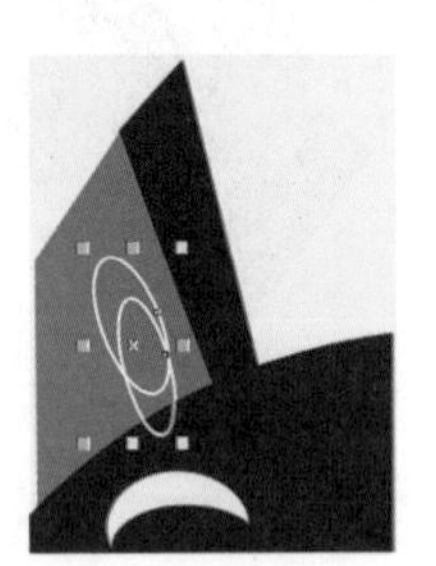

图 4-173

图 4-174

图 4-175

（9）使用相同的方法再绘制一个图形，效果如图 4-176 所示。选择“选择”工具，按住 Shift 键的同时，依次单击所需要的图形将其同时选取，如图 4-177 所示。

图 4-176

图 4-177

（10）按数字键盘上的 + 键，复制图形。选择“选择”工具，按住 Shift 键的同时，水平向右拖曳复制的图形到适当的位置，效果如图 4–178 所示。单击属性栏中的“水平镜像”按钮，水平翻转图形，效果如图 4–179 所示。选择“椭圆形”工具，在适当的位置分别绘制两个椭圆形，如图 4–180 所示。

图 4–178

图 4–179

图 4–180

（11）选择“选择”工具，按住 Shift 键的同时，依次单击将两个椭圆形同时选取，如图 4–181 所示。单击属性栏中的“移除前面对象”按钮，将两个图形剪切为一个图形，效果如图 4–182 所示。设置图形颜色的 CMYK 值为 0、88、100、0，填充图形，并去除图形的轮廓线，效果如图 4–183 所示。

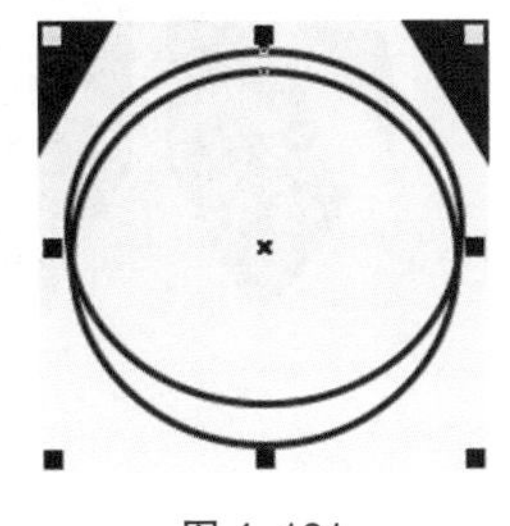

图 4–181

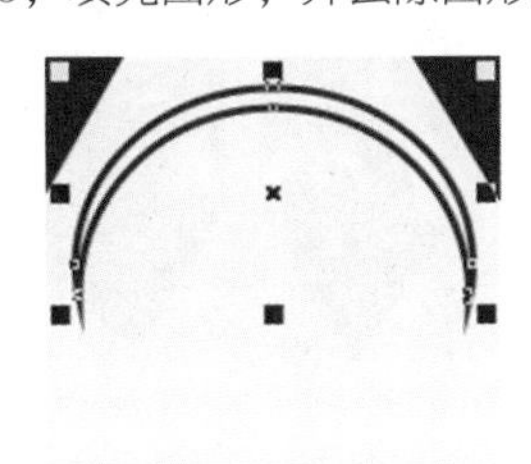

图 4–182

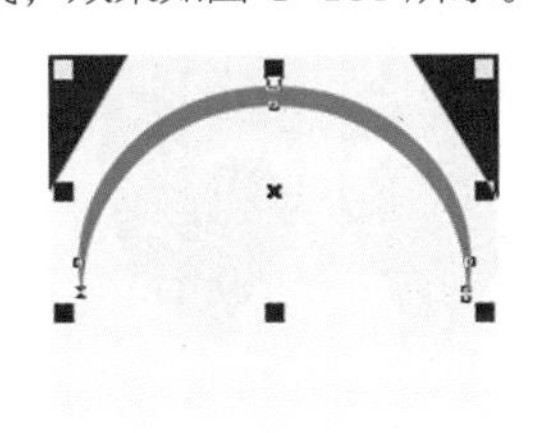

图 4–183

（12）按数字键盘上的 + 键，复制图形。选择“选择”工具，按住 Shift 键的同时，垂直向下拖曳复制好的图形到适当的位置，效果如图 4–184 所示。填充图形为黑色，效果如图 4–185 所示。

（13）选择“选择”工具，按住 Shift 键的同时，向内拖曳右上角的控制手柄，等比例缩小图形，效果如图 4–186 所示。单击属性栏中的“垂直镜像”按钮，垂直翻转图形，效果如图 4–187 所示。

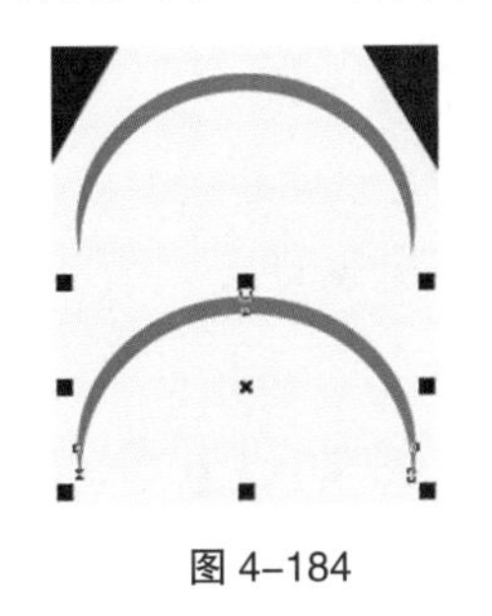

图 4–184

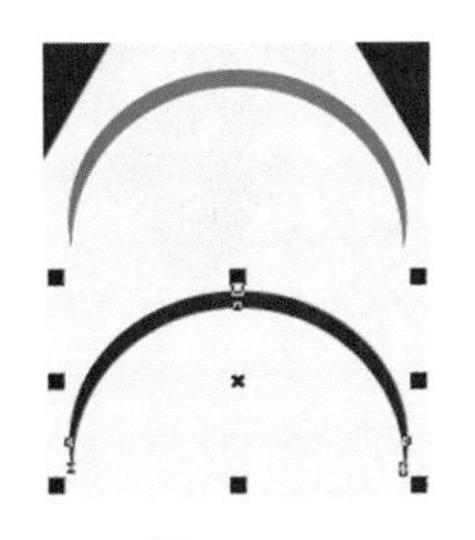

图 4–185

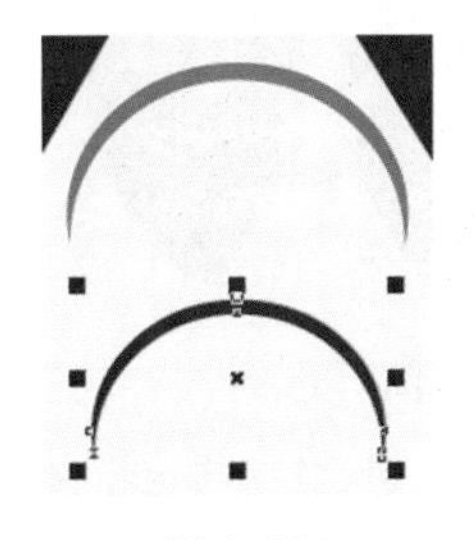

图 4–186

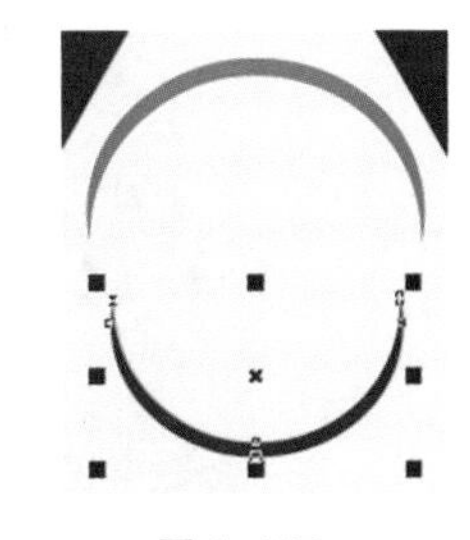

图 4–187

（14）选择“椭圆形”工具，在适当的位置绘制一个椭圆形，如图 4–188 所示。选择“选择”工具，按住 Shift 键的同时，单击下方橘红色图形将其同时选取，如图 4–189 所示。单击属性栏中的“合并”按钮，合并图形，如图 4–190 所示。

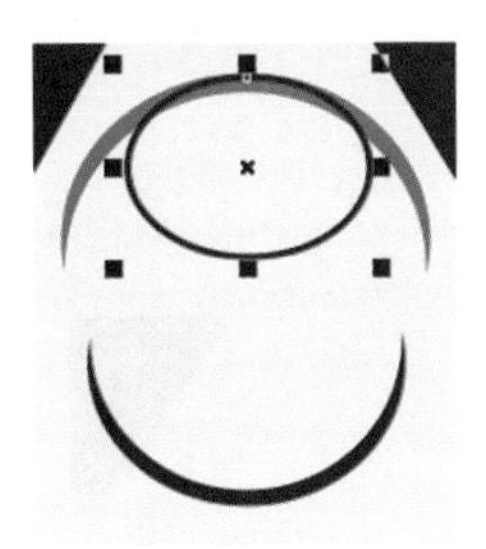

图 4–188

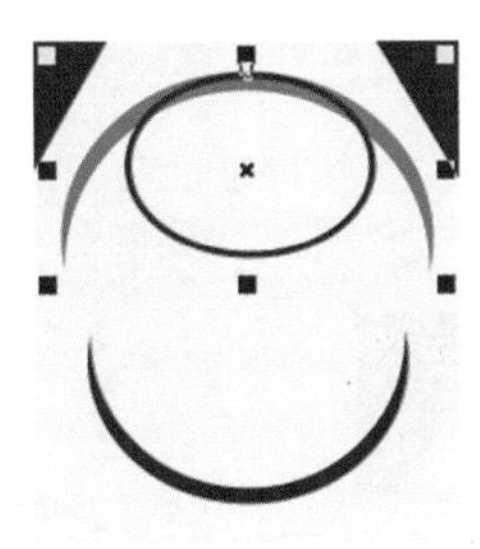

图 4–189

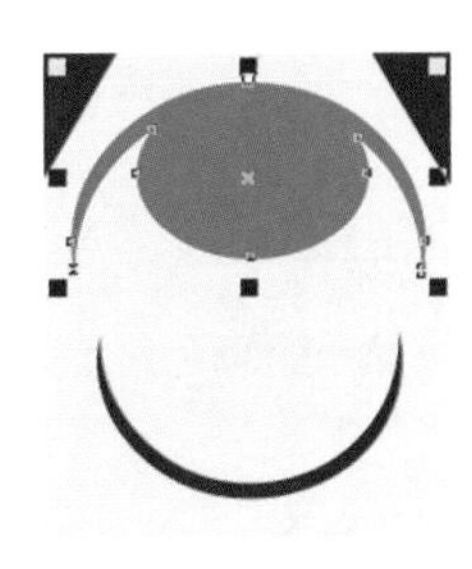

图 4–190

（15）选择“矩形”工具□，在适当的位置绘制一个矩形，填充图形为黑色，并去除图形的轮廓线，效果如图4-191所示。连续按Ctrl+PageDown组合键，将图形向后移至适当的位置，效果如图4-192所示。

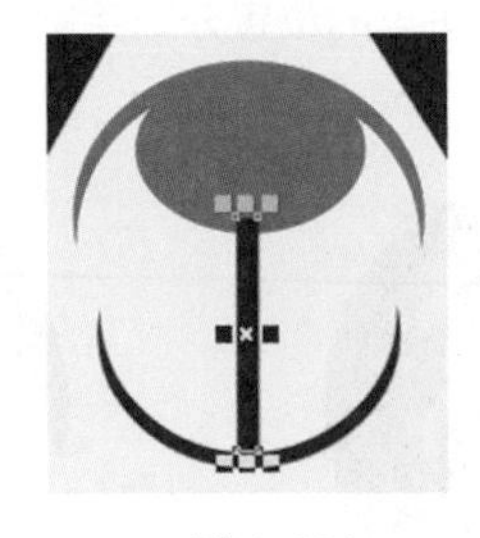
图4-191

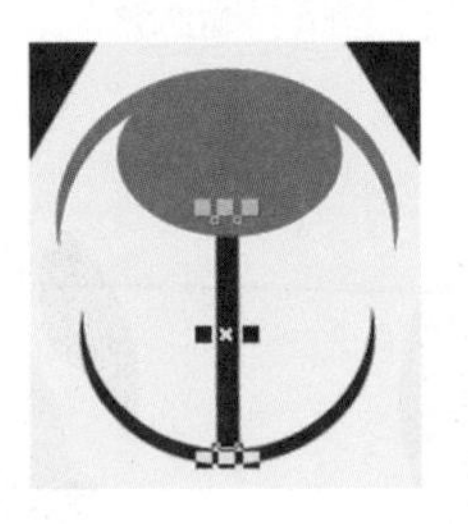
图4-192

（16）选择“矩形”工具□，在适当的位置绘制一个矩形，如图4-193所示。单击属性栏中的“转换为曲线”按钮，将图形转换为曲线，如图4-194所示。选择“形状”工具，选中并向右拖曳左上角的节点到适当的位置，效果如图4-195所示。

图4-193

图4-194

图4-195

（17）选择“选择”工具，选取图形，设置图形颜色的CMYK值为0、5、10、0，填充图形，并去除图形的轮廓线，效果如图4-196所示。按Shift+PageDown组合键，将图形移至图层后面，效果如图4-197所示。

图4-196

图4-197

（18）按数字键盘上的+键，复制图形，如图4-198所示。选择“形状”工具，在适当的位置双击鼠标左键，添加一个节点，如图4-199所示。

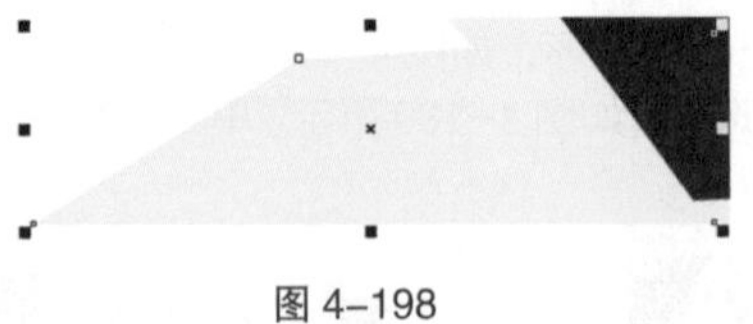
图4-198

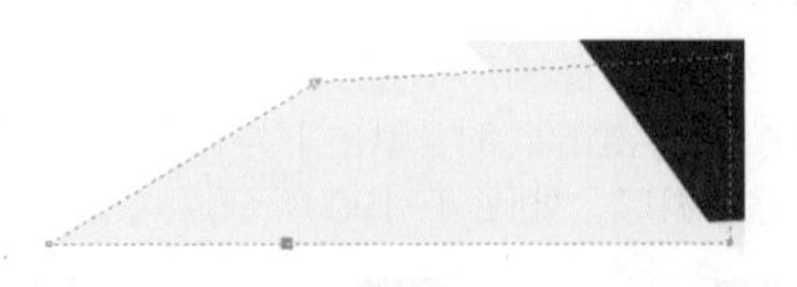
图4-199

（19）使用“形状”工具，在右侧不需要的节点上处双击鼠标左键，删除节点，如图4-200所示。选择“选择”工具，选取图形，填充图形为黑色，效果如图4-201所示。

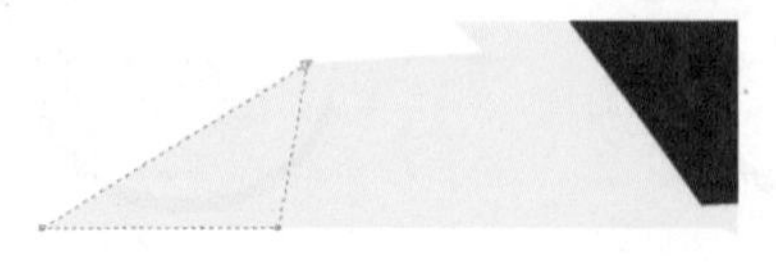
图4-200

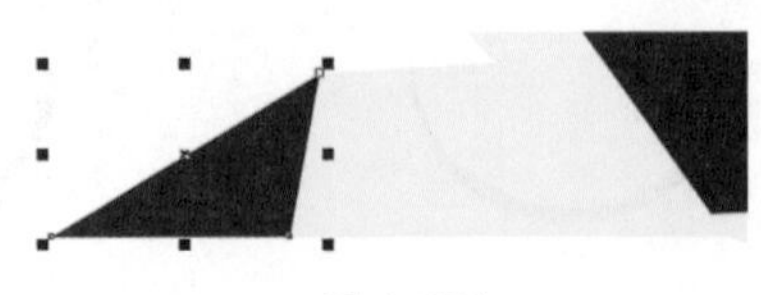
图4-201

（20）选择“选择”工具，用圈选的方法将两个图形同时选取，如图 4-202 所示。按数字键盘上的 + 键，复制图形。按住 Shift 键的同时，水平向右拖曳复制的图形到适当的位置，效果如图 4-203 所示。单击属性栏中的“水平镜像”按钮，水平翻转图形，效果如图 4-204 所示。

图 4-202　　图 4-203　　图 4-204

（21）选择“折线”工具，在适当的位置绘制不规则图形，如图 4-205 所示。填充图形为黑色，并去除图形的轮廓线，效果如图 4-206 所示。

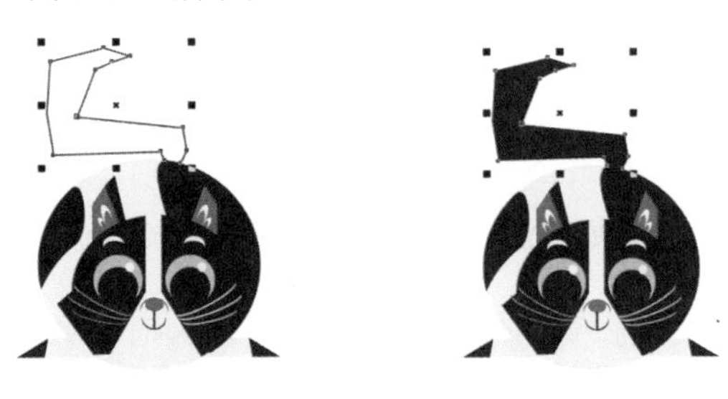

图 4-205　　图 4-206

（22）双击“矩形”工具，绘制一个与页面大小相等的矩形，如图 4-207 所示。设置图形颜色的 CMYK 值为 44、0、24、0，填充图形，并去除图形的轮廓线，效果如图 4-208 所示。卡通猫咪绘制完成，效果如图 4-209 所示。

图 4-207　　图 4-208　　图 4-209

4.2.2　焊接

焊接是将几个图形结合成一个图形，新的图形轮廓由焊接后的图形边界组成，被焊接图形的交叉线都将消失。

使用“选择”工具选中要焊接的图形，如图 4-210 所示。选择“窗口 > 泊坞窗 > 造型”命令，弹出如图 4-211 所示的“造型”泊坞窗。在“造型”泊坞窗中选择“焊接”选项，再单击“焊接到”按钮，将鼠标的光标放到目标对象上单击，如图 4-212 所示。焊接后的效果如图 4-213 所示，新生成图形对象的边框和颜色填充与目标对象完全相同。

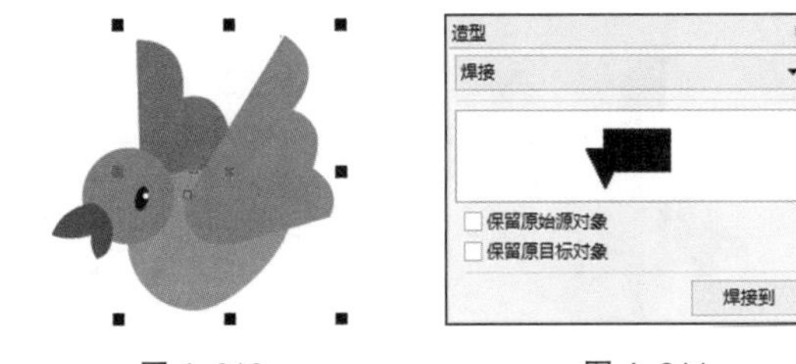

图 4-210　　图 4-211

图 4-212

图 4-213

在进行焊接操作之前，可以在“造型”泊坞窗中设置是否保留“原始源对象”和“原目标对象”。选择“保留原始源对象”和“保留原目标对象”选项，如图 4-214 所示，在焊接图形对象时，原始源对象和原目标对象都被保留，效果如图 4-215 所示。“保留原始源对象”和“原目标对象”对“修剪”和“相交”功能也适用。

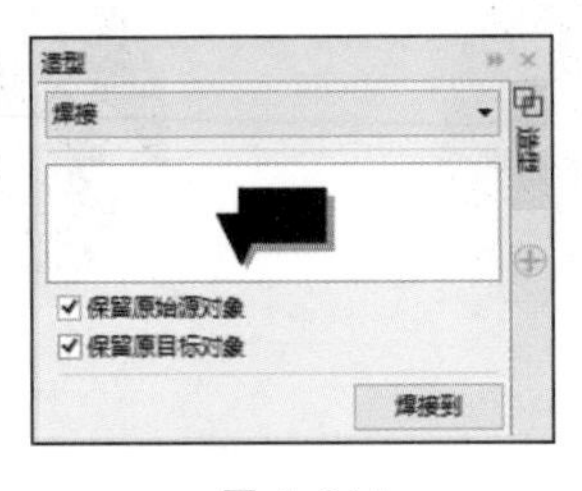

图 4-214

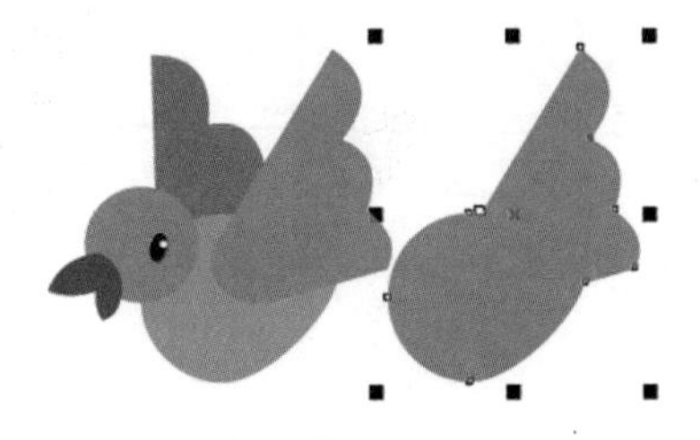

图 4-215

选择几个要焊接的图形后，选择“对象 > 造型 > 合并”命令，或单击属性栏中的“合并”按钮，可以完成多个对象的焊接。

4.2.3 修剪

修剪是将“原目标对象”与“原始源对象”的相交部分裁掉，使“原目标对象”的形状被更改。修剪后的目标对象保留其填充和轮廓属性。

使用“选择”工具选择其中的“原始源对象”，如图 4-216 所示。在“造型”泊坞窗中选择“修剪”选项，如图 4-217 所示。单击“修剪”按钮，将鼠标的光标放到“原目标对象”上单击，如图 4-218 所示。修剪后的效果如图 4-219 所示，修剪后的“原目标对象”保留其填充和轮廓属性。

图 4-216

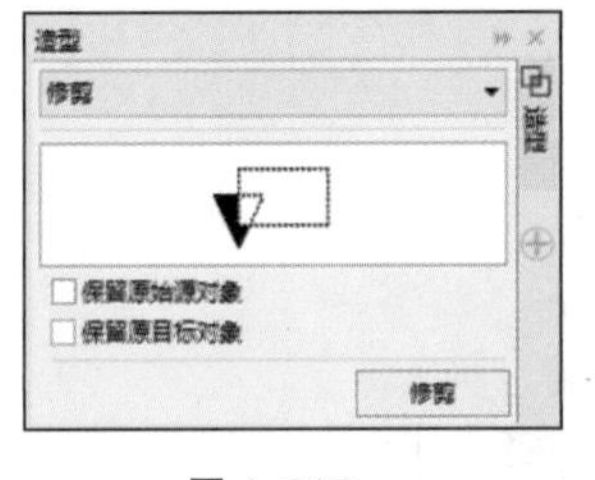

图 4-217

图 4-218

图 4-219

选择“对象 > 造型 > 修剪”命令，或单击属性栏中的“修剪”按钮，也可以完成修剪。“原始源对象”和被修剪的“原目标对象”会同时存在于绘图页面中。

> **提示：** 选中多个图形时，在最底层的图形对象就是“原目标对象”。按住 Shift 键，选择多个图形时，最后选中的图形就是“原目标对象”。

4.2.4 相交

相交是将两个或两个以上对象的相交部分保留，使相交的部分成为一个新的图形对象。新创建图形对象的填充和轮廓属性将与目标对象相同。

使用“选择”工具选择其中的“原始源对象”，如图 4-220 所示。在“造型”泊坞窗中选择“相交”选项，如图 4-221 所示。单击“相交对象”按钮，将鼠标的光标放到“原目标对象”上单击，如图 4-222 所示。相交后的效果如图 4-223 所示，相交后图形对象将保留“原目标对象”的填充和轮廓属性。

图 4-220

图 4-221

图 4-222

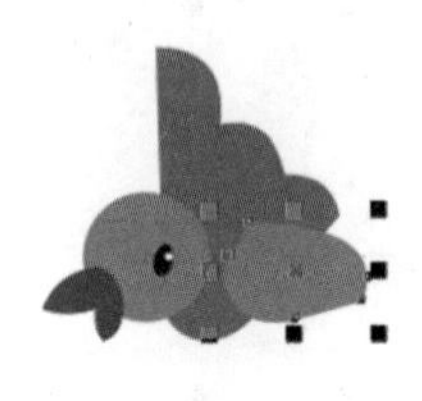

图 4-223

选择“对象 > 造型 > 相交”命令，或单击属性栏中的“相交”按钮，也可以完成相交裁切。“原始源对象”和“原目标对象”以及相交后的新图形对象同时存在于绘图页面中。

4.2.5 简化

简化是减去后面图形和前面图形中的重叠部分，并保留前面图形和后面图形的状态。

使用“选择”工具选中两个相交的图形对象，如图 4-224 所示。在“造型”泊坞窗中选择“简化”选项，如图 4-225 所示。单击“应用”按钮，图形的简化效果如图 4-226 所示。

图 4-224

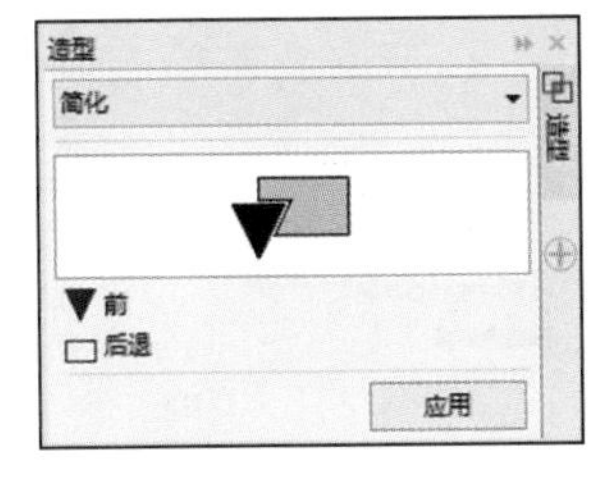

图 4-225

图 4-226

选择“对象 > 造型 > 简化”命令，或单击属性栏中的“简化”按钮，也可以完成图形的简化。

4.2.6 移除后面对象

移除后面对象会减去后面图形，减去前后图形的重叠部分，并保留前面图形的剩余部分。

使用“选择”工具选中两个相交的图形对象，如图 4-227 所示。在“造型”泊坞窗中选择“移除后面对象”选项，如图 4-228 所示。单击“应用”按钮，移除后面对象效果如图 4-229 所示。

图 4-227

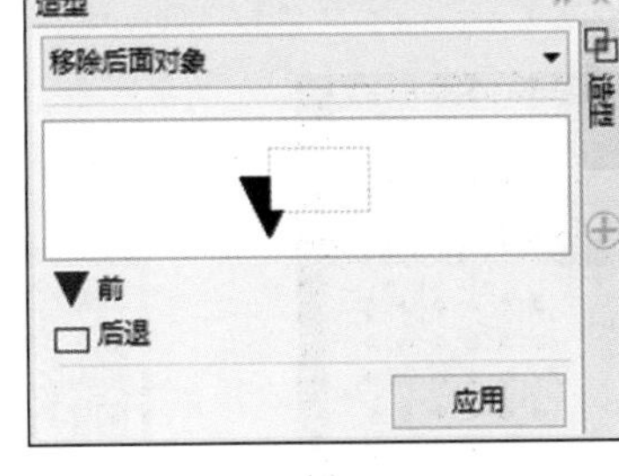

图 4-228

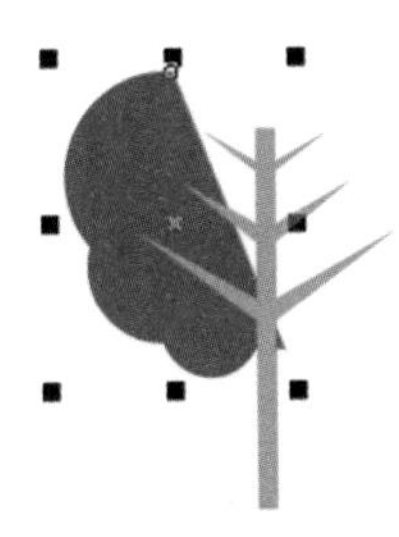

图 4-229

选择“对象 > 造型 > 移除后面对象”命令，或单击属性栏中的“移除后面对象”按钮，也可以得到图形的移除后面对象的效果。

4.2.7 移除前面对象

移除前面对象会减去前面图形，减去前后图形的重叠部分，并保留后面图形的剩余部分。

使用“选择”工具选中两个相交的图形对象，如图 4-230 所示。在“造型”泊坞窗中选择“移除前面对象”选项，如图 4-231 所示。单击“应用”按钮，移除前面对象效果如图 4-232 所示。

图 4-230

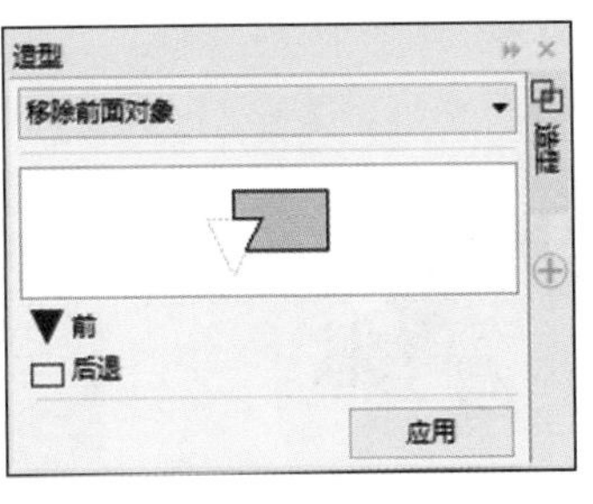

图 4-231

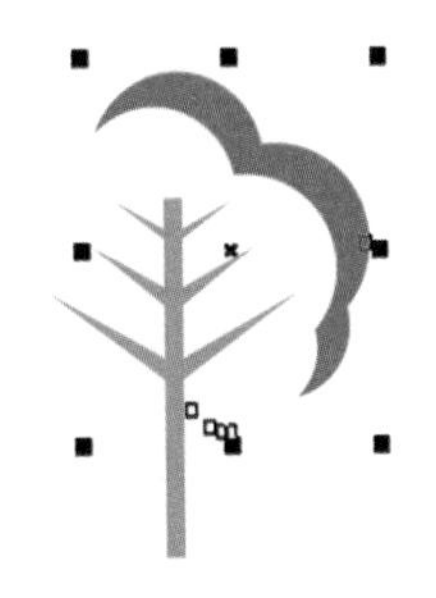

图 4-232

选择“对象 > 造型 > 移除前面对象”命令，或单击属性栏中的“移除前面对象”按钮，也可以得到图形的移除前面对象的效果。

4.2.8 边界

边界可以用来快速创建一个所选图形的共同边界。

使用“选择”工具选中要创建边界的图形对象，如图 4-233 所示。在“造型”泊坞窗中选择“边界”选项，如图 4-234 所示。单击“应用”按钮，创建的边界效果如图 4-235 所示。

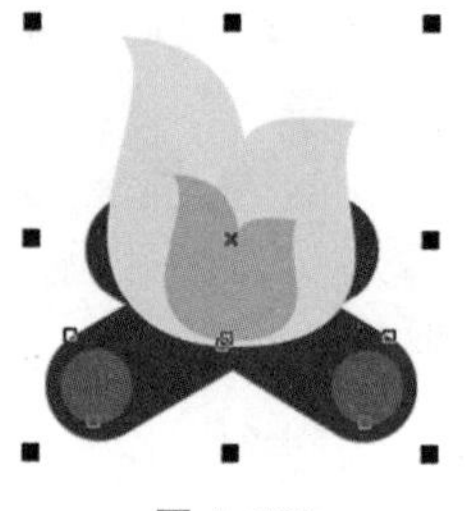

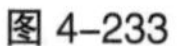

图 4-233

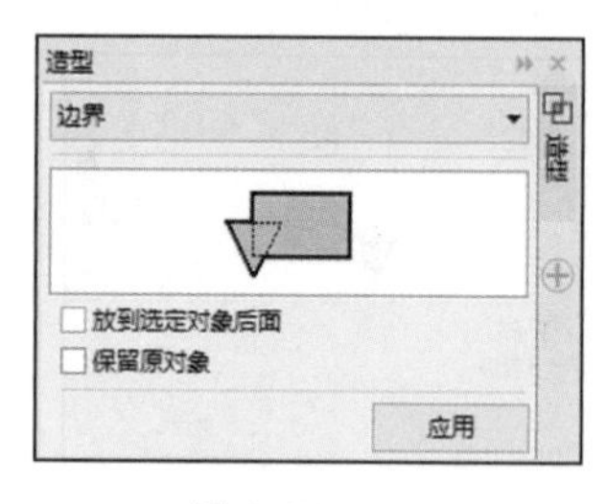

图 4-234

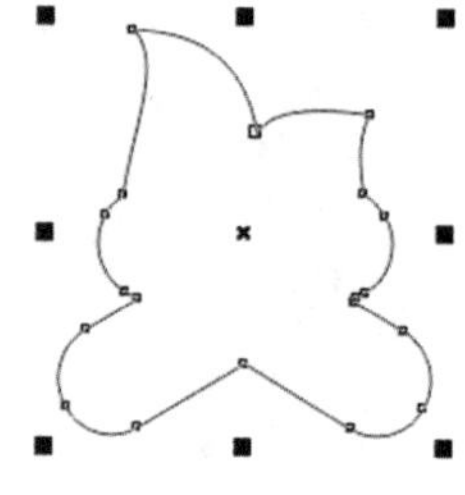

图 4-235

选择“对象 > 造型 > 边界”命令，或单击属性栏中的“边界”按钮，也可以创建图形的共同边界。

4.3 课堂练习——绘制收音机图标

【练习知识要点】 使用矩形工具、椭圆形工具、3 点椭圆形工具、基本形状工具和变换泊坞窗绘制收音机图标。效果如图 4-236 所示。

【效果所在位置】 云盘 /Ch04/ 效果 / 绘制收音机图标 .cdr。

图 4-236

4.4 课后习题——绘制抽象画

【习题知识要点】 使用矩形工具和倾斜工具绘制背景图形；使用椭圆形工具、矩形工具、基本形状工具和修整按钮绘制抽象画。效果如图 4-237 所示。

【效果所在位置】 云盘 /Ch04/ 效果 / 绘制抽象画 .cdr。

图 4-237

第5章 高级绘图

本章介绍

CorelDRAW 提供了多种绘制和编辑曲线的方法，以及使用多个命令和工具来排列和组合图形对象。通过对本章的学习，读者不仅可以更好地掌握绘制和编辑曲线的技巧，为绘制出更复杂、更绚丽的作品打好基础，还可以自如地排列和组合绘图中的图形对象，轻松完成制作任务。

学习目标

- 了解曲线的概念。
- 掌握手绘和路径绘图的方法。
- 掌握编辑曲线的技巧。
- 掌握群组和合并的使用方法。
- 掌握对齐和分布命令的使用方法。
- 掌握对象的前后排序方法。

技能目标

- 掌握“环境保护 App 引导页”的制作方法。
- 掌握“T 恤图案”的绘制方法。
- 掌握“名片”的制作方法。

5.1 手绘图形

在 CorelDRAW 中，绘制出的作品都是由几何对象构成的，而几何对象的构成元素是直线和曲线。通过学习绘制直线和曲线，读者可以进一步掌握 CorelDRAW 强大的手绘功能。

5.1.1 课堂案例——制作环境保护 App 引导页

【案例学习目标】学会使用手绘图形工具制作环境保护 App 引导页。

【案例知识要点】使用艺术笔工具、旋转角度选项绘制狐狸、树和树叶图形；使用椭圆形工具绘制阴影；环境保护 App 引导页效果如图 5-1 所示。

【效果所在位置】云盘 /Ch05/ 效果 / 制作环境保护 App 引导页 .cdr。

图 5-1

（1）按 Ctrl+O 组合键，打开云盘中的“Ch05 > 素材 > 制作环境保护 App 引导页 > 01”文件，如图 5-2 所示。

（2）选择“艺术笔”工具，单击属性栏中的“喷涂”按钮，在“类别”选项的下拉列表中选择“其他”，如图 5-3 所示。在“喷射图样”选项的下拉列表中选择需要的图形，如图 5-4 所示。在页面外拖曳鼠标绘制图样，效果如图 5-5 所示。

图 5-2

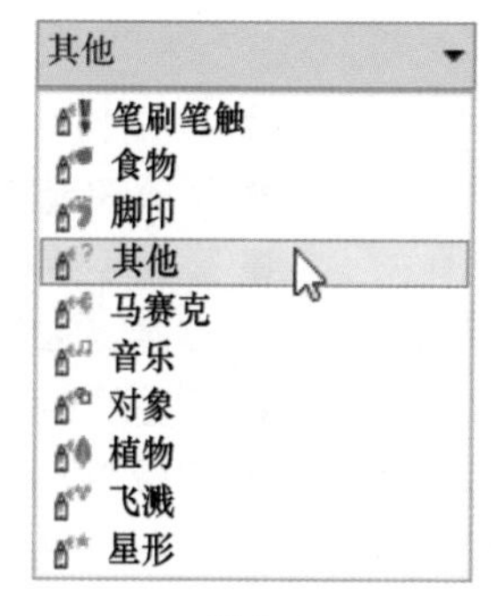

图 5-3

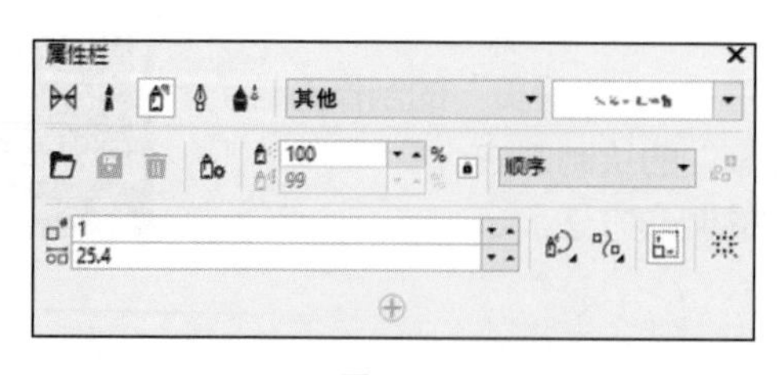

图 5-4

图 5-5

（3）按 Ctrl+K 组合键，拆分艺术笔群组，如图 5-6 所示。按 Ctrl+U 组合键，取消图形群组。选择“选择”工具，用圈选的方法选取不需要的图形，如图 5-7 所示。按 Delete 键，将其删除，效果如图 5-8 所示。

图 5-6　　图 5-7　　图 5-8

（4）选择“选择”工具▶。选中并拖曳狐狸图形到页面中适当的位置，并调整其大小，效果如图 5-9 所示。单击属性栏中的“水平镜像”按钮，水平翻转图形，效果如图 5-10 所示。

（5）选择“椭圆形”工具○。在适当的位置绘制一个椭圆形，设置图形颜色的 RGB 值为 226、220、169，填充图形，并去除图形的轮廓线，效果如图 5-11 所示。按 Ctrl+PageDown 组合键，将图形向后移一层，效果如图 5-12 所示。

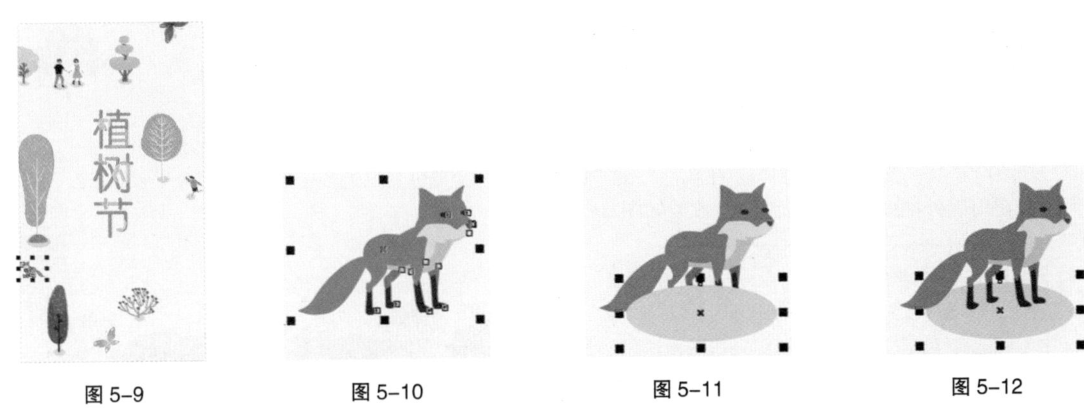

图 5-9　图 5-10　图 5-11　图 5-12

（6）选择“艺术笔”工具。在属性栏的“类别”选项的下拉列表中选择“植物”，在“喷射图样”选项的下拉列表中选择需要的图形，如图 5-13 所示。在页面外拖曳鼠标绘制图样，效果如图 5-14 所示。

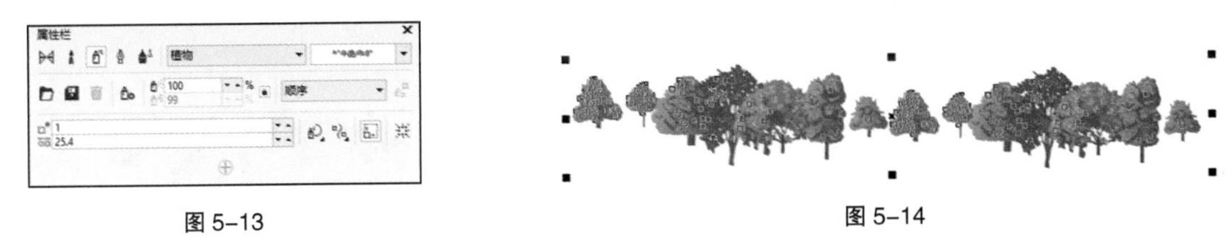

图 5-13　图 5-14

（7）按 Ctrl+K 组合键，拆分艺术笔群组，如图 5-15 所示。按 Ctrl+U 组合键，取消图形群组。选择“选择”工具▶，选取需要的图样，如图 5-16 所示。

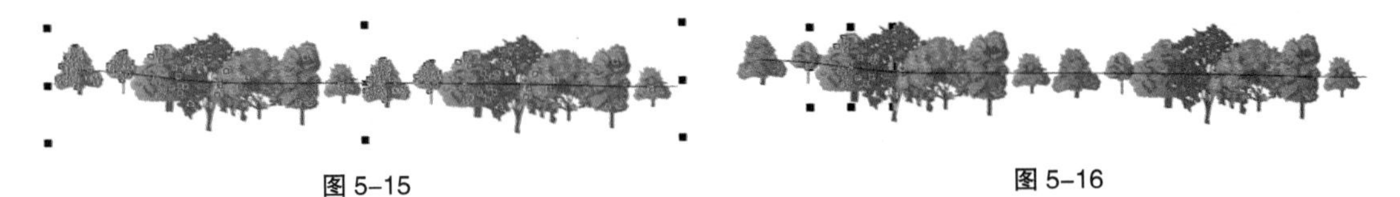

图 5-15　图 5-16

（8）选择“选择”工具▶，拖曳图样到页面中适当的位置，并调整其大小，效果如图 5-17 所示。使用相同的方法拖曳其他图样到页面中适当的位置，并调整其大小，效果如图 5-18 所示。

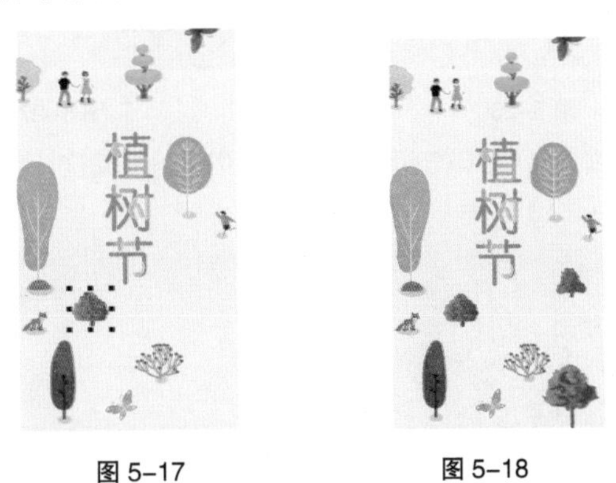

图 5-17　图 5-18

（9）选择“椭圆形”工具○，在适当的位置分别绘制两个椭圆形，如图 5-19 所示。选择“选择”工具▶，将绘制的椭圆形同时选取，设置图形颜色的 RGB 值为 226、220、169，填充图形，并去除图形的轮廓线，效果如图 5-20 所示。连续按 Ctrl+PageDown 组合键，将图形向后移至适当的位置，效果如图 5-21 所示。

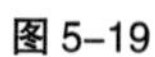
图 5-19

图 5-20

图 5-21

（10）选择“艺术笔”工具。在属性栏的“喷射图样”选项的下拉列表中选择需要的图形，如图 5-22 所示。在页面外拖曳鼠标绘制图样，效果如图 5-23 所示。

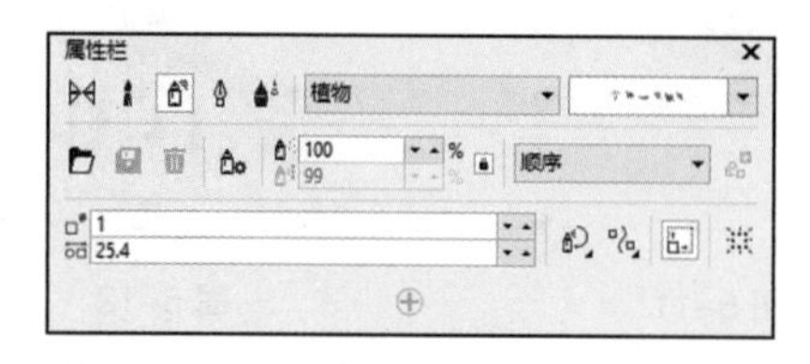

图 5-22

图 5-23

（11）按 Ctrl+K 组合键，拆分艺术笔群组，如图 5-24 所示。按 Ctrl+U 组合键，取消图形群组。选择“选择”工具，选取需要的图样，如图 5-25 所示。

图 5-24

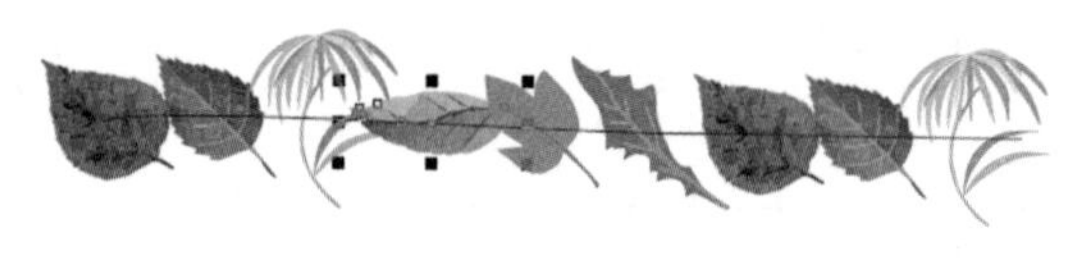

图 5-25

（12）选择“选择”工具，拖曳图样到页面中适当的位置，并调整其大小，效果如图 5-26 所示。在属性栏中的“旋转角度”框中设置数值为 34；按 Enter 键，效果如图 5-27 所示。

图 5-26

图 5-27

（13）使用相同的方法拖曳其他图样到页面中适当的位置，并调整其大小，效果如图 5-28 所示。环境保护 App 引导页制作完成，效果如图 5-29 所示。

图 5-28

图 5-29

5.1.2 手绘工具

1. 绘制直线

选择“手绘”工具，在绘图页面中单击鼠标左键以确定直线的起点，鼠标光标变为十字形图标，如图 5-30 所示。松开鼠标左键，拖曳光标到直线的终点位置后，再单击鼠标左键，一条直线绘制完成，如图 5-31 所示。

选择“手绘”工具，在绘图页面中单击鼠标左键以确定直线的起点。在绘制过程中，确定其他节点时都要双击鼠标左键，在要闭合的终点上单击鼠标左键，完成直线式闭合图形的绘制，效果如图 5-32 所示。

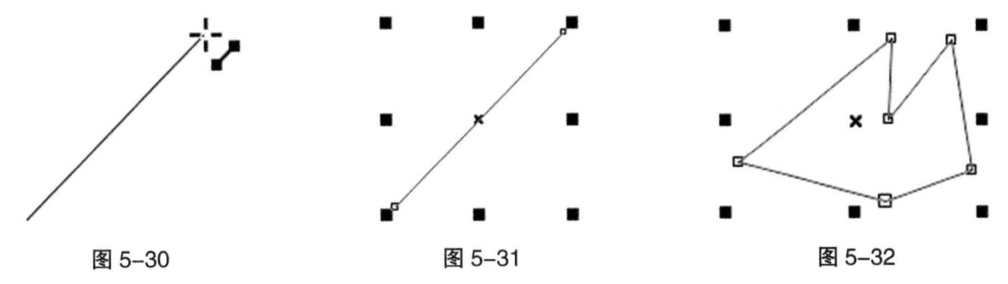

图 5-30　　图 5-31　　图 5-32

2. 绘制曲线

选择“手绘”工具。在绘图页面中单击鼠标左键以确定曲线的起点，同时按住鼠标左键并拖曳鼠标绘制需要的曲线，松开鼠标左键，一条曲线绘制完成，效果如图 5-33 所示。拖曳鼠标，使曲线的起点和终点位置重合，一条闭合的曲线绘制完成，如图 5-34 所示。

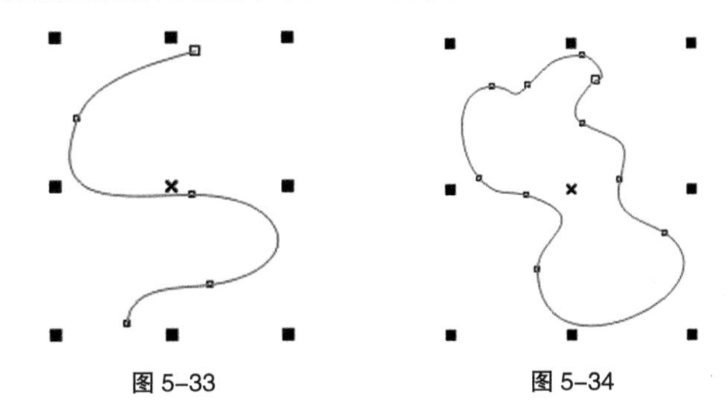

图 5-33　　图 5-34

3. 绘制直线和曲线的混合图形

“手绘”工具可以在绘图页面中绘制出直线和曲线的混合图形，其具体操作步骤如下。

选择“手绘”工具。在绘图页面中单击鼠标左键确定曲线的起点，同时按住鼠标左键并拖曳鼠标绘制需要的曲线，松开鼠标左键，一条曲线绘制完成，如图 5-35 所示。

在要继续绘制出直线的节点上单击鼠标左键，如图 5-36 所示。拖曳鼠标并在需要的位置单击鼠标左键，可以绘制出一条直线，效果如图 5-37 所示。

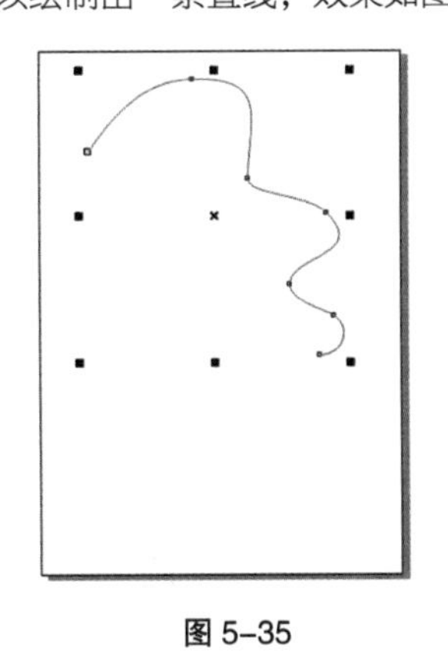

图 5-35

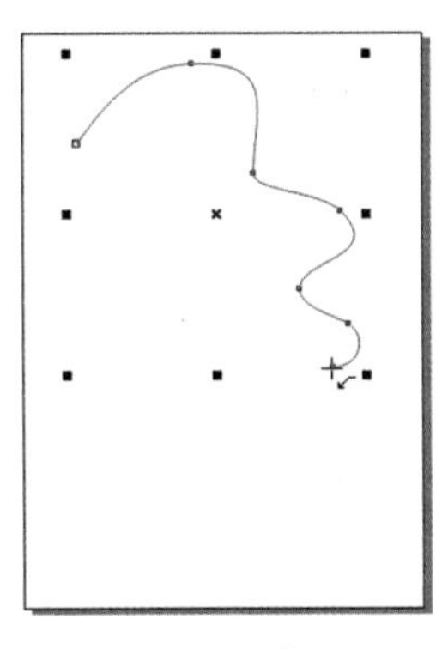

图 5-36

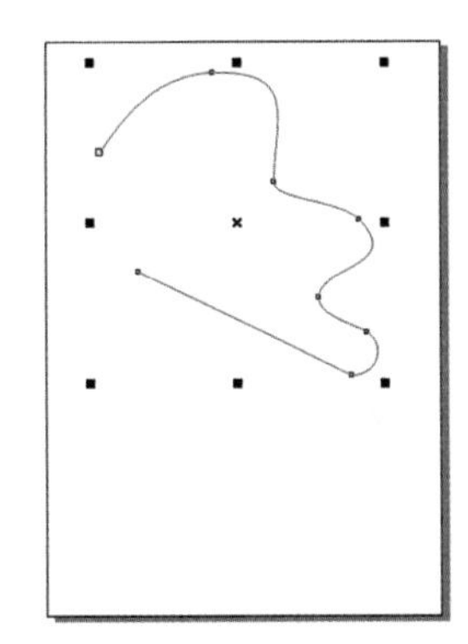

图 5-37

将鼠标光标放在要继续绘制的曲线的节点上，如图 5-38 所示。按住鼠标左键不放，拖曳鼠标绘制需要的曲线，松开鼠标左键后图形绘制完成，效果如图 5-39 所示。

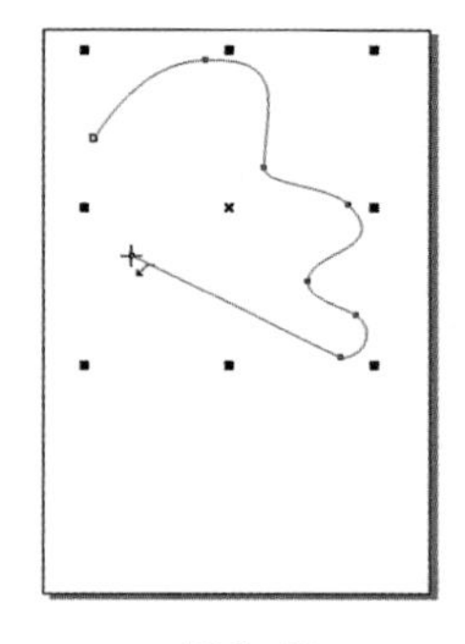

图 5-38

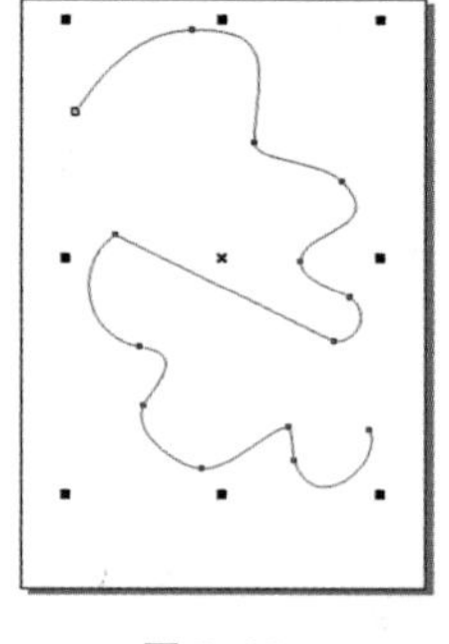

图 5-39

4. 设置手绘工具属性

在 CorelDRAW 中，可以根据不同的情况来设定手绘工具的属性以提高工作效率。下面介绍手绘工具属性的设置方法。

双击“手绘”工具，弹出如图 5-40 所示的“选项”对话框。在对话框中的“手绘 / 贝塞尔工具”设置区中可以设置手绘工具的属性。

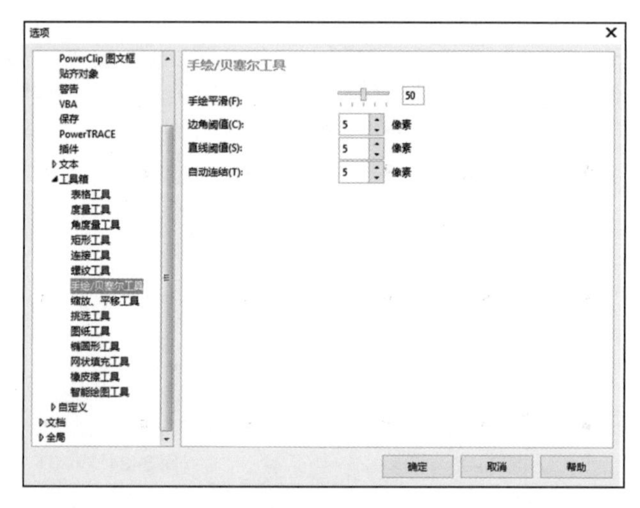

图 5-40

“手绘平滑”选项用于设置手绘过程中曲线的平滑程度，它决定了绘制出的曲线和光标移动轨迹的匹配程度。设定的数值可为 0 ~ 100，不同的设置值会有不同的绘制效果。数值设置得越小，平滑程度越高；数值设置得越大，平滑程度越低。

“边角阈值”选项用于设置边角节点的平滑度。数值越大，节点越尖；数值越小，节点越平滑。

“直线阈值”选项用于设置手绘曲线相对于直线路径的偏移量。

“边角阈值”和“直线阈值”的设定值越大，绘制的曲线越接近直线。

“自动连结”选项用于设置在绘图时两个端点自动连接的接近程度。当光标接近设置的半径范围以内时，曲线将自动连结成封闭的曲线。

5.1.3 艺术笔工具

在 CorelDRAW 中，使用“艺术笔”工具可以绘制出多种精美的线条和图形，可以模仿画笔的真实效果，在画面中产生丰富的变化，通过使用“艺术笔”工具可以绘制出不同风格的设计作品。

选择“艺术笔”工具，属性栏如图 5-41 所示。包含了 5 种模式，分别是：“预设”模式、“笔刷”模式、“喷涂”模式、“书法”模式和“压力”模式。下面具体介绍这 5 种模式。

图 5-41

1. 预设模式

“预设”模式提供了多种线条类型，并且可以改变曲线的宽度。单击属性栏的“预设笔触”右侧的按钮，弹出其下拉列表，如图 5-42 所示。在线条列表框中单击，可选择需要的线条类型。

单击属性栏中的“手绘平滑”设置区，弹出滑动条，拖曳滑动条或输入数值可以调节绘图时线条的平滑程度。在“笔触宽度”框中输入数值可以设置曲线的宽度。选择“预设”模式和线条类型后，鼠标的光标变为图标，在绘图页面中按住鼠标左键并拖曳光标，可以绘制出封闭的线条图形。

2. 笔刷模式

“笔刷”模式提供了多种颜色样式的画笔，将画笔运用在绘制的曲线上，可以绘制出漂亮的效果。

在属性栏中单击“笔刷”模式按钮，单击属性栏的“笔刷笔触”右侧的按钮，弹出其下拉列表，如图 5-43 所示。在列表框中单击选择需要的笔刷类型，在页面中按住鼠标左键并拖曳光标，绘制出所需要的图形。

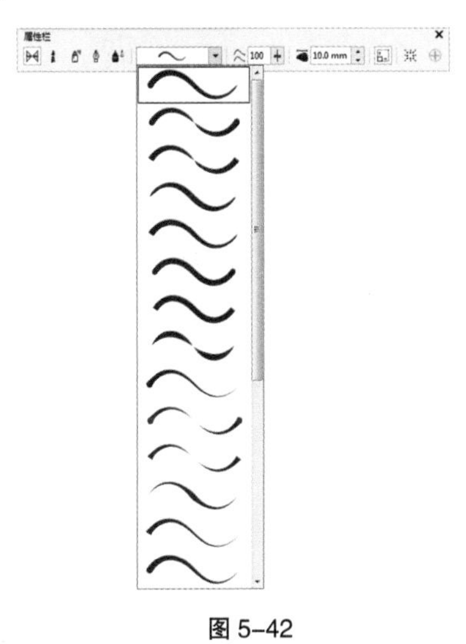

图 5-42

图 5-43

3. 喷涂模式

“喷涂”模式提供了多种有趣的图形对象，这些图形对象可以应用在绘制的曲线上。可以在属性栏的“喷涂列表文件列表”下拉列表框中选择喷雾的形状来绘制需要的图形。

在属性栏中单击“喷涂”模式按钮，属性栏如图 5-44 所示。单击属性栏中“喷射图样”右侧的按钮，弹出其下拉列表，如图 5-45 所示。在列表框中单击选择需要的喷涂类型。单击属性栏中“喷涂顺序”右侧的按钮，弹出下拉列表，可以选择喷出图形的顺序。选择“随机”选项，喷出的图形将会随机分布。选择“顺序”选项，喷出的图形将会以方形区域分布。选择“按方向”选项，喷出的图形将会随光标拖曳的路径分布。在页面中按住鼠标左键并拖曳光标，绘制出需要的图形。

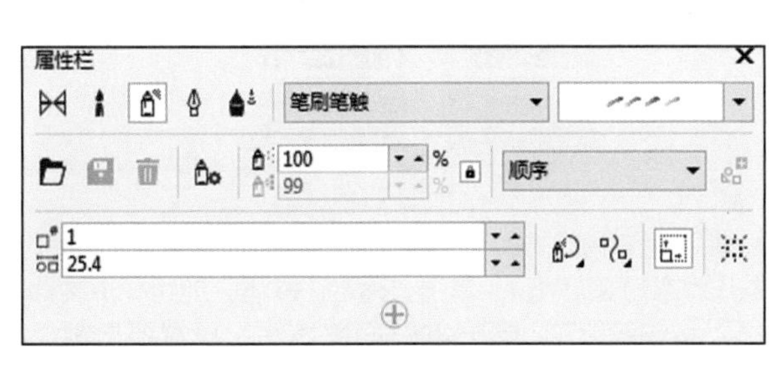

图 5-44

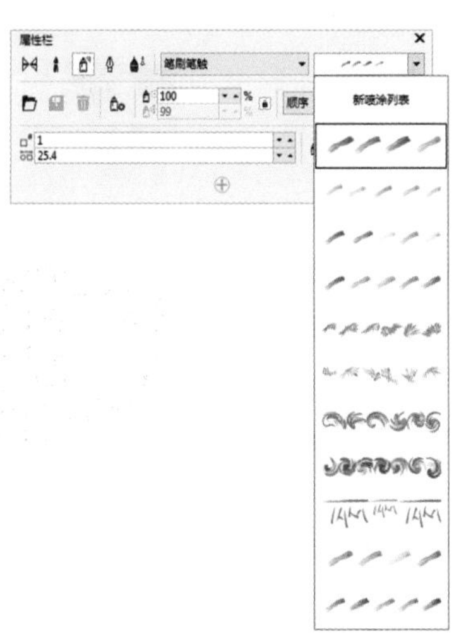

图 5-45

4. 书法模式

“书法”模式可以绘制出类似书法笔的效果，可以改变曲线的粗细。

在属性栏中单击“书法”模式按钮，属性栏如图 5–46 所示。在属性栏的“书法角度” 45.0 °选项中，可以设置“笔触”和“笔尖”的角度。如果角度值设置为 0° ，书法笔垂直方向画出的线条最粗，笔尖是水平的。如果角度值设置为 90° ，书法笔水平方向画出的线条最粗，笔尖是垂直的。在绘图页面中按住鼠标左键并拖曳光标来绘制图形。

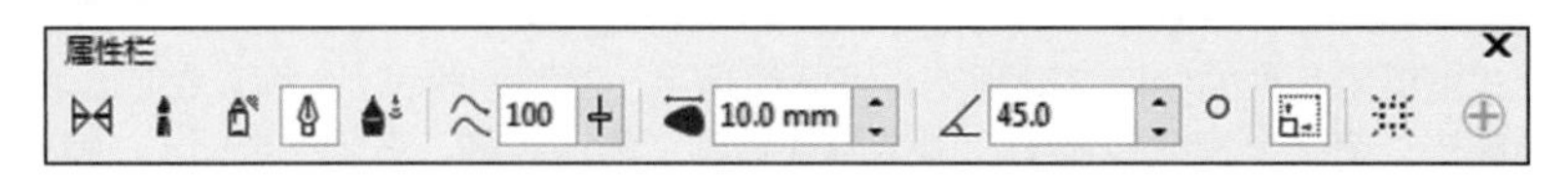

图 5–46

5. 压力模式

“压力”模式可以用压力感应笔或键盘输入的方式改变线条的粗细，应用好这个功能可以绘制出特殊的图形效果。

在属性栏的“预置笔触列表”模式中选择需要的画笔，单击“压力”模式按钮，属性栏如图 5–47 所示。在“压力”模式中设置好压力感应笔的平滑度和画笔的宽度，在绘图页面中按住鼠标左键并拖曳光标以绘制图形。

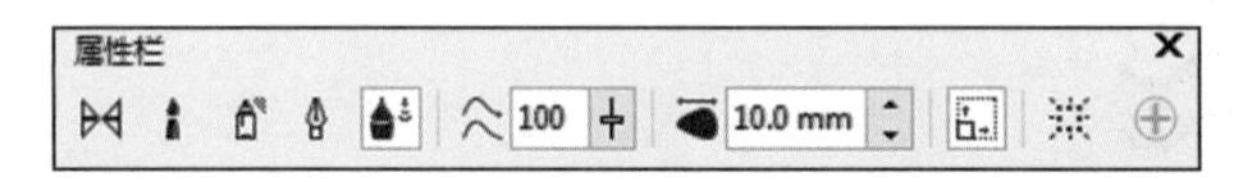

图 5–47

5.2 路径绘图

在 CorelDRAW 中，可以通过路径类工具绘制曲线或图形；绘制完成后，还需要使用编辑曲线功能来进行更完善的编辑；最后，达到设计方面的要求。

5.2.1 课堂案例——绘制 T 恤图案

【案例学习目标】学会使用路径绘图工具来绘制 T 恤图案。

【案例知识要点】使用矩形工具、贝塞尔工具、椭圆形工具、水平镜像按钮和填充工具绘制人物；使用椭圆形工具、形状工具绘制镜片；T 恤图案效果如图 5–48 所示。

【效果所在位置】云盘 /Ch05/ 效果 / 绘制 T 恤图案 .cdr。

图 5–48

（1）按 Ctrl+N 组合键，弹出“创建新文档”对话框。设置文档的宽度为 200 mm，高度为 200 mm，取向为纵向，原色模式为 CMYK，渲染分辨率为 300 dpi。单击“确定”按钮，创建一个文档。

（2）双击“矩形”工具，绘制一个与页面大小相等的矩形，如图 5–49 所示。设置图形颜色的 CMYK 值为 0、12、26、0，填充图形，并去除图形的轮廓线，效果如图 5–50 所示。

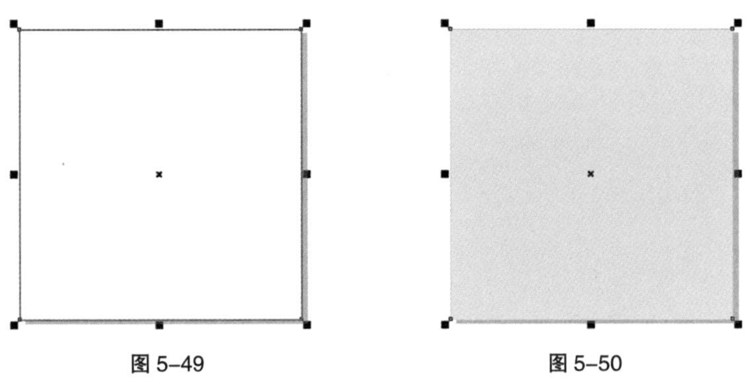

图 5-49　　图 5-50

（3）选择“贝塞尔”工具，在页面中绘制一个不规则图形，如图 5-51 所示。设置图形颜色的 CMYK 值为 2、0、7、0，填充图形，并去除图形的轮廓线，效果如图 5-52 所示。

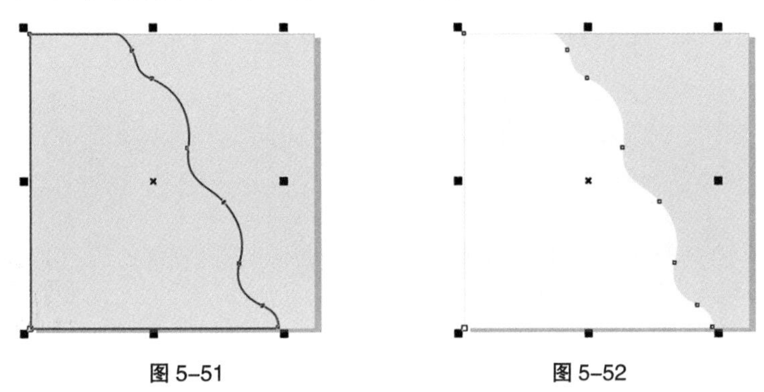

图 5-51　　图 5-52

（4）选择“贝塞尔”工具，在适当的位置分别绘制两个不规则图形，如图 5-53 所示。选择“选择”工具，选取需要的图形，设置图形颜色的 CMYK 值为 0、17、20、0，填充图形，并去除图形的轮廓线，效果如图 5-54 所示。选取需要的图形，设置图形颜色的 CMYK 值为 4、21、24、0，填充图形，并去除图形的轮廓线，效果如图 5-55 所示。

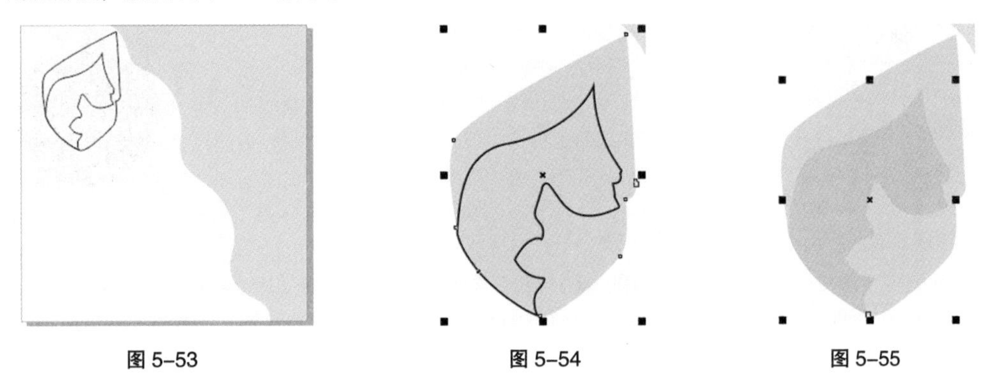

图 5-53　　图 5-54　　图 5-55

（5）选择“贝塞尔”工具，在适当的位置绘制一个不规则图形，如图 5-56 所示。设置图形颜色的 CMYK 值为 4、71、34、0，填充图形，并去除图形的轮廓线，效果如图 5-57 所示。

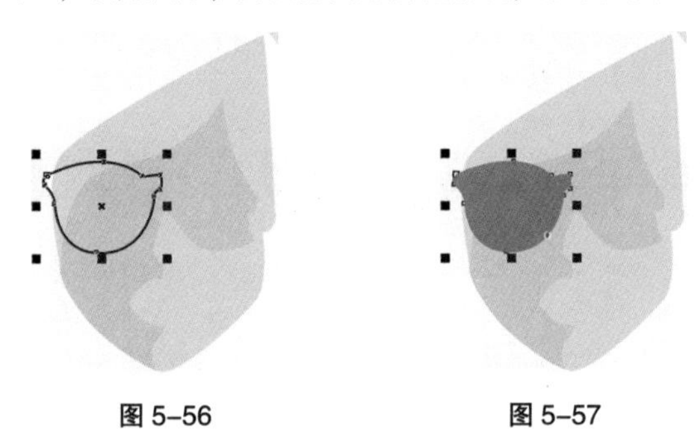

图 5-56　　图 5-57

（6）选择“椭圆形”工具，按住 Ctrl 键的同时，在适当的位置绘制一个圆形，如图 5-58 所示。单击属性栏中的“转换为曲线”按钮，将图形转换为曲线，如图 5-59 所示。

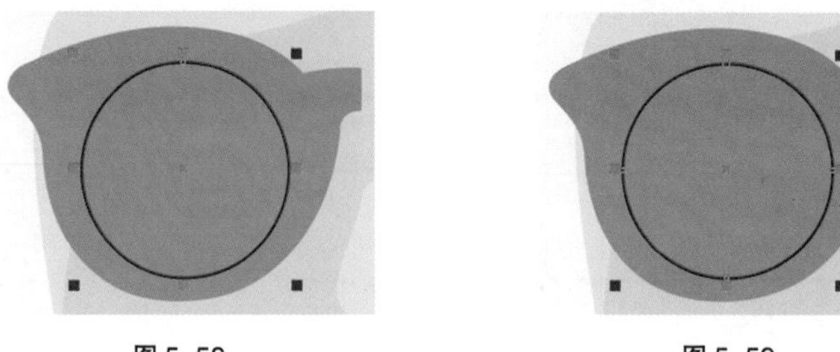

图 5-58　　图 5-59

（7）选择“形状”工具，选中并向右拖曳右侧的节点到适当的位置，效果如图 5-60 所示。使用“形状”工具，在适当的位置双击鼠标左键，添加一个节点，如图 5-61 所示。选中并向左拖曳添加的节点到适当的位置，效果如图 5-62 所示。

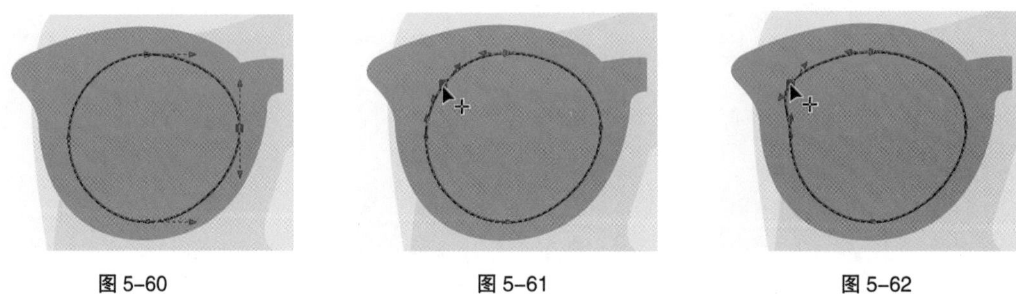

图 5-60　　图 5-61　　图 5-62

（8）使用“形状”工具，在左侧不需要的节点上双击鼠标左键，删除节点，如图 5-63 所示。选中添加的节点，节点的两端会出现控制线，如图 5-64 所示。拖曳左侧控制线到适当的位置，调整圆形的弧度，如图 5-65 所示。选择“选择”工具，选取图形，填充图形为黑色，并去除图形的轮廓线，效果如图 5-66 所示。

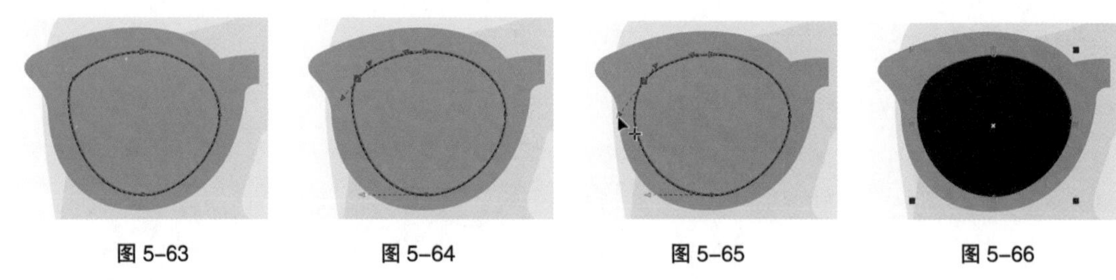

图 5-63　　图 5-64　　图 5-65　　图 5-66

（9）选择“选择”工具，用圈选的方法将两个图形同时选取，如图 5-67 所示。按数字键盘上的 + 键，复制图形。按住 Shift 键的同时，水平向右拖曳复制的图形到适当的位置，效果如图 5-68 所示。单击属性栏中的“水平镜像”按钮，水平翻转图形，效果如图 5-69 所示。

（10）选择“贝塞尔”工具，在适当的位置绘制一个不规则图形，如图 5-70 所示。设置图形颜色的 CMYK 值为 27、100、50、11，填充图形，并去除图形的轮廓线，效果如图 5-71 所示。

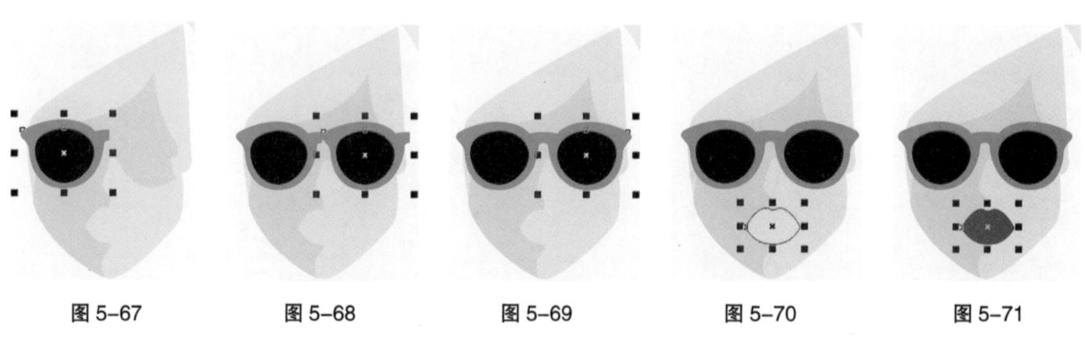

图 5-67　　图 5-68　　图 5-69　　图 5-70　　图 5-71

（11）选择“贝塞尔”工具，在适当的位置再次绘制一个不规则图形，如图 5-72 所示。设置图形颜色的 CMYK 值为 29、100、53、16，填充图形，并去除图形的轮廓线，效果如图 5-73 所示。使用相同的方法绘制其他图形，并填充相应的颜色，效果如图 5-74 所示。

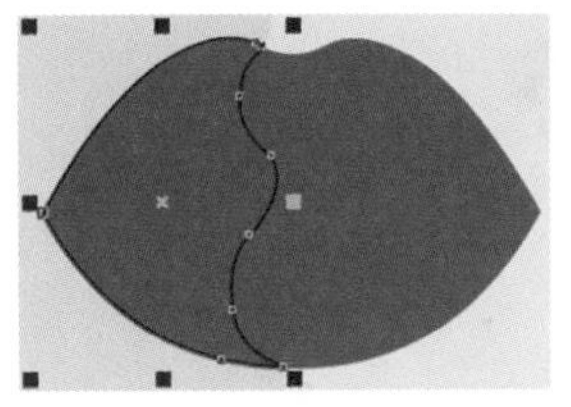

图 5-72

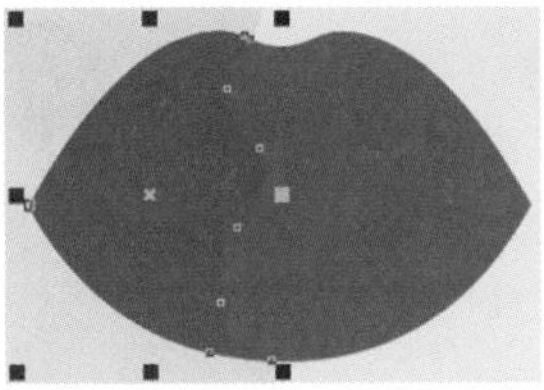

图 5-73

图 5-74

（12）选择“贝塞尔”工具，在适当的位置绘制一个不规则图形，填充图形为黑色，并去除图形的轮廓线，效果如图 5-75 所示。

（13）选择“选择”工具，按数字键盘上的 + 键，复制图形。按住 Shift 键的同时，水平向右拖曳复制的图形到适当的位置，效果如图 5-76 所示。单击属性栏中的“水平镜像”按钮，水平翻转图形，效果如图 5-77 所示。

图 5-75

图 5-76

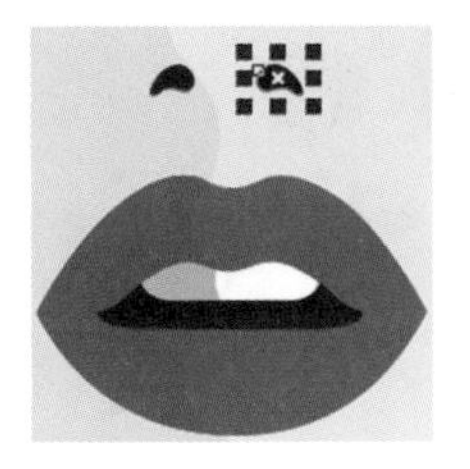

图 5-77

（14）选择“贝塞尔”工具，在适当的位置绘制一个不规则图形，如图 5-78 所示。设置图形颜色的 CMYK 值为 1、29、17、0，填充图形，并去除图形的轮廓线，效果如图 5-79 所示。

（15）连续按 Ctrl+PageDown 组合键，将图形向后移至适当的位置，效果如图 5-80 所示。使用相同的方法绘制其他图形，并填充相应的颜色，效果如图 5-81 所示。

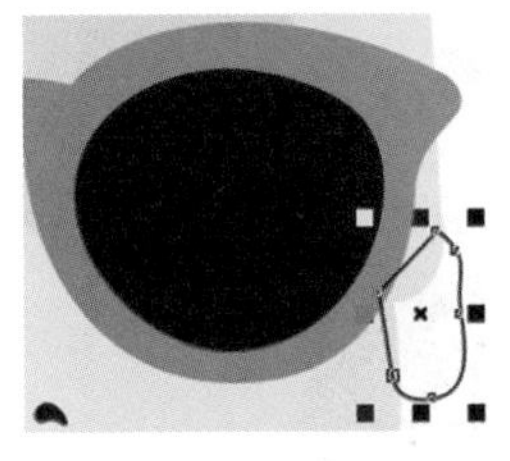

图 5-78

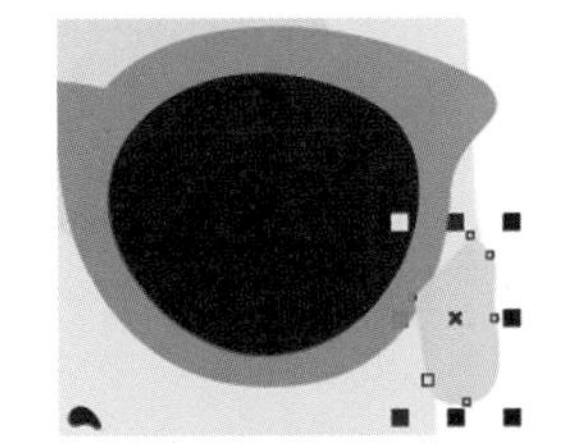

图 5-79

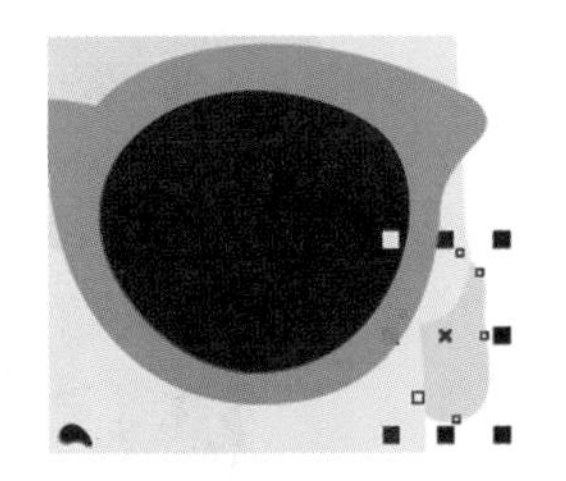

图 5-80

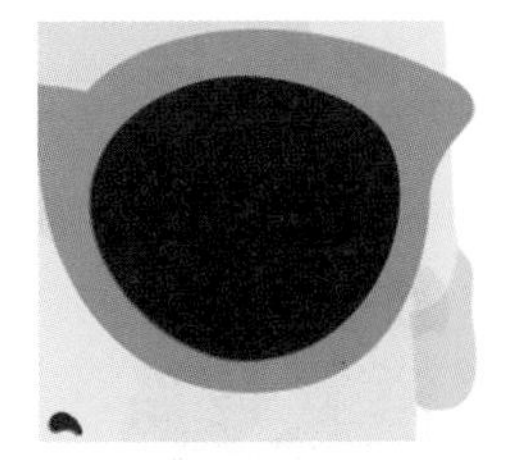

图 5-81

（16）选择“椭圆形”工具，按住 Ctrl 键的同时，在适当的位置绘制一个圆形，如图 5-82 所示。按 F12 键，弹出“轮廓笔”对话框，在“颜色”选项中设置轮廓线颜色的 CMYK 值为 0、40、100、0，其他选项的设置如图 5-83 所示。单击“确定”按钮，效果如图 5-84 所示。连续按 Ctrl+PageDown 组合键，将图形向后移至适当的位置，效果如图 5-85 所示。

图 5-82

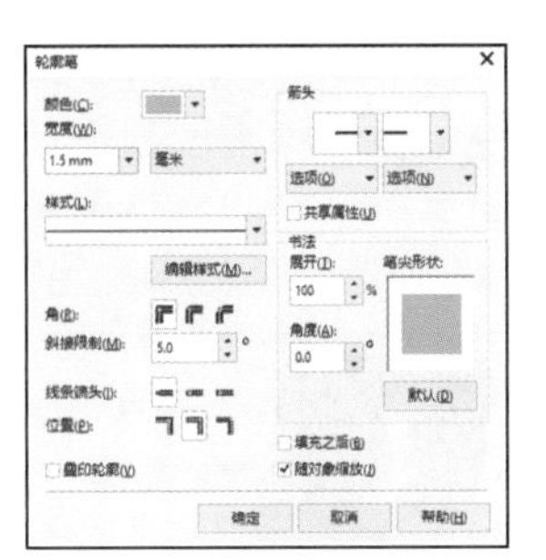

图 5-83

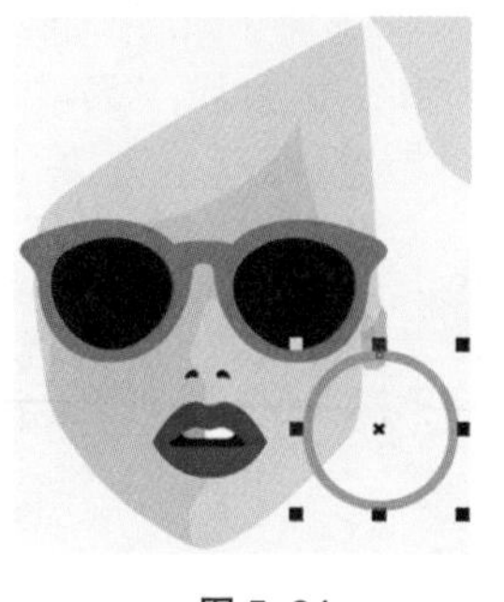

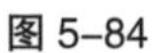

图 5-84　　图 5-85

（17）选择“贝塞尔”工具，在适当的位置绘制一个不规则图形，如图 5-86 所示。设置图形颜色的 CMYK 值为 5、4、12、0，填充图形，并去除图形的轮廓线，效果如图 5-87 所示。连续按 Ctrl+PageDown 组合键，将图形向后移至适当的位置，效果如图 5-88 所示。

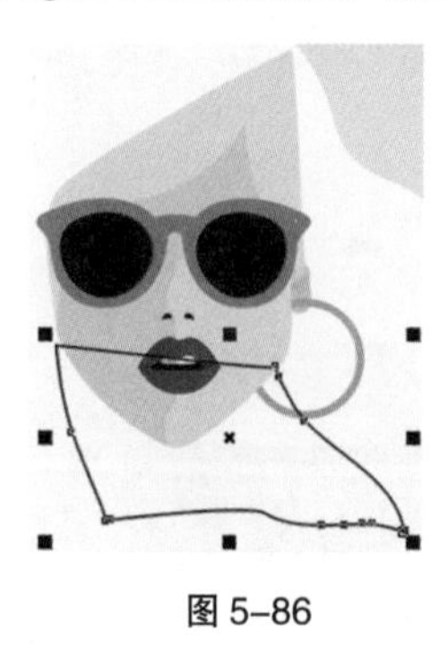

图 5-86　　图 5-87　　图 5-88

（18）使用相同的方法绘制身体其他部分，并填充相应的颜色，效果如图 5-89 所示。选择“贝塞尔”工具，在页面中绘制一个不规则图形，如图 5-90 所示。设置图形颜色的 CMYK 值为 2、0、7、0，填充图形，并去除图形的轮廓线，效果如图 5-91 所示。

图 5-89　　图 5-90　　图 5-91

（19）使用“贝塞尔”工具为头发绘制白色高光，效果如图 5-92 所示。按 Ctrl+I 组合键，弹出“导入”对话框，选择云盘中的“Ch05 > 素材 > 绘制 T 恤图案 > 01”文件，单击“导入”按钮，在页面中单击鼠标左键导入图形；选择“选择”工具，拖曳图形到适当的位置，效果如图 5-93 所示。

图 5-92　　图 5-93

（20）连续按 Ctrl+PageDown 组合键，将图形向后移至适当的位置，效果如图 5-94 所示。T 恤图案绘制完成，效果如图 5-95 所示。

图 5-94

图 5-95

5.2.2　认识曲线

在 CorelDRAW 中，曲线是矢量图形的组成部分。可以使用绘图工具绘制曲线，也可以将任何的矩形、多边形、椭圆以及文本对象转换成曲线。下面对曲线的节点、线段、控制线和控制点等概念进行讲解。

节点：构成曲线的基本要素，可以通过定位、调整节点、调整节点上的控制点来绘制和改变曲线的形状。通过在曲线上增加和删除节点，使曲线的绘制更加简便。通过转换节点的性质，可以将直线和曲线的节点相互转换，使直线段转换为曲线段或曲线段转换为直线段。

线段：指两个节点之间的部分。线段包括直线段和曲线段，直线段在转换成曲线段后，可以进行曲线特性的操作，如图 5-96 所示。

控制线：在绘制曲线的过程中，节点的两端会出现蓝色的虚线。选择“形状”工具，在已经绘制好的曲线的节点上单击鼠标左键，节点的两端会出现控制线。

技巧：直线的节点没有控制线。直线段转换为曲线段后，节点上会出现控制线。

控制点：在绘制曲线的过程中，节点的两端会出现控制线，在控制线的两端是控制点。通过拖曳或移动控制点可以调整曲线的弯曲程度，如图 5-97 所示。

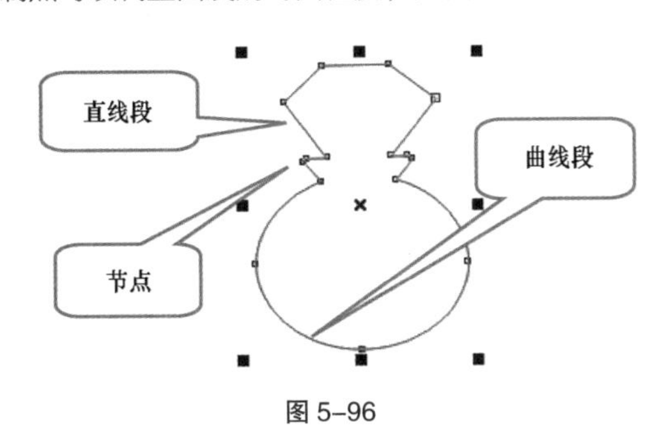

图 5-96

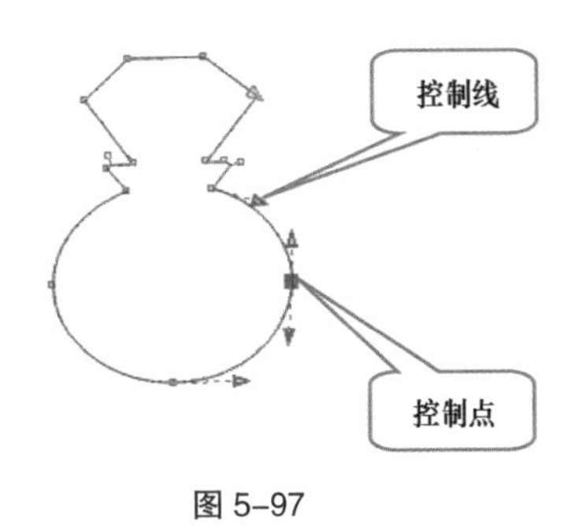

图 5-97

5.2.3　贝塞尔工具

“贝塞尔”工具可以用来绘制平滑、精确的曲线。可以通过确定节点和改变控制点的位置来控制曲线的弯曲度。还可以使用节点和控制点对绘制完的直线或曲线进行精确的调整。

1．绘制直线和折线

选择“贝塞尔”工具，在绘图页面中单击鼠标左键以确定直线的起点，拖曳鼠标指针到需要的位置，再单击鼠标左键以确定直线的终点，绘制出一段直线。只要确定下一个节点，就可以绘制出折线的效果，如果想绘制出多个折角的折线，只要继续确定节点即可，如图 5-98 所示。

如果双击折线上的节点，将删除这个节点，折线的另外两个节点将自动连接，效果如图 5-99 所示。

图 5-98

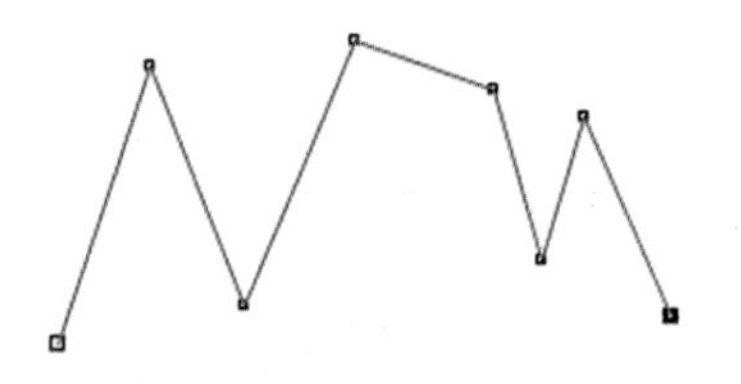

图 5-99

2. 绘制曲线

选择“贝塞尔”工具，在绘图页面中按住鼠标左键并拖曳光标以确定曲线的起点。松开鼠标左键，这时该节点的两边出现控制线和控制点，如图 5-100 所示。

将鼠标的光标移动到需要的位置，单击并按住鼠标左键，在两个节点间出现一条曲线段。拖曳鼠标，第 2 个节点的两边出现控制线和控制点，控制线和控制点会随着光标的移动而发生变化，曲线的形状也会随之发生变化。调整到需要的效果后松开鼠标左键，如图 5-101 所示。

在下一个需要的位置单击鼠标左键后，将出现一条连续的平滑曲线，如图 5-102 所示。用“形状”工具在第 2 个节点处单击鼠标左键，出现控制线和控制点，效果如图 5-103 所示。

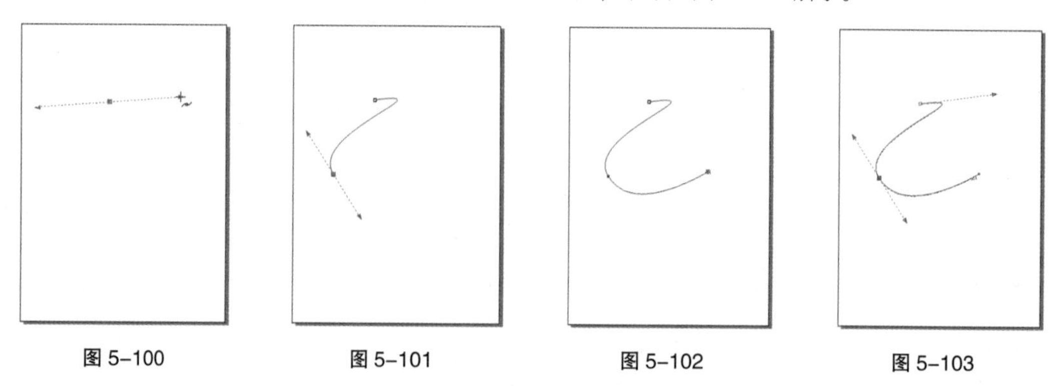

图 5-100　图 5-101　图 5-102　图 5-103

提示：当确定一个节点后，在这个节点上双击，再单击，确定下一个节点后出现直线。当确定一个节点后，在这个节点上双击鼠标左键，再单击，确定下一个节点并拖曳这个节点后出现曲线。

5.2.4 钢笔工具

使用“钢笔”工具可以绘制出多种精美的曲线和图形，还可以对已绘制的曲线和图形进行编辑和修改。在 CorelDRAW X8 中绘制的各种复杂图形都可以通过“钢笔”工具来完成。

1. 绘制直线和折线

选择“钢笔”工具。在绘图页面中单击鼠标左键以确定直线的起点，拖曳鼠标指针到需要的位置，再单击鼠标左键以确定直线的终点，绘制出一段直线，效果如图 5-104 所示。再继续单击鼠标左键来确定下一个节点，就可以绘制出折线的效果；如果想绘制出多个折角的折线，只要继续单击鼠标左键来确定节点就可以了，折线的效果如图 5-105 所示。要结束绘制，按 Esc 键或单击“钢笔”工具即可。

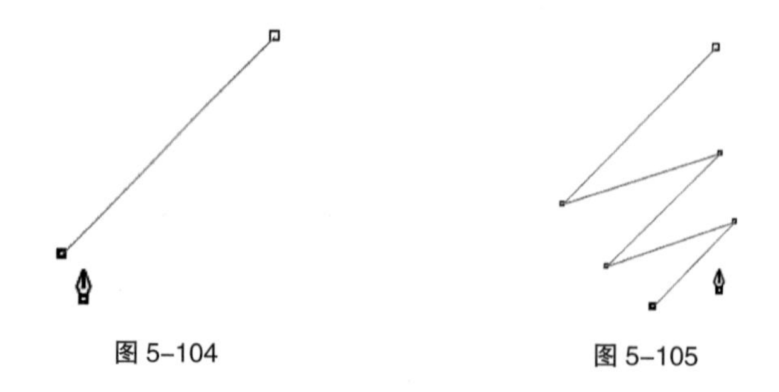

图 5-104　图 5-105

2. 绘制曲线

选择“钢笔”工具，在绘图页面中单击鼠标左键以确定曲线的起点。松开鼠标左键，将鼠标的光标移动到需要的位置，再次单击并按住鼠标左键不动，在两个节点间出现一条直线段，如图 5-106 所示。

拖曳鼠标，在第 2 个节点的两边出现控制线和控制点，控制线和控制点会随着光标的移动而发生变化，直线段变为曲线的形状，如图 5-107 所示。调整到需要的效果后松开鼠标左键，曲线的效果如图 5-108 所示。

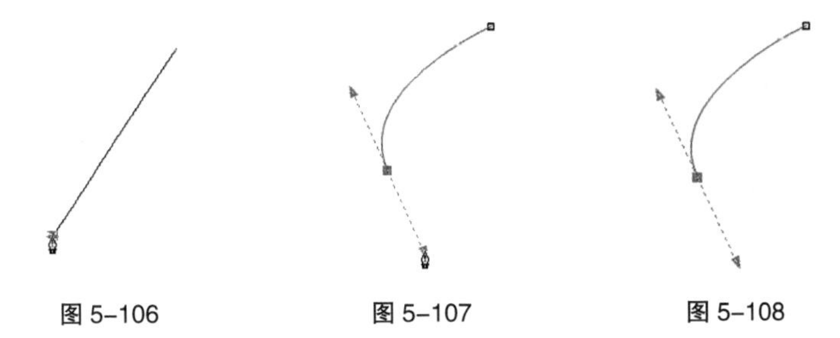

图 5-106　　图 5-107　　图 5-108

使用相同的方法可以对曲线继续进行绘制，效果如图 5-109 和图 5-110 所示。绘制完成的曲线效果如图 5-111 所示。

如果想在绘制曲线后再绘制出直线，按住 C 键，在要继续绘制出直线的节点上按住鼠标左键并拖曳光标，这时将出现节点的控制点。松开 C 键，将控制点拖曳到下一个节点的位置，如图 5-112 所示。松开鼠标左键，再单击鼠标左键，可以绘制出一段直线，效果如图 5-113 所示。

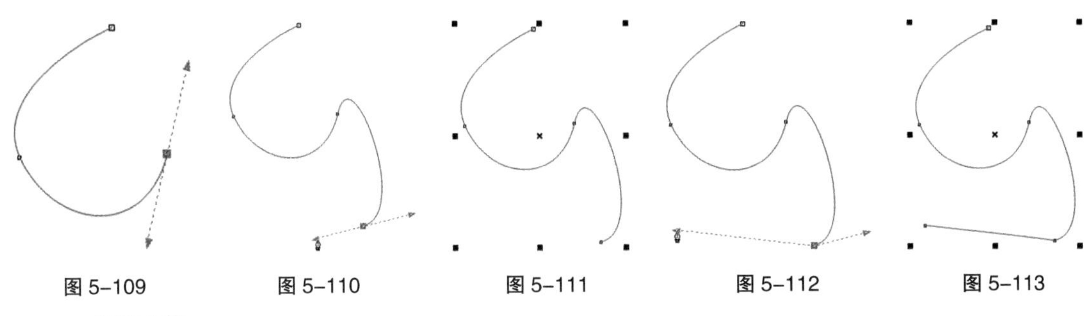

图 5-109　　图 5-110　　图 5-111　　图 5-112　　图 5-113

3. 编辑曲线

在“钢笔”工具属性栏中选择“自动添加或删除节点”按钮，曲线绘制的过程变为自动添加或删除节点模式。

将“钢笔”工具的光标移动到节点上，光标变为删除节点图标，如图 5-114 所示。单击鼠标左键可以删除节点，效果如图 5-115 所示。

将“钢笔”工具的光标移动到曲线上，光标变为添加节点图标，如图 5-116 所示。单击鼠标左键可以添加节点，效果如图 5-117 所示。

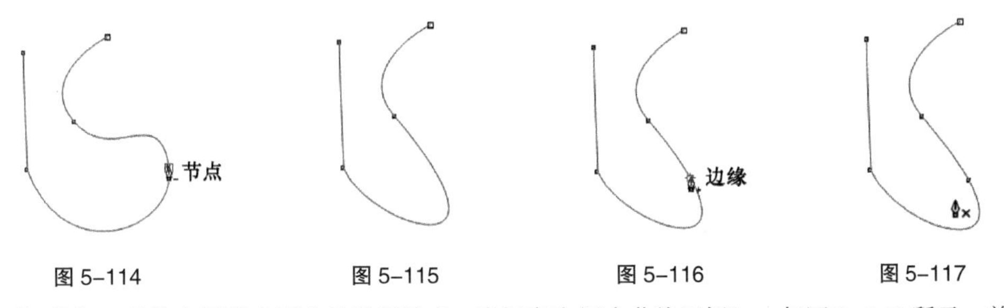

图 5-114　　图 5-115　　图 5-116　　图 5-117

将“钢笔”工具的光标移动到曲线的起始点，光标变为闭合曲线图标，如图 5-118 所示。单击鼠标左键可以闭合曲线，效果如图 5-119 所示。

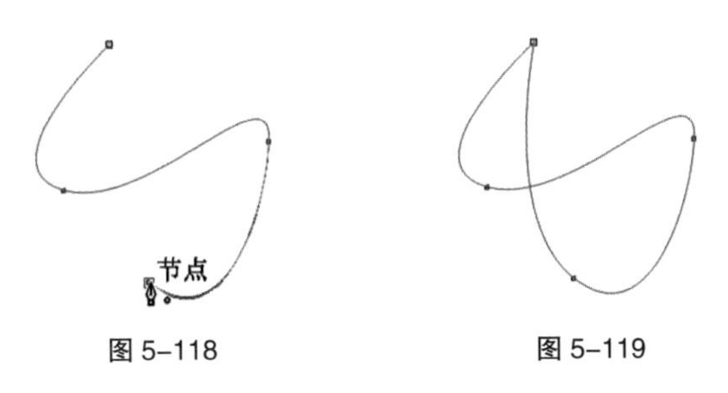

图 5-118　　图 5-119

> **技巧：** 在绘制曲线的过程中，按住 Alt 键，可以编辑曲线段，进行节点的转换、移动和调整等操作；松开 Alt 键，可以继续进行绘制。

5.2.5 编辑曲线的节点

节点是构成图形对象的基本要素，用“形状”工具选择曲线或图形对象后，会显示曲线或图形的全部节点。通过移动节点和节点的控制点、控制线可以编辑曲线或图形的形状，还可以通过增加和删除节点来进一步编辑曲线或图形。

绘制一条曲线，如图 5–120 所示。使用“形状”工具，单击选中曲线上的节点，如图 5–121 所示。弹出的属性栏如图 5–122 所示。

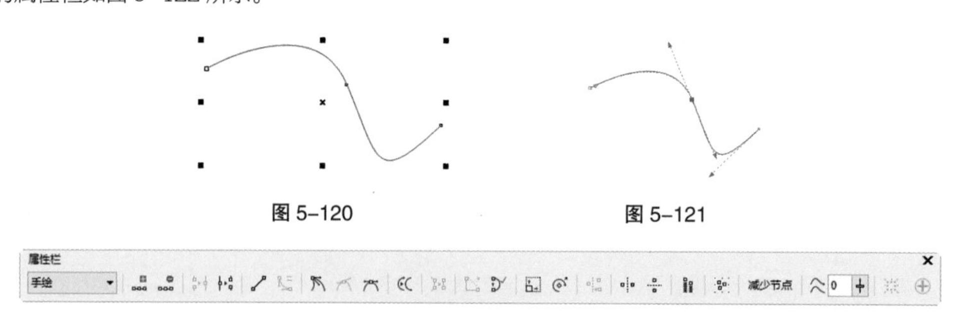

图 5–120　　图 5–121

图 5–122

在属性栏中有 3 种节点类型：尖突节点、平滑节点和对称节点。节点类型的不同决定了节点控制点的属性也不同，单击属性栏中的按钮可以转换 3 种节点的类型。

尖突节点：尖突节点的控制点是独立的，当移动一个控制点时，另一个控制点并不移动。因此，通过尖突节点的曲线能够使尖突弯曲。

平滑节点：平滑节点的控制点之间是相关的，当移动一个控制点时，另一个控制点也会随之移动。通过平滑节点连接的线段将产生平滑的过渡。

对称节点：对称节点的控制点不仅是相关的，而且控制点和控制线的长度是相等的，从而使得对称节点两边曲线的曲率也是相等的。

1. 选取并移动节点

绘制一个图形，如图 5–123 所示。选择“形状”工具，单击鼠标左键选取节点，如图 5–124 所示。按住鼠标左键拖曳鼠标，节点被移动，如图 5–125 所示。松开鼠标左键，图形调整的效果如图 5–126 所示。

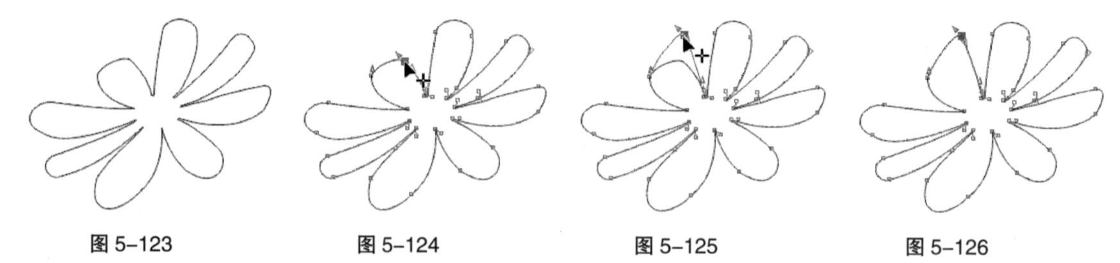

图 5–123　　图 5–124　　图 5–125　　图 5–126

使用“形状”工具选中并拖曳节点上的控制点，如图 5–127 所示。松开鼠标左键，图形调整的效果如图 5–128 所示。

使用“形状”工具圈选图形上的部分节点，如图 5–129 所示。松开鼠标左键，图形被选中的部分节点如图 5–130 所示。拖曳任意一个被选中的节点，其他被选中的节点也会随之移动。

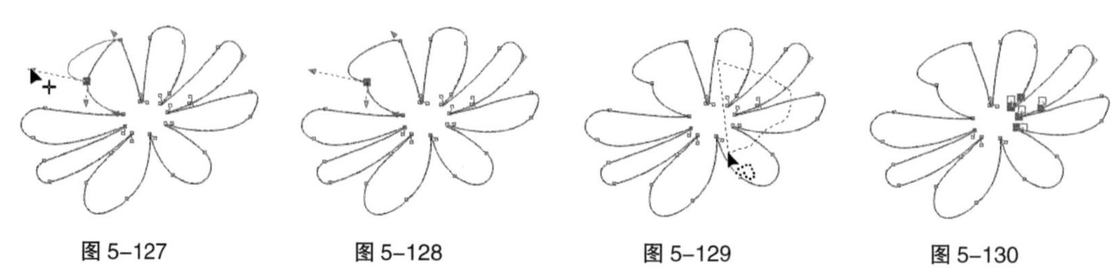

图 5–127　　图 5–128　　图 5–129　　图 5–130

提示： 因为在 CorelDRAW X8 中有 3 种节点类型，所以当移动不同类型节点上的控制点时，图形的形状也会产生不同形式的变化。

2. 增加节点和删除节点

绘制一个图形，如图 5–131 所示。使用“形状”工具选择需要增加节点和删除节点的曲线，在曲线上选定要增加节点的位置，如图 5–132 所示，双击鼠标左键可以在这个位置增加一个节点，效果如图 5–133 所示。

单击属性栏中的“添加节点”按钮，也可以在曲线上增加节点。

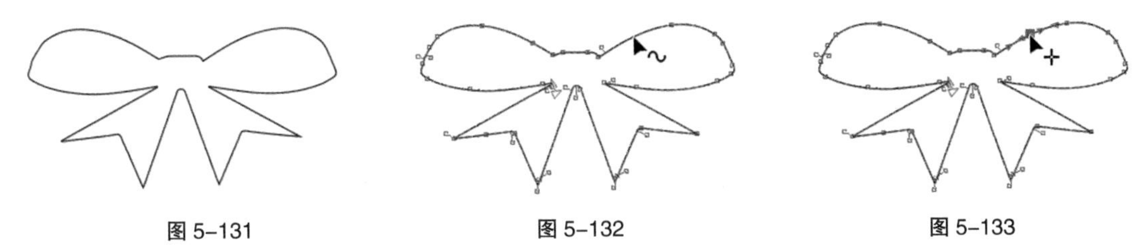

图 5–131　　图 5–132　　图 5–133

将鼠标的光标放在要删除的节点上，如图 5–134 所示，双击鼠标左键可以删除这个节点，效果如图 5–135 所示。

选中要删除的节点，单击属性栏中的“删除节点”按钮，也可以在曲线上删除选中的节点。

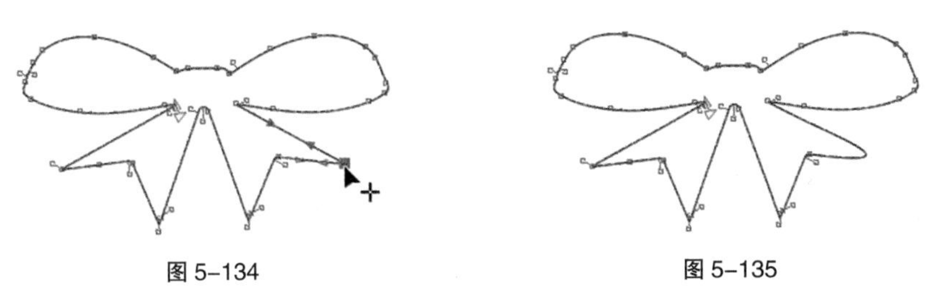

图 5–134　　图 5–135

技巧： 如果需要在曲线和图形中删除多个节点，可以先按住 Shift 键，再用鼠标选择要删除的多个节点，选择好后按 Delete 键就可以了。当然也可以使用圈选的方法选择需要删除的多个节点，选择好后按 Delete 键即可。

3. 合并和连接节点

绘制一个图形，如图 5–136 所示。使用“形状”工具，按住 Ctrl 键，选取两个需要合并的节点，如图 5–137 所示；单击属性栏中的“连接两个节点”按钮，将节点合并，使曲线成为闭合的曲线，如图 5–138 所示。

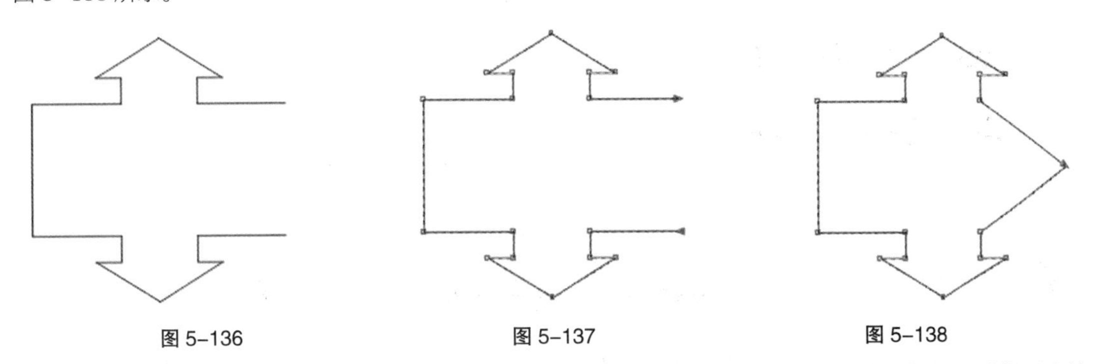

图 5–136　　图 5–137　　图 5–138

使用“形状”工具圈选两个需要连接的节点，单击属性栏中的“闭合曲线”按钮，可以将两个节点以直线连接，使曲线成为闭合的曲线。

4. 断开节点

在曲线中要断开的节点上单击鼠标左键，选中该节点，如图 5–139 所示。单击属性栏中的“断开曲线”按钮，断开节点，曲线效果如图 5–140 所示。再使用“形状”工具选择并移动节点，曲线的节点被断开，效果如图 5–141 所示。

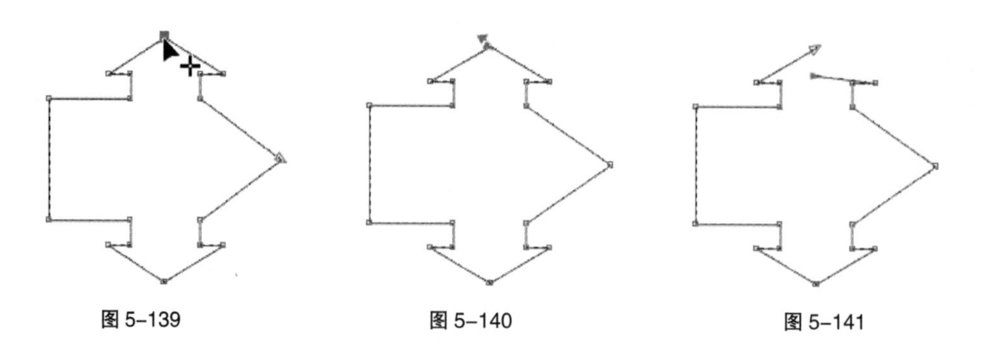

图 5-139　　图 5-140　　图 5-141

5.2.6　编辑曲线的轮廓和端点

通过属性栏可以设置一条曲线的端点和轮廓的样式，这项功能对于用户来说非常实用。

绘制一条曲线，再用“选择”工具选择这条曲线，如图 5-142 所示。这时的属性栏如图 5-143 所示。在属性栏中单击“轮廓宽度”右侧的按钮，弹出轮廓宽度的下拉列表，如图 5-144 所示。在其中进行选择，将曲线变宽，效果如图 5-145 所示；也可以在“轮廓宽度”框中输入数值后，按 Enter 键，设置曲线宽度。

图 5-142　　图 5-143　　图 5-144　　图 5-145

在属性栏中有 3 个可供选择的下拉列表按钮，按从左到右的顺序分别是“起始箭头”、“轮廓样式”和“终止箭头”。单击“起始箭头”上的黑色三角按钮，弹出“起始箭头”下拉列表框，如图 5-146 所示。单击所需要的箭头样式，在曲线的起始点会出现选择的箭头，效果如图 5-147 所示。单击“轮廓样式”上的黑色三角按钮，弹出“轮廓样式”下拉列表框，如图 5-148 所示。单击需要的轮廓样式，曲线的样式会被改变，效果如图 5-149 所示。单击“终止箭头”上的黑色三角按钮，弹出“终止箭头”下拉列表框，如图 5-150 所示。单击需要的箭头样式，在曲线的终止点会出现选择的箭头，如图 5-151 所示。

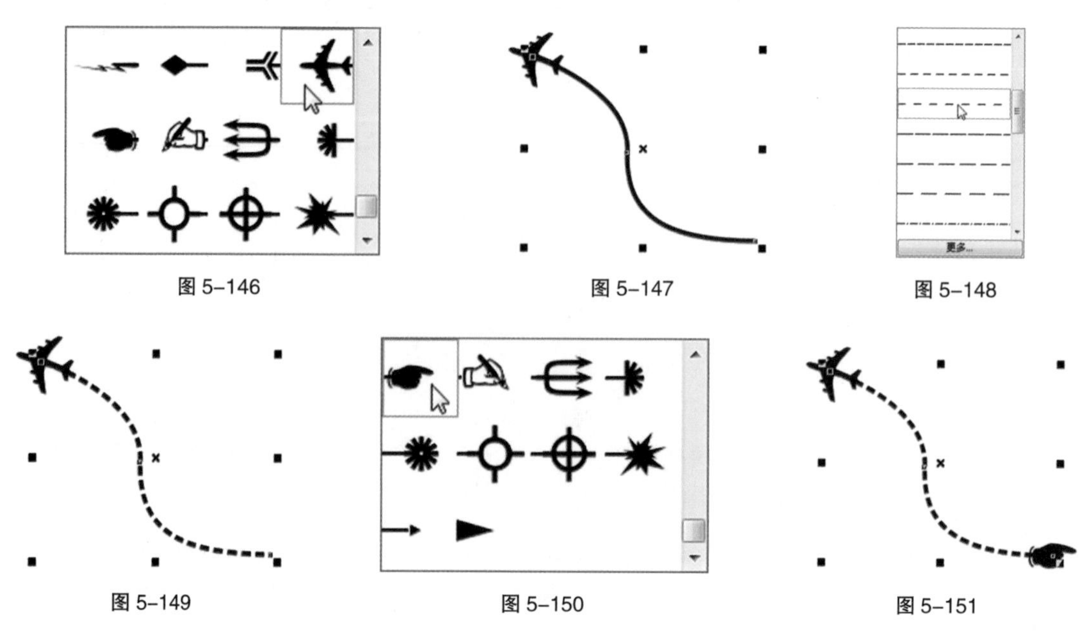

图 5-146　　图 5-147　　图 5-148

图 5-149　　图 5-150　　图 5-151

5.2.7 编辑和修改几何图形

使用矩形、椭圆形和多边形工具绘制的图形都是简单的几何图形。这类图形有其特殊的属性，图形上的节点比较少，只能对其进行简单的编辑。如果想对其进行更复杂的编辑，就需要将简单的几何图形转换为曲线。

1. 转换为曲线

使用“椭圆形”工具绘制一个椭圆形，效果如图 5-152 所示。在属性栏中单击“转换为曲线”按钮，将椭圆图形转换成曲线图形，在曲线图形上增加了多个节点，如图 5-153 所示。使用“形状”工具拖曳椭圆形上的节点，如图 5-154 所示。松开鼠标左键，调整后的图形效果如图 5-155 所示。

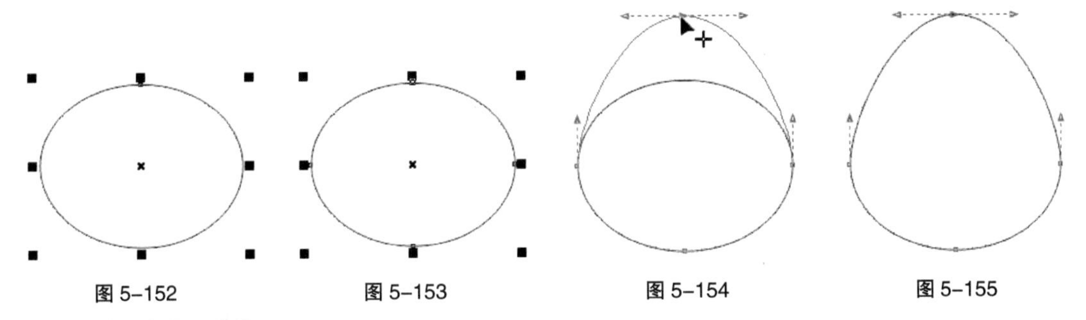

图 5-152　　图 5-153　　图 5-154　　图 5-155

2. 转换直线为曲线

使用“多边形”工具绘制出一个多边形，如图 5-156 所示。选择“形状”工具，单击需要选中的节点，如图 5-157 所示。单击属性栏中的“转换为曲线”按钮，将直线转换为曲线，在曲线上出现节点，图形的对称性继续保持，如图 5-158 所示。使用“形状”工具拖曳节点以调整图形，如图 5-159 所示。松开鼠标左键，图形效果如图 5-160 所示。

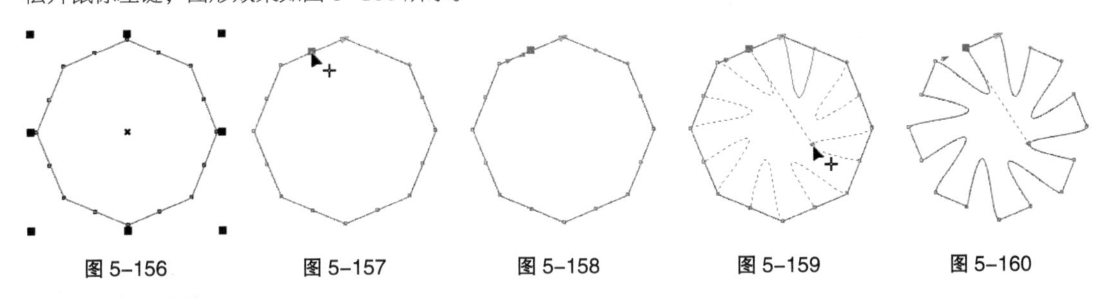

图 5-156　　图 5-157　　图 5-158　　图 5-159　　图 5-160

3. 裁切图形

使用“刻刀”工具可以对单一的图形对象进行裁切，使一个图形被裁切成两个部分。

选择“刻刀”工具，鼠标的光标变为刻刀形状。将光标放到图形上准备裁切的起点位置，光标变为竖直形状后单击鼠标左键，如图 5-161 所示。移动光标会出现一条裁切线，将鼠标的光标放在裁切的终点位置后单击鼠标左键，如图 5-162 所示。图形裁切完成后的效果如图 5-163 所示。使用“选择”工具拖曳裁切后的图形，如图 5-164 所示，裁切的图形被分成了两部分。

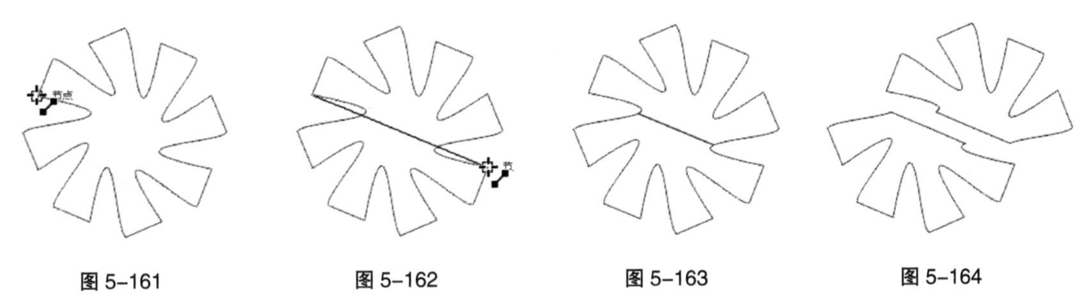

图 5-161　　图 5-162　　图 5-163　　图 5-164

单击“裁切时自动闭合”按钮，在图形裁切完成后，裁切的两部分将自动生成闭合的曲线图形，并保留其填充的属性；若不单击此按钮，在图形裁切完成后，裁切的两部分将不会自动闭合，同时图形会失去填充属性。

技巧： 按住 Shift 键，使用“刻刀”工具将以贝塞尔曲线的方式裁切图形。已经经过渐变、群组及特殊效果处理的图形和位图都不能使用刻刀工具来加以裁切。

4．擦除图形

使用“橡皮擦”工具可以擦除图形的部分或全部，并可以将擦除后图形的剩余部分自动闭合。橡皮擦工具只能对单一的图形对象进行擦除。

绘制一个图形，如图 5-165 所示。选择“橡皮擦”工具，鼠标的光标变为擦除工具图标。单击并按住鼠标左键，拖曳鼠标可以擦除图形，如图 5-166 所示。擦除后的图形效果如图 5-167 所示。

图 5-165　　图 5-166　　图 5-167

“橡皮擦”工具属性栏如图 5-168 所示。“橡皮擦厚度”可以用来设置擦除的宽度。单击“减少节点”按钮，可以在擦除时自动平滑边缘。单击“橡皮擦形状”按钮 \ 可以转换橡皮擦的形状为方形或圆形。

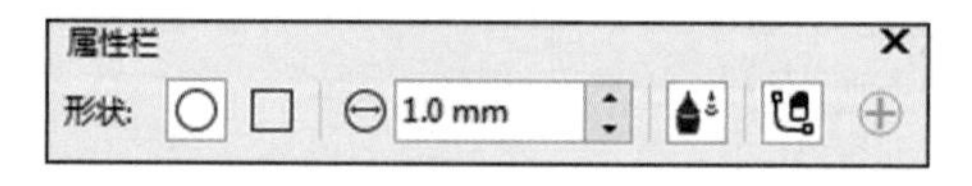

图 5-168

5．修饰图形

使用“沾染”工具和“粗糙”工具可以修饰已绘制的矢量图形。

绘制一个图形，如图 5-169 所示。选择“沾染”工具，其属性栏如图 5-170 所示。在图上拖曳，制作出需要的涂抹效果，如图 5-171 所示。

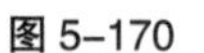

图 5-169　　图 5-170　　图 5-171

绘制一个图形，如图 5-172 所示。选择“粗糙”工具，其属性栏如图 5-173 所示。在图形边缘拖曳，制作出需要的粗糙效果，如图 5-174 所示。

图 5-172　　图 5-173　　图 5-174

技巧： “沾染”工具和“粗糙”工具可以应用的矢量对象有开放 / 闭合的路径、纯色和交互式渐变填充、交互式透明、交互式阴影效果的对象。它们不可以应用的矢量对象有交互式调和、立体化的对象、位图。

5.3 组合和合并

在 CorelDRAW 中，提供了组合和合并功能。组合可以将多个不同的图形对象群组在一起，方便整体操作；合并可以将多个图形对象结合在一起，创建出一个新的对象。下面介绍组合和合并的方法和技巧。

5.3.1 组合对象

绘制几个图形对象，使用“选择”工具选中要进行组合的图形对象，如图 5-175 所示。选择“对象 > 组合 > 组合对象”命令，或按 Ctrl+G 组合键，或单击属性栏中的“组合对象”按钮，都可以将多个图形对象进行群组，如图 5-176 所示。按住 Ctrl 键，选择“选择”工具，单击需要选取的子对象，松开 Ctrl 键，子对象被选取，效果如图 5-177 所示。

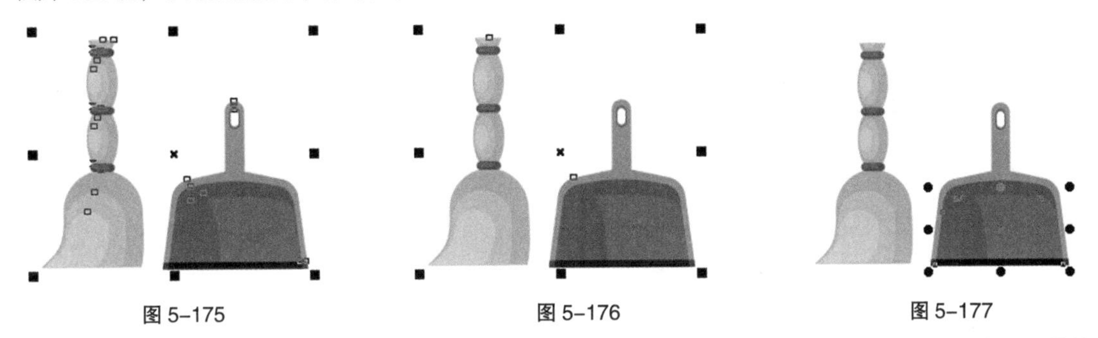

图 5-175　　图 5-176　　图 5-177

组合后的图形对象变成一个整体。移动一个对象，其他的对象将会随之移动，填充一个对象，其他的对象也将随之被填充。

选择“对象 > 组合 > 取消组合对象”命令，或按 Ctrl+U 组合键，或单击属性栏中的“取消组合对象”按钮，可以取消对象的群组状态。选择“对象 > 组合 > 取消组合所有对象”命令，或单击属性栏中的“取消组合所有对象”按钮，可以取消所有对象的群组状态。

提示： 在组合中，子对象可以是单个的对象，也可以是多个对象组成的群组，称为群组的嵌套。使用群组的嵌套可以管理多个对象之间的关系。

5.3.2 合并对象

绘制几个图形对象，如图 5-178 所示。使用“选择”工具，选中要进行合并的图形对象，如图 5-179 所示。

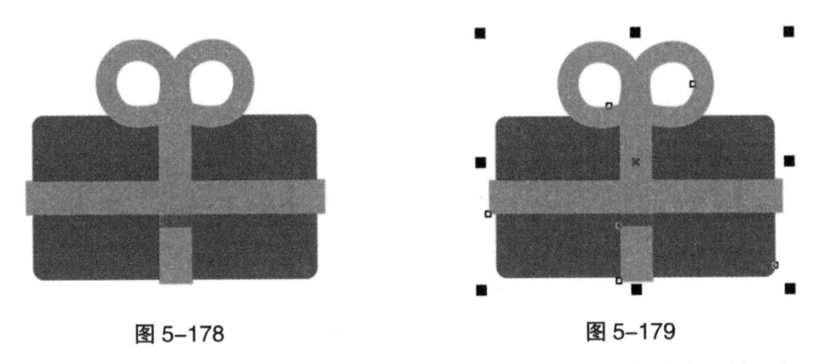

图 5-178　　图 5-179

选择“对象 > 合并”命令，或按 Ctrl+L 组合键，可以将多个图形对象结合，效果如图 5-180 所示。单击属性栏中的“合并”按钮，也可以完成图形的结合。

使用“形状”工具选中合并后的图形对象，可以对图形对象的节点进行调整，如图 5-181 所示。改变图形对象的形状，效果如图 5-182 所示。

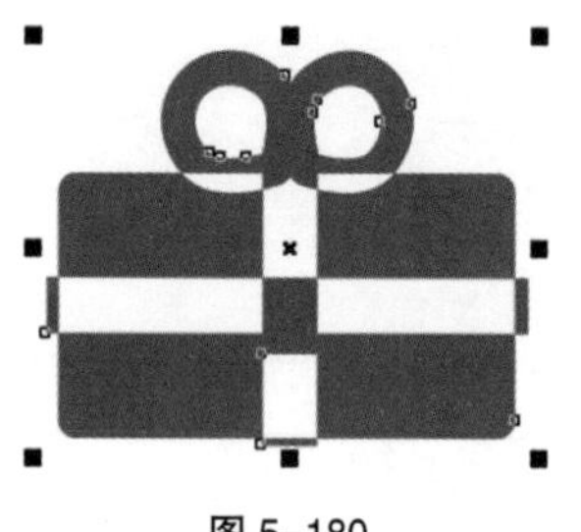

图 5-180

图 5-181

图 5-182

选择“对象 > 拆分曲线”命令，或按 Ctrl+K 组合键，可以取消图形对象的合并状态，原来合并的图形对象将变为多个单独的图形对象。

技巧：如果对象合并前有颜色填充，那么合并后的对象将显示最后选取的对象的颜色。如果使用圈选的方法选取对象，将显示圈选框最下方对象的颜色。

5.4 对齐和分布

在 CorelDRAW 中，提供了对齐和分布功能来设置对象的对齐和分布方式。下面介绍对齐和分布的使用方法和技巧。

5.4.1 课堂案例——制作名片

【案例学习目标】学会使用导入命令、对齐和分布命令制作名片。

【案例知识要点】使用导入命令导入素材图片；使用对齐与分布泊坞窗对齐所选对象；使用手绘工具、矩形工具和旋转角度选项绘制装饰图形。名片效果如图 5-183 所示。

【效果所在位置】云盘 /Ch05/ 效果 / 制作名片 .cdr。

扫码观看
扩展案例

图 5-183

（1）按 Ctrl+N 组合键，弹出“创建新文档”对话框。设置文档的宽度为 90 mm，高度为 55 mm，取向为横向，原色模式为 CMYK，渲染分辨率为 300 dpi。单击“确定”按钮，创建一个文档。

（2）双击“矩形”工具□，绘制一个与页面大小相等的矩形，如图 5-184 所示。选择“选择”工具▶，向上拖曳矩形下边中间的控制手柄到适当的位置，调整其大小，如图 5-185 所示。

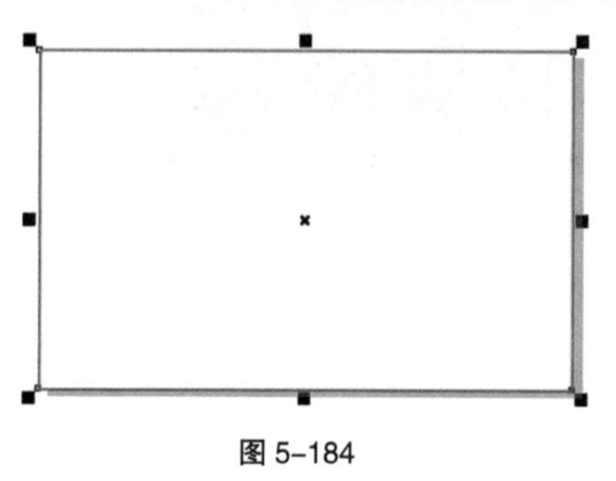

图 5-184

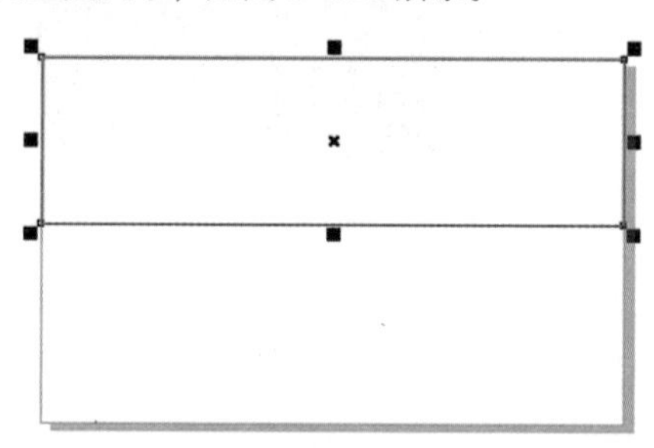

图 5-185

（3）保持矩形的选取状态。设置图形颜色的CMYK值为13、0、80、0，填充图形，并去除图形的轮廓线，效果如图5-186所示。

（4）按Ctrl+I组合键，弹出“导入”对话框，选择云盘中的“Ch05 > 素材 > 制作名片 > 01、02”文件，单击“导入”按钮，在页面中分别单击导入图片，如图5-187所示。

图 5-186

图 5-187

（5）选择“选择”工具，按住Shift键的同时，依次单击导入的图片同时选取，如图5-188所示。选择“对象 > 对齐和分布 > 对齐与分布”命令，在弹出“对齐与分布”泊坞窗中，单击“页面边缘”按钮，与页面边缘对齐，如图5-189所示。再单击“顶端对齐”按钮，如图5-190所示。图形顶对齐效果如图5-191所示。

图 5-188

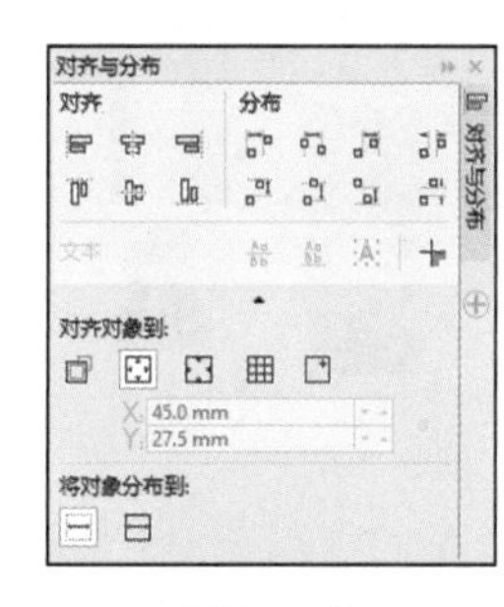

图 5-189

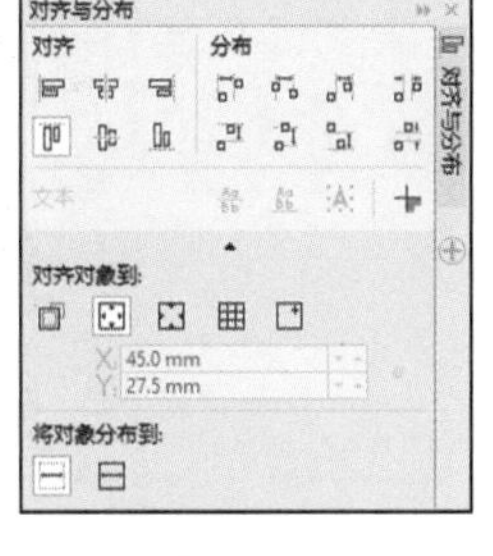

图 5-190

图 5-191

（6）按Ctrl+I组合键，弹出“导入”对话框，选择云盘中的“Ch05 > 素材 > 制作名片 > 03、04”文件。单击“导入”按钮，在页面中分别单击导入图片，如图5-192所示。选择“选择”工具，按住Shift键的同时，依次单击需要的图片同时选取，如图5-193所示。（先选右下角图片，然后再选右上角图片作为目标对象）

图 5-192

图 5-193

（7）在“对齐与分布”泊坞窗中，单击“活动对象”按钮，与选择的对象对齐，如图 5–194 所示。再单击“水平居中对齐”按钮，如图 5–195 所示。图形居中对齐效果如图 5–196 所示。

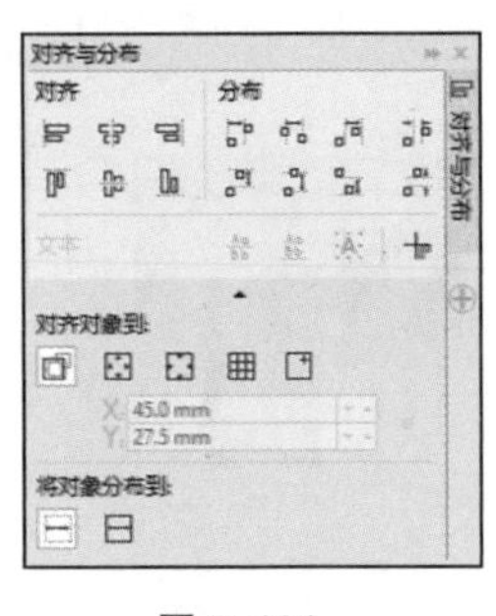
图 5–194

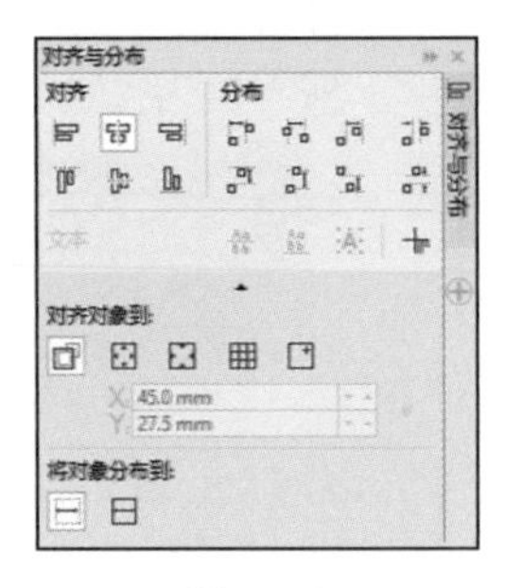
图 5–195

图 5–196

（8）选择“选择”工具，用框选的方法将左侧图片同时选取，如图 5–197 所示。在“对齐与分布”泊坞窗中，单击“右对齐”按钮，如图 5–198 所示，图形右对齐效果如图 5–199 所示。（从左下角向右上角框选。）

图 5–197

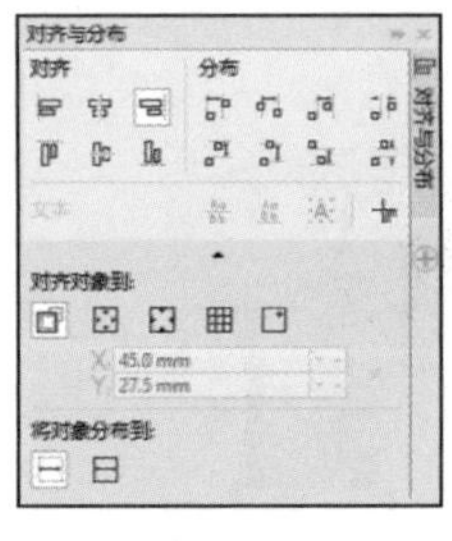
图 5–198

图 5–199

（9）选择“选择”工具，按住 Shift 键的同时，依次单击需要的图片将其同时选取，如图 5–200 所示。在“对齐与分布”泊坞窗中，单击“底端对齐”按钮，如图 5–201 所示，图形底对齐效果如图 5–202 所示。（先选左下角图片，然后在选右下角图片作为目标对象。）

图 5–200

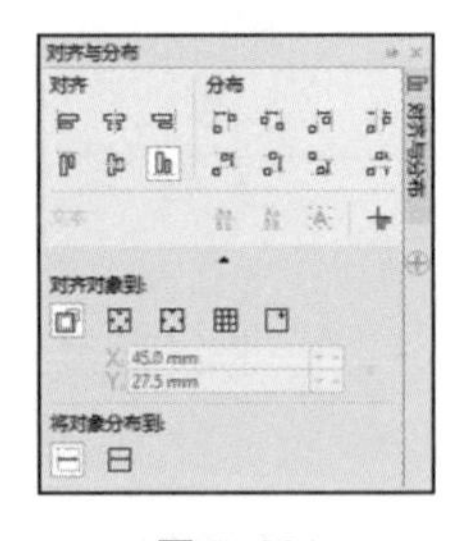
图 5–201

图 5–202

（10）选择“手绘”工具，按住 Ctrl 键的同时，在适当的位置绘制一条直线，并在属性栏中的“轮廓宽度” 0.2 mm 框中设置数值为 0.5 mm，按 Enter 键，效果如图 5–203 所示。

（11）选择“矩形”工具，按住 Ctrl 键的同时，在适当的位置绘制一个正方形，设置填充颜色为黑色，并去除图形的轮廓线，效果如图 5–204 所示。在属性栏中的“旋转角度” .0 °框中设置数值为 45；按 Enter 键，效果如图 5–205 所示。

图 5–203

图 5–204

图 5–205

（12）按数字键盘上的 + 键，复制正方形。选择“选择”工具，按住 Shift 键的同时，垂直向下拖曳复制的正方形到适当的位置，效果如图 5-206 所示。按 Ctrl+D 组合键，按需要再复制一个正方形，效果如图 5-207 所示。

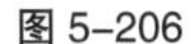

图 5-206　　图 5-207

（13）按 Ctrl+I 组合键，弹出“导入”对话框；选择云盘中的“Ch05 > 素材 > 制作名片 > 05”文件；单击“导入”按钮，在页面中单击导入文字；选择“选择”工具，拖曳文字到适当的位置，效果如图 5-208 所示。名片制作完成，效果如图 5-209 所示。

图 5-208

图 5-209

5.4.2　对象的对齐

使用“选择”工具选中多个要对齐的对象，选择“对象 > 对齐和分布 > 对齐与分布”命令。或按 Ctrl+Shift+A 组合键，或单击属性栏中的“对齐与分布”按钮，弹出如图 5-210 所示的“对齐与分布”泊坞窗。

在“对齐与分布”泊坞窗中的“对齐”选项组中，可以选择两组对齐方式，如左对齐、水平居中对齐、右对齐，或者顶端对齐、垂直居中对齐、底端对齐。两组对齐方式可以单独使用，也可以配合使用，如对齐右底端、左顶端等设置就需要配合使用。

在“对齐对象到”选项组中可以选择对齐基准，如“活动对象”按钮、“页面边缘”按钮、“页面中心”按钮、“网格”按钮和“指定点”按钮。对齐基准按钮必须与左、中、右对齐或者顶端、中、底端对齐按钮同时使用，以指定图形对象的某个部分去和相应的基准线对齐。

选择“选择”工具，按住 Shift 键，单击几个要对齐的图形对象将它们全部选中，如图 5-211 所示。注意要将图形目标对象最后选中，因为其他图形对象将以图形目标对象为基准对齐。本例中以右下角的礼盒图形为图形目标对象，所以最后选中它。

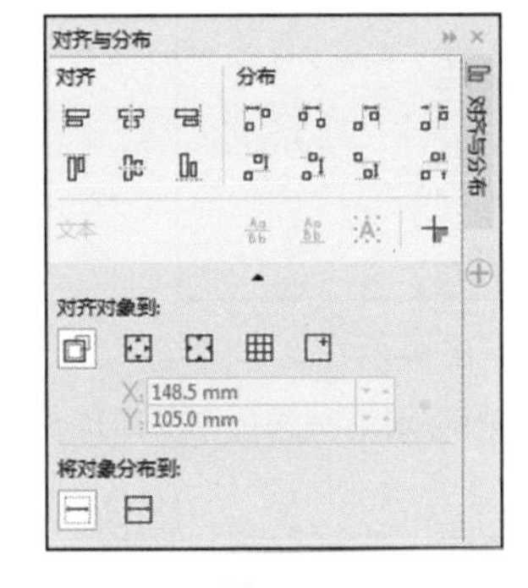

图 5-210

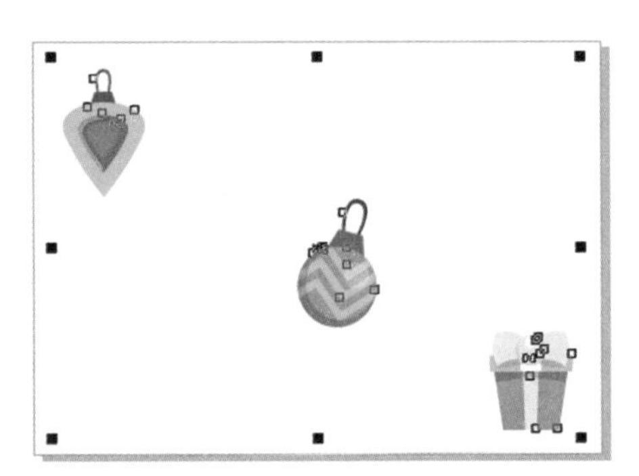

图 5-211

选择“对象 > 对齐和分布 > 对齐与分布”命令，弹出“对齐与分布”泊坞窗，在泊坞窗中单击“右对齐”按钮，如图 5-212 所示，几个图形对象以最后选取的礼盒图形的右边缘为基准进行对齐，效果如图 5-213 所示。

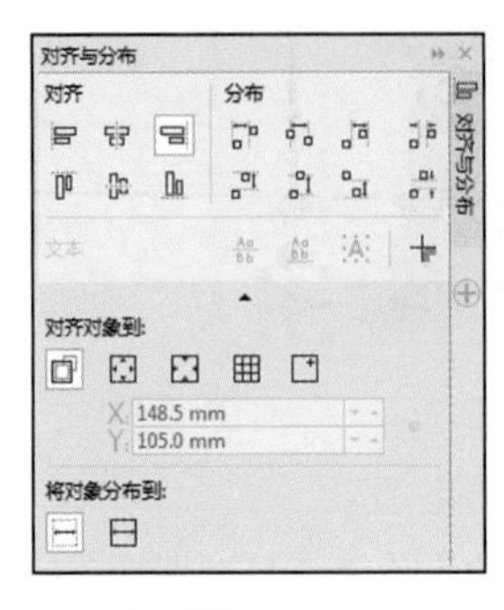

图 5-212

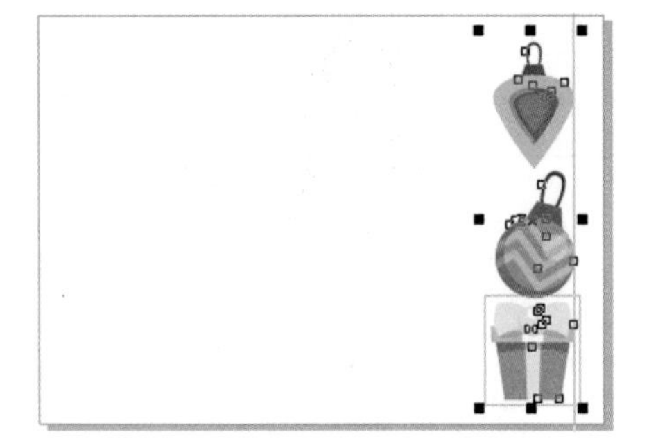

图 5-213

在“对齐与分布”泊坞窗中，单击“垂直居中对齐”按钮，再单击“对齐对象到”选项组中的“页面中心”按钮，如图 5-214 所示。几个图形对象以页面中心为基准进行垂直居中对齐，效果如图 5-215 所示。

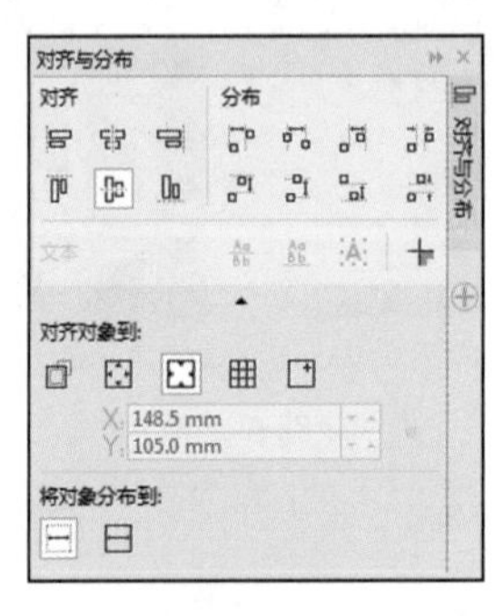

图 5-214

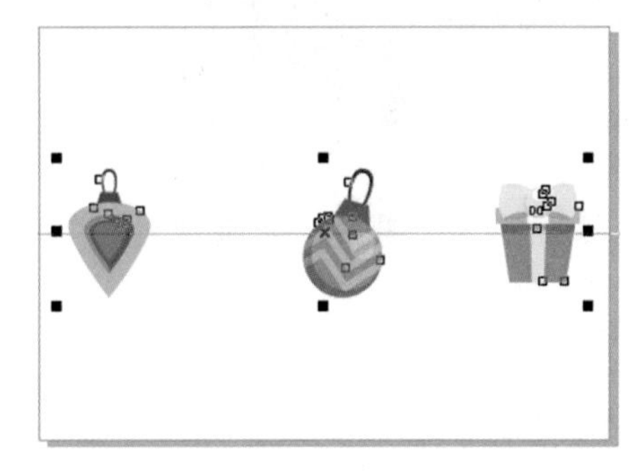

图 5-215

5.4.3 对象的分布

使用“选择”工具选择多个要分布的图形对象，如图 5-216 所示。再选择“对象 > 对齐和分布 > 对齐与分布”命令，弹出“对齐与分布”泊坞窗，在“分布”选项组中显示分布排列的按钮，如图 5-217 所示。

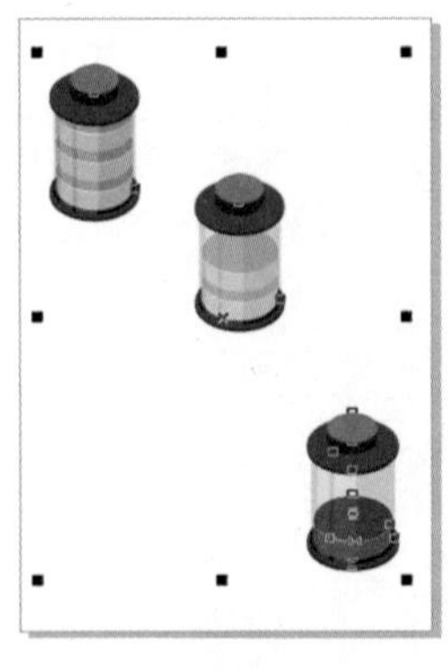

图 5-216

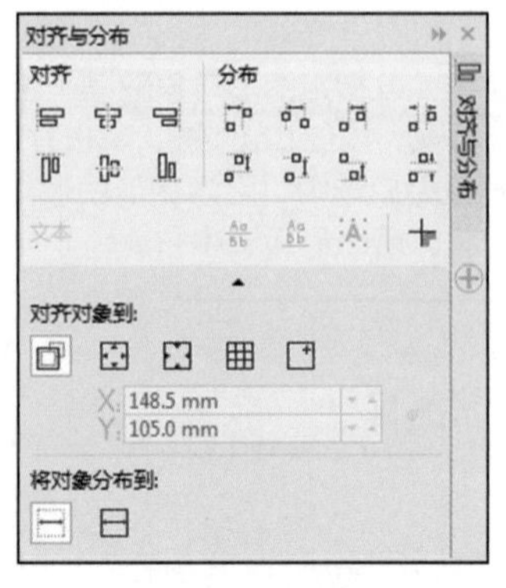

图 5-217

在“分布”对话框中有两种分布形式，分别是沿垂直方向分布和沿水平方向分布。可以选择不同的基准点来分布对象。

在“将对象分布到”选项组中，分别单击“选定的范围”按钮和“页面范围”按钮，如图 5-218 所示进行设定。几个图形对象的分布效果如图 5-219 所示。

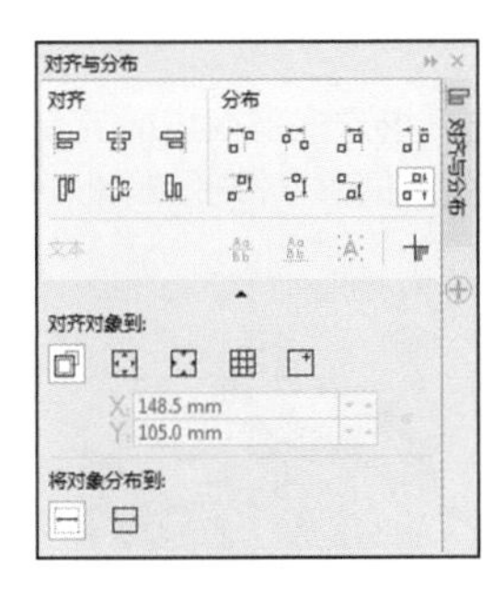

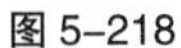

图 5-218

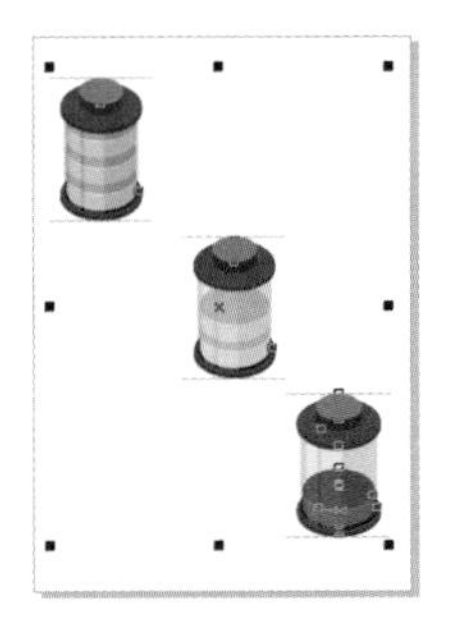

图 5-219

5.5 对象的排序

在 CorelDRAW 中，绘制的图形对象都存在着重叠的关系。如果在绘图页面中的同一位置先后绘制两个不同背景的图形对象，后绘制的图形对象将位于先绘制图形对象的上方。

使用 CorelDRAW 的排序功能可以安排多个图形对象的前后顺序，也可以使用图层来管理图形对象。

在绘图页面中先后绘制几个不同的图形对象，效果如图 5-220 所示。使用“选择”工具选择要进行排序的图形对象，如图 5-221 所示。

选择“对象 > 顺序”子菜单下的各个命令，如图 5-222 所示，可将已选择的图形对象排序。

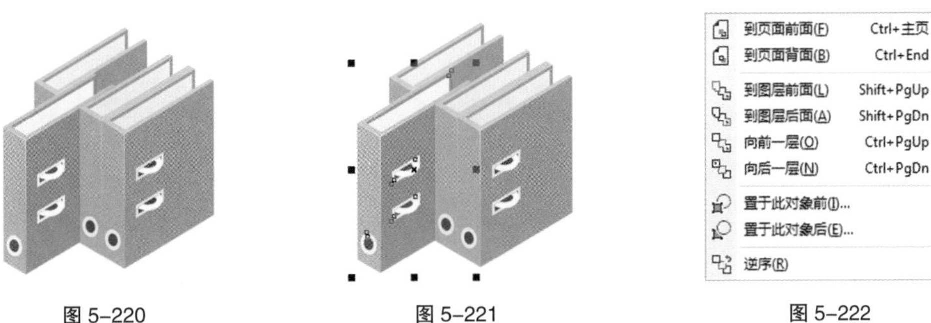

图 5-220　图 5-221　图 5-222

选择“到图层前面”命令，可以将选定的图形从当前层移动到绘图页面中其他图形对象的最前面，效果如图 5-223 所示。按 Shift+PageUp 组合键，也可以完成这项操作。

选择“到图层后面”命令，可以将选定的图形从当前层移动到绘图页面中其他图形对象的最后面，效果如图 5-224 所示。按 Shift+PageDown 组合键，也可以完成这项操作。

选择“向前一层”命令，可以将选定的图形从当前位置向前移动一个图层，如图 5-225 所示。按 Ctrl+PageUp 组合键，也可以完成这项操作。

选择“向后一层”命令，可以将选定的图形从当前位置向后移动一个图层，如图 5-226 所示。按 Ctrl+PageDown 组合键，也可以完成这项操作。

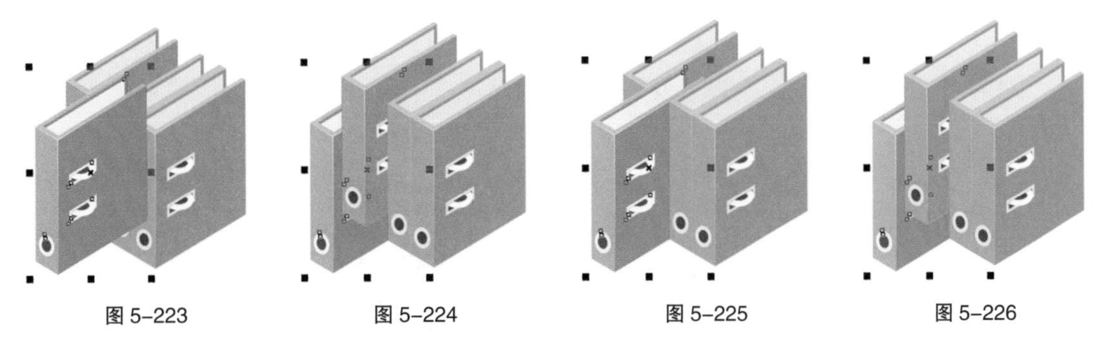

图 5-223　图 5-224　图 5-225　图 5-226

选择“置于此对象前”命令，可以将选择的图形放置到指定图形对象的前面。选择“置于此对象前”命令后，鼠标的光标变为黑色箭头，使用黑色箭头单击指定图形对象，如图 5-227 所示，图形被放置到指

定图形对象的前面。效果如图 5-228 所示。

选择“置于此对象后”命令，可以将选择的图形放置到指定图形对象的后面。选择“置于此对象后”命令后，鼠标的光标变为黑色箭头，使用黑色箭头单击指定的图形对象，如图 5-229 所示，图形被放置到指定图形对象的后面。效果如图 5-230 所示。

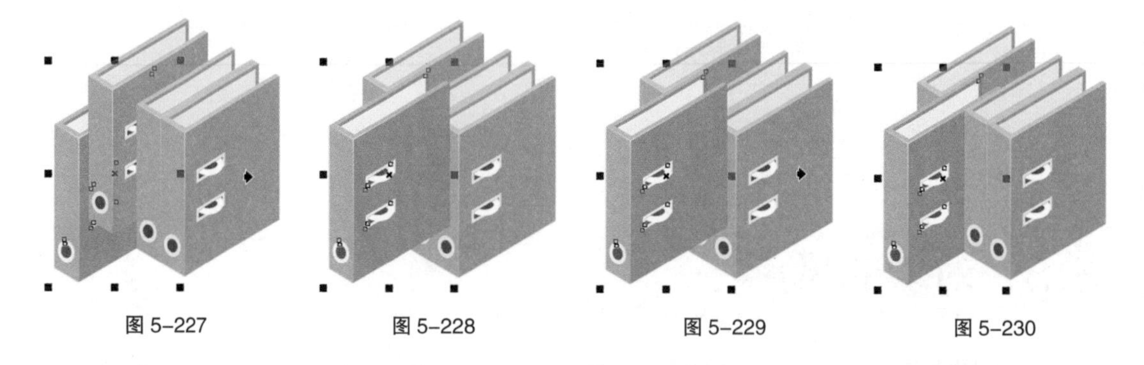

图 5-227　　图 5-228　　图 5-229　　图 5-230

5.6 课堂练习——绘制鲸鱼插画

【练习知识要点】使用矩形工具、手绘工具和填充工具绘制插画背景；使用矩形工具、椭圆形工具、移除前面对象按钮、贝塞尔工具绘制鲸鱼；使用艺术笔工具绘制水花；使用手绘工具和轮廓笔工具绘制海鸥；效果如图 5-231 所示。

【效果所在位置】云盘 /Ch05/ 效果 / 绘制鲸鱼插画 .cdr。

图 5-231

5.7 课后习题——制作中秋节海报

【习题知识要点】使用导入命令导入素材图片；使用对齐和分布命令对齐对象；使用文本工具、形状工具添加并编辑主题文字；效果如图 5-232 所示。

【效果所在位置】云盘 /Ch05/ 效果 / 制作中秋节海报 .cdr。

图 5-232

第 6 章 版式编排

本章介绍

CorelDRAW提供了强大的文本编辑和图文混排功能。除了可以进行常规的文本输入和编辑外，还可以进行复杂的特效文本处理。通过学习本章的内容，读者可以了解并掌握应用软件编辑文本的方法和技巧。

学习目标

- 掌握文本的编辑方法和技巧。
- 熟练掌握文本效果的制作方法。
- 掌握制表位和制表符的设置方法。

技能目标

- 掌握“女装 App 引导页”的制作方法。
- 掌握“美食杂志内页”的制作方法。

6.1 编辑文本

本节主要讲解的文本编辑方法，包括设置文本间距、嵌线、上下标、首字下沉和项目符号，以及文本的对齐等内容。下面具体讲解文本的编辑技巧。

6.1.1 课堂案例——制作女装 App 引导页

【案例学习目标】学会使用文本工具、文本属性面板来制作女装 App 引导页。

【案例知识要点】使用矩形工具、导入命令和置于图文框内部命令制作底图；使用文本工具、文本属性面板添加文字信息；女装 App 引导页效果如图 6-1 所示。

【效果所在位置】云盘 /Ch06/ 效果 / 制作女装 App 引导页 .cdr。

图 6-1

（1）按 Ctrl+N 组合键，弹出“创建新文档”对话框。设置文档的宽度为 750 px，高度为 1334 px，取向为纵向，原色模式为 RGB，渲染分辨率为 72 dpi。单击“确定”按钮，创建一个文档。

（2）选择“矩形”工具，在页面中绘制一个矩形，如图 6-2 所示。设置图形颜色的 RGB 值为 255、204、204，填充图形，并去除图形的轮廓线，效果如图 6-3 所示。

（3）按 Ctrl+I 组合键，弹出“导入”对话框。选择云盘中的“Ch06 > 素材 > 制作女装 App 引导页 > 01”文件，单击“导入”按钮，在页面中单击导入图片。选择“选择”工具，拖曳图片到适当的位置，效果如图 6-4 所示。

（4）选择“矩形”工具，在适当的位置绘制一个矩形，设置轮廓线为白色，并在属性栏中的“轮廓宽度” 1 px 框中设置数值为 8 px；按 Enter 键，效果如图 6-5 所示。

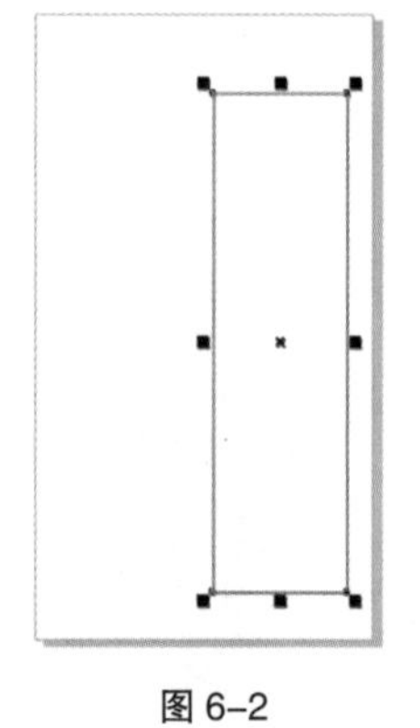

图 6-2

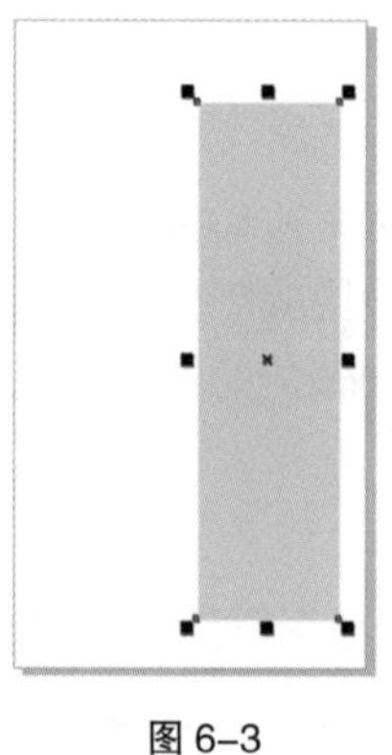

图 6-3

图 6-4

图 6-5

（5）选择“选择”工具，选取人物图片，选择“对象 > PowerClip > 置于图文框内部”命令，鼠标光标变为黑色箭头形状，在矩形框上单击鼠标左键，如图 6-6 所示。将图片置入矩形框中，效果如图 6-7 所示。

（6）选择“文本”工具，在页面中分别输入需要的文字，选择“选择”工具，在属性栏中分别选取适当的字体并设置文字大小，单击“将文本更改为垂直方向”按钮，更改文字方向，效果如图 6-8 所示。

图 6-6

图 6-7

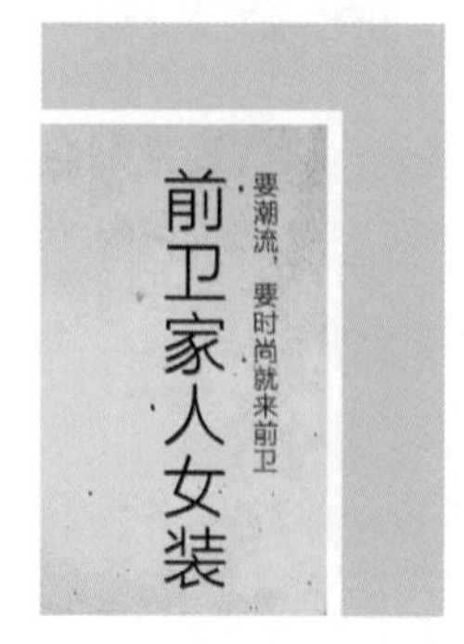

图 6-8

（7）选择“文本”工具，在适当的位置输入需要的文字。选择“选择”工具，在属性栏中选取适当的字体并设置文字大小。单击“将文本更改为水平方向”按钮，更改文字方向，效果如图 6-9 所示。设置文字颜色的 RGB 值为 255、204、204，填充文字，效果如图 6-10 所示。

图 6-9

图 6-10

（8）选择“文本”工具，选取数字“2”，如图 6-11 所示。按 Ctrl+T 组合键，弹出“文本属性”面板，单击“位置”按钮，在弹出的下拉列表中选择“上标”选项，如图 6-12 所示。上标效果如图 6-13 所示。

图 6-11

图 6-12

图 6-13

（9）在属性栏中的“旋转角度”框中设置数值为 20；按 Enter 键，效果如图 6-14 所示。选择“文本”工具，在适当的位置拖曳出一个文本框，如图 6-15 所示。在文本框中输入需要的文字，在属性栏中选取适当的字体并设置文字的大小，效果如图 6-16 所示。

图 6-14

图 6-15

图 6-16

（10）在“文本属性”面板中，单击“右对齐”按钮，其他选项的设置如图 6-17 所示；按 Enter 键，效果如图 6-18 所示。女装 App 引导页制作完成，效果如图 6-19 所示。

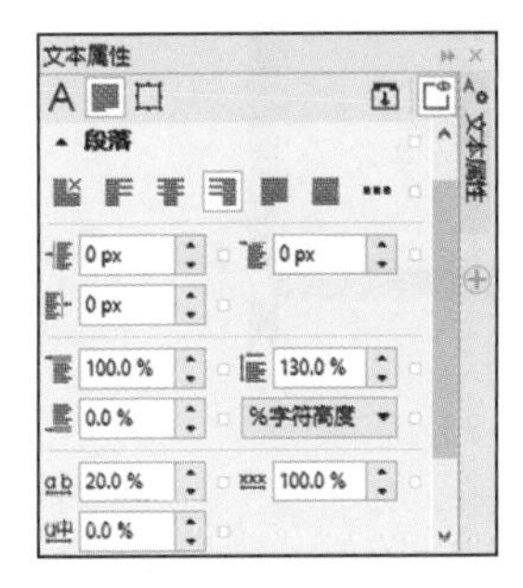

图 6-17

图 6-18

图 6-19

6.1.2 复制文本属性

使用复制文本属性的功能，可以快速地将不同的文本属性设置成相同的文本属性。下面介绍具体的复制方法。

在绘图页面中输入两个不同文本属性的词语，如图 6-20 所示。选中文本“Best”，如图 6-21 所示。用鼠标的右键拖曳“Best”文本到“Design”文本上，鼠标的光标变为A图标，如图 6-22 所示。

图 6-20　　图 6-21　　图 6-22

松开鼠标右键，弹出快捷菜单，选择“复制所有属性”命令，如图 6-23 所示。将“Best”文本的属性复制到“Design”文本，效果如图 6-24 所示。

图 6-23　　图 6-24

6.1.3 设置间距

输入美术字文本或段落文本，效果如图 6-25 所示。使用“形状”工具选中文本，文本的节点将处于编辑状态，如图 6-26 所示。

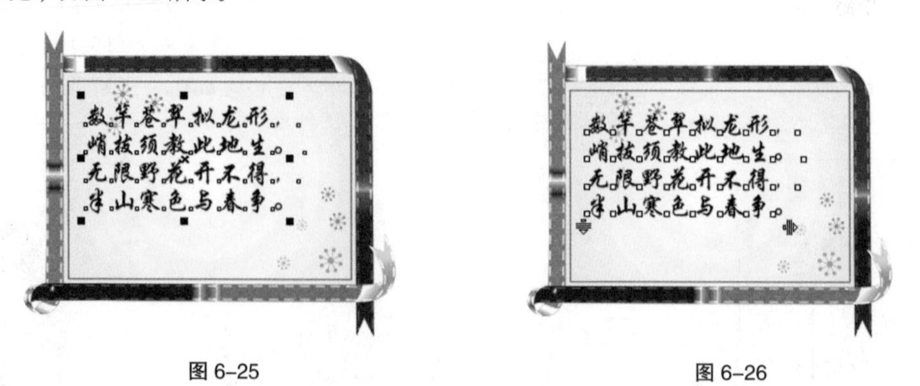

图 6-25　　图 6-26

用鼠标拖曳图标，可以调整文本中字符的间距；拖曳图标，可以调整文本中行的间距，如图 6-27 所示。使用键盘上的方向键，可以对文本进行微调。按住 Shift 键，将段落中第 2 行文字左下角的节点全部选中，如图 6-28 所示。

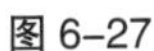

图 6-27

图 6-28

将鼠标放在黑色的节点上并拖曳鼠标，如图 6-29 所示。可以将第 2 行文字移动到需要的位置，效果如图 6-30 所示。使用相同的方法可以对单个字符进行移动调整。

图 6-29

图 6-30

提示： 单击“文本”工具属性栏中的“文本属性”按钮，弹出“文本属性”面板，在“段落”设置区中，“字符间距”选项可以设置字符的间距，“行间距”选项中可以设置行的间距，用来控制段落中行与行之间的距离。

6.1.4 设置文本嵌线和上下标

1. 设置文本嵌线

选中需要处理的文本，如图 6-31 所示。单击“文本”属性栏中的“文本属性”按钮，弹出“文本属性”泊坞窗，如图 6-32 所示。

图 6-31

图 6-32

单击“下画线”按钮，在弹出的下拉列表中选择线型，如图 6-33 所示。文本下画线的效果如图 6-34 所示。

图 6-33

图 6-34

选中需要处理的文本，如图 6−35 所示。单击“文本属性”面板中的▾按钮，弹出更多选项，在“字符删除线”ab (无) 选项的下拉列表中选择线型，如图 6−36 所示。文本删除线的效果如图 6−37 所示。

图 6−35

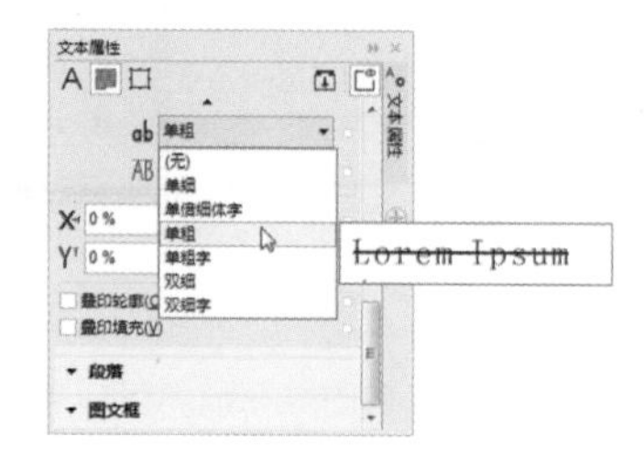

图 6−36

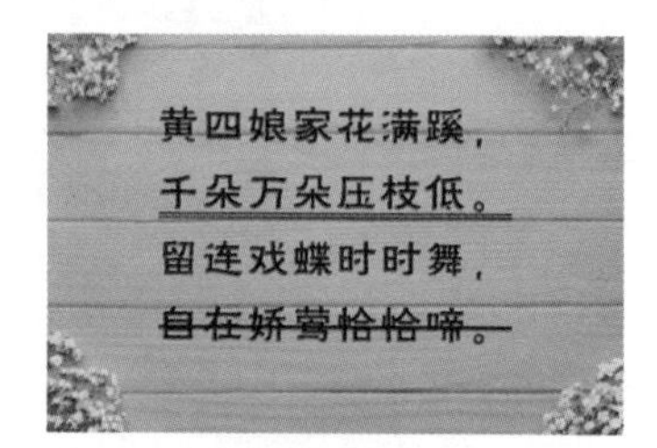

图 6−37

选中需要处理的文本，如图 6−38 所示。在“字符上画线”AB (无) 选项的下拉列表中选择线型，如图 6−39 所示。文本上画线的效果如图 6−40 所示。

图 6−38

图 6−39

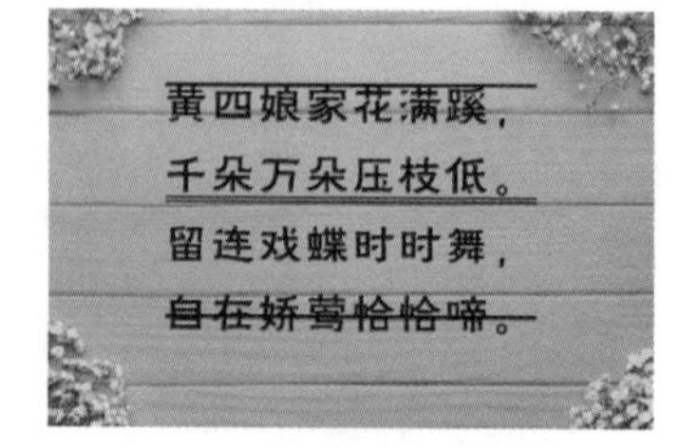

图 6−40

2. 设置文本上下标

选中需要制作上标的文本，如图 6−41 所示。单击“文本”属性栏中的“文本属性”按钮，弹出“文本属性”泊坞窗，如图 6−42 所示。

单击“位置”按钮，在弹出的下拉列表中选择“上标”选项，如图 6−43 所示。设置上标的效果如图 6−44 所示。

图 6−41

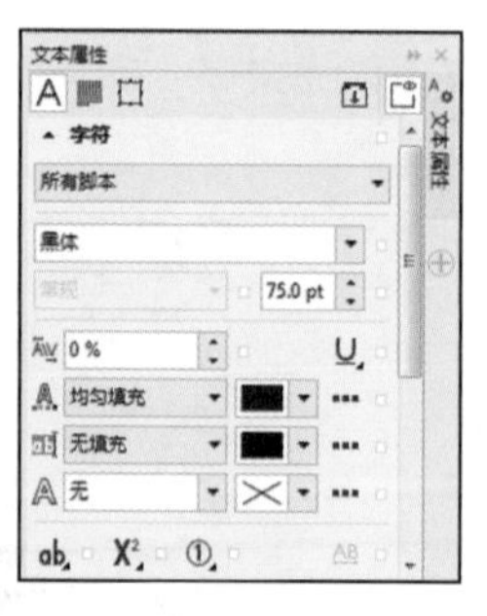

图 6−42

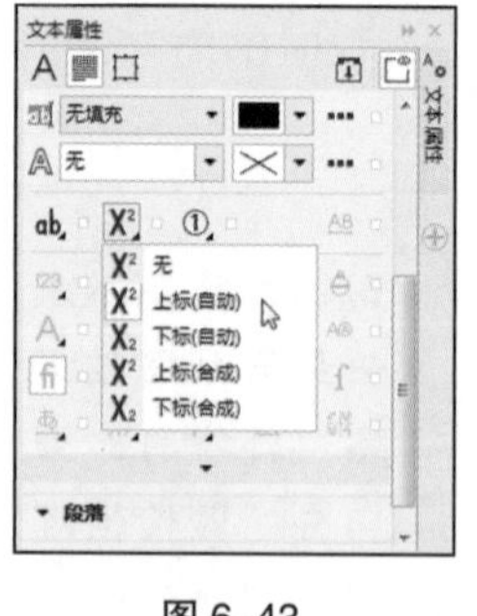

图 6−43

图 6−44

选中需要制作下标的文本，如图 6−45 所示。单击“位置”按钮，在弹出的下拉列表中选择“下标”选项，如图 6−46 所示。设置下标的效果如图 6−47 所示。

图 6−45

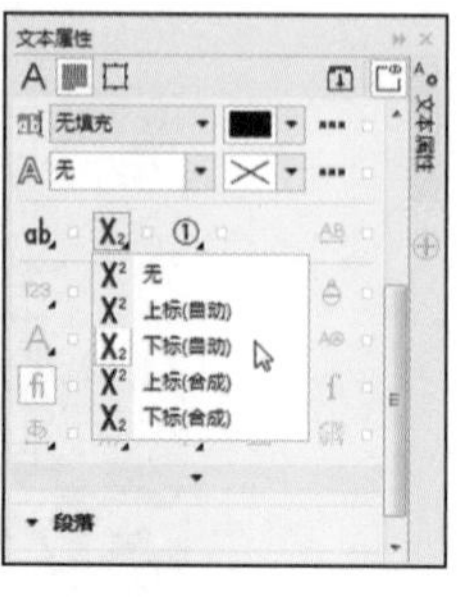

图 6−46

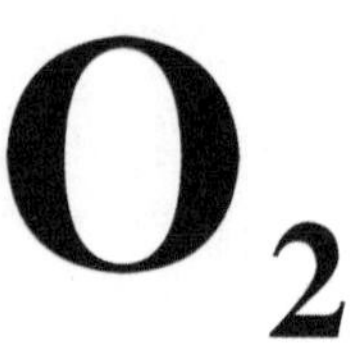
图 6−47

3. 设置文本的排列方向

选中文本，如图 6-48 所示。在“文本”属性栏中，单击“将文字更改为水平方向”按钮或“将文本更改为垂直方向”按钮，可以水平或垂直排列文本，效果如图 6-49 所示。

选择“文本 > 文本属性”命令，弹出“文本属性”泊坞窗。在“图文框”选项中选择文本的排列方向，如图 6-50 所示。设置好后，可以改变文本的排列方向。

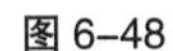
图 6-48

图 6-49

图 6-50

6.1.5 设置首字下沉和项目符号

1. 设置首字下沉

在绘图页面中打开一个段落文本，如图 6-51 所示。选择“文本 > 首字下沉”命令，弹出“首字下沉”对话框，勾选“使用首字下沉”复选框，如图 6-52 所示。

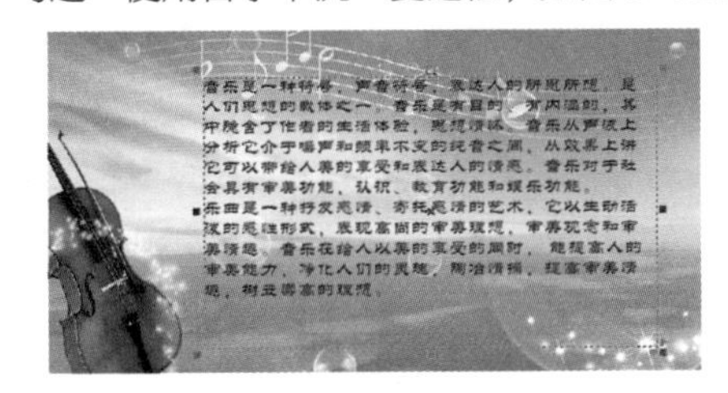

图 6-51

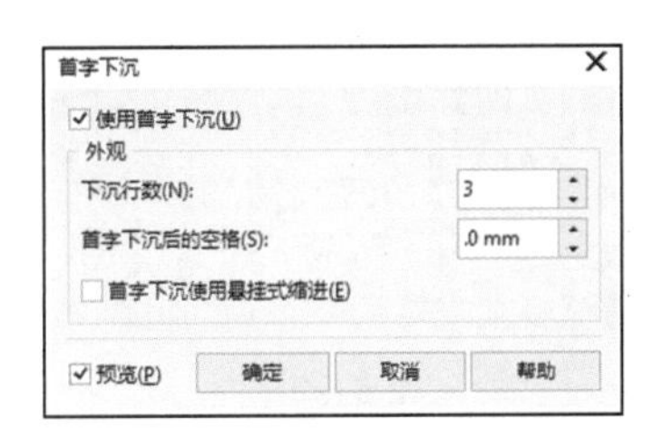

图 6-52

单击“确定”按钮，各段落首字下沉效果如图 6-53 所示。勾选“首字下沉使用悬挂式缩进”复选框，单击“确定”按钮，悬挂式缩进首字下沉效果如图 6-54 所示。

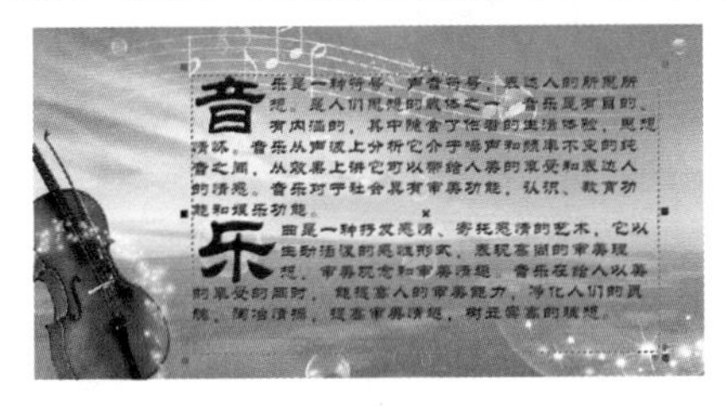

图 6-53

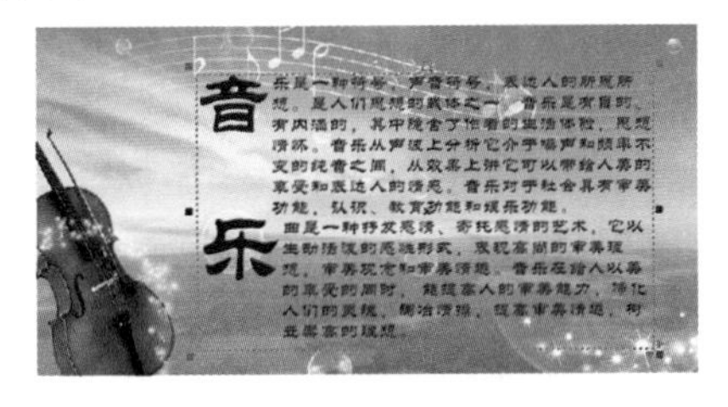

图 6-54

2. 设置项目符号

在绘图页面中打开一个段落文本，效果如图 6-55 所示。选择“文本 > 项目符号”命令，弹出“项目符号”对话框，勾选“使用项目符号”复选框，对话框如图 6-56 所示。

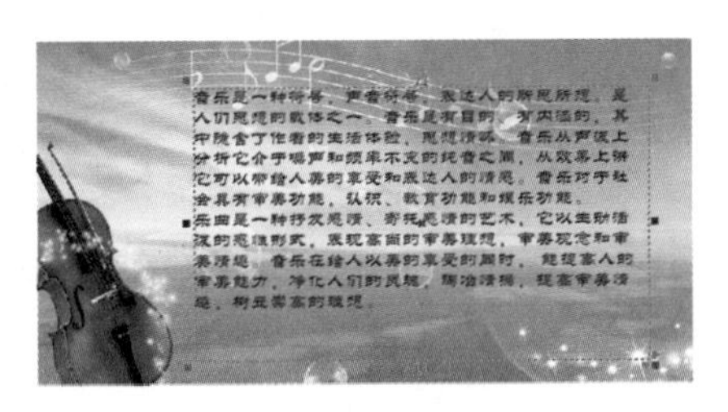

图 6-55

图 6-56

在对话框“外观”设置区的“字体”选项中可以设置字体的类型；在“符号”选项中可以选择项目符号样式；在“大小”选项中可以设置字体符号的大小；在“基线偏移”选项中可以选择基线的距离；在“间距”设置区中可以调节文本和项目符号的缩进距离。

设置自己需要的选项，如图 6–57 所示。单击“确定”按钮，段落文本中添加了新的项目符号，效果如图 6–58 所示。

图 6–57

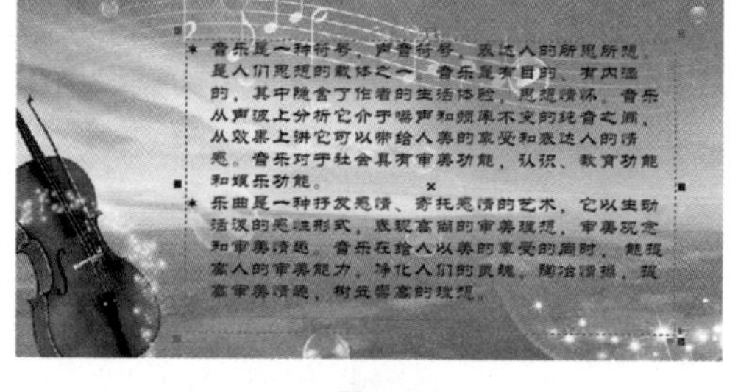

图 6–58

在段落文本中需要另起一段的位置插入光标，如图 6–59 所示。按 Enter 键，项目符号会自动添加在新段落的前面，效果如图 6–60 所示。

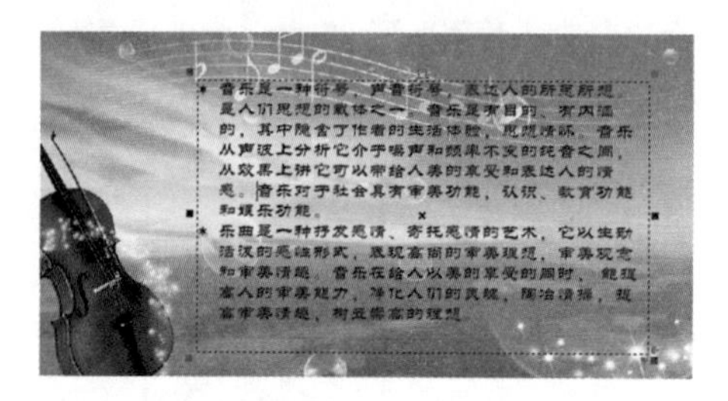

图 6–59

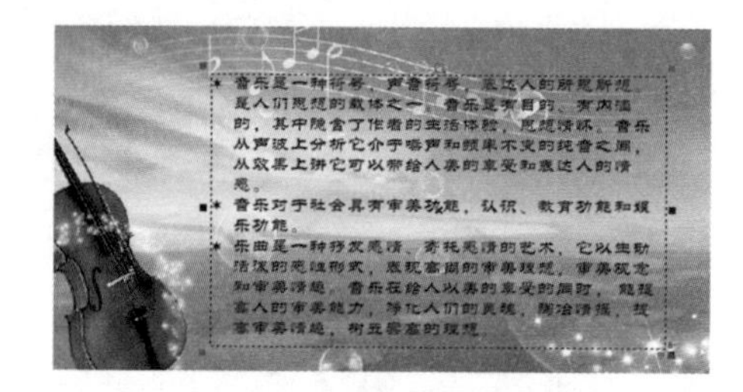

图 6–60

6.1.6 对齐文本

选择“文本”工具，在绘图页面中输入段落文本。单击“文本”属性栏中的“文本对齐”按钮，弹出其下拉列表，共有 6 种对齐方式，如图 6–61 所示。

选择“文本 > 文本属性”命令，弹出“文本属性”面板。单击“段落”按钮，切换到“段落”属性面板。单击“调整间距设置”按钮，弹出“间距设置”对话框。在对话框中可以选择文本的对齐方式，如图 6–62 所示。

无： CorelDRAW X8 默认的对齐方式，选择它将不对文本产生影响，文本可以自由地变换。但选择单纯的无对齐方式时，文本的边界会参差不齐。

左： 选择左对齐后，段落文本会以文本框的左边界为基准对齐。

居中： 选择居中对齐后，段落文本的每一行都会在文本框中居中。

右： 选择右对齐后，段落文本会以文本框的右边界为基准对齐。

全部调整： 选择全部调整后，段落文本的每一行都会同时对齐文本框的左右两端。

强制调整： 选择强制调整后，可以对段落文本的所有格式进行调整。

选中进行移动调整过的文本，如图 6–63 所示。选择“文本 > 对齐基线”命令，可以将文本重新对齐，效果如图 6–64 所示。

图 6–61

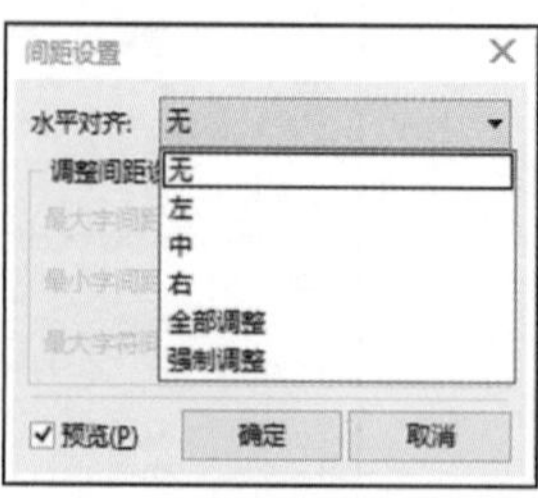

图 6–62

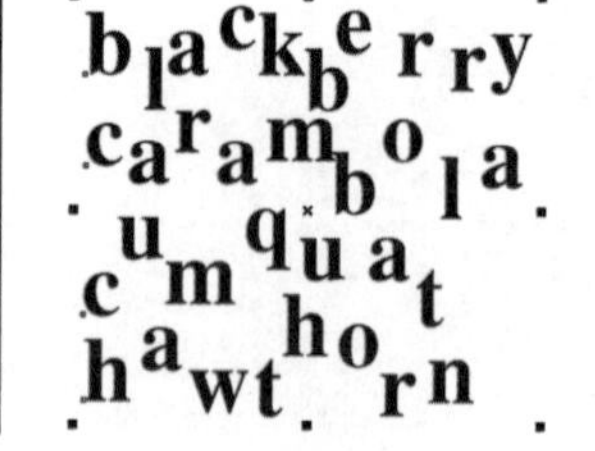

图 6–63

blackberry
carambola
cumquat
hawthorn

图 6–64

6.2 文本效果

在CorelDRAW中，可以根据设计制作任务的需要，制作多种文本效果。下面具体讲解文本效果的制作。

6.2.1 课堂案例——制作美食杂志内页

【案例学习目标】学会使用文本工具、栏命令和插入字符命令制作美食杂志内页。

【案例知识要点】使用导入命令导入素材图片；使用文本工具、文本属性面板添加内页文字；使用栏命令制作文字分栏效果；使用插入字符命令添加符号字符。美食杂志内页效果如图 6-65 所示。

【效果所在位置】云盘 /Ch06/ 效果 / 制作美食杂志内页 .cdr。

图 6-65

（1）按 Ctrl+N 组合键，弹出“创建新文档”对话框。设置文档的宽度为 420 mm，高度为 285 mm，取向为横向，原色模式为 CMYK，渲染分辨率为 300 dpi。单击“确定”按钮，创建一个文档。

（2）按 Ctrl+J 组合键，弹出“选项”对话框。选择“文档 / 页面尺寸”选项，在出血框中设置数值为 3.0，勾选“显示出血区域”复选框，如图 6-66 所示。单击“确定”按钮，页面效果如图 6-67 所示。

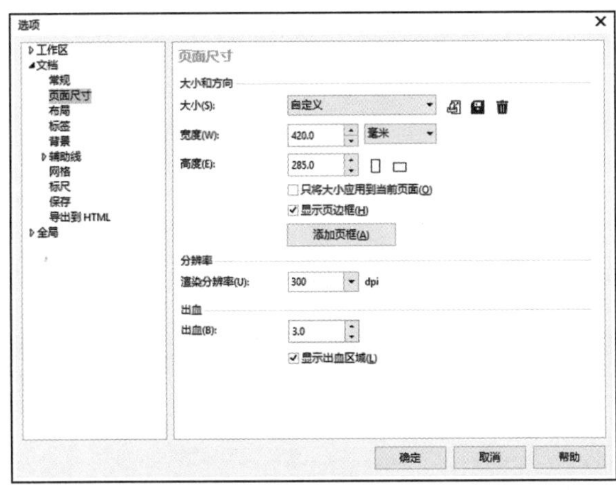

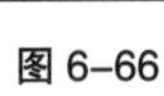
图 6-66

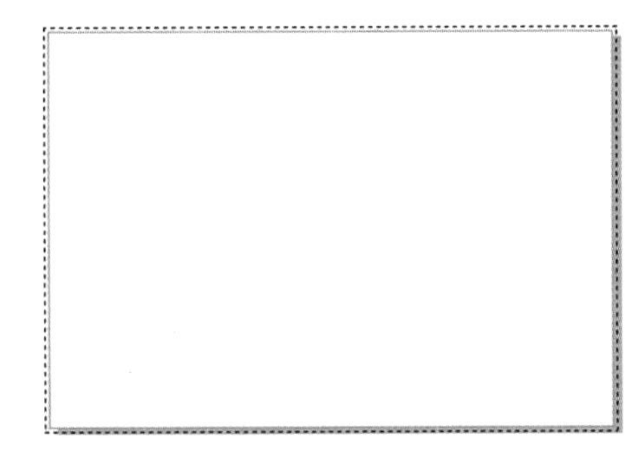

图 6-67

（3）选择“视图 > 标尺”命令，在视图中显示标尺。选择“选择”工具，在左侧标尺中拖曳一条垂直辅助线，在属性栏中将“X 位置”选项设为 210 mm；按 Enter 键，如图 6-68 所示。

（4）选择“矩形”工具，在页面中绘制一个矩形，设置图形颜色的 CMYK 值为 15、0、5、0，填充图形，并去除图形的轮廓线，效果如图 6-69 所示。

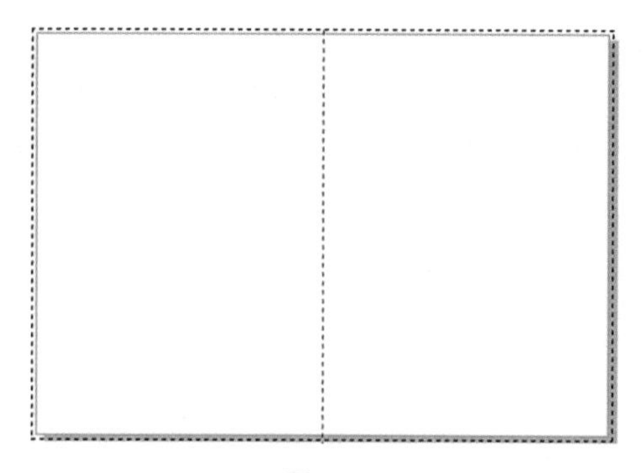

图 6-68

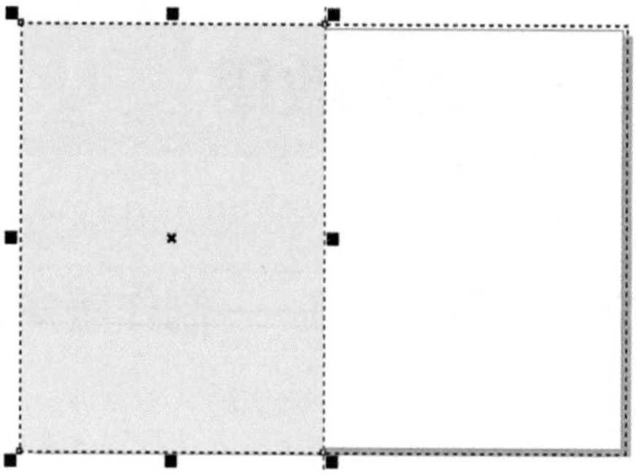

图 6-69

（5）按 Ctrl+I 组合键，弹出“导入”对话框。选择云盘中的“Ch06 > 素材 > 制作美食杂志内页 > 01、02”文件。单击“导入”按钮，在页面中分别单击导入图片。选择“选择”工具，分别拖曳图片到适当的位置，并调整其大小，效果如图 6-70 所示。

（6）选择“文本”工具，在页面中输入需要的文字，选择“选择”工具，在属性栏中选取适当的字体并设置文字的大小，效果如图 6-71 所示。设置文字颜色的 CMYK 值为 60、0、20、20，填充文字，效果如图 6-72 所示。

图 6-70

图 6-71

图 6-72

（7）选择“文本”工具，在适当的位置拖曳出一个文本框，如图 6-73 所示。在文本框中输入需要的文字，在属性栏中选取适当的字体并设置好文字大小，效果如图 6-74 所示。

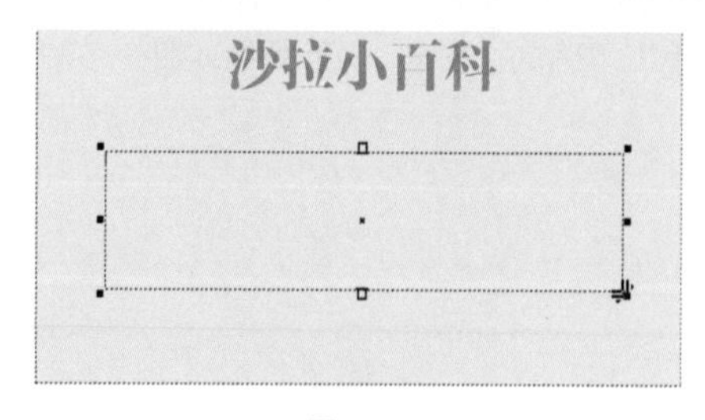

图 6-73

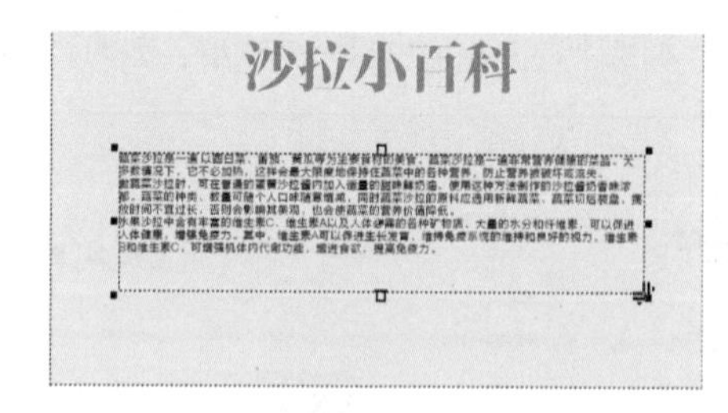

图 6-74

（8）按 Ctrl+T 组合键，弹出“文本属性”面板，单击“两端对齐”按钮，其他选项的设置如图 6-75 所示；按 Enter 键，效果如图 6-76 所示。

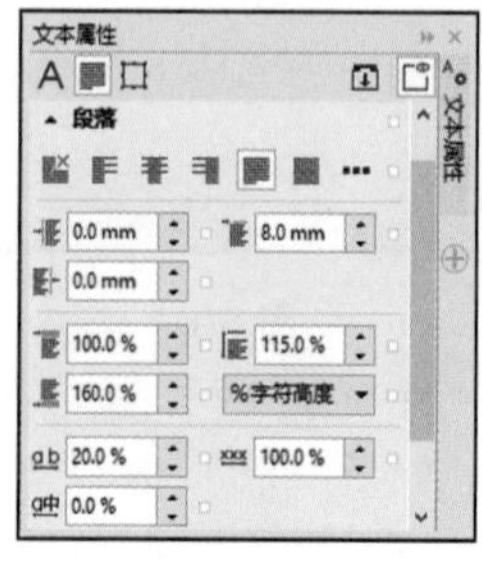

图 6-75

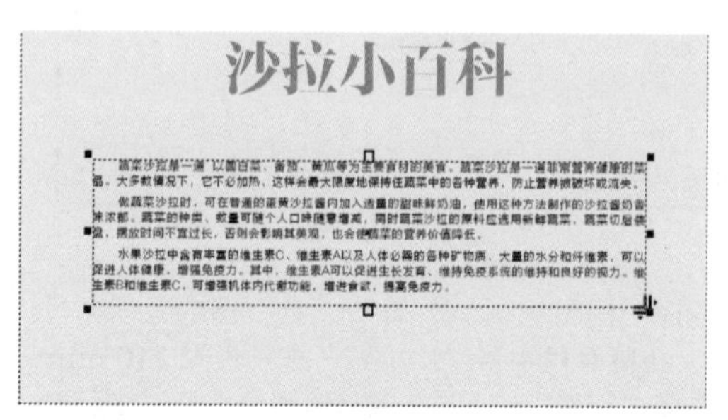

图 6-76

（9）选择“文本 > 栏”命令，弹出“栏设置”对话框，各选项的设置如图 6–77 所示；单击“确定”按钮，效果如图 6–78 所示。

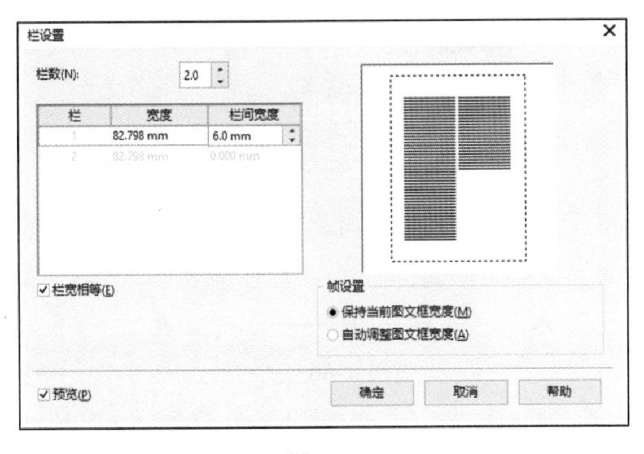

图 6–77

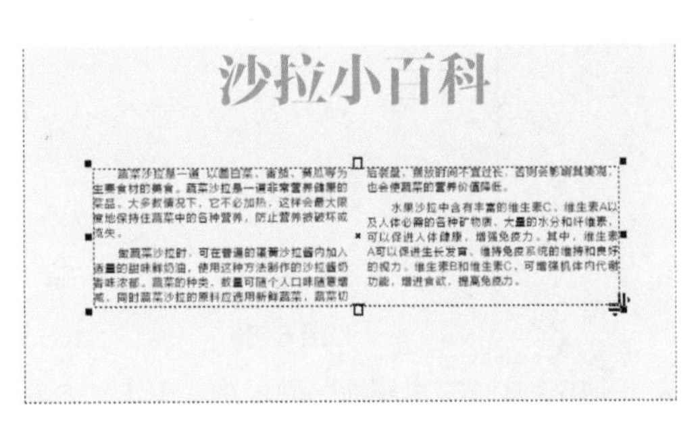

图 6–78

（10）按 Ctrl+I 组合键，弹出“导入”对话框。选择云盘中的“Ch06 > 素材 > 制作美食杂志内页 > 03”文件，单击“导入”按钮，在页面中单击导入图形。选择“选择”工具，拖曳图形到适当的位置，效果如图 6–79 所示。

（11）选择“矩形”工具，在页面中绘制一个矩形，如图 6–80 所示。在属性栏中将“转角半径”选项设为 2.0 mm 和 0 mm，如图 6–81 所示。按 Enter 键，效果如图 6–82 所示。

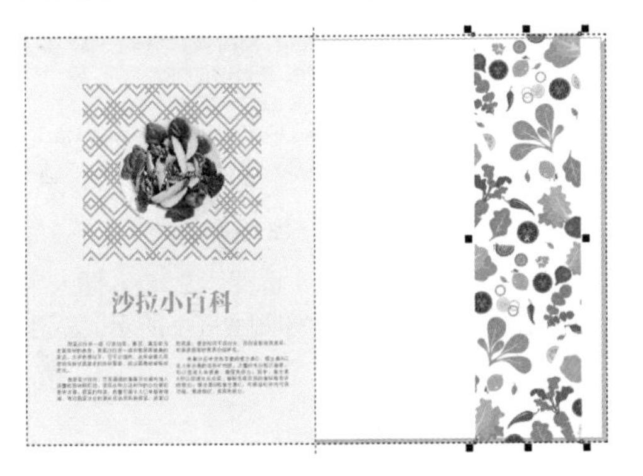

图 6–79

图 6–80

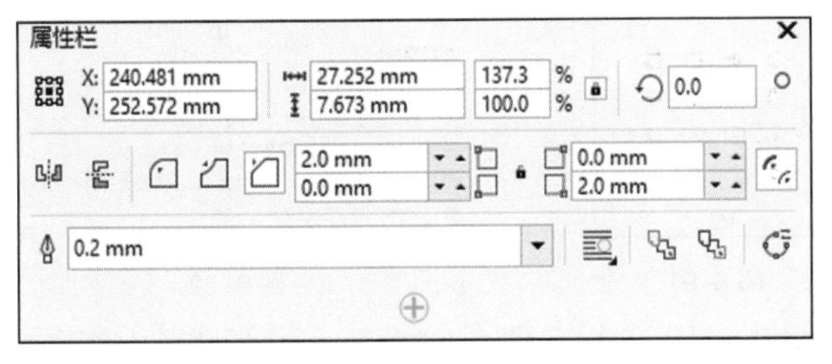

图 6–81

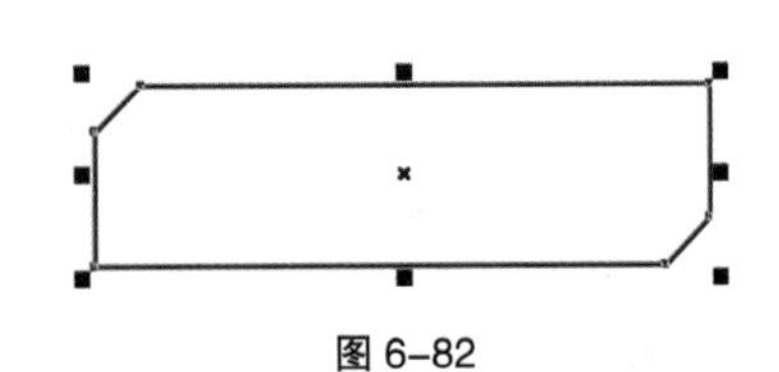

图 6–82

（12）保持图形的选取状态。设置图形颜色的 CMYK 值为 15、0、5、0，填充图形，并去除图形的轮廓线，效果如图 6–83 所示。

（13）选择“文本”工具，在适当的位置输入需要的文字。选择“选择”工具，在属性栏中选取适当的字体并设置文字大小，效果如图 6–84 所示。

图 6–83

图 6–84

（14）选择“文本”工具字，在适当的位置拖曳出一个文本框，如图 6-85 所示。在文本框中输入需要的文字，在属性栏中选取适当的字体并设置好文字大小，效果如图 6-86 所示。

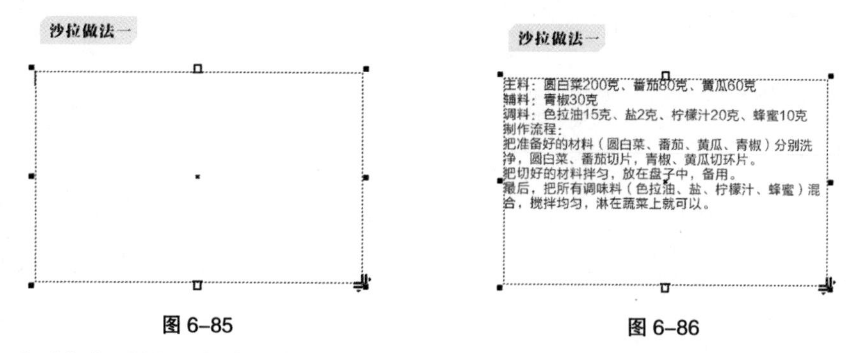

图 6-85　　图 6-86

（15）在“文本属性”面板中，单击“左对齐”按钮，其他选项的设置如图 6-87 所示；按 Enter 键，效果如图 6-88 所示。选择“文本”工具字，选取文字“制作流程：”，在属性栏中选取适当的字体，效果如图 6-89 所示。

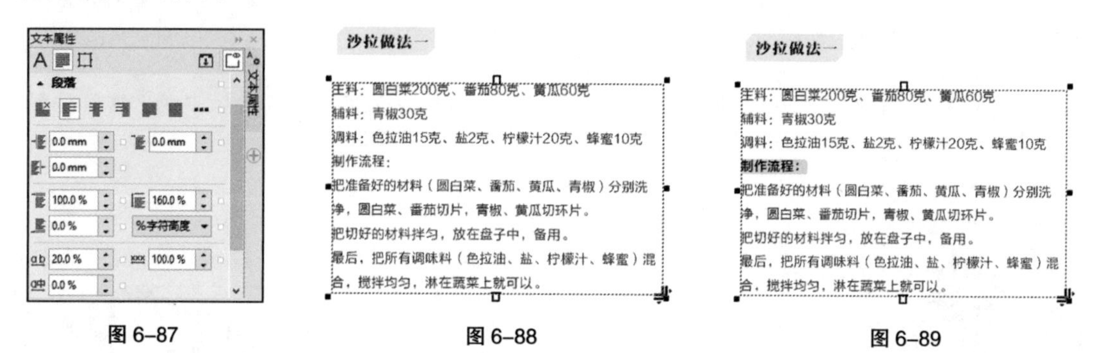

图 6-87　　图 6-88　　图 6-89

（16）选择“文本”工具字，在文字“把”左侧单击插入光标，如图 6-90 所示。选择“文本 > 插入字符”命令，弹出“插入字符”面板，在面板中按需要进行设置并选择需要的字符，如图 6-91 所示。双击选取的字符，插入字符，效果如图 6-92 所示。

图 6-90　　图 6-91　　图 6-92

（17）在插入的字符后面，连续按两次空格键，插入空格，如图 6-93 所示。用相同的方法在下方段落插入其他字符，效果如图 6-94 所示。

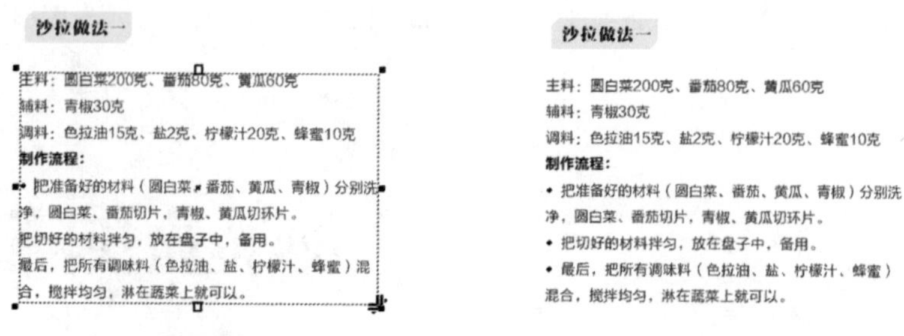

图 6-93　　图 6-94

（18）选择“选择”工具，用圈选的方法将图形和文字同时选取，如图 6-95 所示。按数字键盘上的 + 键，复制图形和文字。按住 Shift 键的同时，垂直向下拖曳复制的图形和文字到适当的位置，效果如图 6-96 所示。选择“文本”工具字，选取并重新输入需要的文字，效果如图 6-97 所示。

沙拉做法一

主料：圆白菜200克、番茄80克、黄瓜60克

辅料：青椒30克

调料：色拉油15克、盐2克、柠檬汁20克、蜂蜜10克

制作流程：

- 把准备好的材料（圆白菜、番茄、黄瓜、青椒）分别洗净，圆白菜、番茄切片，青椒、黄瓜切环片。
- 把切好的材料拌匀，放在盘子中，备用。
- 最后，把所有调味料（色拉油、盐、柠檬汁、蜂蜜）混合，搅拌均匀，淋在蔬菜上就可以。

图 6-95

沙拉做法一

主料：圆白菜200克、番茄80克、黄瓜60克

辅料：青椒30克

调料：色拉油15克、盐2克、柠檬汁20克、蜂蜜10克

制作流程：

- 把准备好的材料（圆白菜、番茄、黄瓜、青椒）分别洗净，圆白菜、番茄切片，青椒、黄瓜切环片。
- 把切好的材料拌匀，放在盘子中，备用。
- 最后，把所有调味料（色拉油、盐、柠檬汁、蜂蜜）混合，搅拌均匀，淋在蔬菜上就可以。

沙拉做法一

图 6-96

沙拉做法一

主料：圆白菜200克、番茄80克、黄瓜60克

辅料：青椒30克

调料：色拉油15克、盐2克、柠檬汁20克、蜂蜜10克

制作流程：

- 把准备好的材料（圆白菜、番茄、黄瓜、青椒）分别洗净，圆白菜、番茄切片，青椒、黄瓜切环片。
- 把切好的材料拌匀，放在盘子中，备用。
- 最后，把所有调味料（色拉油、盐、柠檬汁、蜂蜜）混合，搅拌均匀，淋在蔬菜上就可以。

沙拉做法二

图 6-97

（19）使用相同的方法制作其他文字，效果如图 6-98 所示。美食杂志内页制作完成，效果如图 6-99 所示。

沙拉做法二

主料：菠菜1 000克、大葱50克、蒜50克、鲜薄荷叶4片、酸牛奶100克、柠檬汁10克、黑胡椒粉适量、精盐适量。

制作流程：

菠菜洗净后入沸水中烫熟，捞出挤干水分，切成碎末；大葱洗净，切成末；蒜去皮洗净后用刀拍碎，切成末；鲜薄荷叶洗净切丝。将柠檬汁、葱末、精盐和黑胡椒粉放入菠菜碗中，拌匀，再加酸牛奶和蒜，撒上薄荷丝即可。

沙拉做法三

主料：罗马生菜20克，苦苣15克，紫叶生菜20克，玉兰菜30克，紫菊20克，橄榄油5克，龙蒿醋5克，盐、核桃、苹果丝适量。

制作流程：

- 各种蔬菜撕碎，与苹果丝、核桃混合。
- 将适量的橄榄油、龙蒿醋和盐调成醬汁。
- 用紫菊装饰装盘即可。

图 6-98

图 6-99

6.2.2　文本绕路径

选择“文本”工具字，在绘图页面中输入美术字文本。使用“贝塞尔”工具，绘制一个路径，选中美术字文本，效果如图 6-100 所示。

选择“文本 > 使文本适合路径”命令，出现箭头图标，将箭头放在路径上，文本自动绕路径排列，如图 6-101 所示。单击鼠标左键确定，效果如图 6-102 所示。

图 6-100

图 6-101

图 6-102

选中绕路径排列的文本，如图 6-103 所示。在如图 6-104 所示的“属性栏”中可以设置“文字方向”“与路径距离”“水平偏移”选项。

图 6-103

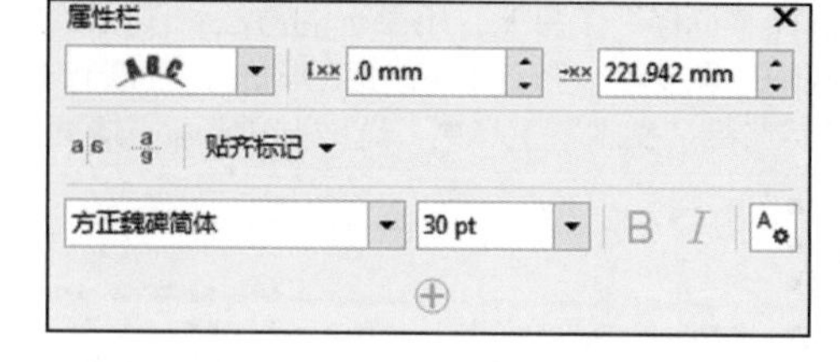

图 6-104

通过设置，产生多种文本绕路径的效果，如图 6-105 所示。

图 6-105

6.2.3 内置文本

选择“文本”工具字，在绘图页面中输入美术字文本；使用“贝塞尔”工具绘制一个图形，选中美术字文本；效果如图 6-106 所示。

用鼠标右键拖曳文本到图形内，当光标变为十字形的圆环⊕时，松开鼠标右键，弹出快捷菜单，选择“内置文本”命令，如图 6-107 所示。文本被置入图形内，美术字文本自动转换为段落文本，效果如图 6-108 所示。选择“文本 > 段落文本框 > 使文本适合框架”命令，文本和图形对象基本适配，效果如图 6-109 所示。

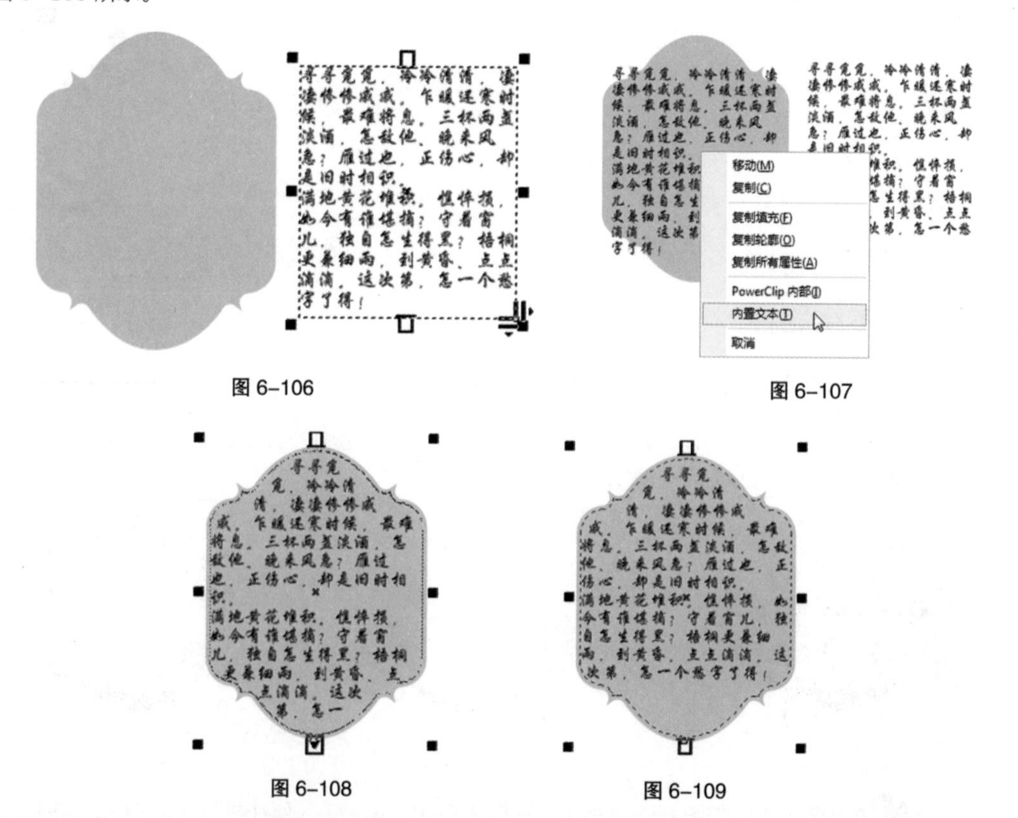

图 6-106

图 6-107

图 6-108

图 6-109

技巧： 选择“对象 > 拆分路径内的段落文本”命令，可以将路径内的文本与路径分离。

6.2.4 段落分栏

选择一个段落文本，如图 6-110 所示。选择“文本 > 栏”命令，弹出“栏设置”对话框，将“栏数”选项设置为“2.0”，栏间宽度设置为“12mm”，如图 6-111 所示。设置完成后，单击“确定”按钮，段落文本被分为两栏，效果如图 6-112 所示。

图 6-110

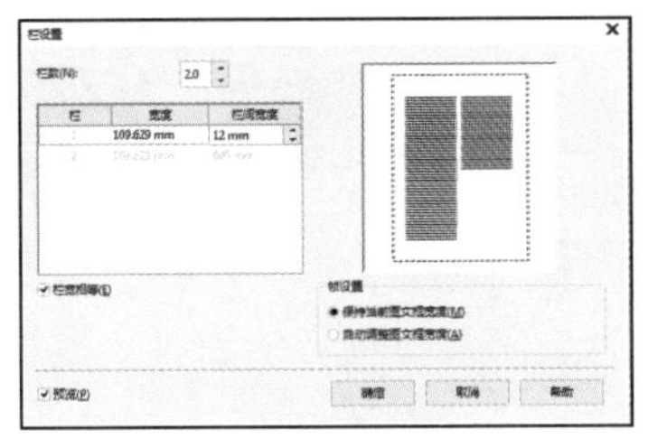

图 6-111

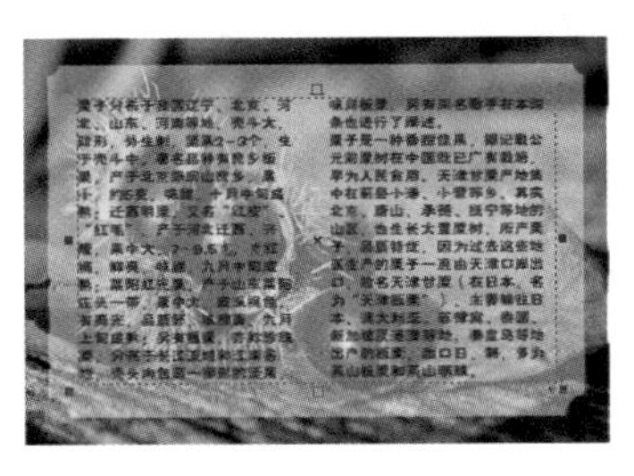

图 6-112

6.2.5 文本绕图

CorelDRAW 提供了多种文本绕图的形式，应用好文本绕图可以使设计制作的杂志或报刊更加生动美观。

选择“文件 > 导入”命令，或按 Ctrl+I 组合键，弹出“导入”对话框。在对话框的“查找范围”列表框中选择需要的文件夹，在文件夹中选取需要的位图文件，单击“导入”按钮，在页面中单击鼠标左键，图形被导入页面中。将其调整到段落文本中的适当位置，效果如图 6-113 所示。

在属性栏中单击“文本换行”按钮，在弹出的下拉菜单中选择需要的绕图方式，如图 6-114 所示。文本绕图效果如图 6-115 所示。在属性栏中单击“文本换行”按钮，在弹出的下拉菜单中可以设置换行样式，在“文本换行偏移”选项的数值框中可以设置偏移距离，如图 6-116 所示。

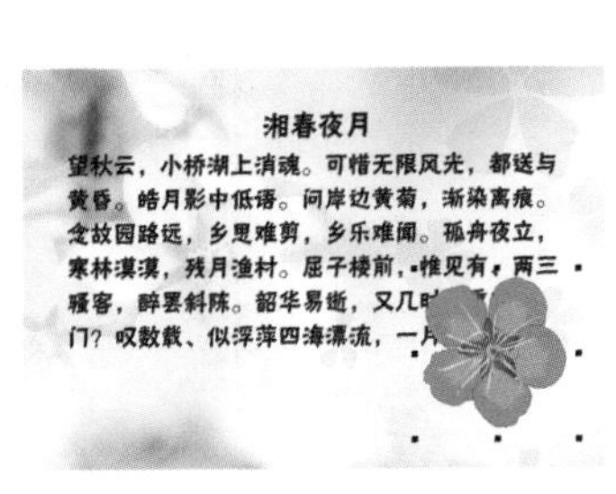

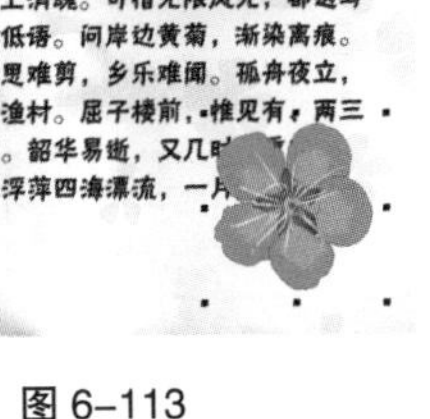

图 6-113

图 6-114

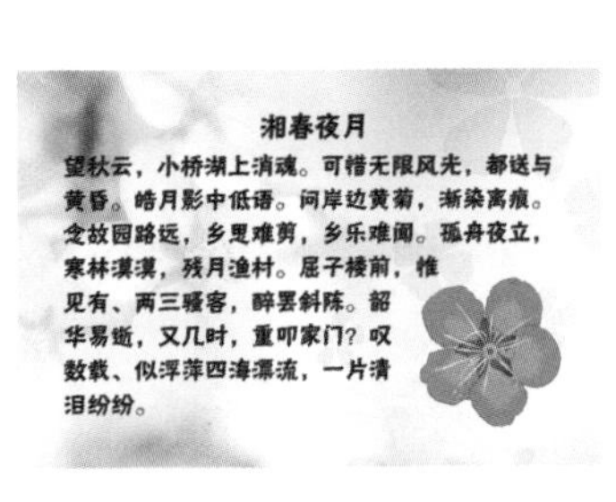

图 6-115

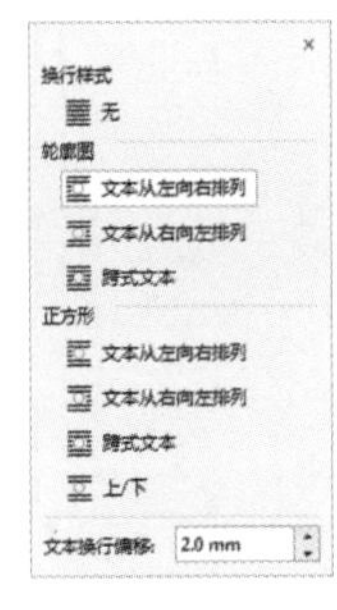

图 6-116

6.2.6 插入字符

选择“文本”工具，在文本中需要的位置单击鼠标左键插入光标，如图 6-117 所示。选择“文本 > 插入字符”命令，或按 Ctrl+F11 组合键，弹出“插入字符”泊坞窗，在需要的字符上双击鼠标左键，或选中字符后单击“插入”按钮，如图 6-118 所示。字符插入文本中，效果如图 6-119 所示。

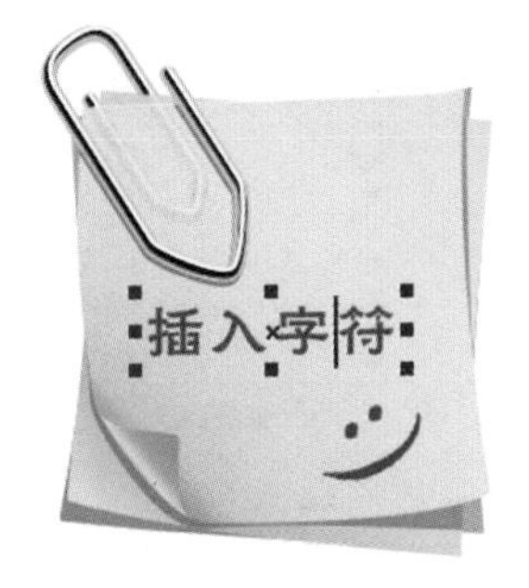

图 6-117

图 6-118

图 6-119

6.2.7 将文字转换为曲线

使用 CorelDRAW 编辑好美术字文本后，通常需要把文本转换为曲线。转换后，既可以对美术字文本任意变形，又不会造成转换后的文本对象丢失其文本格式。具体操作步骤如下。

选择“选择”工具选中文本，如图 6-120 所示。选择“对象 > 转换为曲线”命令，或按 Ctrl+Q 组合键，将文本转换为曲线，如图 6-121 所示。可用“形状”工具，对曲线文本进行编辑，并修改文本的形状。

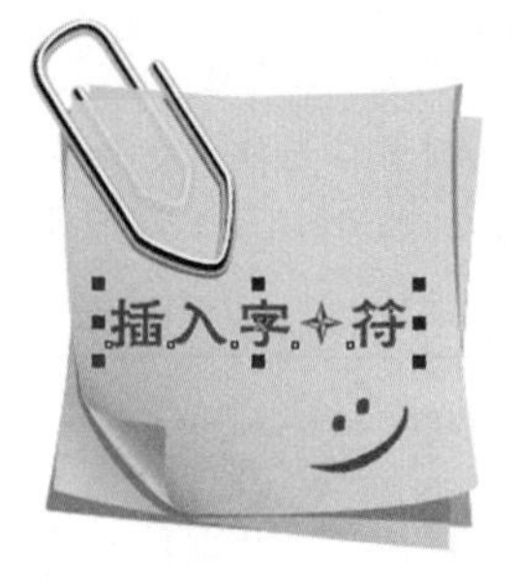

图 6-120

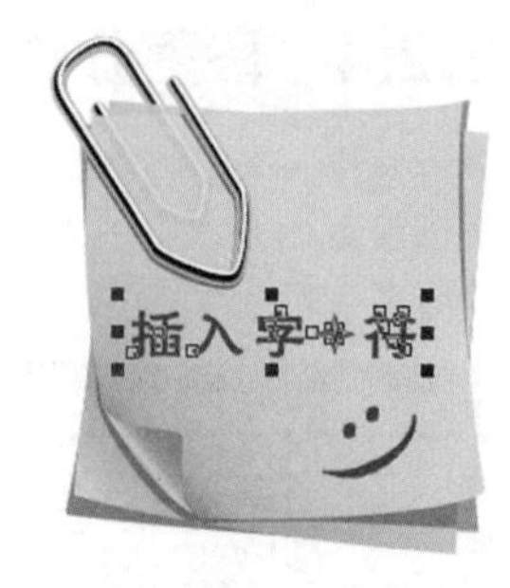

图 6-121

6.3 设置制表位和制表符

1. 设置制表位

选择“文本”工具字，在绘图页面中绘制一个段落文本框，在上方的标尺上出现多个制表位，如图 6-122 所示。选择“文本 > 制表位”命令，弹出“制表位设置”对话框，如图 6-123 所示。在对话框中可以进行制表位的设置。

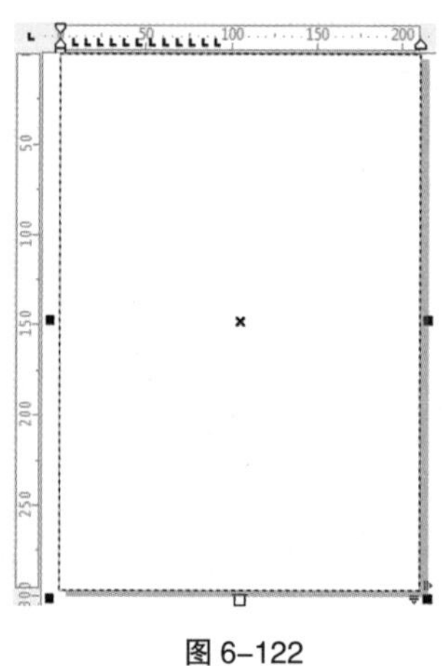

图 6-122

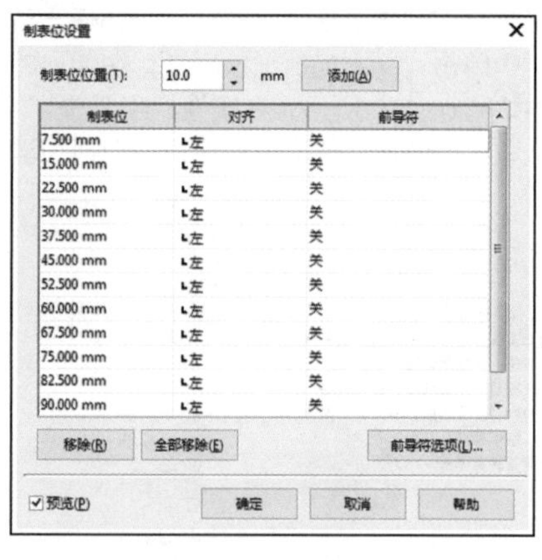

图 6-123

在数值框中输入数值或调整数值，可以设置制表位的距离，如图 6-124 所示。

在“制表位设置”对话框中，单击“对齐”选项，出现制表位对齐方式下拉列表，可以设置字符出现在制表位上的位置，如图 6-125 所示。

图 6-124

图 6-125

在“制表位设置”对话框中，选中一个制表位，单击“移除”或“全部移除”按钮，可以删除制表位，单击“添加”按钮，可以增加制表位。设置好制表位后，单击“确定”按钮，完成制表位的设置。

> **提示：** 在段落文本框中插入光标，在键盘上按 Tab 键，每按一次 Tab 键，插入的光标就会按新设置的制表位移动。

2. 设置制表符

选择“文本”工具字，在绘图页面中绘制一个段落文本框，效果如图 6–126 所示。

在上方的标尺上出现多个“L”形滑块，就是制表符，效果如图 6–127 所示。在任意一个制表符上单击鼠标右键，弹出快捷菜单。在快捷菜单中可以选择该制表符的对齐方式，如图 6–128 所示，也可以对网格、标尺和辅助线进行设置。

在上方的标尺上拖曳“L”形滑块，可以将制表符移动到需要的位置，效果如图 6–129 所示。在标尺上的任意位置单击鼠标左键，可以添加一个制表符，效果如图 6–130 所示。将制表符拖曳到标尺外，就可以删除该制表符。

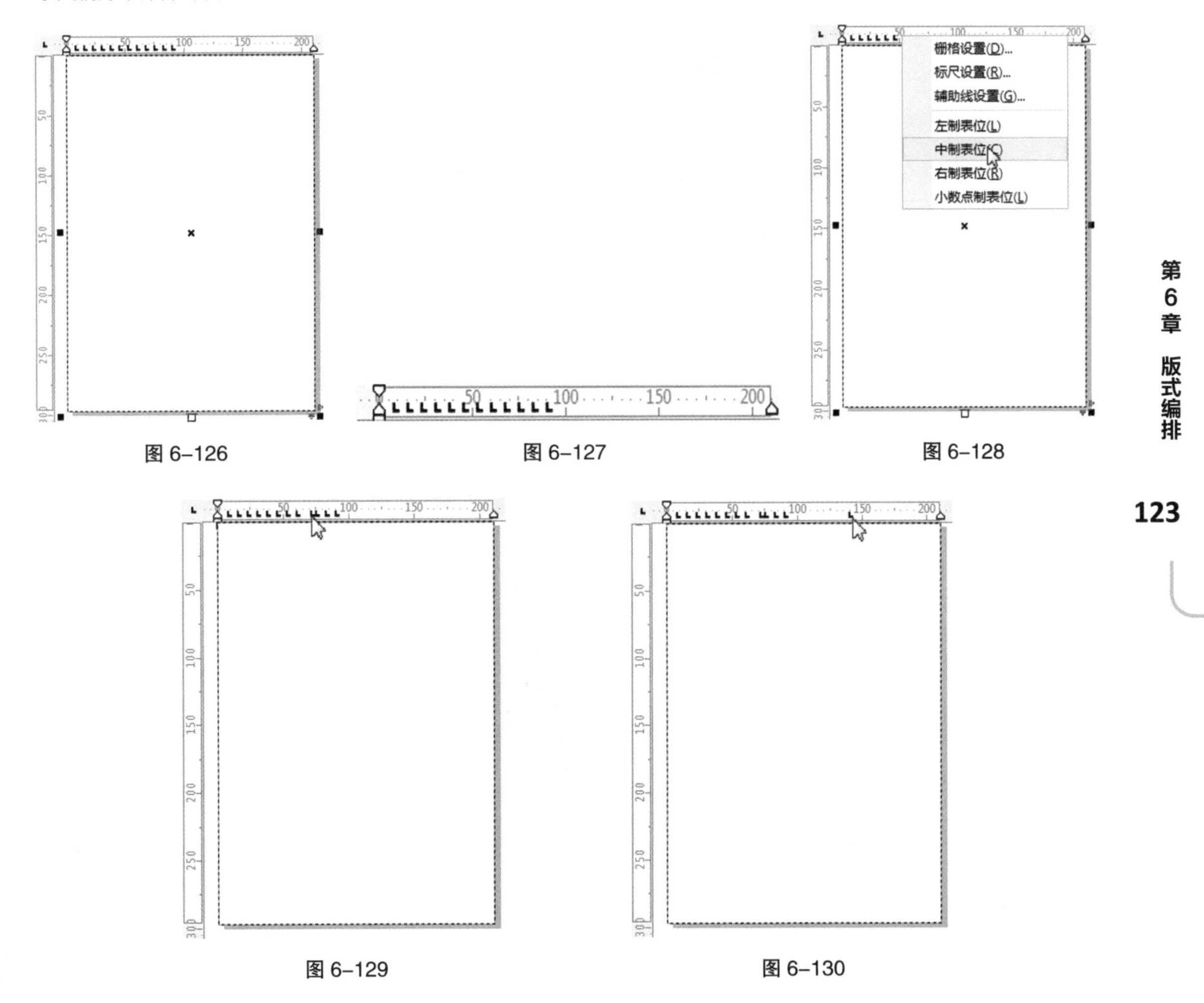

图 6–126　　图 6–127　　图 6–128

图 6–129　　图 6–130

6.4 课堂练习——制作旅游海报

【练习知识要点】 使用文本工具、形状工具添加并编辑标题文字；使用椭圆形工具、轮廓笔工具绘制装饰弧线；使用文本工具、文本属性面板添加其他相关信息；效果如图 6–131 所示。

【效果所在位置】 云盘 /Ch06/ 效果 / 制作旅游海报 .cdr。

图 6-131

6.5 课后习题——制作台历

【习题知识要点】使用矩形工具和复制命令制作挂环；使用文本工具和制表位命令制作台历日期；使用文本工具和对象属性命令制作年份；使用两点线工具绘制虚线；效果如图 6-132 所示。

【效果所在位置】云盘 /Ch06/ 效果 / 制作台历 .cdr。

图 6-132

第7章 特效应用

本章介绍

CorelDRAW 提供了强大的位图编辑功能及多种特殊效果工具和命令。通过学习本章的内容，读者可以了解并掌握如何应用 CorelDRAW 的强大功能来处理和编辑位图，以及如何应用强大的特殊效果功能制作出丰富多彩的图形特效。

学习目标

- 掌握位图的导入和转换方法。
- 熟练掌握创建 PowerClip 效果的方法。
- 了解色调的调整技巧。
- 运用特效滤镜编辑和处理位图。
- 熟练掌握特殊效果的使用方法。

技能目标

- 掌握“照片模板”的制作方法。
- 掌握“课程公众号封面首图”的制作方法。
- 掌握“阅读平台推广海报”的制作方法。
- 掌握“旅游公众号封面首图”的制作方法。

7.1 导入并转换位图

CorelDRAW 提供了导入位图和将矢量图形转换为位图的功能。下面介绍导入并转换为位图的具体操作方法。

7.1.1 导入位图

选择“文件 > 导入”命令，或按 Ctrl+I 组合键，弹出“导入”对话框，在对话框中的“查找范围”列表框中选择需要的文件夹，在文件夹中选中需要的位图文件，如图 7-1 所示。

选中需要的位图文件后，单击“导入”按钮，鼠标的光标变为┏状，如图 7-2 所示。在绘图页面中单击鼠标左键，位图就被导入绘图页面中，如图 7-3 所示。

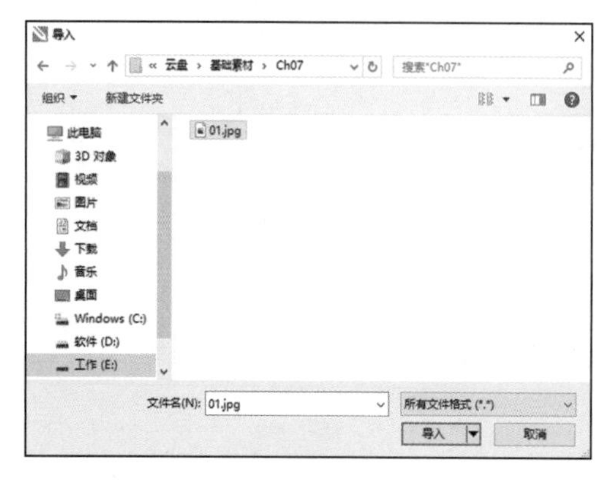

图 7-1

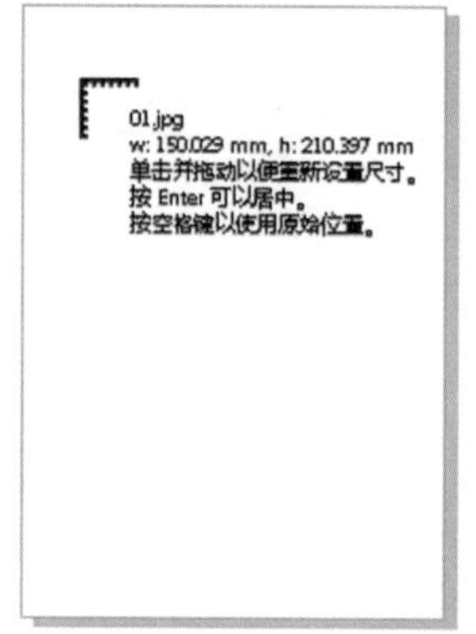

图 7-2

图 7-3

7.1.2 转换为位图

CorelDRAW 提供了将矢量图形转换为位图的功能。下面介绍具体的操作方法。

打开一个矢量图形并保持其选取状态，选择“位图 > 转换为位图”命令，弹出“转换为位图”对话框，如图 7-4 所示。

分辨率：在弹出的下拉列表中选择要转换的位图分辨率。

颜色模式：在弹出的下拉列表中选择要转换的颜色模式。

光滑处理：可以在转换成位图后消除位图的锯齿。

透明背景：可以在转换成位图后保留原对象的通透性。

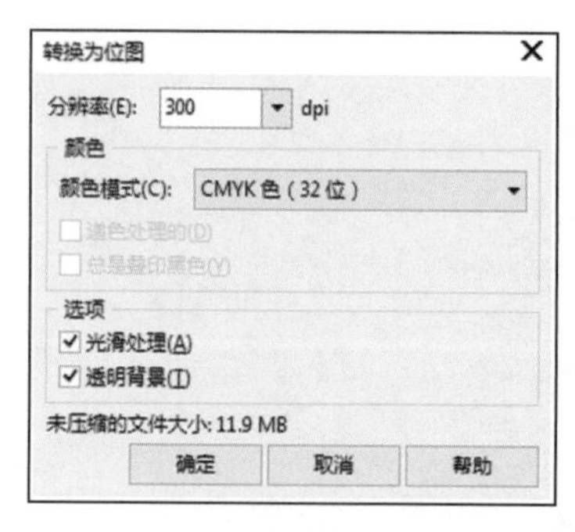

图 7-4

7.2 PowerClip 和色调的调整

在 CorelDRAW 中，使用 PowerClip，可以将一个对象内置于另一个容器对象中。内置的对象可以是任意的，但容器对象必须是创建的封闭路径。使用色调调整命令可以调整图形。下面就具体讲解如何置入图形和调整图形的色调。

7.2.1 课堂案例——制作照片模板

【案例学习目标】学会使用 PowerClip 和调整命令制作照片模板。

【案例知识要点】使用亮度 / 对比度 / 强度命令、色度 / 饱和度 / 亮度命令、颜色平衡命令调整图片色调；使用导入命令、矩形工具、置于图文框内部命令制作 PowerClip 效果；照片模板效果如图 7-5 所示。

【效果所在位置】云盘 /Ch07/ 效果 / 制作照片模板 .cdr。

图 7-5

扫 码 观 看
本案例视频

扫码观看
扩展案例

（1）按 Ctrl+N 组合键，弹出“创建新文档”对话框。设置文档的宽度为 420 mm，高度为 285 mm，取向为横向，原色模式为 CMYK，渲染分辨率为 300 dpi。单击“确定”按钮，创建一个文档。

（2）选择“视图 > 标尺”命令，在视图中显示标尺。选择“选择”工具，在左侧标尺中拖曳一条垂直辅助线，在属性栏中将“X 位置”选项设为 210 mm，按 Enter 键，如图 7-6 所示。

（3）选择“矩形”工具，在页面中绘制一个矩形，设置图形颜色的 CMYK 值为 20、0、0、20，填充图形，并去除图形的轮廓线，效果如图 7-7 所示。

（4）按 Ctrl+I 组合键，弹出“导入”对话框，选择云盘中的“Ch07 > 素材 > 制作照片模板 > 01”文件，单击“导入”按钮，在页面中单击鼠标左键导入图片，选择“选择”工具，将图片拖曳到适当的位置并调整大小，效果如图 7-8 所示。

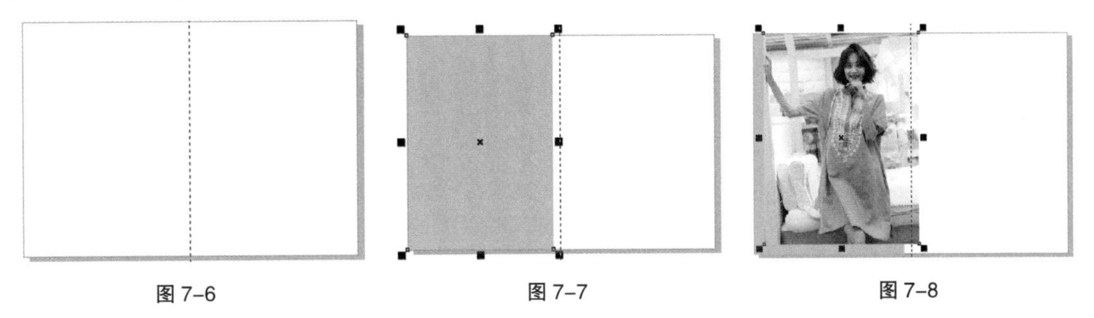

图 7-6　　图 7-7　　图 7-8

（5）选择“效果 > 调整 > 亮度 / 对比度 / 强度”命令，在弹出的对话框中进行设置，如图 7-9 所示；单击“确定”按钮，效果如图 7-10 所示。

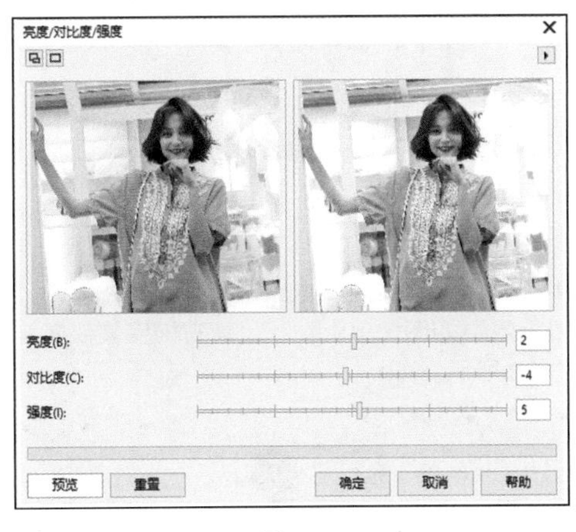

图 7-9

图 7-10

（6）选择“效果 > 调整 > 色度 / 饱和度 / 亮度”命令，在弹出的对话框中进行设置，如图 7-11 所示；单击“确定”按钮，效果如图 7-12 所示。

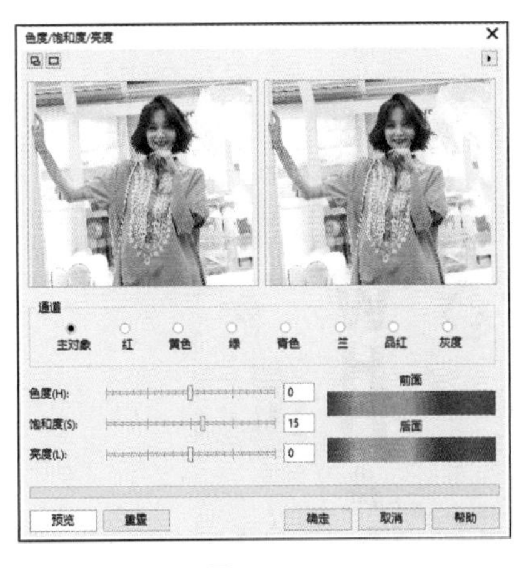

图 7-11

图 7-12

（7）选择“效果 > 调整 > 颜色平衡”命令，在弹出的对话框中进行设置，如图 7-13 所示；单击“确定”按钮，效果如图 7-14 所示。

图 7-13

图 7-14

（8）选择“矩形”工具□，在适当的位置绘制一个矩形，如图 7-15 所示。选择“选择”工具，选取下方人物图片，选择“对象 > PowerClip > 置于图文框内部”命令，鼠标的光标变为黑色箭头形状，在矩形框上单击鼠标左键，如图 7-16 所示。将人物图片置入矩形框中，并去除图形的轮廓线，效果如图 7-17 所示。

图 7-15

图 7-16

图 7-17

（9）选择“选择”工具，选取左侧的矩形，如图 7-18 所示。按数字键盘上的 + 键，复制矩形。按住 Shift 键的同时，水平向右拖曳复制的矩形到适当的位置，效果如图 7-19 所示。向右拖曳复制矩形左边中间的控制手柄到适当的位置，调整其大小，效果如图 7-20 所示。

图 7-18

图 7-19

图 7-20

（10）用相同的方法导入“02”人物图片，并调整相应的颜色，效果如图 7-21 所示。选择“文本”工具字，在页面中分别输入需要的文字，选择“选择”工具，在属性栏中选取适当的字体大小，效果如图 7-22 所示。

图 7-21

图 7-22

（11）选择“选择”工具，用圈选的方法将输入的文字同时选取，按 Ctrl+G 组合键，群组选中的文字；设置文字颜色的 CMYK 值为 60、40、0、0，填充文字，效果如图 7–23 所示。按 Shift+PageDown 组合键，将文字移至图层后面，效果如图 7–24 所示。

图 7–23

图 7–24

（12）按数字键盘上的 + 键，复制文字。在“CMYK 调色板”中的“无填充”按钮☒上单击鼠标左键，取消文字填充颜色，并设置轮廓线颜色为黑色，效果如图 7–25 所示。按←和↑方向键，微调文字到适当的位置，效果如图 7–26 所示。照片模板制作完成，效果如图 7–27 所示。

图 7–25

图 7–26

图 7–27

7.2.2 PowerClip 效果

打开一张图片，再绘制一个图形作为容器对象，使用“选择”工具选中准备用来内置的图片，效果如图 7–28 所示。选择“对象 > PowerClip > 置于图文框内部”命令，鼠标的指针变为黑色箭头，将箭头放在容器对象内，如图 7–29 所示。单击鼠标左键，完成图框的精确剪裁，效果如图 7–30 所示。内置图形的中心和容器对象的中心是重合的。

图 7–28

图 7–29

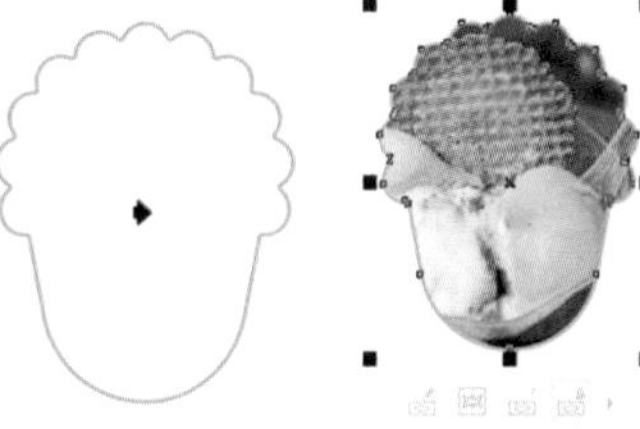

图 7–30

选择“对象 > PowerClip > 提取内容”命令，可以将容器对象内的内置位图提取出来。

选择“对象 > PowerClip > 编辑 PowerClip”命令，可以修改内置对象。

选择“对象 > PowerClip > 结束编辑”命令，可以完成内置位图的重新选择。

选择“对象 > PowerClip > 复制 PowerClip 自”命令，鼠标的指针变为黑色箭头，将箭头放在图框精确剪裁的对象上并单击，可复制内置对象。

7.2.3 调整亮度、对比度和强度

打开一个图形，如图 7–31 所示。选择“效果 > 调整 > 亮度 / 对比度 / 强度”命令，或按 Ctrl+B 组合键，弹出“亮度 / 对比度 / 强度”对话框，用光标拖曳滑块可以设置各项的数值，如图 7–32 所示，调整好后，单击“确定”按钮，图形色调的调整效果如图 7–33 所示。

图 7-31

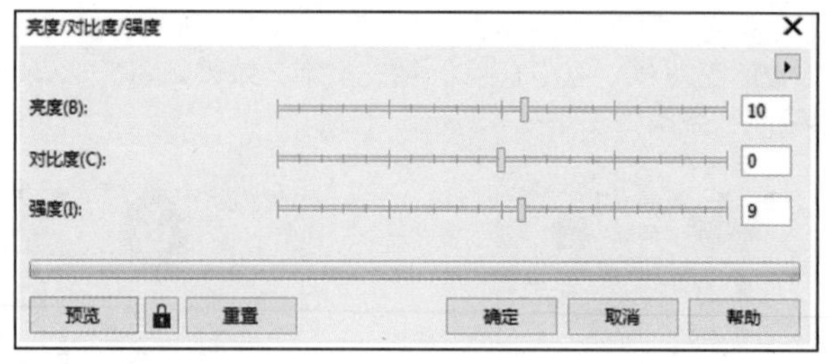

图 7-32

图 7-33

“亮度”选项：可以调整图形颜色的深浅变化，也就是增加或减少所有像素值的色调范围。

“对比度”选项：可以调整图形颜色的对比，也就是调整最浅和最深像素值之间的差。

“强度”选项：可以调整图形浅色区域的亮度，同时不降低深色区域的亮度。

“预览”按钮 预览 ：可以预览色调的调整效果。

“重置”按钮 重置 ：可以重新调整色调。

7.2.4 调整颜色平衡

打开一个图形，如图 7-34 所示。选择“效果 > 调整 > 颜色平衡”命令，或按 Ctrl+Shift+B 组合键，弹出“颜色平衡”对话框，用光标拖曳滑块可以设置各选项的数值，如图 7-35 所示。调整好后，单击“确定”按钮，图形色调的调整效果如图 7-36 所示。

图 7-34

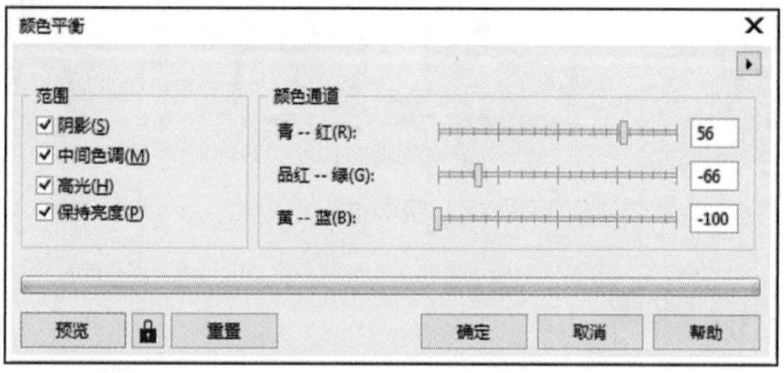

图 7-35

图 7-36

在对话框的“范围”设置区中有 4 个复选框，可以一并或分别设置对象的颜色调整范围。

“阴影”复选框：可以对图形阴影区域的颜色进行调整。

“中间色调”复选框：可以对图形中间色调的颜色进行调整。

“高光”复选框：可以对图形高光区域的颜色进行调整。

“保持亮度”复选框：可以在对图形进行颜色调整的同时保持图形的亮度。

“青－红”选项：可以在图形中添加青色和红色。向右移动滑块将添加红色，向左移动滑块将添加青色。

“品红－绿”选项：可以在图形中添加品红色和绿色。向右移动滑块将添加绿色，向左移动滑块将添加品红色。

“黄－蓝”选项：可以在图形中添加黄色和蓝色。向右移动滑块将添加蓝色，向左移动滑块将添加黄色。

7.2.5 调整色度、饱和度和亮度

打开一个图形，如图 7-37 所示。选择“效果 > 调整 > 色度 / 饱和度 / 亮度”命令，或按 Ctrl+Shift+U 组合键，弹出“色度 / 饱和度 / 亮度”对话框，用光标拖曳滑块可以设置其数值，如图 7-38 所示。调整好后，单击“确定”按钮，图形色调的调整效果如图 7-39 所示。

“通道”选项组：可以选择要调整的主要颜色。

“色度”选项：可以改变图形的颜色。

“饱和度”选项：可以改变图形颜色的深浅程度。

“亮度”选项：可以改变图形的明暗程度。

图 7-37

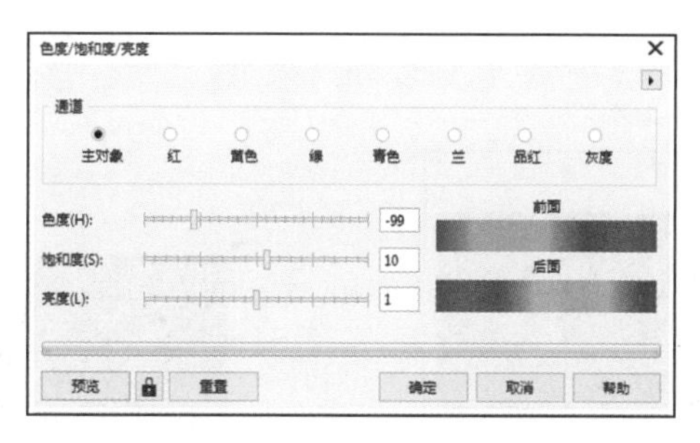

图 7-38

图 7-39

7.3 滤镜特效

CorelDRAW 提供了多种滤镜，可以对位图进行各种效果的处理。灵活使用位图的滤镜，能够为设计的作品增色不少。下面具体介绍滤镜的使用方法。

7.3.1 课堂案例——制作课程公众号封面首图

【案例学习目标】学会使用编辑位图命令和文本工具制作课程公众号封面首图。

【案例知识要点】使用导入命令、点彩派命令和天气命令添加和编辑背景图片；使用亮度 / 对比度 / 强度命令调整图片色调；使用矩形工具和置于图文框内部命令制作 PowerClip 效果；使用文本工具添加宣传文字；课程公众号封面首图效果如图 7–40 所示。

【效果所在位置】云盘 /Ch07/ 效果 / 制作课程公众号封面首图 .cdr。

图 7–40

（1）按 Ctrl+N 组合键，弹出“创建新文档”对话框。设置文档的宽度为 900 px，高度为 383 px，取向为横向，原色模式为 RGB，渲染分辨率为 72 dpi。单击“确定”按钮，创建一个文档。

（2）按 Ctrl+I 组合键，弹出“导入”对话框。选择云盘中的“Ch07 > 素材 > 制作课程公众号封面首图 > 01”文件，单击“导入”按钮，在页面中单击鼠标左键导入图片。选择“选择”工具，拖曳图片到适当的位置，效果如图 7–41 所示。

（3）选择“位图 > 艺术笔触 > 点彩派”命令，在弹出的对话框中进行设置，如图 7–42 所示；单击“确定”按钮，效果如图 7–43 所示。

图 7–41

图 7–42

图 7–43

（4）选择“位图 > 创造性 > 天气”命令，在弹出的对话框中进行设置，如图 7–44 所示；单击“确定”按钮，效果如图 7–45 所示。

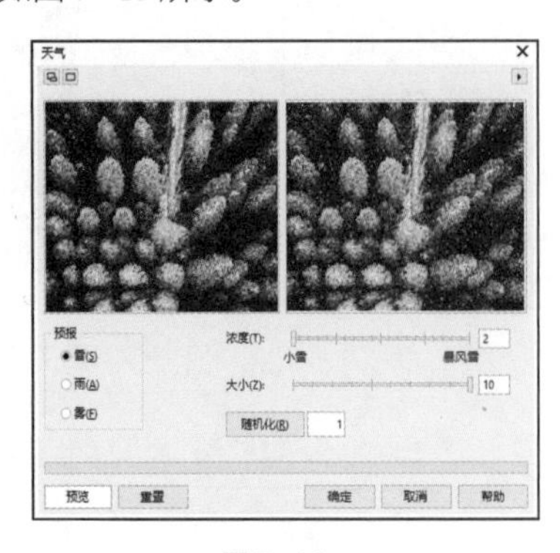

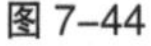
图 7–44

图 7–45

（5）选择“效果 > 调整 > 亮度 / 对比度 / 强度”命令，在弹出的对话框中进行设置，如图 7–46 所示；单击“确定”按钮，效果如图 7–47 所示。

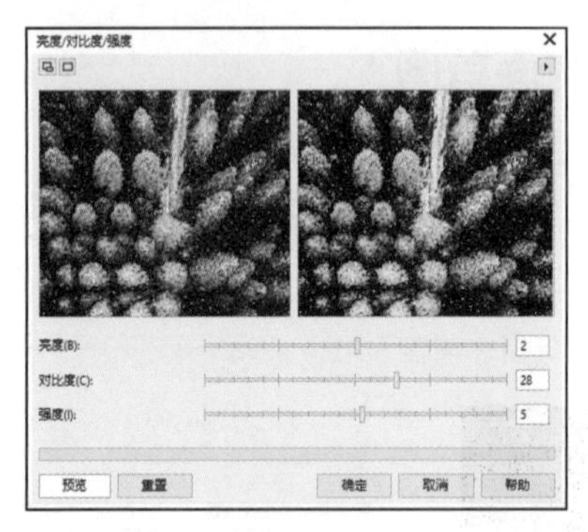

图 7–46

图 7–47

（6）双击“矩形”工具□，绘制一个与页面大小相等的矩形，如图 7–48 所示。按 Shift+PageUp 组合键，将图形移至图层前面，效果如图 7–49 所示。（为了方便读者观看，这里以白色显示）

图 7–48

图 7–49

（7）选择“选择”工具，选取下方风景图片。选择“对象 > PowerClip > 置于图文框内部”命令，鼠标的光标变为黑色箭头形状，在矩形框上单击鼠标左键，如图 7–50 所示。将风景图片置入矩形框中，并去除图形的轮廓线，效果如图 7–51 所示。

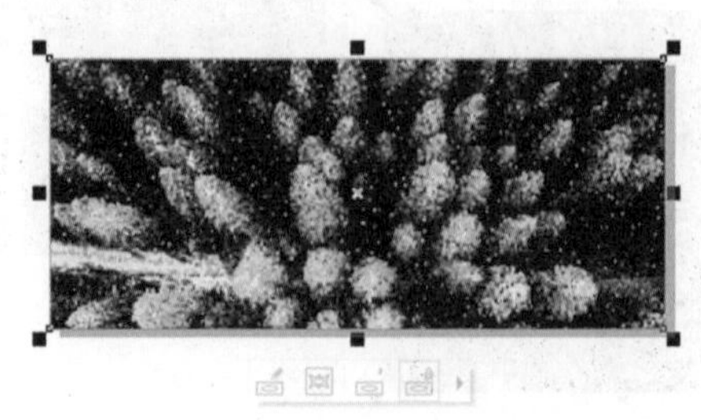

图 7–50

图 7–51

（8）选择“文本”工具字，在页面中分别输入需要的文字适当的字体并设置文字大小，填充颜色为白色。效果如图 7–52 所示。选择“文本”工具字，选取英文文字“PS”，在属性栏中选取适当的字体，效果如图 7–53 所示。

图 7–52

图 7–53

（9）选择“矩形”工具□，在适当的位置绘制一个矩形，填充图形为白色，并去除图形的轮廓线，如图 7–54 所示。在属性栏中将“转角半径”选项设为 20 px 和 0 px，如图 7–55 所示。按 Enter 键，效果如图 7–56 所示。

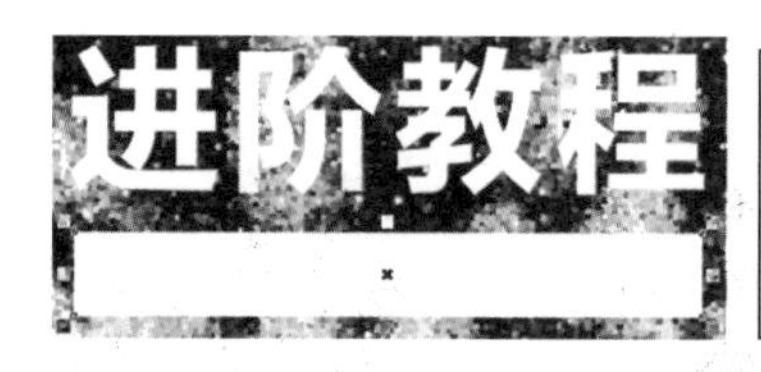

图 7–54

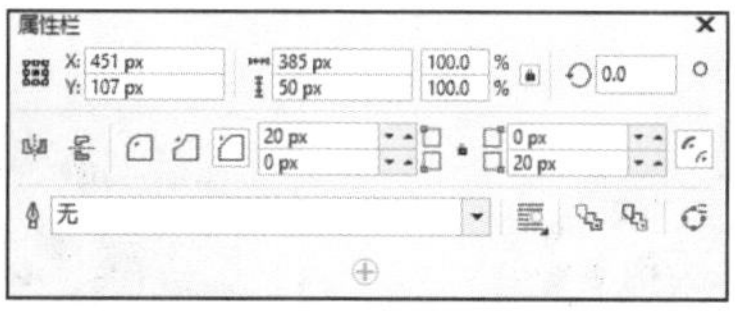

图 7–55

图 7–56

（10）选择“文本”工具字，在适当的位置输入需要的文字。选择“选择”工具，在属性栏中选取合适的字体并设置好文字大小，效果如图 7–57 所示。选取文字，并设置文字填充颜色的 RGB 值为 0、51、51，填充文字，效果如图 7–58 所示。

图 7–57

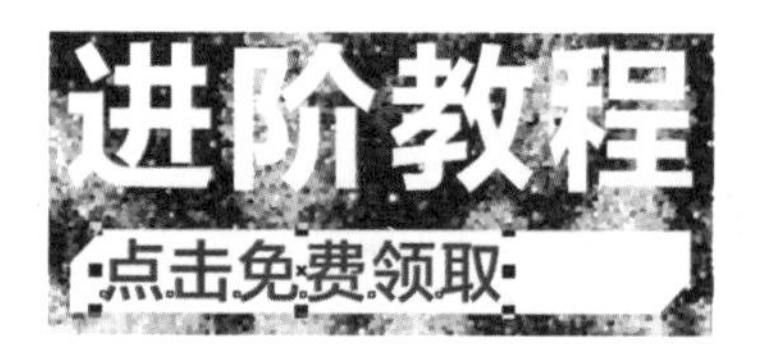

图 7–58

（11）选择“文本 > 文本属性”命令，在弹出的“文本属性”面板中进行设置，如图 7–59 所示；按 Enter 键，效果如图 7–60 所示。课程公众号封面首图制作完成，效果如图 7–61 所示。

图 7–59

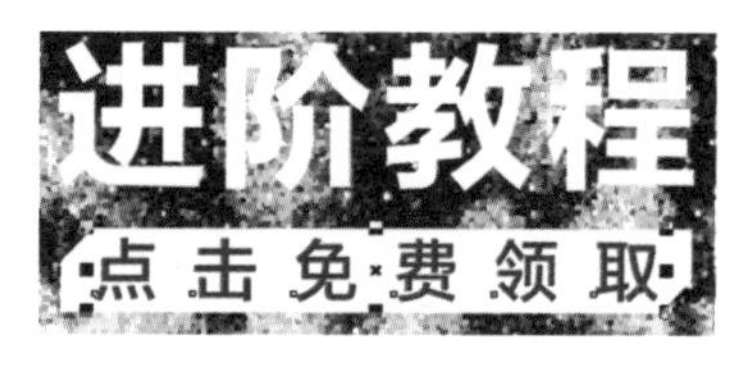

图 7–60

图 7–61

7.3.2 三维效果

选取导入的位图，选择“位图 > 三维效果”子菜单下的命令，如图 7–62 所示。CorelDRAW X8 提供了 7 种不同的三维效果。下面介绍几种常用的三维效果。

三维旋转(3)...
柱面(L)...
浮雕(E)...
卷页(A)...
透视(R)...
挤远/挤近(P)...
球面(S)...

图 7–62

1. 三维旋转

选择“位图 > 三维效果 > 三维旋转”命令，弹出“三维旋转”对话框。单击对话框中的按钮，显示对照预览窗口，如图 7–63 所示。左窗口显示的是位图原始效果，右窗口显示的是完成各项设置后的位图效果。

对话框中各选项的含义如下。

：用鼠标拖曳立方体图标，可以设定图像的旋转角度。

垂直：可以设置绕垂直轴旋转的角度。

水平：可以设置绕水平轴旋转的角度。

最适合：经过三维旋转后的位图尺寸将接近原来的位图尺寸。

预览：预览设置后的三维旋转效果。

重置：对所有参数重新设置。

2. 柱面

选择“位图 > 三维效果 > 柱面”命令，弹出“柱面”对话框，单击对话框中的按钮，显示对照预览窗口，如图 7-64 所示。

对话框中各选项的含义如下。

柱面模式：可以选择“水平”或“垂直的”模式。

百分比：可以设置水平或垂直模式的百分比。

图 7-63

图 7-64

3. 卷页

选择“位图 > 三维效果 > 卷页”命令，弹出“卷页”对话框。单击对话框中的按钮，显示对照预览窗口，如图 7-65 所示。

对话框中各选项的含义如下。

：4 个卷页类型按钮，可以设置位图卷起页角的位置。

定向：“垂直的”和“水平”两个单选项，可以用来设置卷页效果的卷起边缘。

纸张：“不透明”和“透明的”两个单选项，可以设置卷页部分是否透明。

卷曲：可以设置卷页颜色。

背景：可以设置卷页后面的背景颜色。

宽度：可以设置卷页的宽度。

高度：可以设置卷页的高度。

4. 球面

选择“位图 > 三维效果 > 球面”命令，弹出“球面”对话框，单击对话框中的按钮，显示对照预览窗口，如图 7-66 所示。

对话框中各选项的含义如下。

优化：可以选择“速度”和“质量”选项。

百分比：可以控制位图球面化的程度。

：用来在预览窗口中设定变形的中心点。

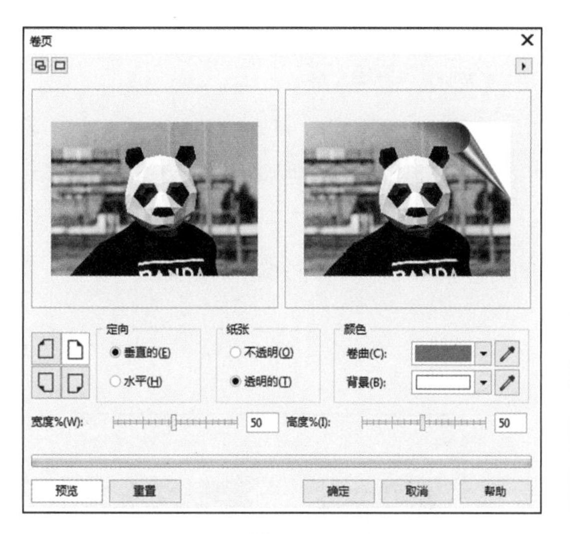

图 7-65

图 7-66

7.3.3 艺术笔触

选中位图，选择“位图 > 艺术笔触”子菜单下的命令，如图 7-67 所示。CorelDRAW X8 提供了 14 种不同的艺术笔触效果。下面介绍常用的几种艺术笔触。

炭笔画(C)...
单色蜡笔画(O)...
蜡笔画(R)...
立体派(U)...
印象派(I)...
调色刀(P)...
彩色蜡笔画(A)...
钢笔画(E)...
点彩派(L)...
木版画(S)...
素描(K)...
水彩画(W)...
水印画(M)...
波纹纸画(V)...

图 7-67

1. 炭笔画

选择“位图 > 艺术笔触 > 炭笔画”命令，弹出“炭笔画”对话框。单击对话框中的▣按钮，显示对照预览窗口，如图 7-68 所示。

对话框中各选项的含义如下。

大小：可以设置位图炭笔画的像素大小。

边缘：可以设置位图炭笔画的黑白度。

2. 印象派

选择“位图 > 艺术笔触 > 印象派”命令，弹出“印象派”对话框。单击对话框中的▣按钮，显示对照预览窗口，如图 7-69 所示。

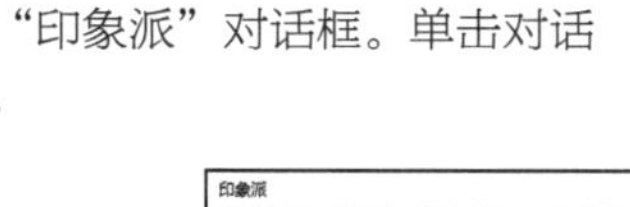

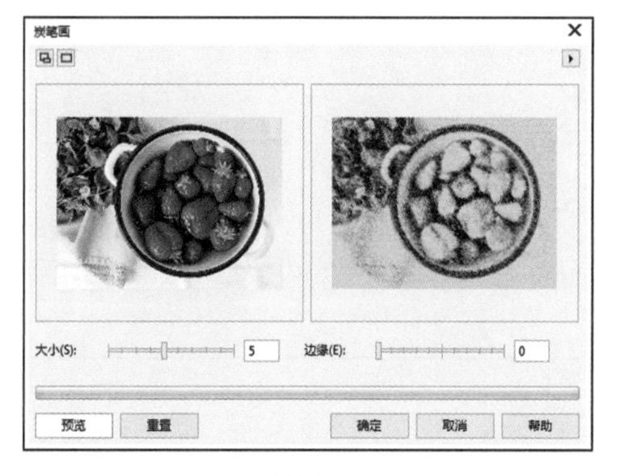

图 7-68

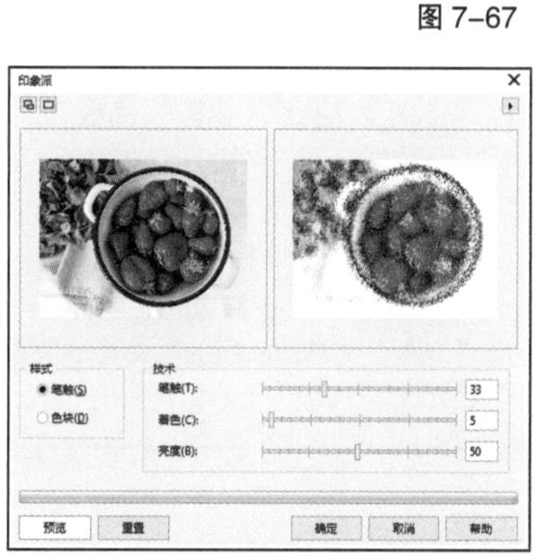

图 7-69

对话框中各选项的含义如下。

样式：选择“笔触”或“色块”选项，可以得到不同的印象派位图效果。

笔触：可以设置印象派效果笔触大小及其强度。

着色：可以调整印象派效果的颜色，数值越大，颜色越重。

亮度：可以对印象派效果的亮度进行调节。

3. 调色刀

选择“位图 > 艺术笔触 > 调色刀”命令，弹出“调色刀”对话框。单击对话框中的▣按钮，显示对照预览窗口，如图 7-70 所示。

对话框中各选项的含义如下。

刀片尺寸：可以设置笔触的锋利程度，数值越小，笔触越锋利，位图的刻画效果越明显。

柔软边缘：可以设置笔触的坚硬程度，数值越大，位图的刻画效果越平滑。

角度：可以设置笔触的角度。

4. 素描

选择“位图 > 艺术笔触 > 素描”命令，弹出“素描”对话框。单击对话框中的按钮，显示对照预览窗口，如图 7-71 所示。

对话框中各选项的含义如下。

铅笔类型：可选择“碳色”或“颜色”类型，不同的类型可以产生不同的位图素描效果。

样式：可以设置石墨或彩色素描效果的平滑度。

笔芯：可以设置素描效果的精细和粗糙程度。

轮廓：可以设置素描效果的轮廓线宽度。

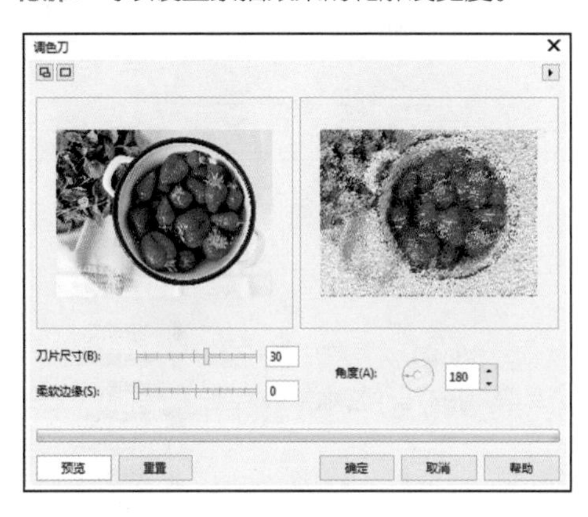

图 7-70

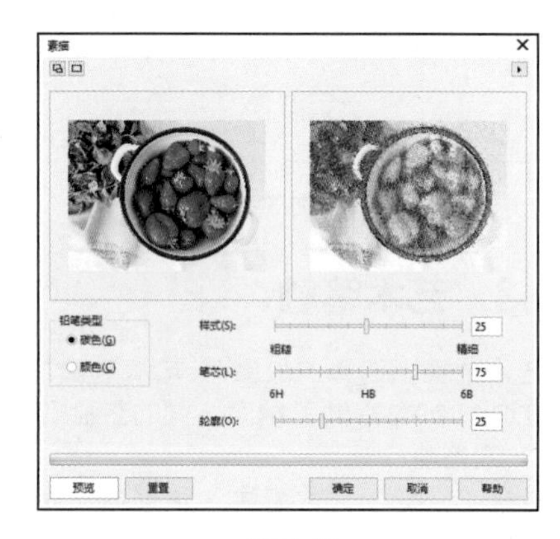

图 7-71

7.3.4 模糊

选中一张图片，选择“位图 > 模糊”子菜单下的命令，如图 7-72 所示。CorelDRAW X8 提供了 10 种不同的模糊效果，下面介绍其中两种常用的模糊效果。

定向平滑(D)...
高斯式模糊(G)...
锯齿状模糊(J)...
低通滤波器(L)...
动态模糊(M)...
放射式模糊(R)...
平滑(S)...
柔和(F)...
缩放(Z)...
智能模糊(A)...

图 7-72

1. 高斯式模糊

选择“位图 > 模糊 > 高斯式模糊”命令，弹出“高斯式模糊”对话框。单击对话框中的按钮，显示对照预览窗口，如图 7-73 所示。

对话框中选项的含义如下。

半径：可以设置高斯模糊的程度。

2. 缩放

选择“位图 > 模糊 > 缩放”命令，弹出“缩放”对话框。单击对话框中的按钮，显示对照预览窗口，如图 7-74 所示。

图 7-73

图 7-74

对话框中各选项的含义如下。

：在左边的原始图像预览框中单击鼠标左键，可以确定缩放模糊的中心点。

数量：可以设定图像的模糊程度。

7.3.5 轮廓图

选中位图，选择“位图 > 轮廓图”子菜单下的命令，如图 7–75 所示。CorelDRAW X8 提供了 3 种不同的轮廓图效果，下面介绍其中两种常用的轮廓图效果。

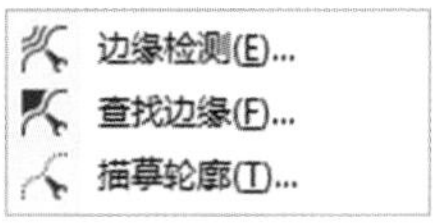

边缘检测(E)...
查找边缘(F)...
描摹轮廓(T)...

图 7–75

1. 边缘检测

选择“位图 > 轮廓图 > 边缘检测”命令，弹出“边缘检测”对话框。单击对话框中的按钮，显示对照预览窗口，如图 7–76 所示。

对话框中各选项的含义如下。

背景色：用来设定图像的背景颜色，可以是白色、黑色或其他颜色。

：可以在位图中吸取背景色。

灵敏度：用来设定探测边缘的灵敏度。

2. 查找边缘

选择“位图 > 轮廓图 > 查找边缘”命令，弹出“查找边缘”对话框。单击对话框中的按钮，显示对照预览窗口，如图 7–77 所示。

对话框中各选项的含义如下。

边缘类型：有“软”和“纯色”两种类型，选择不同的类型，会得到不同的效果。

层次：可以设定效果的纯度。

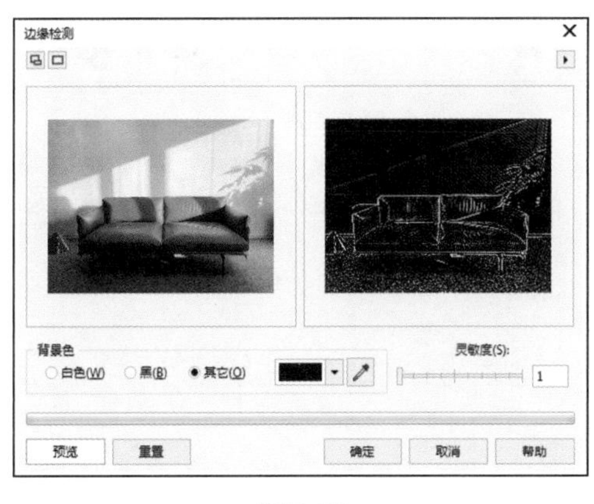

边缘检测
背景色
白色(W)
黑(B)
其它(O)
灵敏度(S):
1
预览
重置
确定
取消
帮助

图 7–76

查找边缘
边缘类型:
软(F)
纯色(S)
层次(L):
50
预览
重置
确定
取消
帮助

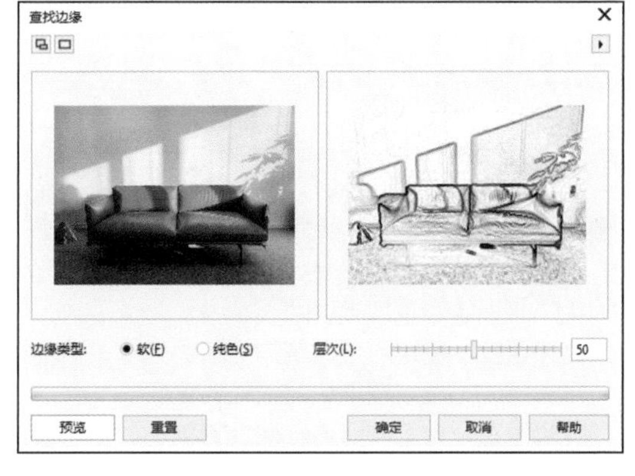

图 7–77

7.3.6 创造性

选中位图，选择“位图 > 创造性”子菜单下的命令，如图 7–78 所示。CorelDRAW X8 提供了 14 种不同的创造性效果，下面介绍 4 种常用的创造性效果。

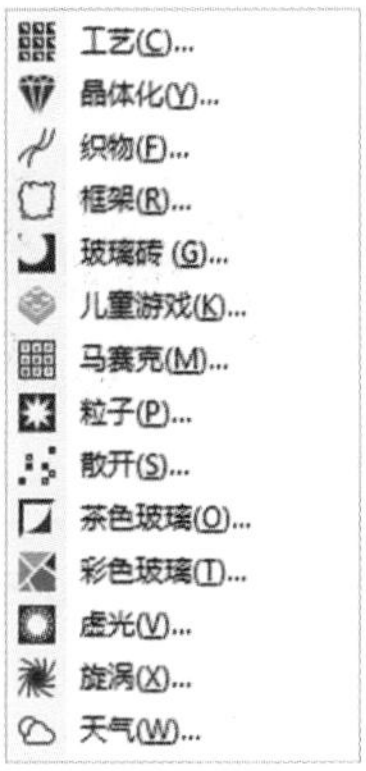

工艺(C)...
晶体化(Y)...
织物(F)...
框架(R)...
玻璃砖(G)...
儿童游戏(K)...
马赛克(M)...
粒子(P)...
散开(S)...
茶色玻璃(O)...
彩色玻璃(T)...
虚光(V)...
旋涡(X)...
天气(W)...

图 7–78

1. 框架

选择“位图 > 创造性 > 框架”命令，弹出“框架”对话框，单击“修改”选项卡，单击对话框中的按钮，显示对照预览窗口，如图 7–79 所示。

对话框中各选项的含义如下。

“选择”选项卡：用来选择框架，并为选取的列表添加新框架。

“修改”选项卡：用来对框架进行修改，此选项卡中各选项的含义如下。

颜色、不透明：分别用来设定框架的颜色和不透明度。

模糊 \ 羽化：用来设定框架边缘的模糊及羽化程度。

调和：用来选择框架与图像之间的混合方式。

水平、垂直：用来设定框架的大小比例。

旋转： 用来设定框架的旋转角度。

翻转： 用来将框架垂直或水平翻转。

对齐： 用来在图像窗口中设定框架效果的中心点。

回到中心位置： 用来在图像窗口中重新设定中心点。

2. 马赛克

选择“位图 > 创造性 > 马赛克”命令，弹出“马赛克”对话框。单击对话框中的按钮，显示对照预览窗口，如图 7-80 所示。

对话框中各选项的含义如下。

大小： 设置马赛克显示的大小。

背景色： 设置马赛克的背景颜色。

虚光： 为马赛克图像添加模糊的羽化框架。

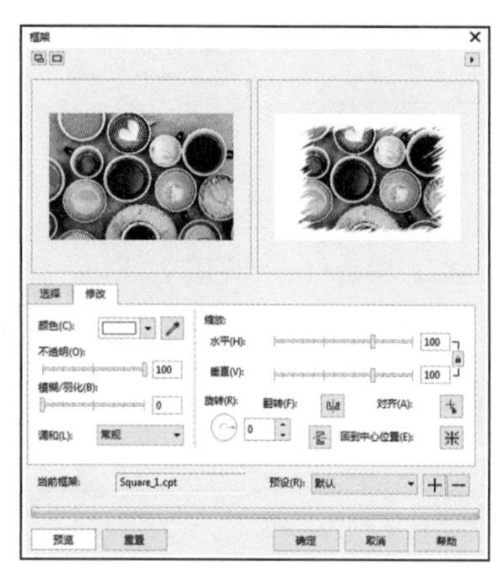

图 7-79

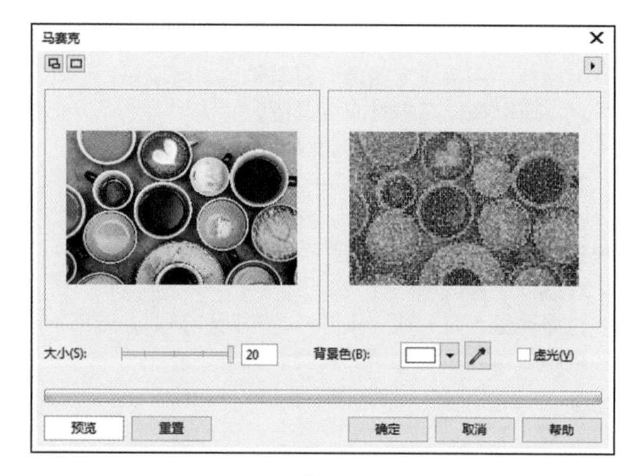

图 7-80

3. 彩色玻璃

选择“位图 > 创造性 > 彩色玻璃”命令，弹出“彩色玻璃”对话框。单击对话框中的按钮，显示对照预览窗口，如图 7-81 所示。

对话框中各选项的含义如下。

大小： 设定彩色玻璃块的大小。

光源强度： 设定彩色玻璃的光源的强度。强度越小，显示越暗；强度越大，显示越亮。

焊接宽度： 设定玻璃块焊接处的宽度。

焊接颜色： 设定玻璃块焊接处的颜色。

三维照明： 显示彩色玻璃图像的三维照明效果。

4. 虚光

选择“位图 > 创造性 > 虚光”命令，弹出“虚光”对话框。单击对话框中的按钮，显示对照预览窗口，如图 7-82 所示。

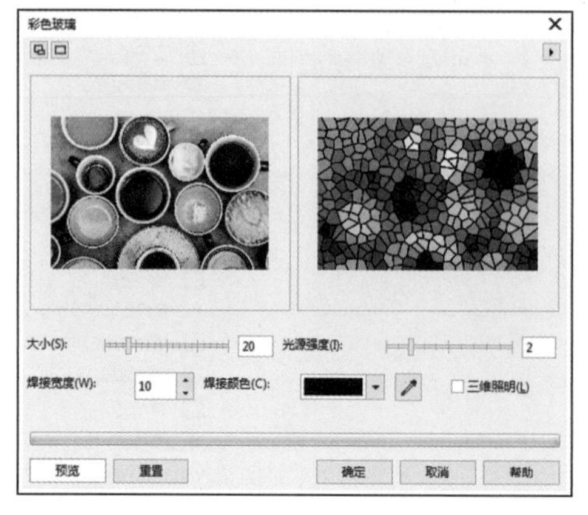

图 7-81

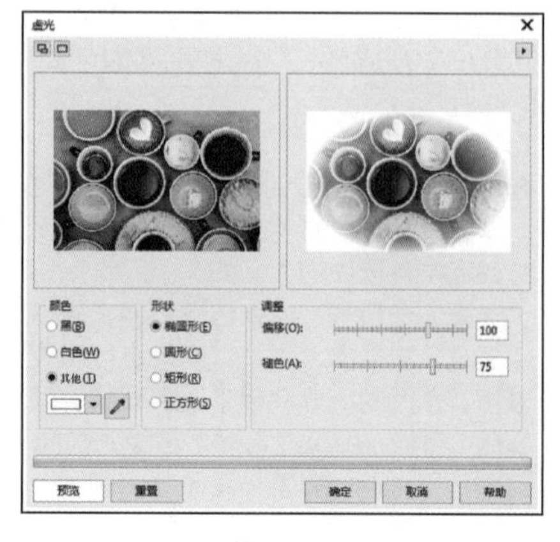

图 7-82

对话框中各选项的含义如下。

颜色： 设定光照的颜色。

形状： 设定光照的形状。

偏移： 设定框架的大小。

褪色： 设定图像与虚光框架的混合程度。

7.3.7 扭曲

选中位图，选择“位图 > 扭曲”子菜单下的命令，如图 7–83 所示。CorelDRAW X8 提供了 11 种不同的扭曲效果，下面介绍常用的几种。

块状(B)...
置换(D)...
网孔扭曲(M)...
偏移(O)...
像素(P)...
龟纹(R)...
旋涡(I)...
平铺(T)...
湿笔画(W)...
涡流(H)...
风吹效果(N)...

图 7–83

1. 块状

选择“位图 > 扭曲 > 块状”命令，弹出“块状”对话框。单击对话框中的按钮，显示对照预览窗口，如图 7–84 所示。

对话框中各选项的含义如下。

未定义区域： 在其下拉列表中可以设定背景部分的颜色。

块宽度、块高度： 可以设定块状图像的尺寸大小。

最大偏移： 可以设定块状图像的打散程度。

2. 置换

选择“位图 > 扭曲 > 置换”命令，弹出“置换”对话框。单击对话框中的按钮，显示对照预览窗口，如图 7–85 所示。

对话框中各选项的含义如下。

缩放模式： 可以选择“平铺”或“伸展适合”两种模式。

：可以选择置换的图形。

图 7–84

图 7–85

3. 像素

选择“位图 > 扭曲 > 像素”命令，弹出“像素”对话框。单击对话框中的按钮，显示对照预览窗口，如图 7–86 所示。

对话框中各选项的含义如下。

像素化模式： 当选择“射线”模式时，可以在预览窗口中设定像素化的中心点。

宽度、高度： 可以设定像素色块的大小。

不透明： 设定像素色块的不透明度，数值越小，色块透明度越高。

4. 龟纹

选择“位图 > 扭曲 > 龟纹”命令，弹出“龟纹”对话框。单击对话框中的按钮，显示对照预览窗口，如图 7–87 所示。

对话框中选项的含义如下。

周期和振幅： 默认的波纹是与图像的顶端和底端平行的。拖曳此滑块，可以设定波纹的周期和振幅，在右边可以看到波纹的形状。

图 7-86

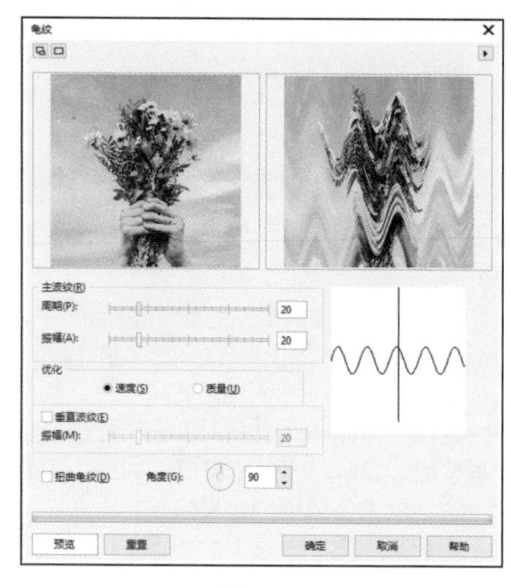

图 7-87

7.4 特殊效果

在 CorelDRAW 中，应用特殊效果和命令可以制作出丰富的图形特效。下面具体介绍几种常用的特殊效果和命令。

7.4.1 课堂案例——制作阅读平台推广海报

【案例学习目标】学会使用立体化工具、阴影工具和调和工具制作阅读平台推广海报。

【案例知识要点】使用文本工具、文本属性面板添加标题文字；使用立体化工具为标题文字添加立体效果；使用矩形工具、转角半径选项、调和工具制作调和效果；使用导入命令导入图形元素；使用阴影工具为文字添加阴影效果；阅读平台推广海报效果如图 7-88 所示。

【效果所在位置】云盘 /Ch07/ 效果 / 制作阅读平台推广海报 .cdr。

扫码观看
本案例视频

扫码观看
扩展案例

图 7-88

（1）按 Ctrl+N 组合键，弹出“创建新文档”对话框。设置文档的宽度为 1242 px，高度为 2208 px，取向为横向，原色模式为 RGB，渲染分辨率为 72 dpi。单击“确定”按钮，创建一个文档。

（2）双击“矩形”工具□，绘制一个与页面大小相等的矩形，如图 7-89 所示。设置图形颜色的 RGB 值为 5、138、74，填充图形，并去除图形的轮廓线，效果如图 7-90 所示。

（3）按数字键盘上的 + 键，复制矩形。选择“选择”工具，向右拖曳矩形左边中间的控制手柄到适当的位置，调整其大小，如图 7-91 所示。设置图形颜色的 RGB 值为 250、178、173，填充图形，效果如图 7-92 所示。

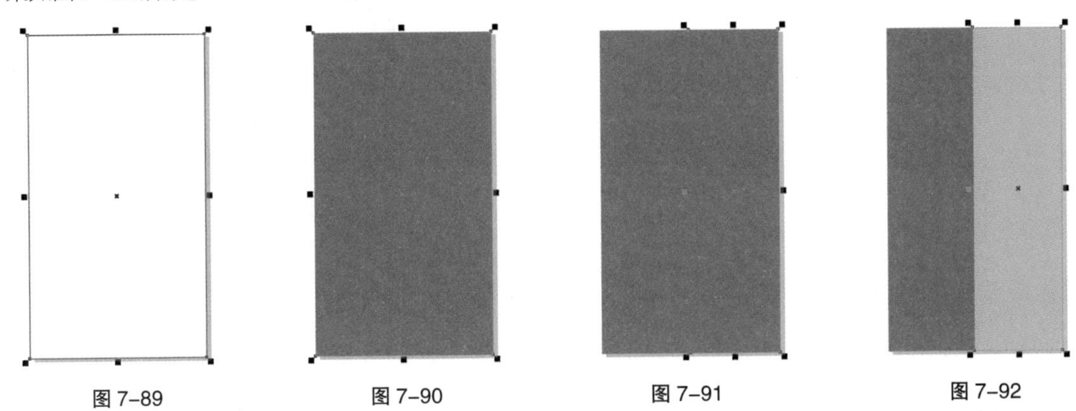

图 7-89　　图 7-90　　图 7-91　　图 7-92

（4）选择“文本”工具，在页面中输入需要的文字。选择“选择”工具，在属性栏中选取合适的字体并设置文字大小，填充文字为白色，效果如图 7-93 所示。

（5）选择“文本 > 文本属性”命令，在弹出的“文本属性”面板中进行设置，如图 7-94 所示；按 Enter 键，效果如图 7-95 所示。

图 7-93

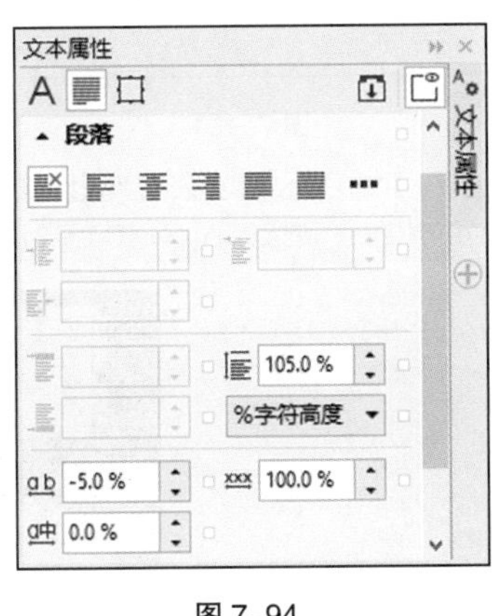

图 7-94

图 7-95

（6）按 F12 键，弹出“轮廓笔”对话框，在“颜色”选项中设置轮廓线颜色的 RGB 值为 102、102、102，其他选项的设置如图 7-96 所示；单击“确定”按钮，效果如图 7-97 所示。

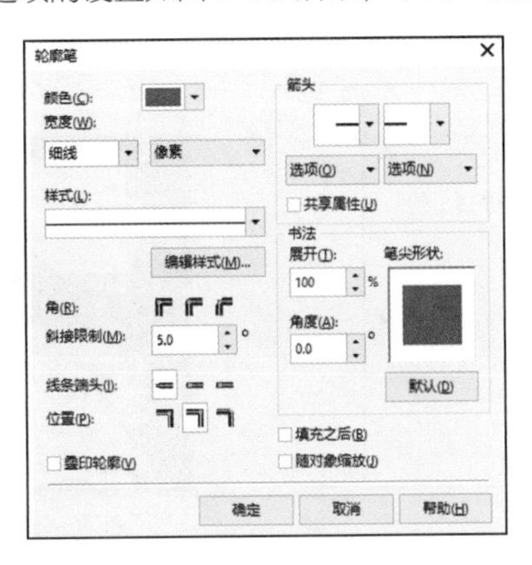

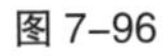

图 7-96

图 7-97

（7）选择“立体化”工具，由文字中心向右侧拖曳光标，在“属性栏”中单击“立体化颜色”按钮，在弹出的下拉列表中单击“使用纯色”按钮，设置立体色的 RGB 值为 255、219、211，其他选项的设置如图 7-98 所示；按 Enter 键，效果如图 7-99 所示。

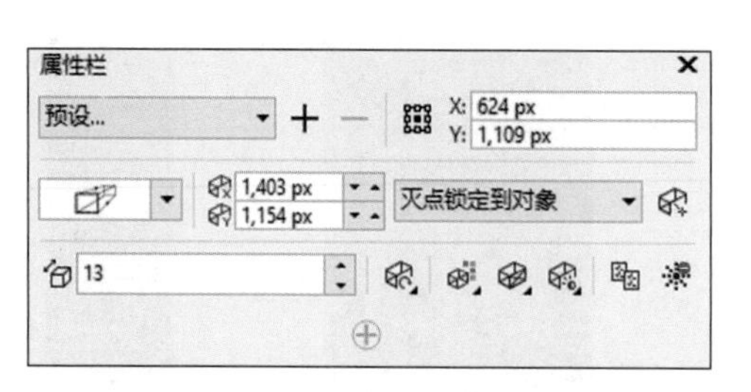

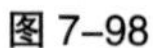

图 7-98

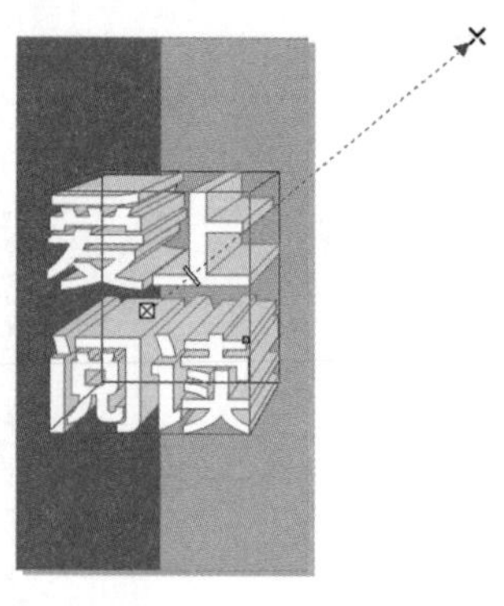

图 7-99

（8）选择“矩形”工具□，在适当的位置绘制一个矩形，如图 7-100 所示。在“属性栏”中将“转角半径”选项设为 0 px 和 100 px，其他选项的设置如图 7-101 所示。按 Enter 键，效果如图 7-102 所示。

图 7-100

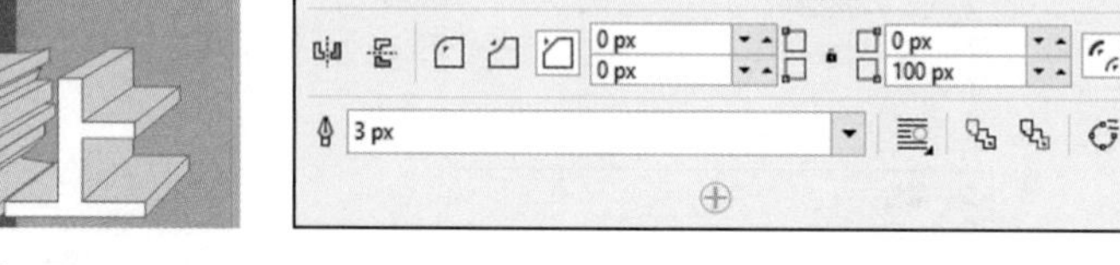

图 7-101

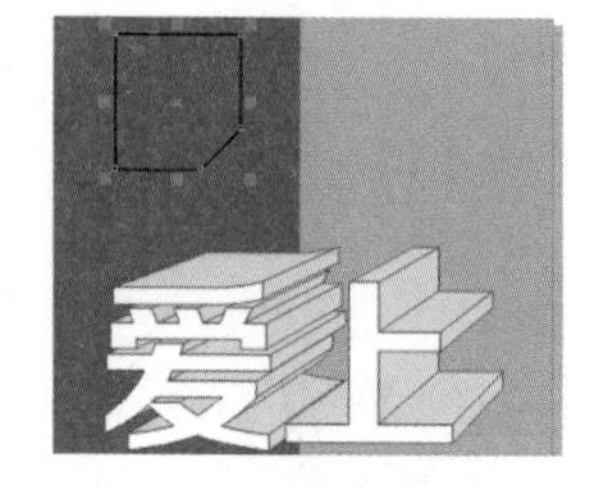

图 7-102

（9）填充图形为白色，效果如图 7-103 所示。按数字键盘上的 + 键，复制矩形。选择“选择”工具↖，向右下方拖曳复制的矩形到适当的位置，效果如图 7-104 所示。

图 7-103

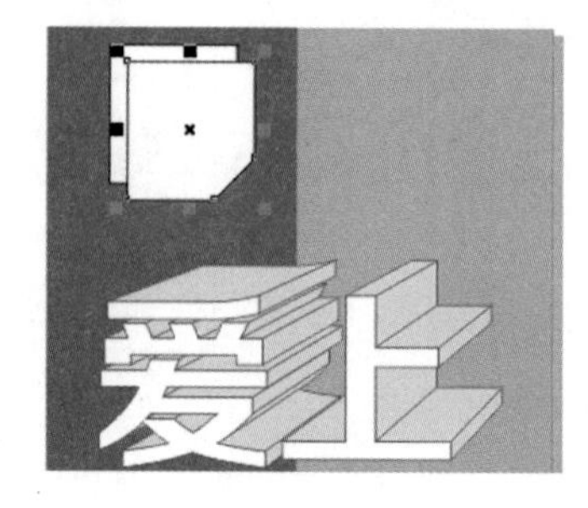

图 7-104

（10）选择“调和”工具◎，在两个矩形之间拖曳鼠标添加调和效果，在“属性栏”中的设置如图 7-105 所示。按 Enter 键，效果如图 7-106 所示。

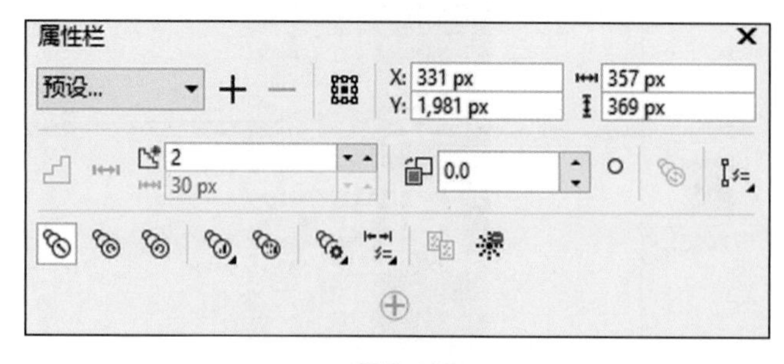

图 7-105

图 7-106

（11）选择“矩形”工具□，在适当的位置绘制一个矩形，如图 7-107 所示。在“属性栏”中将“转角半径”选项设为 0 px 和 100 px，其他选项的设置如图 7-108 所示。按 Enter 键，效果如图 7-109 所示。

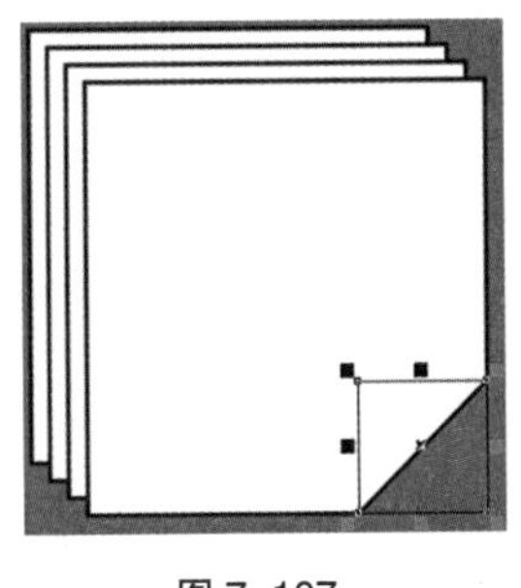

图 7-107

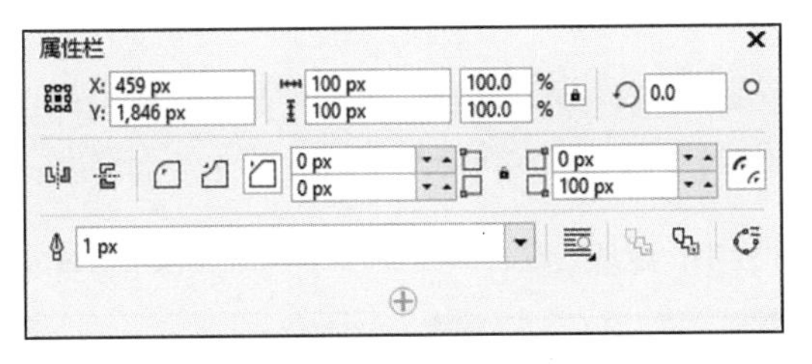

图 7-108

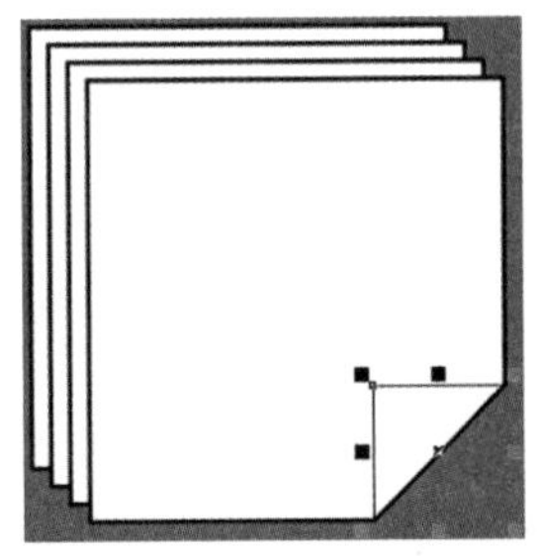

图 7-109

（12）保持图形的选取状态。设置图形颜色的 RGB 值为 250、178、173，填充图形，效果如图 7-110 所示。选择“手绘”工具，在适当的位置绘制一条斜线，效果如图 7-111 所示。

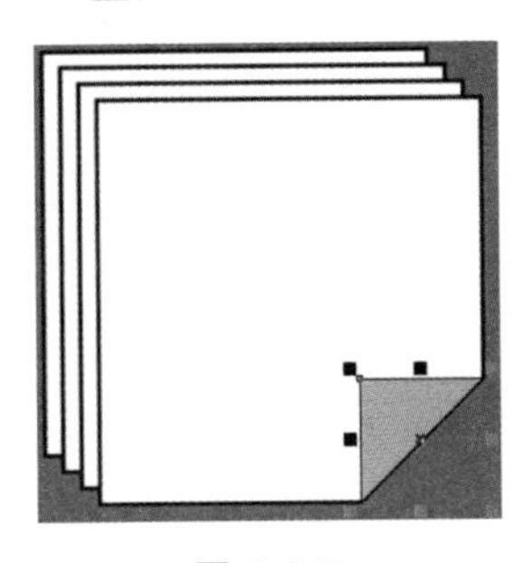

图 7-110

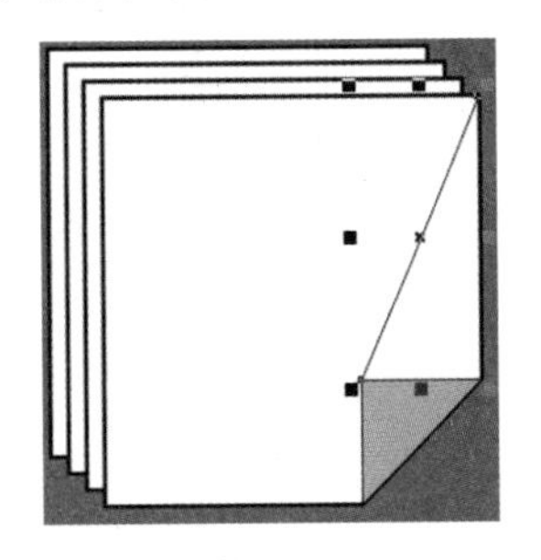

图 7-111

（13）按 F12 键，弹出“轮廓笔”对话框，在“颜色”选项中设置轮廓线颜色为黑色，其他选项的设置如图 7-112 所示；单击“确定”按钮，效果如图 7-113 所示。

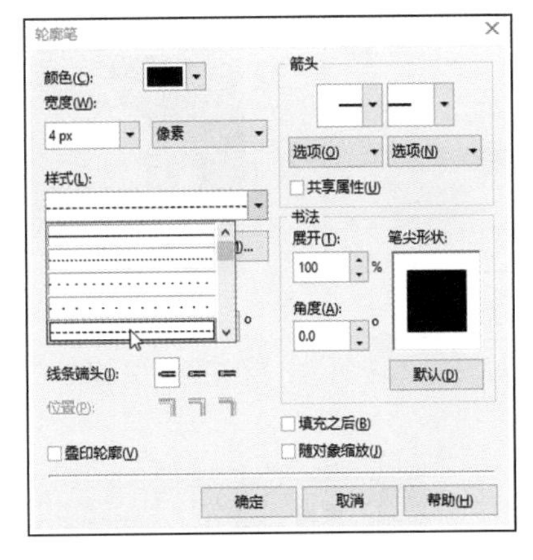

图 7-112

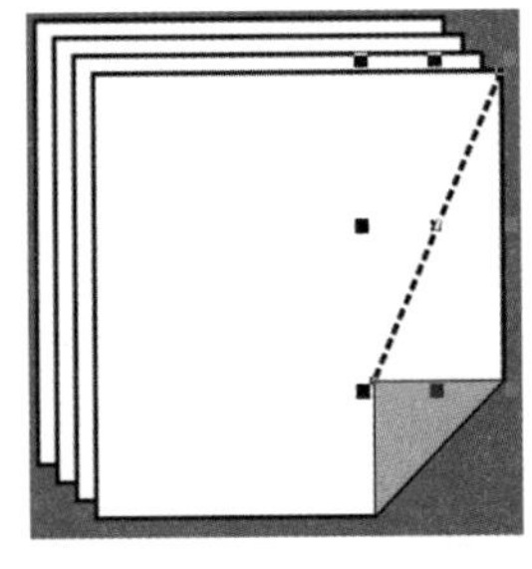

图 7-113

（14）选择“选择”工具，按数字键盘上的 + 键，复制斜线。按住 Shift 键的同时，水平向左拖曳复制的斜线到适当的位置，效果如图 7-114 所示。向内拖曳左下角的控制手柄到适当的位置，调整斜线长度，效果如图 7-115 所示。

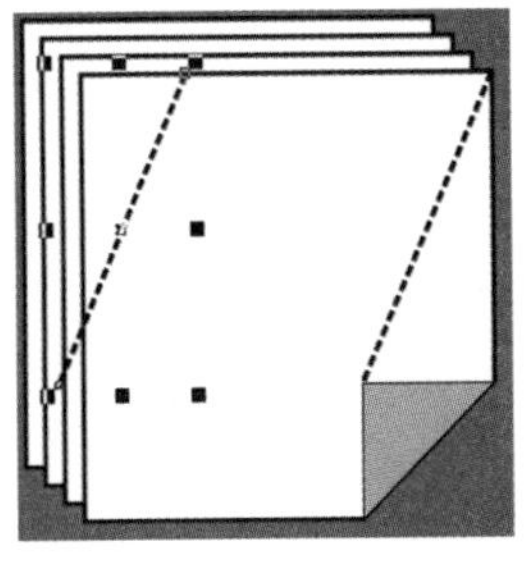

图 7-114

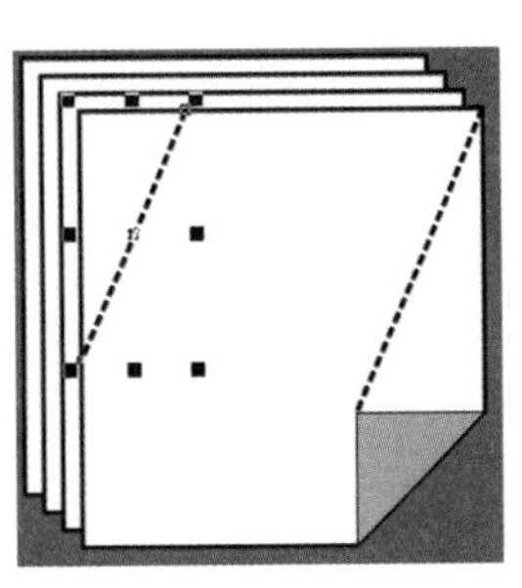

图 7-115

（15）选择“文本”工具字，在适当的位置输入需要的文字。选择“选择”工具，在“属性栏”中选取适当的字体并设置文字大小。单击“将文本更改为垂直方向”按钮，更改文字方向。效果如图7–116所示。

（16）选择“文本”工具字，在适当的位置输入需要的文字。选择“选择”工具，在“属性栏”中选取适当的字体并设置文字大小。单击“将文本更改为水平方向”按钮，更改文字方向。效果如图7–117所示。

（17）在“文本属性”面板中，选项的设置如图7–118所示；按Enter键，效果如图7–119所示。

图7–116

图7–117

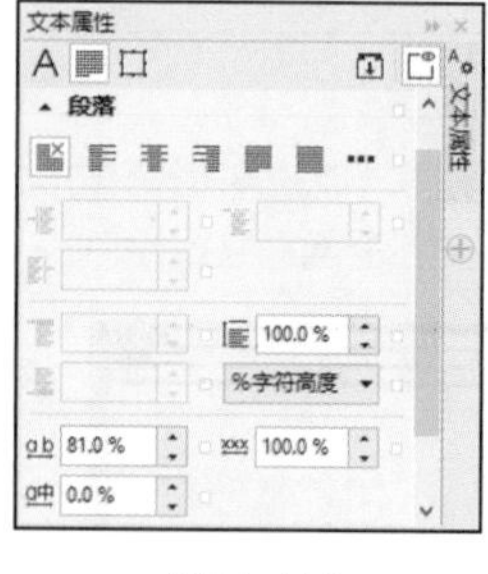

图7–118

图7–119

（18）选择“文本”工具字，在适当的位置输入需要的文字。选择“选择”工具，在“属性栏”中选取适当的字体并设置文字大小，效果如图7–120所示。在“文本属性”面板中，选项的设置如图7–121所示。按Enter键，效果如图7–122所示。

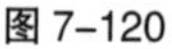

图7–120

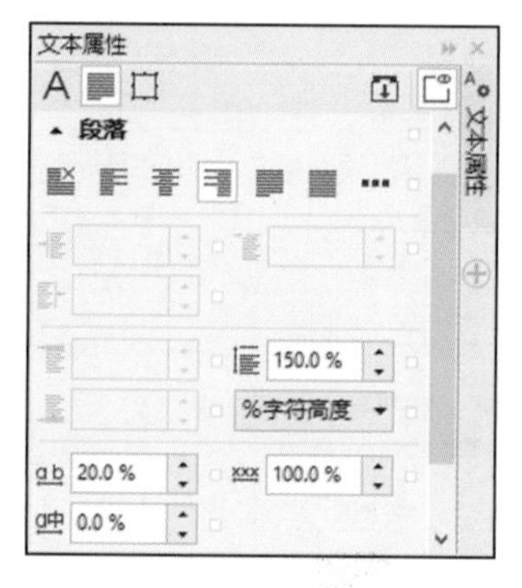

图7–121

图7–122

（19）选择“选择”工具，选取需要的斜线，如图7–123所示。按数字键盘上的+键，复制斜线，向右拖曳复制的斜线到适当的位置，效果如图7–124所示。

图7–123

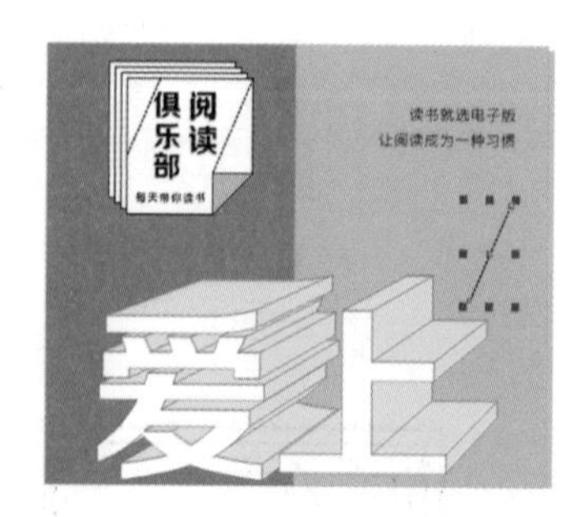

图7–124

（20）按Ctrl+I组合键，弹出“导入”对话框。选择云盘中的“Ch07 > 素材 > 制作阅读平台推广海报 > 01”文件，单击“导入”按钮，在页面中单击鼠标左键导入图片。选择“选择”工具，拖曳图片到适当的位置，效果如图7–125所示。

（21）选择“矩形”工具，在适当的位置绘制一个矩形。在“RGB调色板”中的“10%黑”色块上单击鼠标左键，填充图形，并去除图形的轮廓线，效果如图7–126所示。再绘制一个矩形，填充图形为白色，并去除图形的轮廓线，效果如图7–127所示。

图 7-125

图 7-126

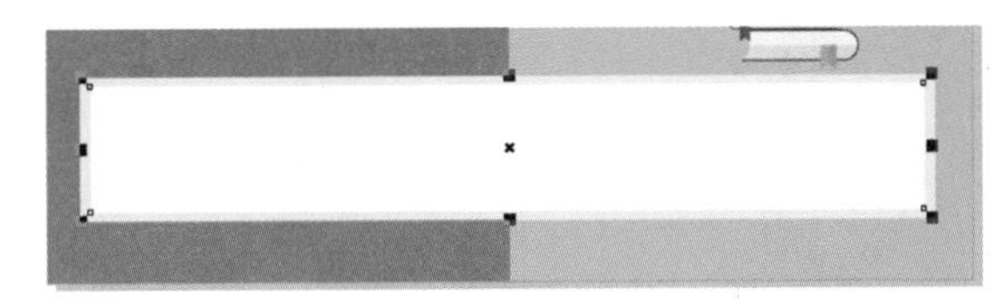

图 7-127

（22）选择“阴影”工具，在白色矩形中从上向下拖曳光标，为矩形添加阴影效果，在“属性栏”中的设置如图 7-128 所示。按 Enter 键，效果如图 7-129 所示。

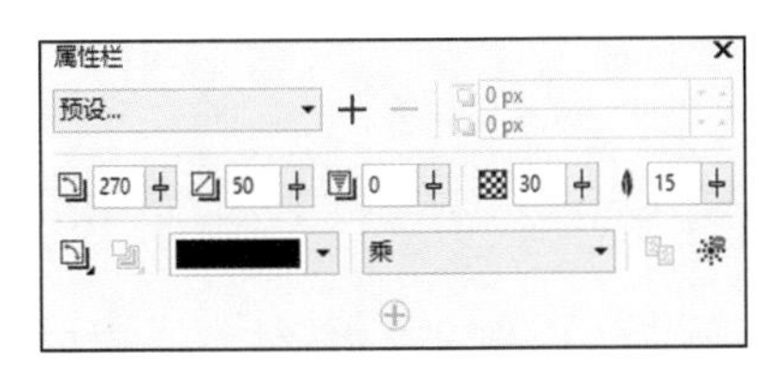

图 7-128

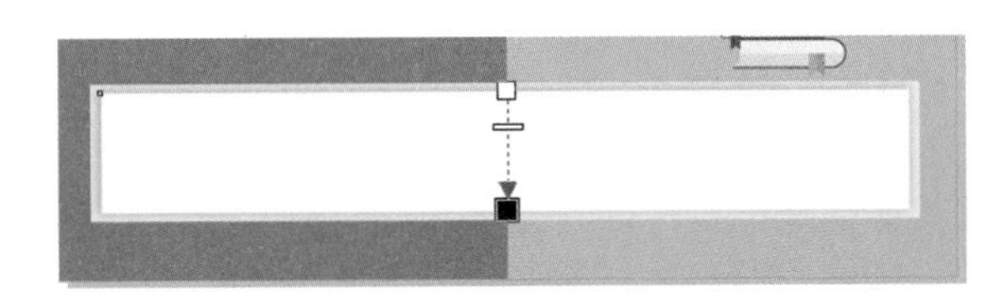

图 7-129

（23）选择“矩形”工具，在适当的位置绘制一个矩形，如图 7-130 所示。选择“文本”工具，在适当的位置分别输入需要的文字；选择“选择”工具，在属性栏中分别选取适当的字体并设置好文字大小，效果如图 7-131 所示。

图 7-130

图 7-131

（24）选择“手绘”工具，按住 Ctrl 键的同时，在适当的位置绘制一条直线，如图 7-132 所示。按 F12 键，弹出“轮廓笔”对话框，在“颜色”选项中设置轮廓线颜色为黑色，其他选项的设置如图 7-133 所示。单击“确定”按钮，效果如图 7-134 所示。阅读平台推广海报制作完成，效果如图 7-135 所示。

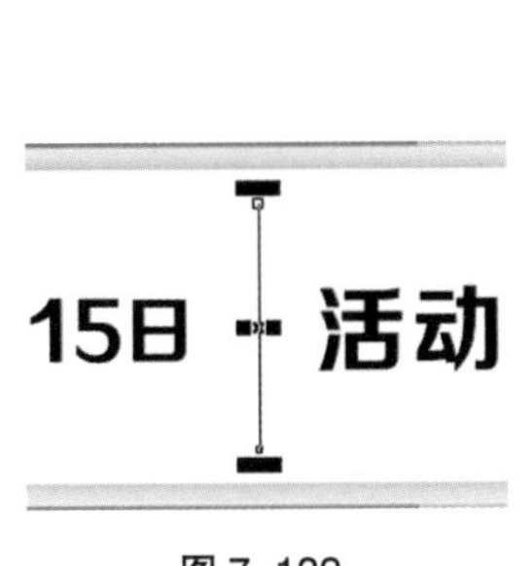

图 7-132

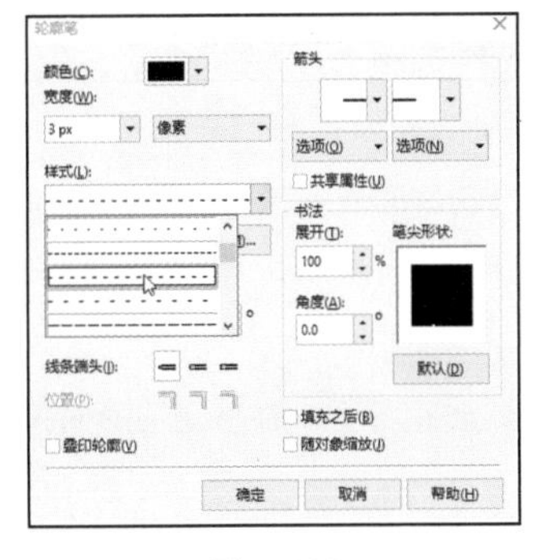

图 7-133

图 7-134

图 7-135

7.4.2 透视效果

设计和制作图形经常会使用到透视效果。下面介绍如何在 CorelDRAW X8 中制作透视效果。

打开要制作透视效果的图形，使用“选择”工具将图形选中，效果如图 7-136 所示。选择“效果 > 添加透视”命令，在图形的周围出现控制线和控制点，如图 7-137 所示。用鼠标指针拖曳控制点，

制作需要的透视效果，在拖曳控制点时出现了透视点×，如图 7–138 所示。用鼠标指针可以拖曳透视点×，同时可以改变透视效果，如图 7–139 所示。制作好透视效果后，按空格键，确定完成的效果。

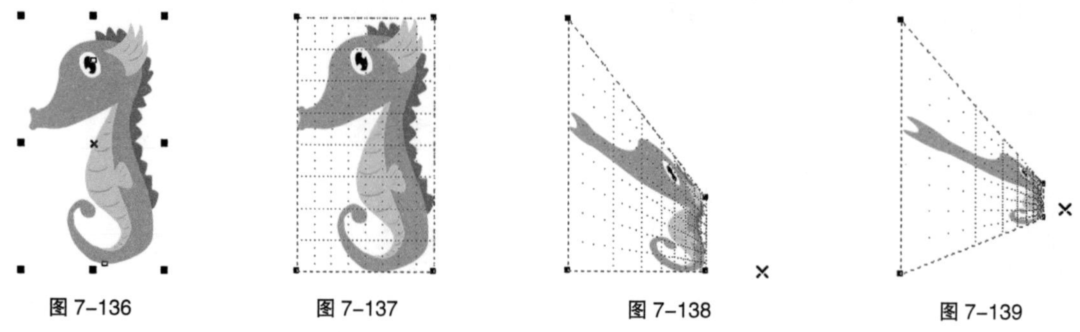

图 7–136　　图 7–137　　图 7–138　　图 7–139

要修改已经制作好的透视效果，只需双击图形，再对已有的透视效果进行调整即可。选择“效果 > 清除透视点”命令，可以清除透视效果。

7.4.3　立体效果

立体效果是利用三维空间的立体旋转和光源照射的功能来完成的。CorelDRAW X8 中的“立体化”工具可以用来制作和编辑图形的三维效果。

绘制一个需要进行立体化的图形，如图 7–140 所示。选择“立体化”工具，在图形上按住鼠标左键并向图形右上方拖曳光标，如图 7–141 所示。达到理想的立体效果后，松开鼠标左键，图形的立体化效果如图 7–142 所示。

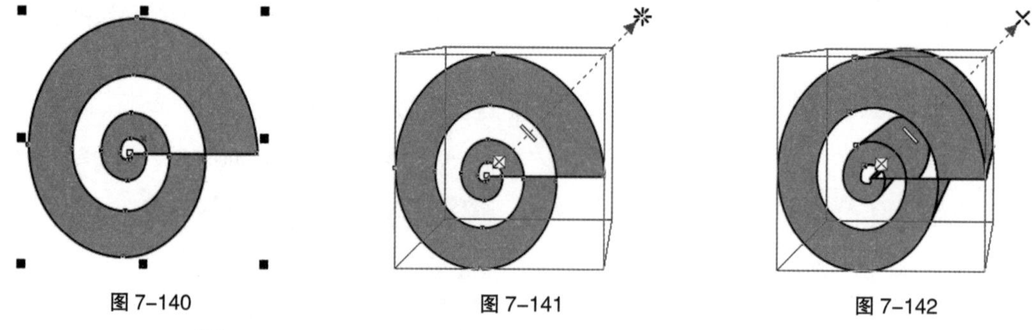

图 7–140　　图 7–141　　图 7–142

“立体化”工具的属性栏如图 7–143 所示。各选项的含义如下。

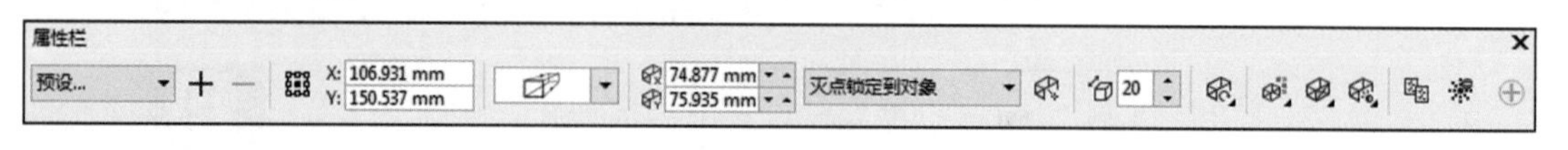

图 7–143

“立体化类型”选项：单击选项后的三角形弹出下拉列表，分别选择可以出现不同的立体化效果。

“深度”选项：可以设置图形立体化的深度。

“灭点属性”选项：可以设置灭点的属性。

“页面或对象灭点”按钮：可以将灭点锁定到页面上。在移动图形时灭点不能移动，且立体化的图形形状会改变。

“立体化旋转”按钮：单击此按钮，弹出旋转设置区，指针放在三维旋转设置区内会变为手形。拖曳鼠标可以在三维旋转设置区中旋转图形，页面中的立体化图形会进行相应的旋转。单击按钮，设置区中出现“旋转值”数值框，可以精确地设置立体化图形的旋转数值。单击按钮，可以恢复到设置区的默认设置。

“立体化颜色”按钮：单击此按钮，弹出立体化图形的“颜色”设置区。在颜色设置区中有 3 种颜色设置模式，分别是“使用对象填充”模式、“使用纯色”模式和“使用递减的颜色”模式。

“立体化倾斜”按钮：单击此按钮，弹出“斜角修饰”设置区，通过拖曳面板中图例的节点来添加斜角效果，也可以在增量框中输入数值来设定斜角。勾选“只显示斜角修饰边”复选框，将只显示立体化图形的斜角修饰边。

“立体化照明”按钮：单击此按钮，弹出照明设置区，在设置区中可以为立体化图形添加光源。

7.4.4 调和效果

“调和”工具是 CorelDRAW X8 中应用最广泛的工具之一。该工具制作出的调和效果可以在绘图对象间产生形状、颜色的平滑变化。下面具体讲解调和效果的使用方法。

打开两个要制作调和效果的图形，如图 7-144 所示。选择“调和”工具，将鼠标的指针放在左边的图形上，鼠标的指针变为，按住鼠标左键并拖曳鼠标到右边的图形上，如图 7-145 所示。松开鼠标，两个图形的调和效果如图 7-146 所示。

图 7-144

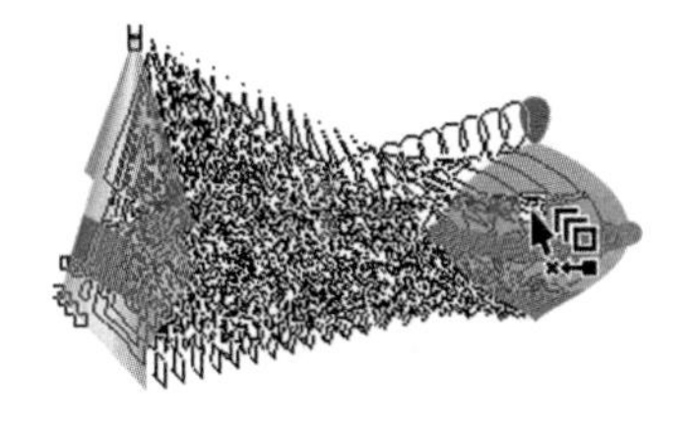

图 7-145

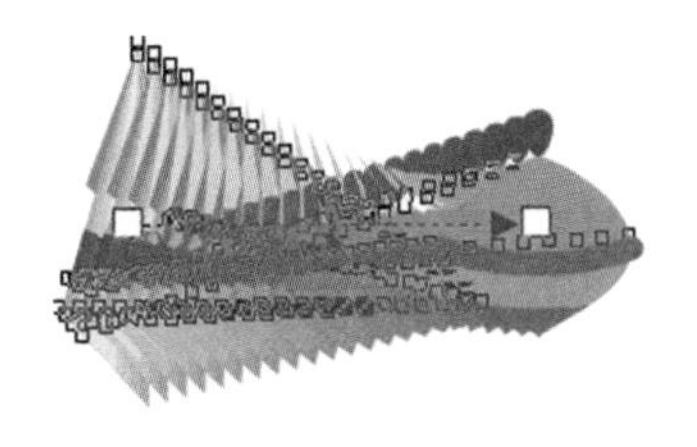

图 7-146

“调和”工具的属性栏如图 7-147 所示。各选项的含义如下。

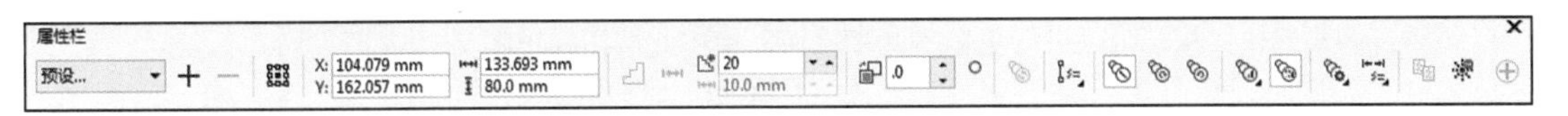

图 7-147

“调和步长” 20：可以设置调和的步数，效果如图 7-148 所示。

“调和方向” .0 °：可以设置调和的旋转角度，效果如图 7-149 所示。

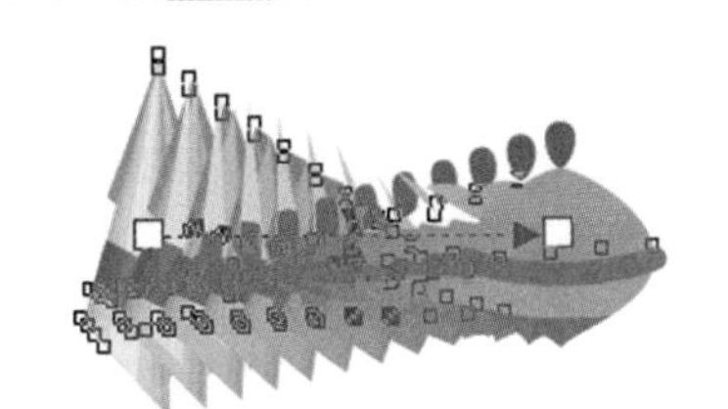

图 7-148

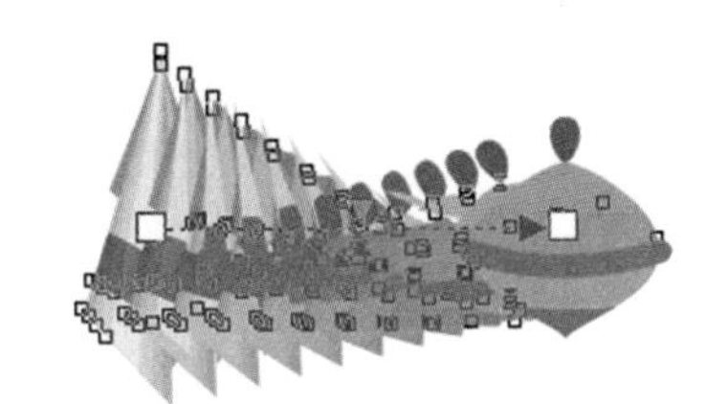

图 7-149

“环绕调和”：调和的图形除了自身旋转外，同时将以起点图形和终点图形的中间位置为旋转中心做旋转分布，如图 7-150 所示。

“直接调和”、**“顺时针调和”**、**“逆时针调和”**：设定调和对象之间颜色过渡的方向，效果如图 7-151 所示。

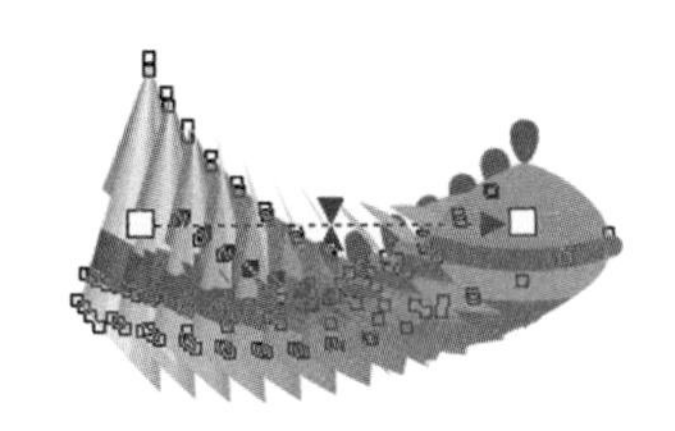

图 7-150

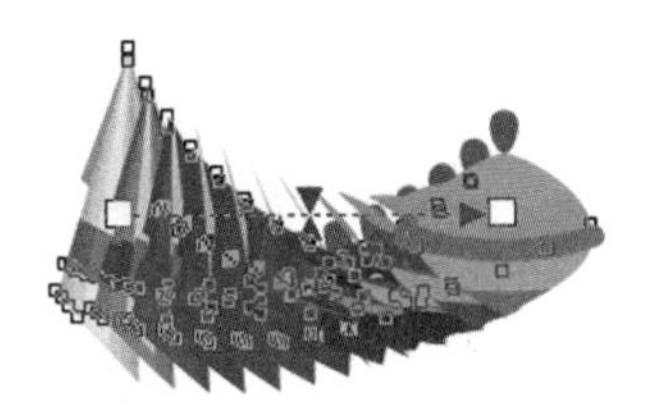

a. 顺时针调和

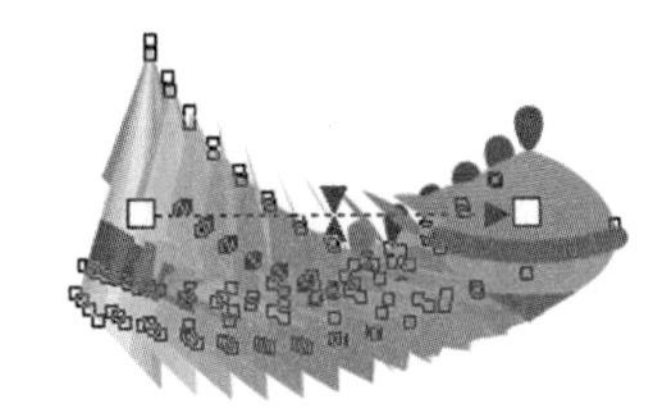

b. 逆时针调和

图 7-151

“对象和颜色加速”：调整对象和颜色的加速属性。单击此按钮，弹出如图 7-152 所示的对话框。拖曳滑块到需要的位置，对象加速调和效果如图 7-153 所示，颜色加速调和效果如图 7-154 所示。

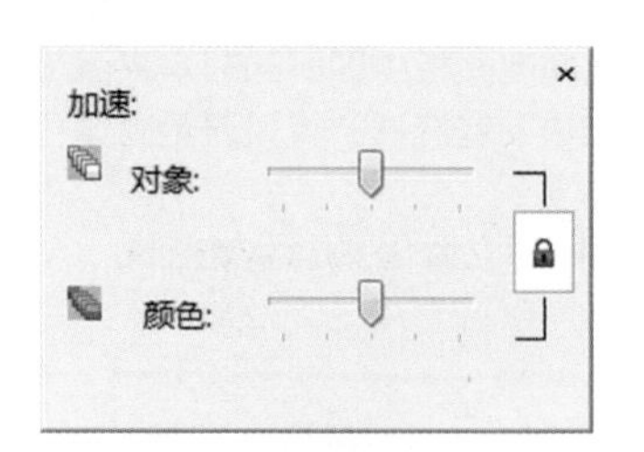

图 7-152

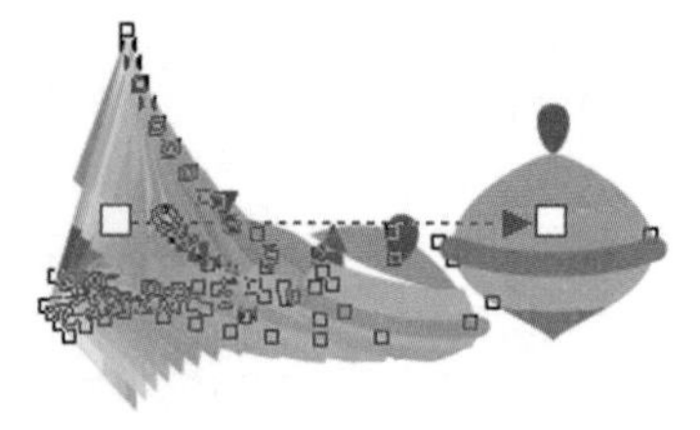

图 7-153

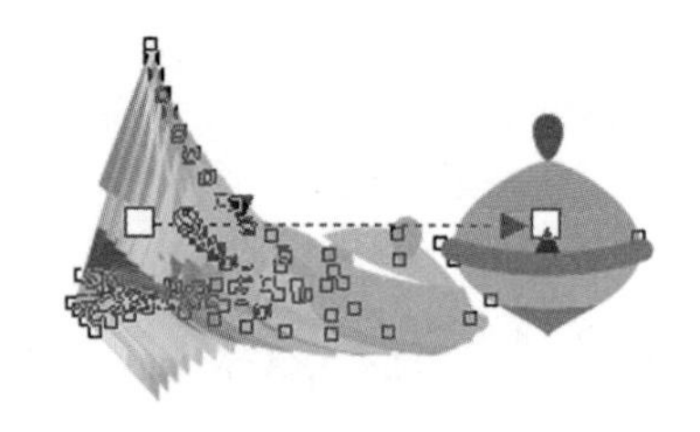

图 7-154

“调整加速大小”：可以控制调和的加速属性。

“起始和结束属性”：可以显示或重新设定调和的起始及终止对象。

“路径属性”：使调和对象沿绘制好的路径分布。单击此按钮弹出图 7-155 所示的菜单，选择“新路径”选项，鼠标的指针变为↙，在新绘制的路径上单击，如图 7-156 所示。沿路径进行调和的效果如图 7-157 所示。

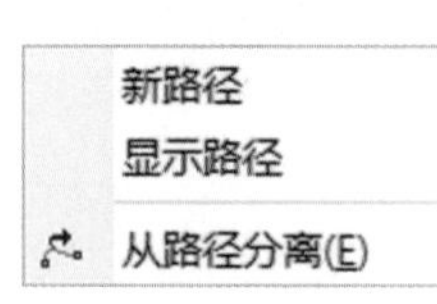

图 7-155

图 7-156

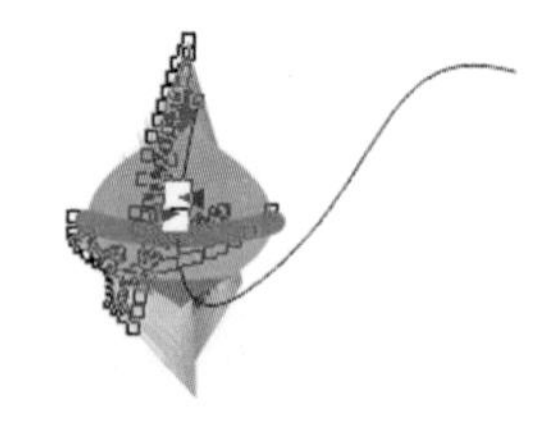

图 7-157

“更多调和选项”：可以进行更多的调和设置。单击此按钮弹出图 7-158 所示的菜单。“映射节点”按钮，可指定起始对象的某一节点与终止对象的某一节点对应，以产生特殊的调和效果。“拆分”按钮，可将过渡对象分割成独立的对象，并可与其他对象进行再次调和。勾选“沿全路径调和”复选框，可以使调和对象自动充满整个路径。勾选“旋转全部对象”复选框，可以使调和对象的方向与路径一致。

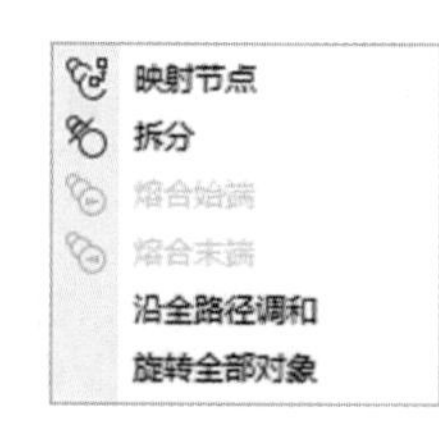

图 7-158

7.4.5 阴影效果

阴影效果是经常使用的一种特效，使用“阴影”工具可以快速制作出图形的阴影效果，还可以设置阴影的透明度、角度、位置、颜色和羽化程度。下面介绍如何制作阴影效果。

打开一个图形，使用“选择”工具选取要制作阴影效果的图形，如图 7-159 所示。再选择“阴影”工具，将鼠标指针放在图形上，按住鼠标左键并向阴影投射的方向拖曳鼠标，如图 7-160 所示。到需要的位置后松开鼠标，阴影效果如图 7-161 所示。

图 7-159

图 7-160

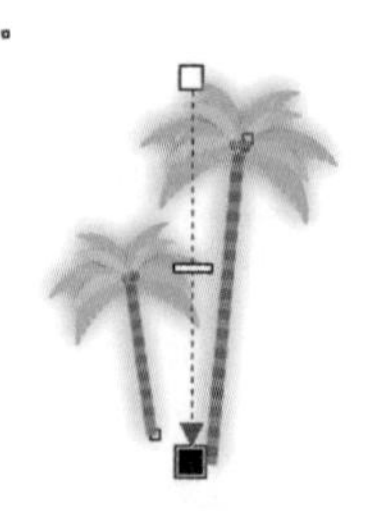

图 7-161

拖曳阴影控制线上的图标，可以调节阴影的透光程度。拖曳时越靠近□图标，透光度越小，阴影越淡，效果如图 7-162 所示。拖曳时越靠近■图标，透光度越大，阴影越浓，效果如图 7-163 所示。

“阴影”工具的属性栏如图 7-164 所示。各选项的含义如下。

“预设列表”：选择需要的预设阴影效果。单击预设框后面的+或−按钮，可以添加或删除预设框中的阴影效果。

“阴影偏移”、**“阴影角度”**：分别可以设置阴影的偏移位置和角度。

“阴影延展”、**“阴影淡出”**：分别可以调整阴影的长度和边缘的淡化程度。

“阴影的不透明”：可以设置阴影的不透明度。

“**阴影羽化**”：可以设置阴影的羽化程度。

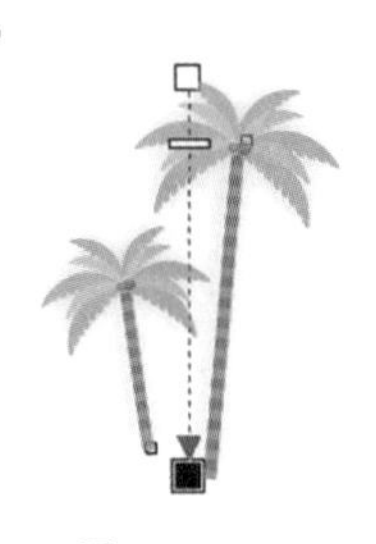
图 7-162

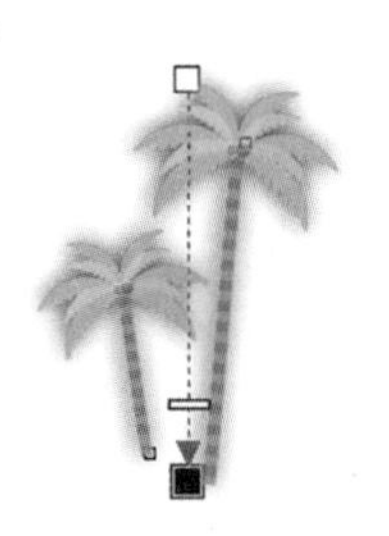
图 7-163

“**羽化方向**”：可以设置阴影的羽化方向。单击此按钮可弹出“羽化方向”设置区，如图 7-165 所示。

“**羽化边缘**”：可以设置阴影的羽化边缘模式。单击此按钮可弹出“羽化边缘”设置区，如图 7-166 所示。

“**阴影颜色**”：可以改变阴影的颜色。

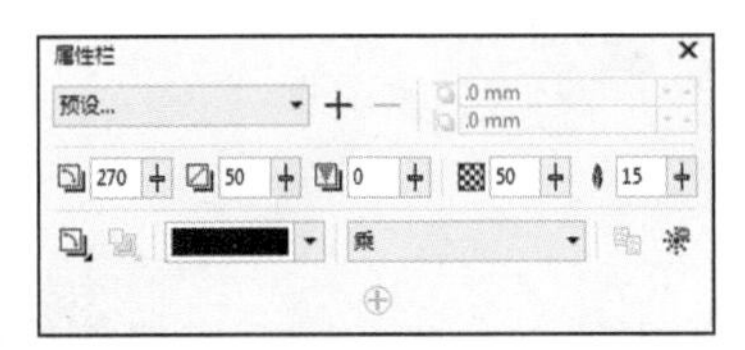

图 7-164

图 7-165

图 7-166

7.4.6 课堂案例——制作旅游公众号封面首图

【案例学习目标】学会使用透明度工具、封套工具和轮廓图工具制作旅游公众号封面首图。

【案例知识要点】使用导入命令、矩形工具和透明度工具制作底图；使用文本工具、封套工具制作文字变形效果；使用阴影工具为文字添加阴影效果；使用矩形工具和轮廓图工具制作轮廓化效果；旅游公众号封面首图如图 7-167 所示。

【效果所在位置】云盘 /Ch07/ 效果 / 制作旅游公众号封面首图 .cdr。

图 7-167

（1）按 Ctrl+N 组合键，弹出“创建新文档”对话框。设置文档的宽度为 900 px，高度为 383 px，取向为横向，原色模式为 RGB，渲染分辨率为 72 dpi。单击“确定”按钮，创建一个文档。

（2）按 Ctrl+I 组合键，弹出“导入”对话框，选择云盘中的“Ch07 > 素材 > 制作旅游公众号封面首图 > 01”文件，单击“导入”按钮，在页面中单击鼠标左键导入图片，如图 7-168 所示。按 P 键，图片在页面中居中对齐，效果如图 7-169 所示。

图 7-168

图 7-169

（3）双击“矩形”工具□，绘制一个与页面大小相等的矩形，按 Shift+PageUp 组合键，将矩形移至图层前面，如图 7–170 所示。设置图形颜色的 RGB 值为 102、153、255，填充图形，并去除图形的轮廓线，效果如图 7–171 所示。

图 7–170

图 7–171

（4）选择“透明度”工具▩，在属性栏中单击“均匀透明度”按钮■，其他选项的设置如图 7–172 所示。按 Enter 键，透明效果如图 7–173 所示。

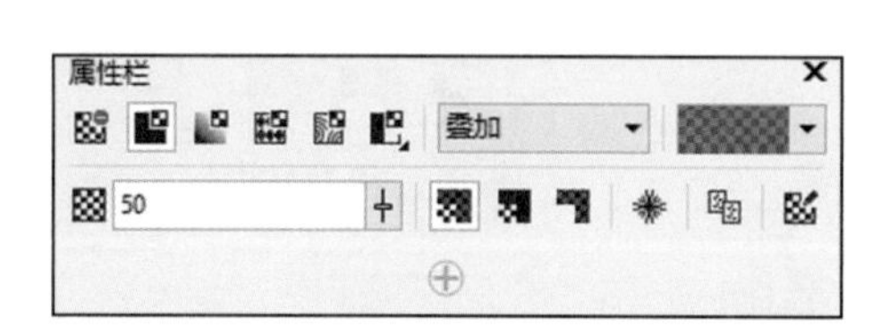

图 7–172

图 7–173

（5）选择“文本”工具字，在页面中输入需要的文字。选择“选择”工具▸，在属性栏中选取适当的字体并设置好文字大小，填充颜色为白色。效果如图 7–174 所示。

（6）选择“封套”工具⌑，文字外围出现封套的控制点和控制线，如图 7–175 所示。在属性栏中单击“直线模式”按钮◿，其他选项的设置如图 7–176 所示。向下拖曳文字“世”下方的控制点到适当的位置，变形效果如图 7–177 所示。

图 7–174

图 7–175

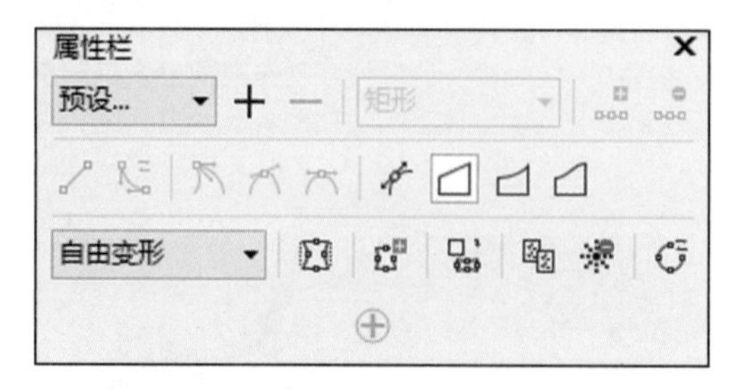

图 7–176

图 7–177

（7）选择“阴影”工具□，在文字对象中从上向下拖曳光标，为文字添加阴影效果，在属性栏中的设置如图 7–178 所示。按 Enter 键，效果如图 7–179 所示。

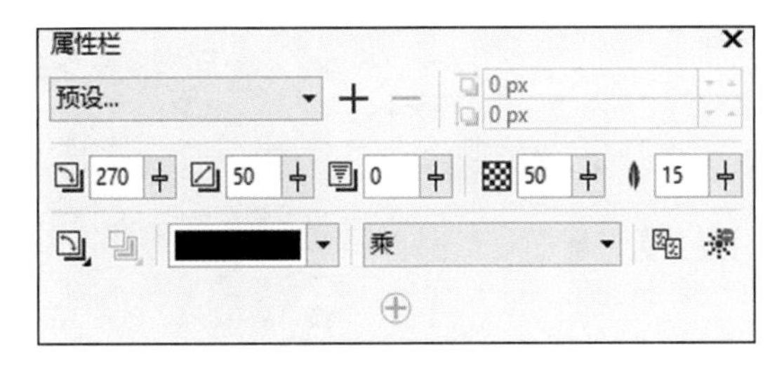

图 7-178

图 7-179

（8）用相同的方法输入其他文字，并添加封套和阴影效果，如图 7-180 所示。选择“矩形”工具□，在适当的位置绘制一个矩形。在“RGB 调色板”中的“40% 黑”色块上单击鼠标右键，填充图形轮廓线，效果如图 7-181 所示。

图 7-180

图 7-181

（9）选择“轮廓图”工具，在属性栏中单击“外部轮廓”按钮，在“轮廓色”选项中设置轮廓线颜色为“黑色”，其他选项的设置如图 7-182 所示。按 Enter 键，效果如图 7-183 所示。

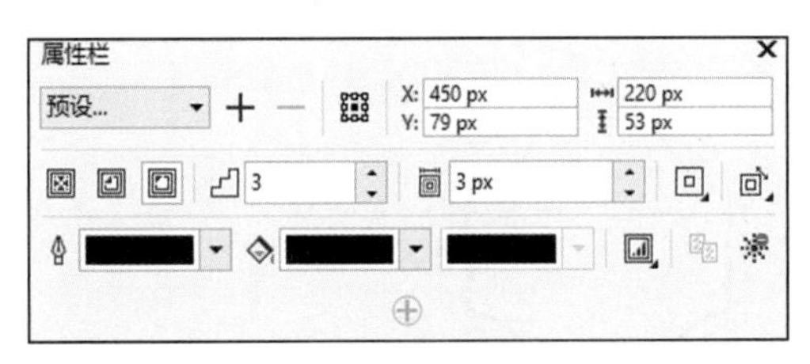

图 7-182

图 7-183

（10）选择“文本”工具字，在适当的位置输入需要的文字。选择“选择”工具，在属性栏中选取适当的字体并设置文字大小。在“RGB 调色板”中的“黄”色块上单击鼠标左键，填充文字，效果如图 7-184 所示。旅游公众号封面首图制作完成，效果如图 7-185 所示。

图 7-184

图 7-185

7.4.7 透明度效果

使用“透明度”工具可以制作出如均匀、渐变、图案和底纹都很漂亮的透明效果。

绘制并填充两个图形，选择“选择”工具，选择上方的图形，如图 7-186 所示。选择“透明度”工具，在属性栏中可以选择一种透明类型，这里单击“均匀透明度”按钮，选项的设置如图 7-187 所示。图形的透明效果如图 7-188 所示。

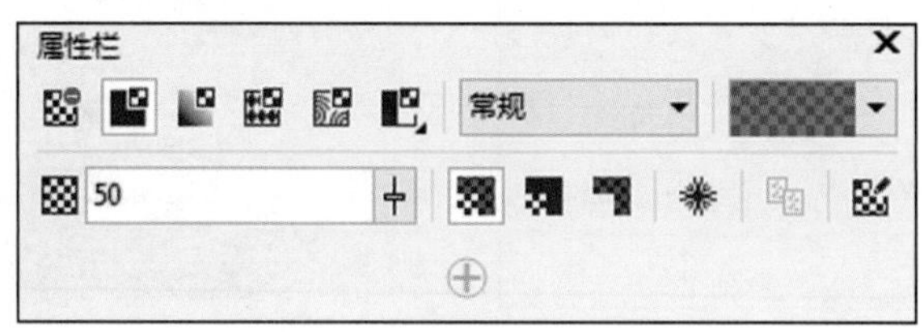

图 7-186　　图 7-187　　图 7-188

透明属性栏中各选项的含义如下。

、：选择透明类型和透明样式。

“透明度”：拖曳滑块或直接输入数值，可以改变对象的透明度。

“透明度目标”：设置应用透明度到“填充”“轮廓”或“全部”效果。

“冻结透明度”：冻结当前视图的透明度。

“编辑透明度”：打开“渐变透明度”对话框，可以对渐变透明度进行具体的设置。

“复制透明度”：可以复制对象的透明效果。

“无透明度”：可以清除对象的透明效果。

7.4.8 轮廓效果

轮廓效果是由图形中向内部或者外部放射的层次效果，它由多个同心线圈组成。下面介绍如何制作轮廓效果。

绘制一个图形，如图 7-189 所示。选择“轮廓图”工具，在图形轮廓上方的节点上单击鼠标左键，并向内拖曳指针至需要的位置。松开鼠标左键，效果如图 7-190 所示。

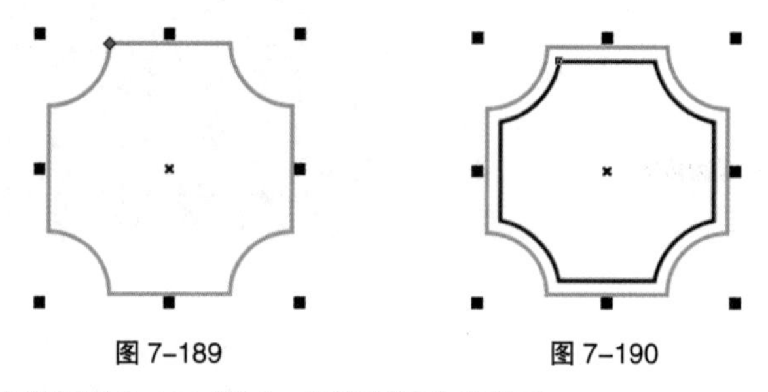

图 7-189　　图 7-190

“轮廓”工具的属性栏如图 7-191 所示。各选项的含义如下。

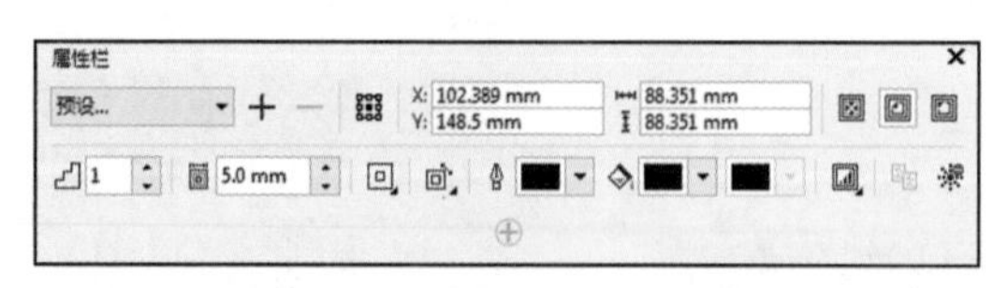

图 7-191

“预设列表”选项：选择系统预设的样式。

“内部轮廓”按钮、**“外部轮廓”按钮**：使对象产生向内和向外的轮廓图。

“到中心”按钮：根据设置的偏移值一直向内创建轮廓图，效果如图 7-192 所示。

图 7-192

“轮廓图步长”选项◰1 ⁝**和“轮廓图偏移”选项**▣5.0 mm ⁝：设置轮廓图的步数和偏移值，如图 7-193 和图 7-194 所示。

“轮廓色”选项◊■▾：设定最内一圈轮廓线的颜色。

“填充色”选项◈■▾：设定轮廓图的颜色。

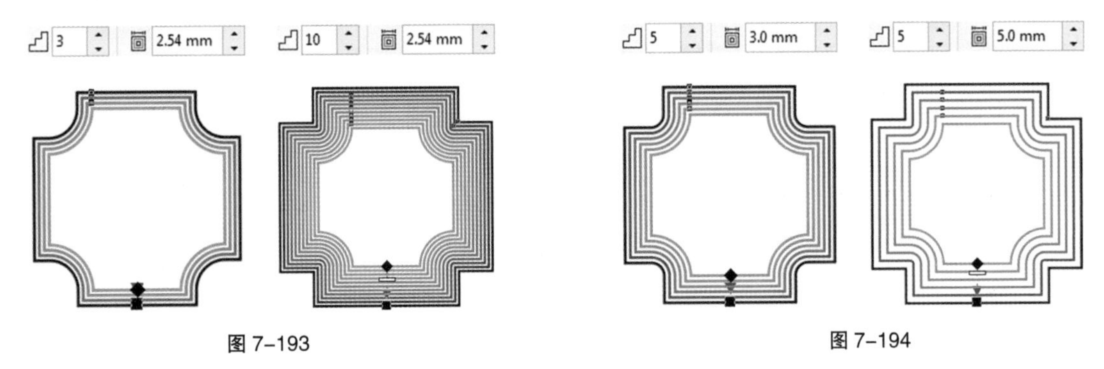

图 7-193　　　　图 7-194

7.4.9 变形效果

“变形”工具▢可以使图形的变形操作更加方便。变形后可以产生不规则的图形外观，变形后的图形效果更具弹性、更加奇特。

选择“变形”工具▢，弹出如图 7-195 所示的属性栏。在属性栏中提供了 3 种变形方式：“推拉变形”▢、“拉链变形”▢和“扭曲变形”▢。

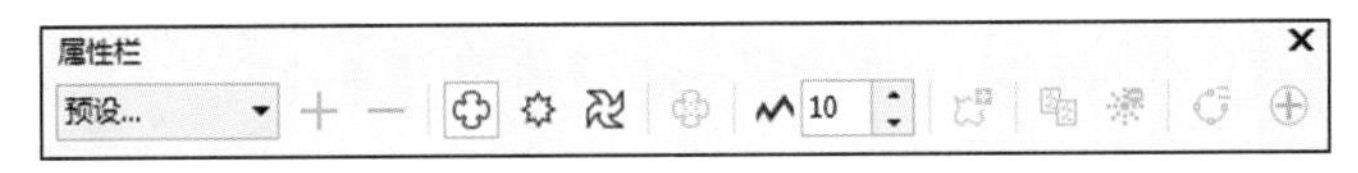

图 7-195

1. 推拉变形

绘制一个图形，如图 7-196 所示。单击属性栏中的“推拉变形”按钮▢，在图形上按住鼠标左键并向左拖曳鼠标，如图 7-197 所示。变形的效果如图 7-198 所示。

图 7-196

图 7-197

图 7-198

在属性栏的“推拉振幅”∧131 ⁝框中，可以输入数值来控制推拉变形的幅度。推拉变形的设置范围在 -200~200。单击“居中变形”按钮▢，可以将变形的中心移至图形的中心。单击“转换为曲线”按钮▢，可以将图形转换为曲线。

2. 拉链变形

绘制一个图形，如图 7-199 所示。单击属性栏中的“拉链变形”按钮▢，在图形上按住鼠标左键并向左下方拖曳鼠标，如图 7-200 所示。变形的效果如图 7-201 所示。

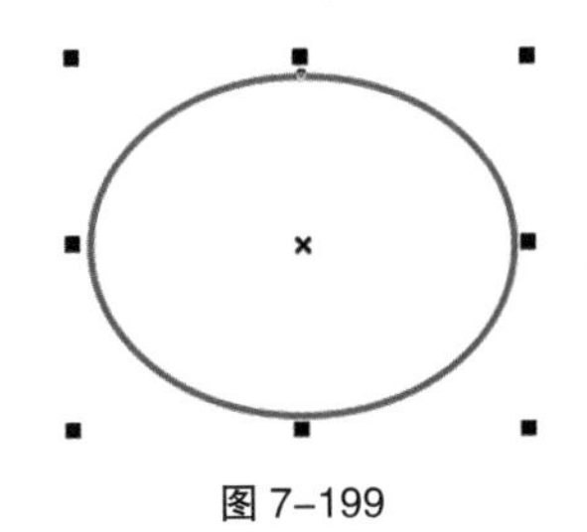

图 7-199

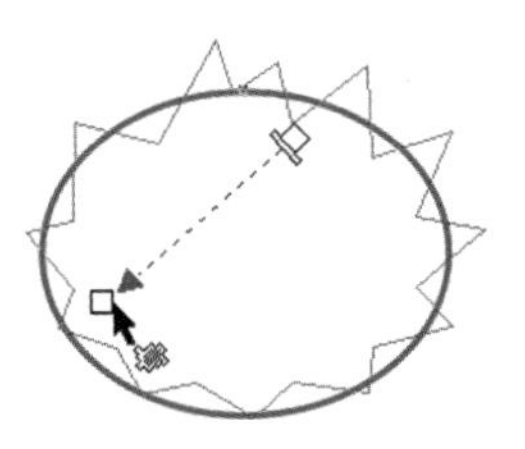

图 7-200

图 7-201

在属性栏的“拉链失真振幅”中，可以输入数值调整变化图形时锯齿的深度。单击“随机变形”按钮，可以随机地变化图形锯齿的深度。单击“平滑变形”按钮，可以将图形锯齿的尖角变成圆弧。单击“局限变形”按钮，在图形中拖曳鼠标，可以将图形锯齿的局部进行变形。

3．扭曲变形

绘制一个图形，效果如图 7-202 所示。选择“变形”工具，单击属性栏中的“扭曲变形”按钮，在图形中按住鼠标左键并转动鼠标，如图 7-203 所示。变形的效果如图 7-204 所示。

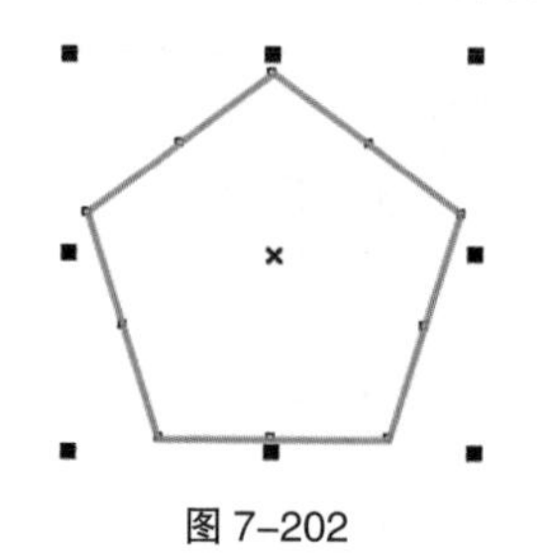
图 7-202

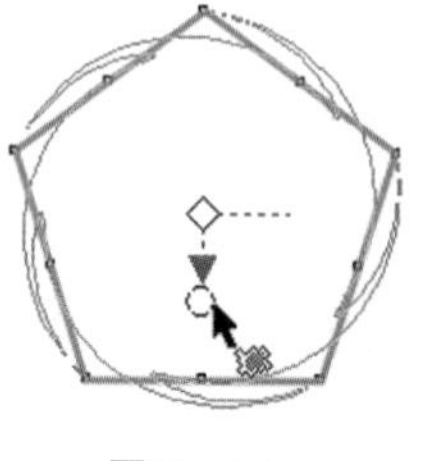
图 7-203

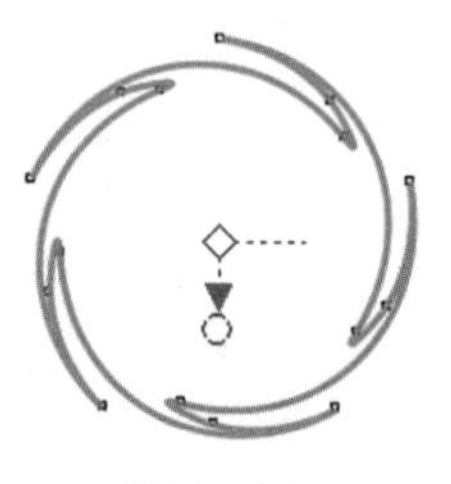
图 7-204

单击属性栏中的“添加新的变形”按钮，可以继续在图形中按住鼠标左键并转动鼠标，来制作新的变形效果。单击“顺时针旋转”按钮和“逆时针旋转”按钮，可以设置旋转的方向。在“完全旋转”文本框中可以设置完全旋转的圈数。在“附加度数”文本框中可以设置旋转的角度。

7.4.10 封套效果

使用“封套”工具可以快速建立对象的封套效果，使文本、图形和位图都可以产生丰富的变形效果。

打开一个要制作封套效果的图形，如图 7-205 所示。选择“封套”工具，单击图形，图形外围显示封套的控制线和控制点，如图 7-206 所示。用鼠标拖曳选定的控制点到适当的位置并松开鼠标左键，可以改变图形的外形，如图 7-207 所示。选择“选择”工具并按 Esc 键，取消选取，图形的封套效果如图 7-208 所示。

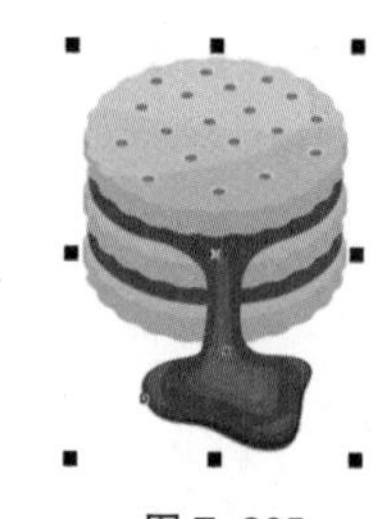
图 7-205

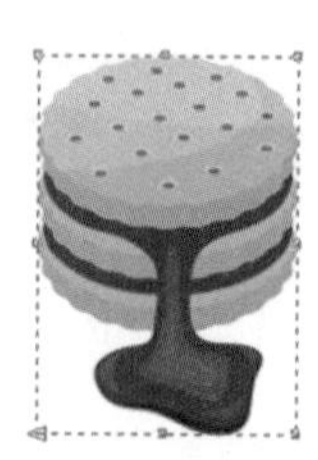
图 7-206

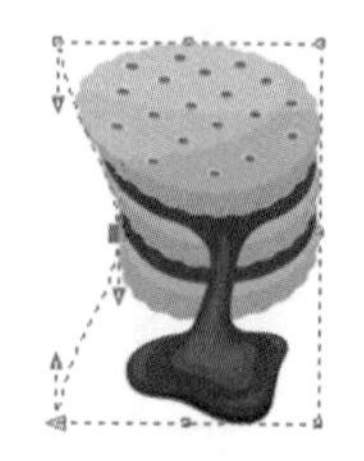
图 7-207

图 7-208

在属性栏的“预设列表”中可以选择需要的预设封套效果。“直线模式”按钮、“单弧模式”按钮、“双弧模式”按钮和“非强制模式”按钮为 4 种不同的封套编辑模式。“映射模式”列表框包含 4 种映射模式，分别是“水平”模式、“原始”模式、“自由变形”模式和“垂直”模式。使用不同的映射模式可以使封套中的对象符合封套的形状，制作出所需要的变形效果。

7.4.11 透镜效果

在 CorelDRAW X8 中，使用透镜可以制作出多种特殊效果。下面介绍使用透镜的方法和效果。

打开一个图形，使用“选择”工具选取图形，如图 7-209 所示。选择“效果 > 透镜”命令，或按 Alt+F3 组合键，弹出“透镜”泊坞窗。按如图 7-210 所示进行设定。单击“应用”按钮，效果如图 7-211 所示。

在“透镜”泊坞窗中有“冻结”“视点”和“移除表面”3 个复选框，选中它们可以设置透镜效果的公共参数。

“冻结”复选框：可以将透镜下面的图形产生的透镜效果添加为透镜的一部分。产生的透镜效果不会因为透镜或图形的移动而改变。

“视点”复选框：可以在不移动透镜的情况下，只弹出透镜下面对象的一部分。单击“视点”后面的“编辑”按钮，在对象的中心出现 x 形状，拖曳 x 形状可以移动视点。

“移除表面”复选框：透镜将只作用于下面的图形，没有图形的页面区域将保持通透性。

透明度 选项：单击列表框弹出“透镜类型”下拉列表，如图 7-212 所示。在“透镜类型”下拉列表中的透镜上单击鼠标左键，可以选择需要的透镜。选择不同的透镜，再进行参数的设定，可以制作出不同的透镜效果。

图 7-209

图 7-210

图 7-211

图 7-212

7.5 课堂练习——制作艺术画

【练习知识要点】使用导入命令、高斯式模糊命令、调色刀命令、风吹效果命令和天气命令添加和编辑背景图片；使用矩形工具和PowerClip 命令制作背景效果；使用文本工具添加宣传文字；效果如图 7-213 所示。

【效果所在位置】云盘 /Ch07/ 效果 / 制作艺术画 .cdr。

图 7-213

7.6 课后习题——制作特效文字

【习题知识要点】使用导入命令导入图片；使用立体化工具为文字添加立体效果；使用阴影工具为文字添加阴影效果；使用矩形工具、文本工具和调和工具制作调和效果；效果如图 7-214 所示。

【效果所在位置】云盘 /Ch07/ 效果 / 制作特效文字 .cdr。

图 7-214

第 8 章 商业案例实训

本章介绍

本章结合制作多个商业案例的实际应用，通过项目背景、项目设计、项目制作进一步详解 CorelDRAW 的强大功能和制作技巧，使读者在学习商业案例并完成大量商业练习后，可以快速地掌握商业案例设计的理念和软件的技术要点，设计制作出专业的案例。

学习目标

- 掌握软件基础知识的使用方法。
- 了解 CorelDRAW 的常用设计领域。
- 掌握 CorelDRAW 在不同设计领域的应用技巧。

技能目标

- 掌握“旅游插画”的绘制方法。
- 掌握“文化海报”的制作方法。
- 掌握“App 首页女装广告”的制作方法。
- 掌握“美食书籍封面”的制作方法。
- 掌握“牛奶包装”的制作方法。

8.1 插画设计——绘制旅游插画

8.1.1 【项目背景】

1. 客户名称

《叮当故事汇》。

2. 客户需求

《叮当故事汇》是一本儿童插画故事书，通过插画的形式向孩子们讲述故事，内容通俗易懂。本案例要求绘制以旅游为主题的插画，在插画绘制上要通过简洁的绘画语言表现出旅游的特点，以及它所带来的乐趣。

8.1.2 【项目要求】

（1）插画设计要求形象生动、可爱、丰富。
（2）设计形式要求直观醒目，充满趣味性。
（3）画面色彩要丰富多样，画面表现层次分明，具有吸引力。
（4）设计风格要让人产生向往之情。
（5）设计规格为 200 mm（宽）×200 mm（高），分辨率 300 dpi。

8.1.3 【项目设计】

本案例设计流程如图 8-1 所示。

绘制风景

绘制云彩和缆车

最终效果

图 8-1

8.1.4 【项目要点】

使用星形工具、形状工具和矩形工具绘制山和树；使用椭圆形工具和置于图文框内部命令制作 PowerClip 效果；使用矩形工具、转角半径选项、移除前面对象按钮、椭圆形工具、水平 / 垂直镜像按钮和填充工具绘制云彩和缆车。

8.1.5 【项目制作】

1. 绘制风景

（1）按 Ctrl+N 组合键，弹出“创建新文档”对话框。设置文档的宽度为 200 mm，高度为 200 mm，取向为纵向，原色模式为 CMYK，渲染分辨率为 300 dpi。单击“确定”按钮，创建一个文档。

（2）选择“椭圆形”工具，按住 Ctrl 键的同时，在页面中绘制一个圆形，如图 8-2 所示。设置图形填充颜色的 CMYK 值为 28、2、14、0，填充图形，并去除图形的轮廓线，效果如图 8-3 所示。

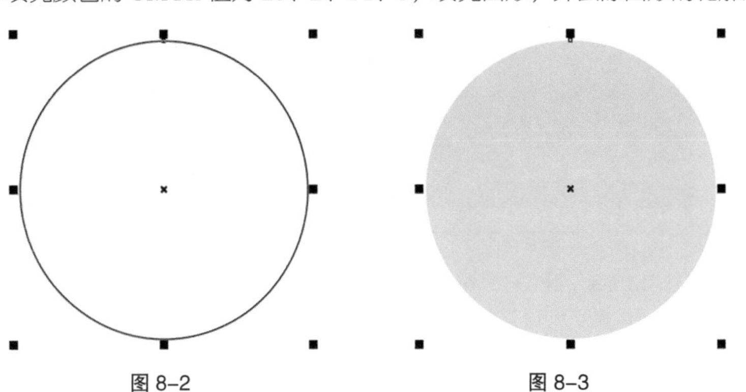

图 8-2　　图 8-3

（3）选择“星形”工具，在属性栏中的设置如图 8-4 所示。在适当的位置绘制一个三角形，如图 8-5 所示。设置图形颜色的 CMYK 值为 88、39、42、0，填充图形，并去除图形的轮廓线，效果如图 8-6 所示。

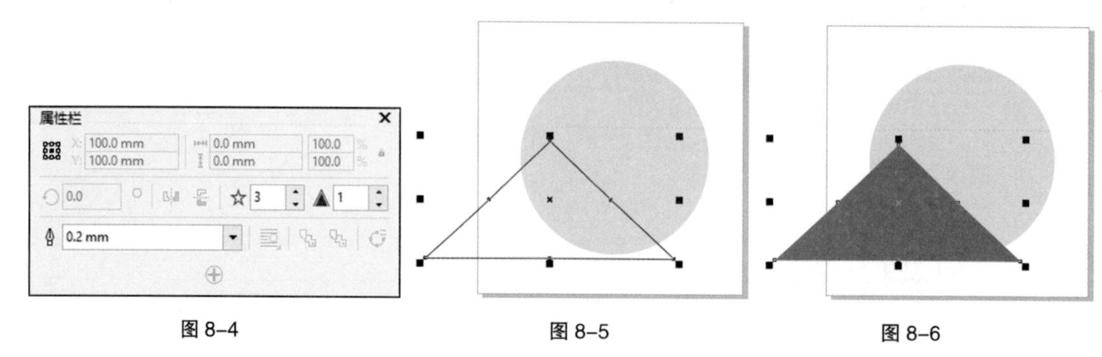

图 8-4　　图 8-5　　图 8-6

（4）按数字键盘上的 + 键，复制三角形。选择“选择”工具，按住 Shift 键的同时，拖曳右上角的控制手柄，向中心等比例缩小三角形，将三角形填充为白色，效果如图 8-7 所示。向上拖曳复制的三角形到适当的位置，效果如图 8-8 所示。

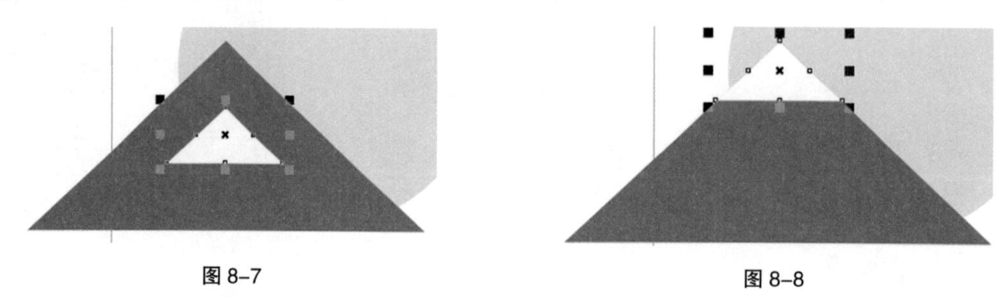

图 8-7　　图 8-8

（5）用相同的方法再复制一个三角形，调整其大小和位置，效果如图 8-9 所示。按数字键盘上的 + 键，复制三角形。设置图形颜色的 CMYK 值为 58、1、55、0，填充图形，效果如图 8-10 所示。

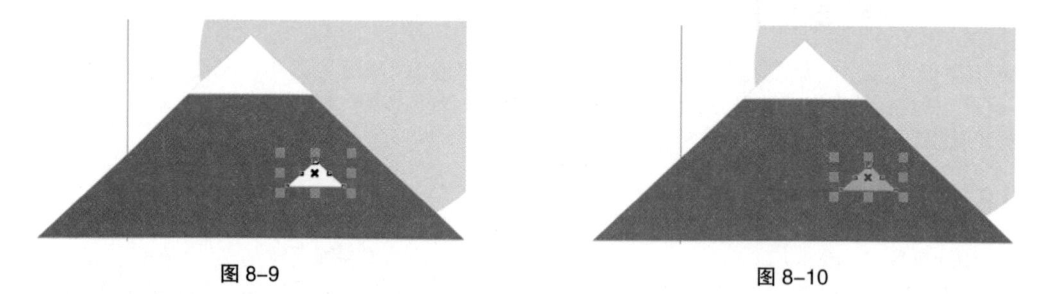

图 8-9　　图 8-10

（6）按数字键盘上的 + 键，复制三角形。设置图形颜色的 CMYK 值为 85、15、87、2，填充图形，如图 8-11 所示。选择“形状”工具，选中并向右拖曳左下角的节点到适当的位置，效果如图 8-12 所示。在左侧不需要的节点上双击鼠标左键，删除节点，效果如图 8-13 所示。

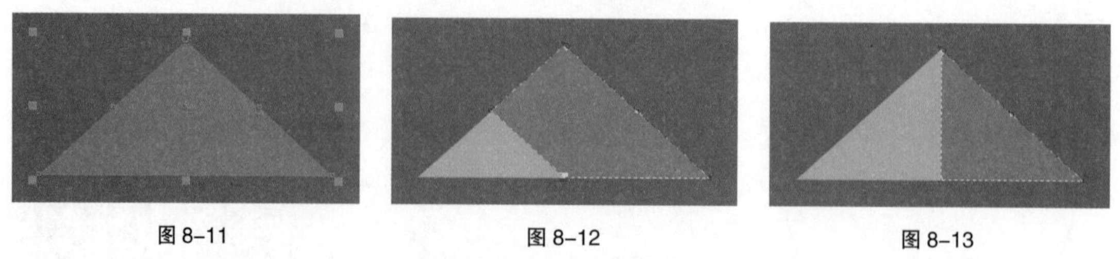

图 8-11　　图 8-12　　图 8-13

（7）选择“选择”工具，按住 Shift 键的同时，单击原三角形将其选取，如图 8-14 所示。按数字键盘上的 + 键，复制图形。按住 Shift 键的同时，垂直向上拖曳复制的图形到适当的位置，效果如图 8-15 所示。拖曳右上角的控制手柄，向中心等比例缩小图形，并调整其位置，效果如图 8-16 所示。

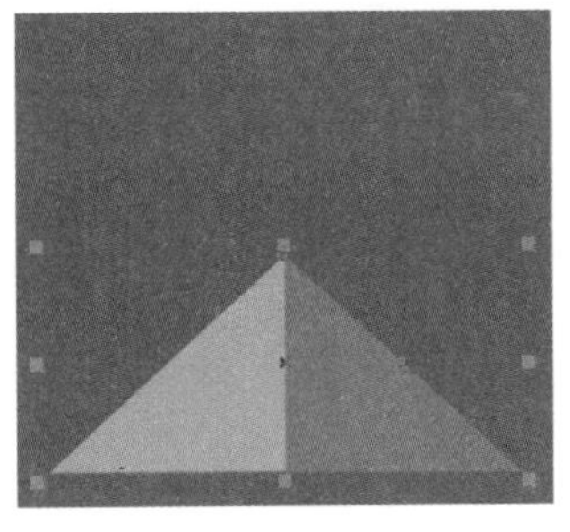

图 8-14

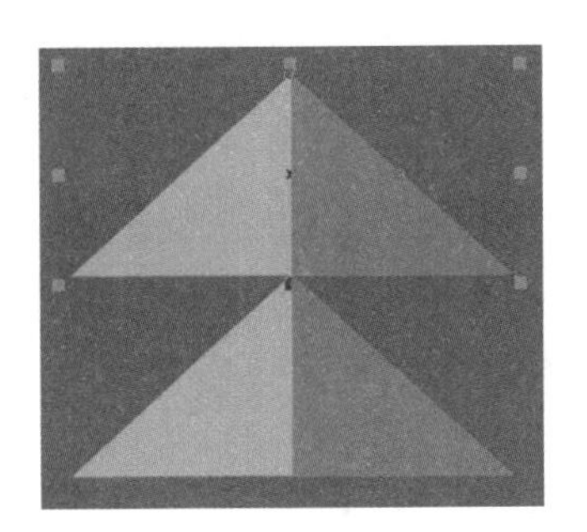

图 8-15

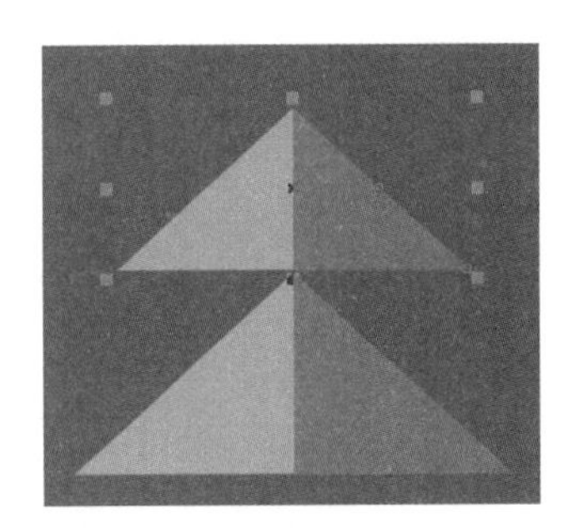

图 8-16

（8）用相同的方法再复制一组图形，调整其大小和位置，效果如图 8-17 所示。选择“矩形”工具，在适当的位置绘制一个矩形，设置图形填充颜色为黑色，并去除图形的轮廓线，效果如图 8-18 所示。

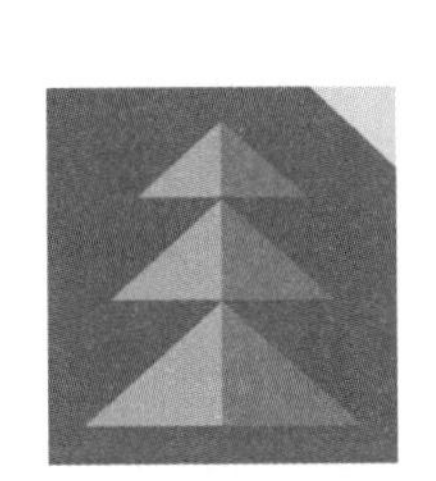

图 8-17

图 8-18

（9）选择“选择”工具，用圈选的方法将所绘制的图形同时选取，按 Ctrl+G 组合键，群组图形，如图 8-19 所示。按数字键盘上的 + 键，复制图形。将复制的图形向右拖曳到适当的位置，等比例缩小图形，效果如图 8-20 所示。

图 8-19

图 8-20

（10）选择“3 点矩形”工具，在适当的位置拖曳鼠标绘制一个倾斜的矩形，如图 8-21 所示。设置图形颜色的 CMYK 值为 72、10、65、0，填充图形，并去除图形的轮廓线，效果如图 8-22 所示。

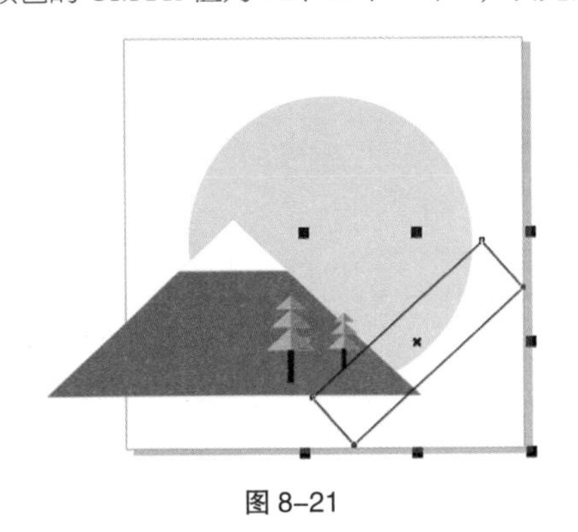

图 8-21

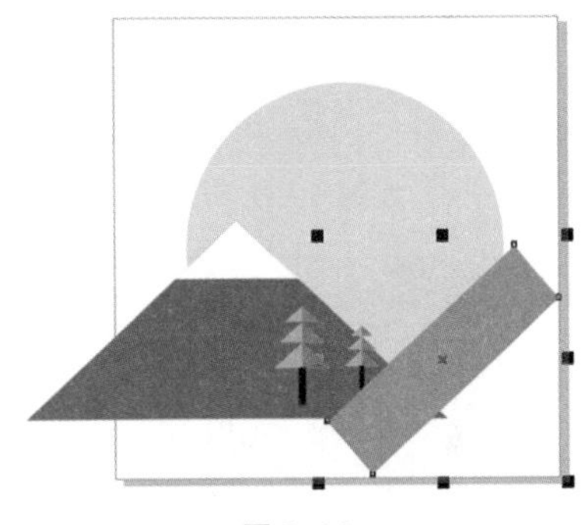

图 8-22

（11）选择“手绘”工具，在适当的位置绘制一条斜线，如图 8-23 所示。按 F12 键，弹出“轮廓笔”对话框，在“颜色”选项中设置轮廓线颜色的 CMYK 值为 47、2、30、0，其他选项的设置如图 8-24 所示；单击“确定”按钮，效果如图 8-25 所示。

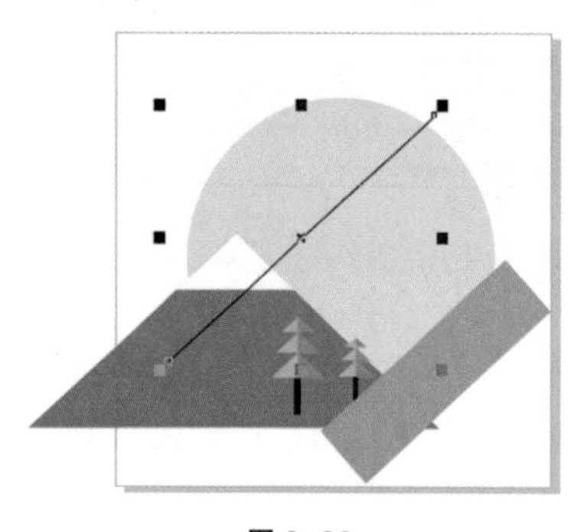

图 8-23

图 8-24

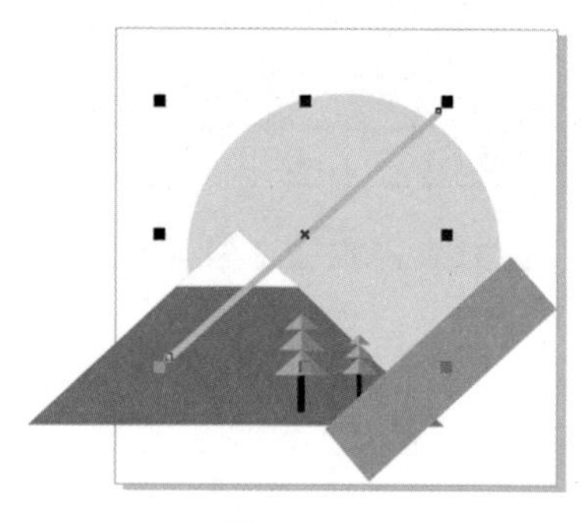

图 8-25

（12）选择“选择”工具，用圈选的方法将所绘制的图形同时选取，按 Ctrl+G 组合键，将其群组，如图 8-26 所示。选择“对象 > PowerClip > 置于图文框内部”命令，鼠标的光标变为黑色箭头形状，在下方圆形上单击鼠标左键，如图 8-27 所示。将选中图形置入下方圆形中，效果如图 8-28 所示。

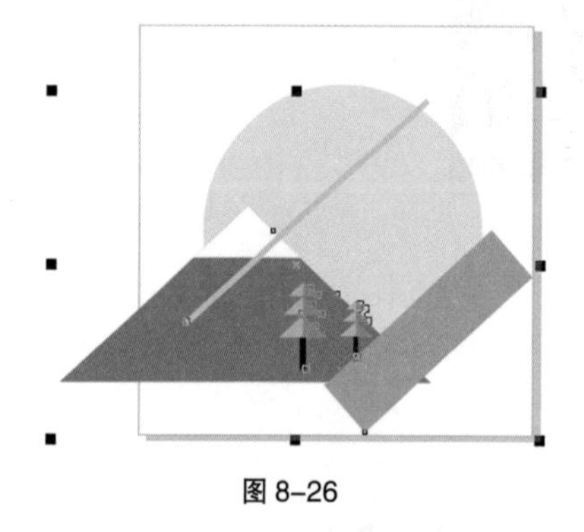

图 8-26

图 8-27

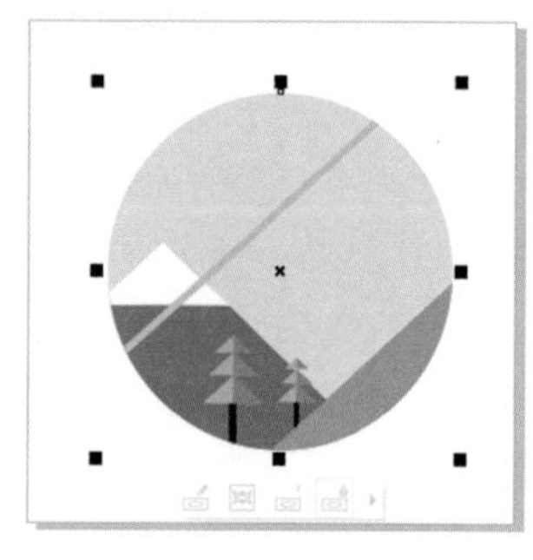

图 8-28

2. 绘制云彩和缆车

（1）选择“椭圆形”工具，按住 Ctrl 键的同时，在适当的位置绘制一个圆形，如图 8-29 所示，设置图形颜色的 CMYK 值为 1、38、87、0，填充图形，并去除图形的轮廓线，效果如图 8-30 所示。

图 8-29

图 8-30

（2）选择“矩形”工具，在适当的位置绘制一个矩形，如图 8-31 所示。在属性栏中将“转角半径”选项均设为 3.0 mm，如图 8-32 所示。按 Enter 键，效果如图 8-33 所示。

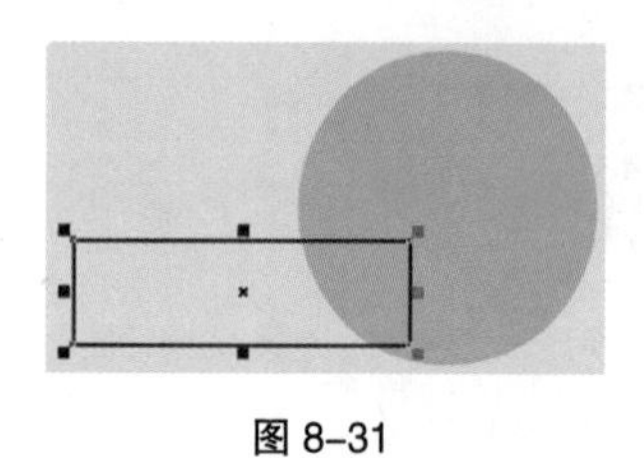

图 8-31

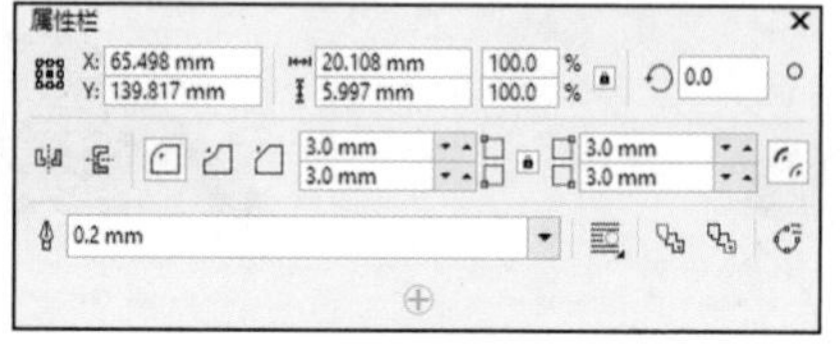

图 8-32

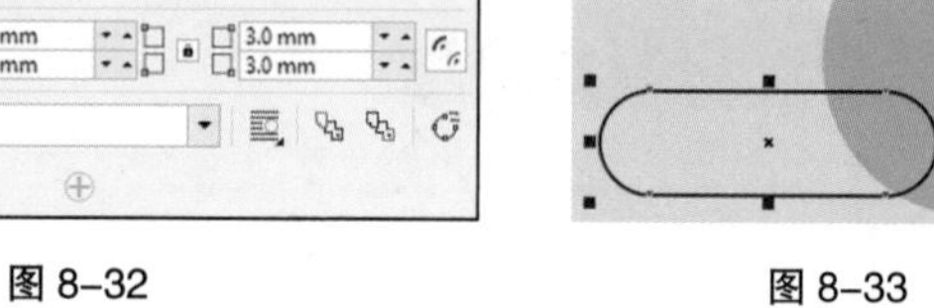

图 8-33

（3）按数字键盘上的 + 键，复制图形。选择“选择”工具，向右下拖曳复制的图形到适当的位置，效果如图 8-34 所示。按数字键盘上的 + 键，再复制一个图形。按住 Shift 键的同时，水平向右拖曳复制的图形到适当的位置，效果如图 8-35 所示。

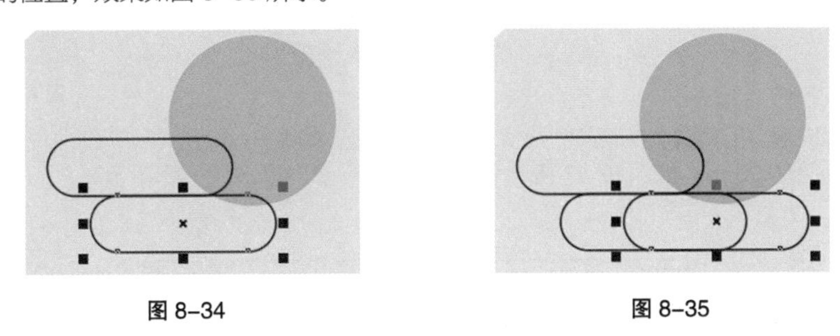

图 8-34　　图 8-35

（4）选择“选择”工具，按住 Shift 键的同时，单击原图形将其同时选取，如图 8-36 所示。单击属性栏中的“移除前面对象”按钮，将两个图形剪切为一个图形，效果如图 8-37 所示。

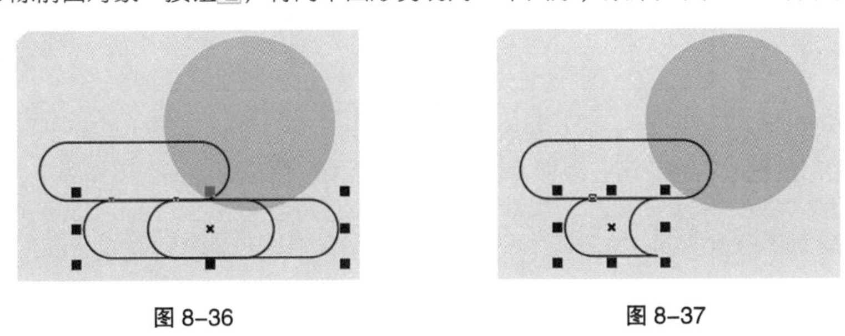

图 8-36　　图 8-37

（5）选择“选择”工具，选取上方圆角矩形，如图 8-38 所示。按数字键盘上的 + 键，复制图形。向左下拖曳复制的图形到适当的位置，效果如图 8-39 所示。向右拖曳圆角矩形右边中间的控制手柄到适当的位置，调整其大小，效果如图 8-40 所示。

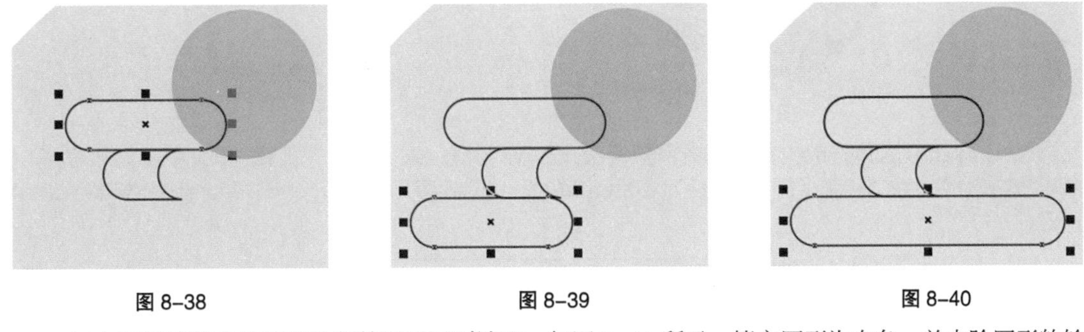

图 8-38　　图 8-39　　图 8-40

（6）用圈选的方法将所绘制的图形同时选取，如图 8-41 所示。填充图形为白色，并去除图形的轮廓线，效果如图 8-42 所示。

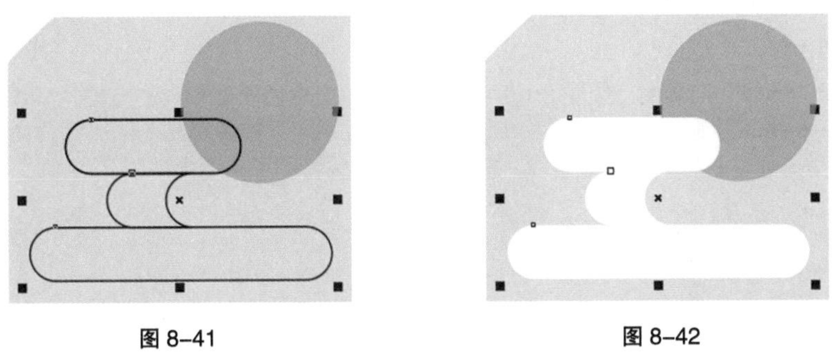

图 8-41　　图 8-42

（7）选择“选择”工具，选取上方圆角矩形，如图 8-43 所示。连续按两次数字键盘上的 + 键，复制图形。分别向右拖曳复制的图形到适当的位置，效果如图 8-44 所示。向左拖曳圆角矩形右边中间的控制手柄到适当的位置，调整其大小，效果如图 8-45 所示。

图 8–43　　图 8–44　　图 8–45

（8）选择“矩形”工具□，在适当的位置绘制一个矩形，如图 8–46 所示。在属性栏中将“转角半径”选项设为 7.5 mm 和 0.0mm，如图 8–47 所示。按 Enter 键，效果如图 8–48 所示。

图 8–46

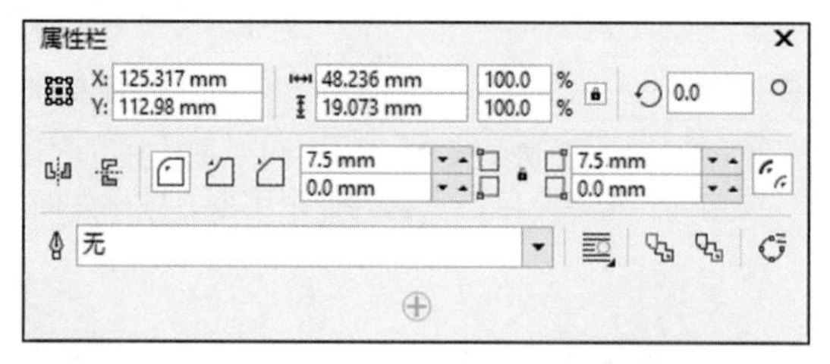

图 8–47

图 8–48

（9）保持图形的选取状态。填充图形为白色，并去除图形的轮廓线，效果如图 8–49 所示。按数字键盘上的 + 键，复制图形。选择“选择”工具，向右拖曳圆角矩形左边中间的控制手柄到适当的位置，调整其大小，效果如图 8–50 所示。

图 8–49

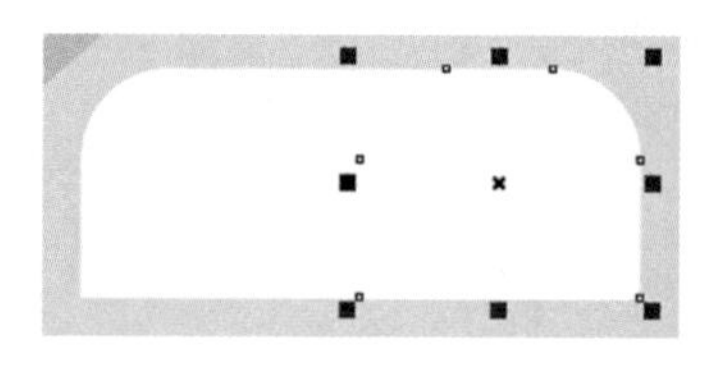

图 8–50

（10）保持图形的选取状态。设置图形颜色的 CMYK 值为 47、2、30、0，填充图形，效果如图 8–51 所示。在属性栏中将“转角半径”选项设为 0.0mm 和 7.5 mm，如图 8–52 所示。按 Enter 键，效果如图 8–53 所示。

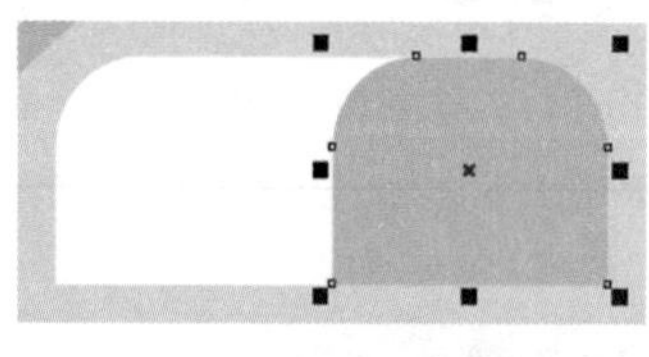

图 8–51

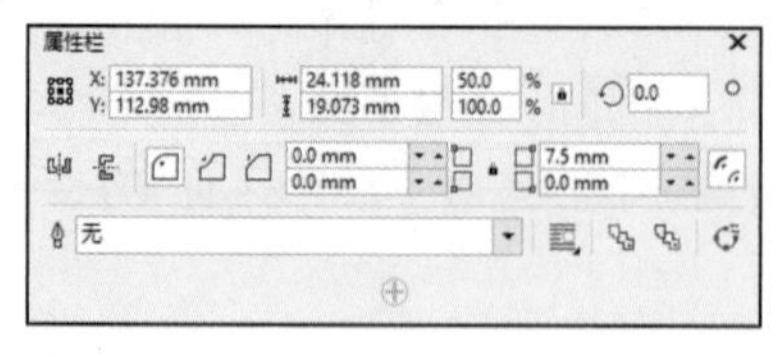

图 8–52

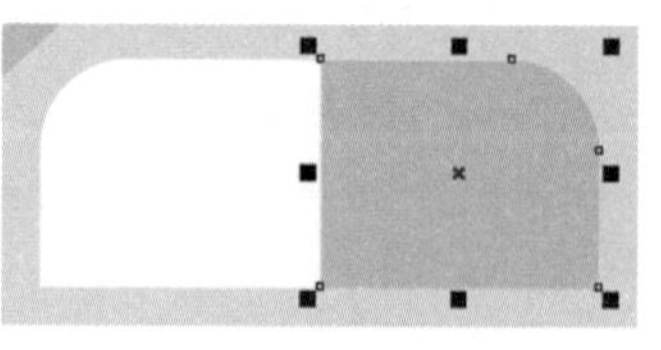

图 8–53

（11）选择“选择”工具，按住 Shift 键的同时，单击白色原图形同时选取，如图 8–54 所示，再按数字键盘上的 + 键，复制图形。按住 Shift 键的同时，垂直向下拖曳复制的图形到适当的位置，效果如图 8–55 所示。单击属性栏中的“垂直镜像”按钮，垂直翻转图形，效果如图 8–56 所示。

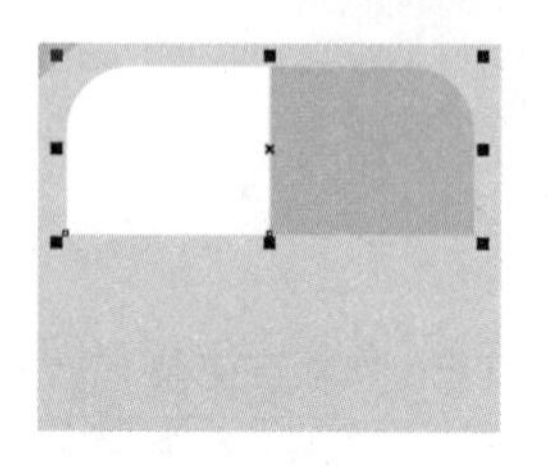

图 8–54

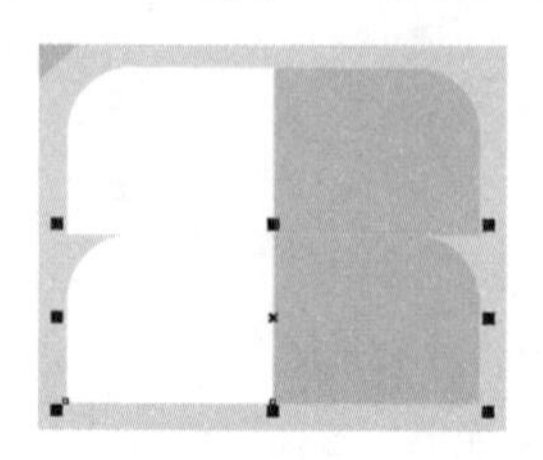

图 8–55

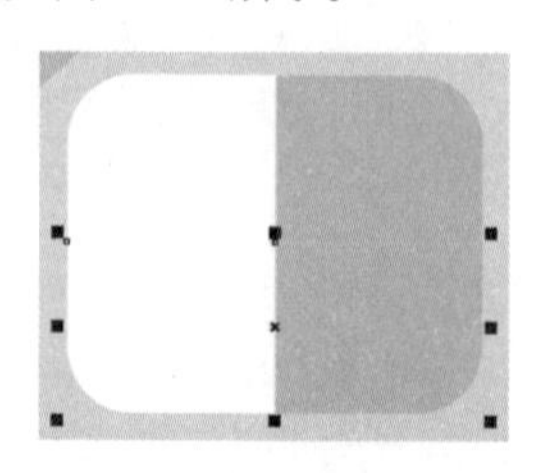

图 8–56

（12）选取左侧白色圆角矩形，设置图形颜色的 CMYK 值为 5、83、43、0，填充图形，效果如图 8-57 所示。选取右侧浅绿色圆角矩形，设置图形颜色的 CMYK 值为 18、90、67、5，填充图形，效果如图 8-58 所示。

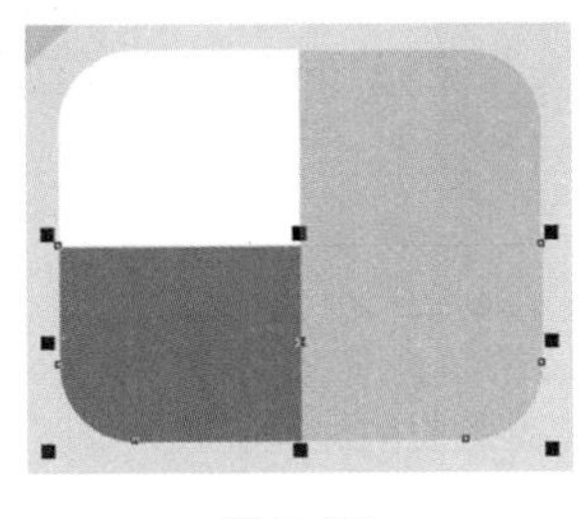

图 8-57

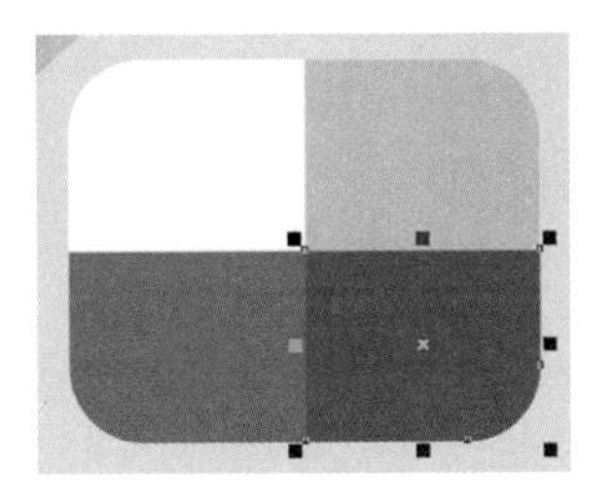

图 8-58

（13）选择“矩形”工具□，在适当的位置绘制一个矩形，如图 8-59 所示。在属性栏中将“转角半径”选项设为 2.0 mm 和 0.0 mm，如图 8-60 所示。按 Enter 键，效果如图 8-61 所示。

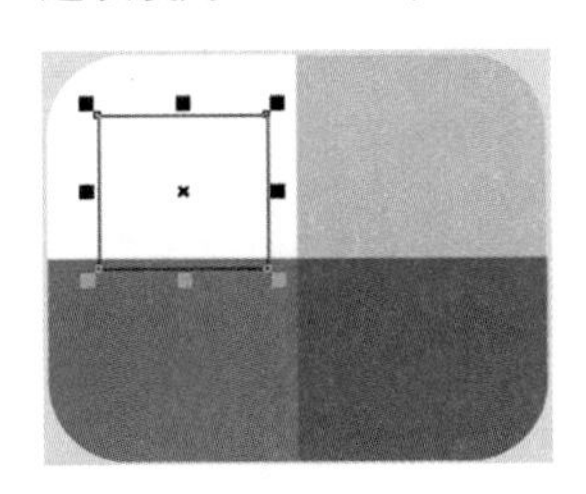

图 8-59

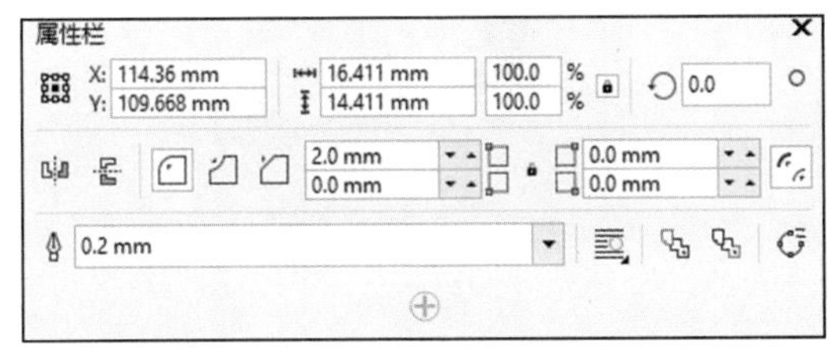

图 8-60

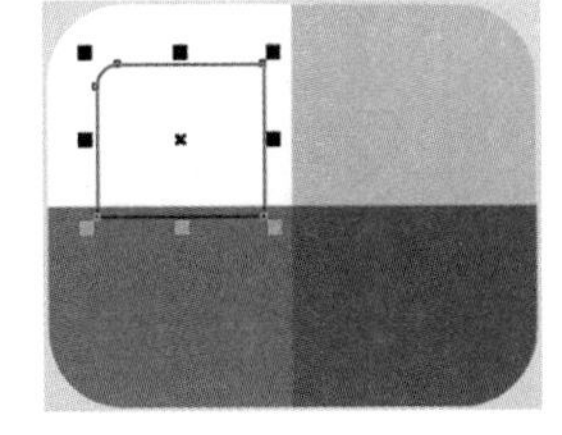

图 8-61

（14）保持图形的选取状态。设置图形颜色的 CMYK 值为 83、29、42、4，填充图形，并去除图形的轮廓线，效果如图 8-62 所示。连续按 Ctrl+PgDn 组合键，将图形向后移至适当的位置，效果如图 8-63 所示。

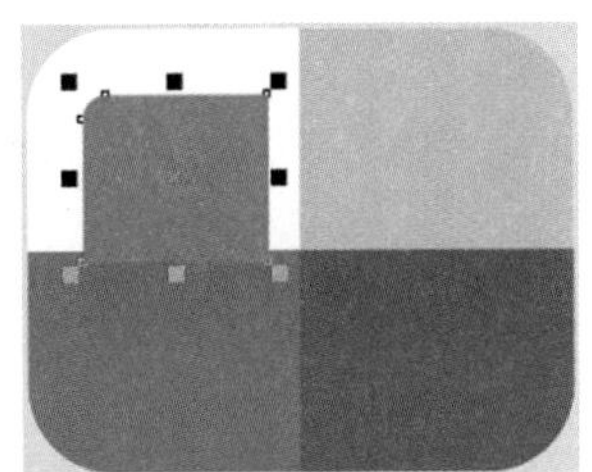

图 8-62

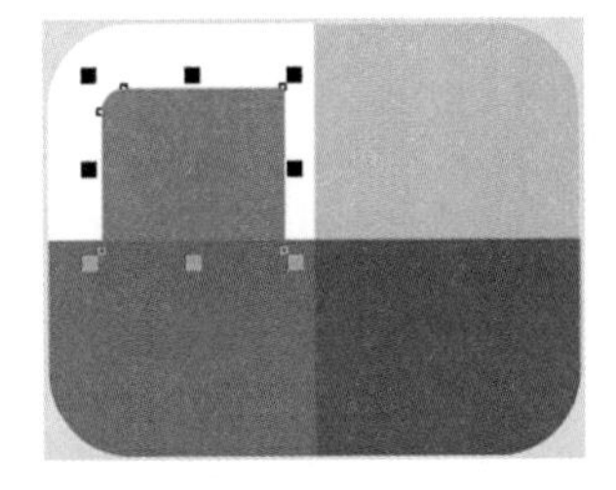

图 8-63

（15）按数字键盘上的 + 键，复制图形。选择“选择”工具，按住 Shift 键的同时，水平向右拖曳复制的图形到适当的位置，效果如图 8-64 所示。单击属性栏中的“水平镜像”按钮，水平翻转图形，效果如图 8-65 所示。连续按 Ctrl+PgDn 组合键，将图形上移到适当的位置。

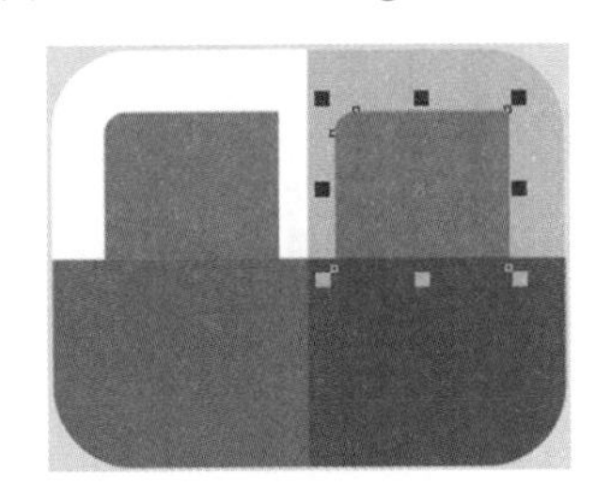

图 8-64

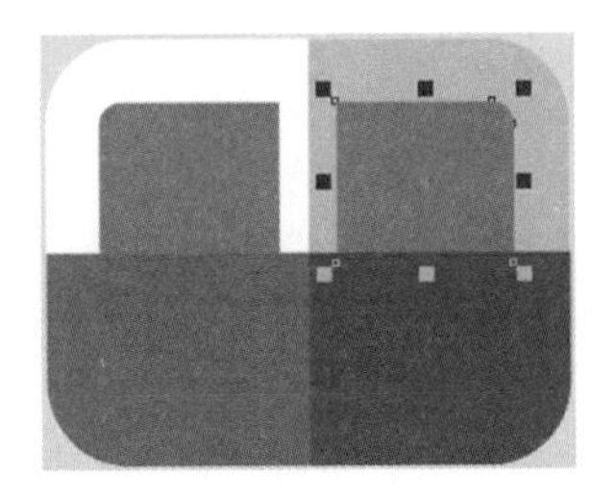

图 8-65

（16）选择“椭圆形”工具○，按住 Ctrl 键的同时，在适当的位置绘制一个圆形，填充图形为黑色，并去除图形的轮廓线，效果如图 8-66 所示。

（17）按数字键盘上的 + 键，复制图形。选择“选择”工具，按住 Shift 键的同时，垂直向下拖曳复制的图形到适当的位置，效果如图 8-67 所示。拖曳右上角的控制手柄，等比例放大图形，效果如图 8-68 所示。

图 8–66

图 8–67

图 8–68

（18）选择“选择”工具，按住 Shift 键的同时，单击圆形同时选取，再按 Ctrl+G 组合键，将其群组，如图 8–69 所示。连续按 Ctrl+PgDn 组合键，将图形向后移至适当的位置，效果如图 8–70 所示。按数字键盘上的 + 键，复制图形。向右拖曳复制的图形到适当的位置，连续按 Ctrl+PgDn 组合键，将图形上移至适当的位置，拖曳右上角的控制手柄，等比例缩小图形，效果如图 8–71 所示。

图 8–69

图 8–70

图 8–71

（19）选择“矩形”工具，在适当的位置绘制一个矩形，设置填充颜色为白色，并去除图形的轮廓线，如图 8–72 所示。在属性栏中将“转角半径”选项均设为 1.5 mm，如图 8–73 所示；按 Enter 键，效果如图 8–74 所示。

图 8–72

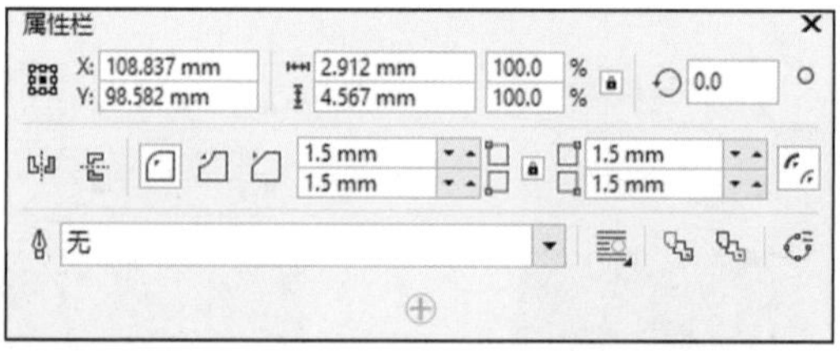

图 8–73

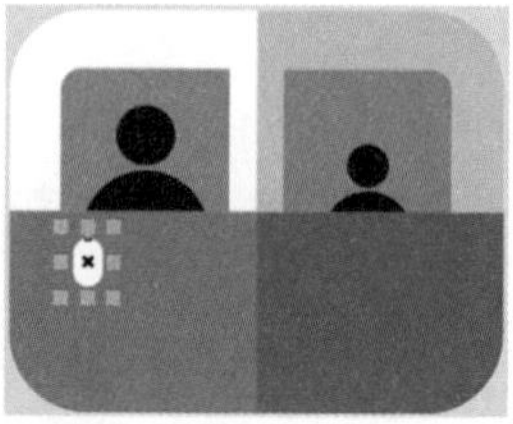

图 8–74

（20）按数字键盘上的 + 键，复制圆角矩形。选择“选择”工具，按住 Shift 键的同时，垂直向下拖曳复制的圆角矩形到适当的位置，效果如图 8–75 所示。向下拖曳圆角矩形下边中间的控制手柄到适当的位置，调整其大小，效果如图 8–76 所示。

（21）选择“贝塞尔”工具，在适当的位置绘制一个不规则图形，如图 8–77 所示。设置图形颜色的 CMYK 值为 47、2、30、0，填充图形，并去除图形的轮廓线，效果如图 8–78 所示。

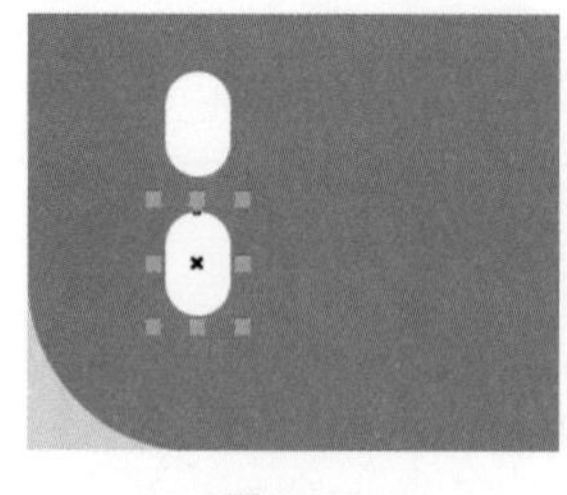
图 8–75

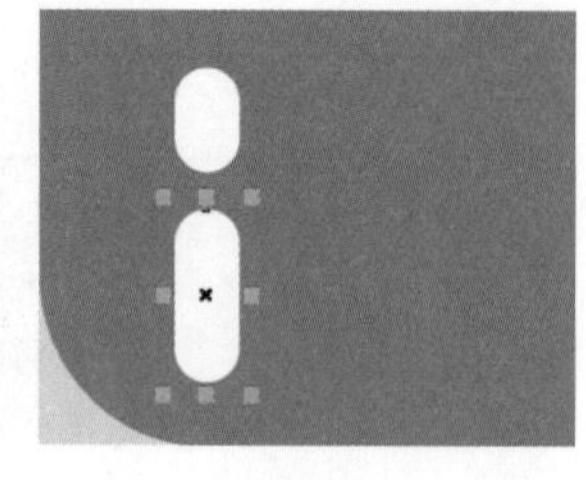
图 8–76

图 8–77

图 8–78

（22）选择“椭圆形”工具，按住 Ctrl 键的同时，在适当的位置绘制一个圆形。设置图形颜色的 CMYK 值为 88、39、42、10，填充图形，并去除图形的轮廓线，效果如图 8–79 所示。按数字键盘上的 + 键，复制圆形。选择“选择”工具，向右上拖曳复制的圆形到适当的位置，效果如图 8–80 所示。

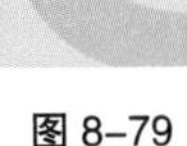

图 8-79

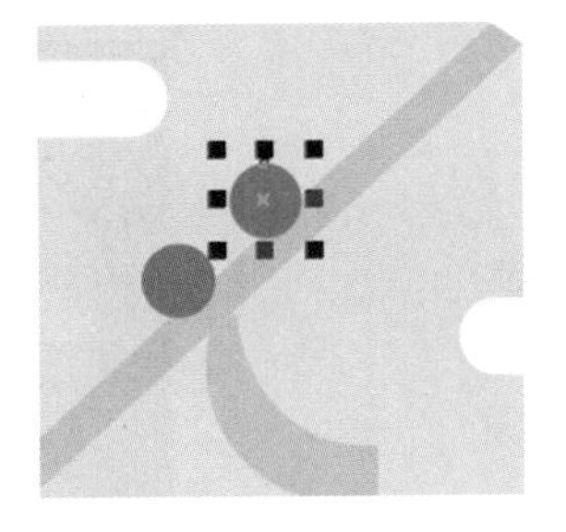

图 8-80

（23）选择“3 点矩形”工具，在适当的位置拖曳鼠标绘制一个倾斜矩形，如图 8-81 所示。在属性栏中将“转角半径”选项均设为 3.0 mm，如图 8-82 所示；按 Enter 键，效果如图 8-83 所示。设置图形颜色的 CMYK 值为 78、17、35、0，填充图形，并去除图形的轮廓线，效果如图 8-84 所示。

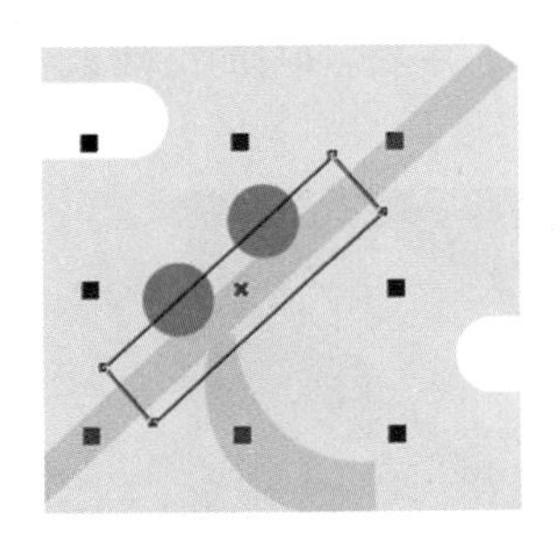

图 8-81

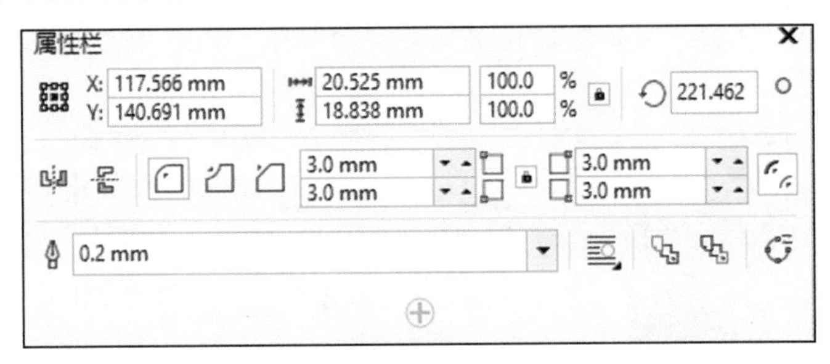

图 8-82

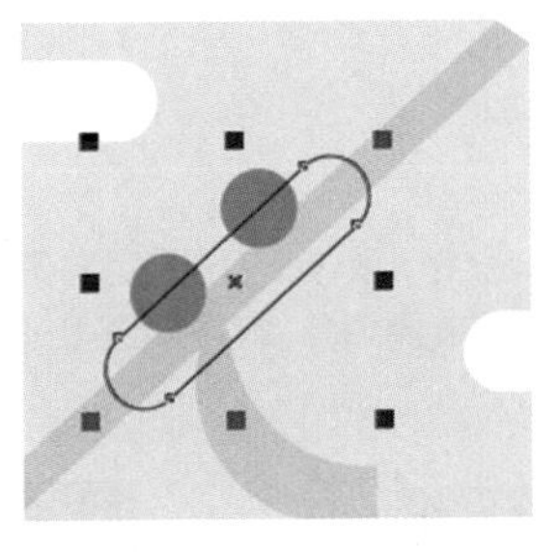

图 8-83

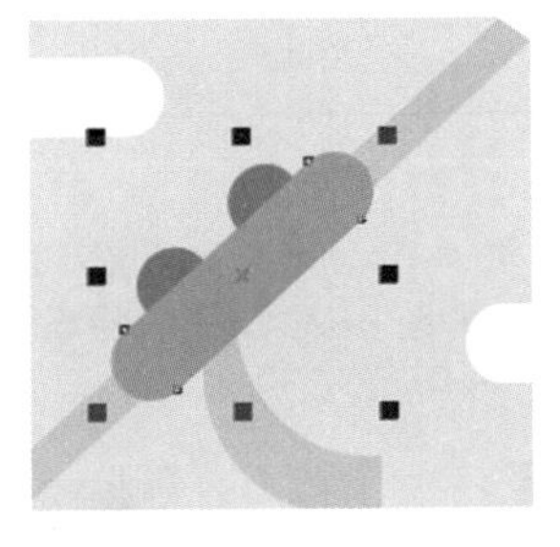

图 8-84

（24）选择“手绘”工具，在适当的位置绘制一条斜线，如图 8-85 所示。按 F12 键，弹出“轮廓笔”对话框，在“颜色”选项中设置轮廓线颜色的 CMYK 值为 85、15、87、2，其他选项的设置如图 8-86 所示；单击“确定”按钮，效果如图 8-87 所示。

图 8-85

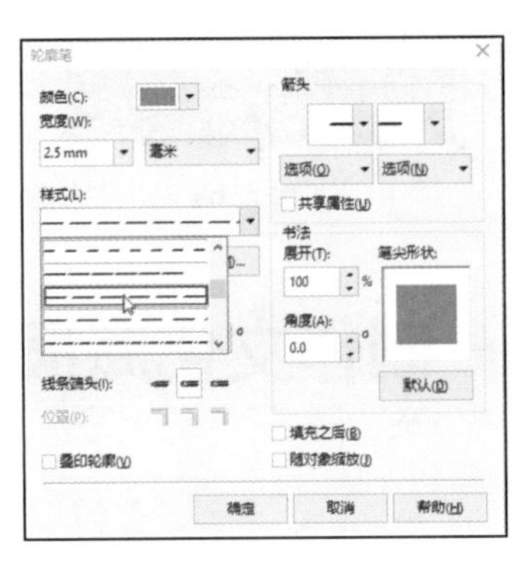

图 8-86

图 8-87

（25）双击“矩形”工具，绘制一个与页面大小相等的矩形，如图 8-88 所示。设置图形颜色的 CMYK 值为 80、65、41、24，填充图形，并去除图形的轮廓线，效果如图 8-89 所示。选择“3 点矩形”工具，在适当的位置拖曳鼠标绘制一个倾斜的矩形，如图 8-90 所示。

图 8-88

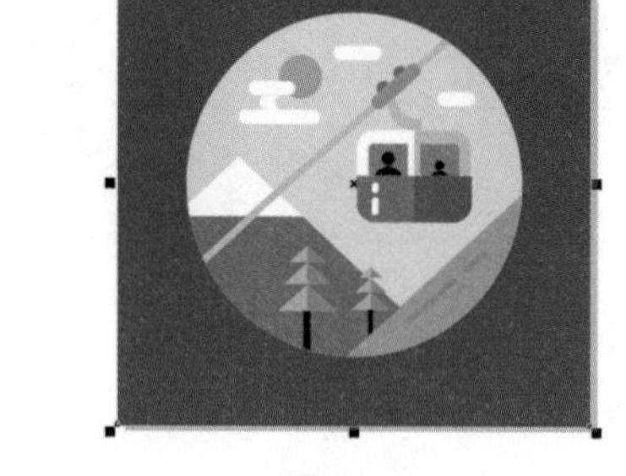

图 8-89

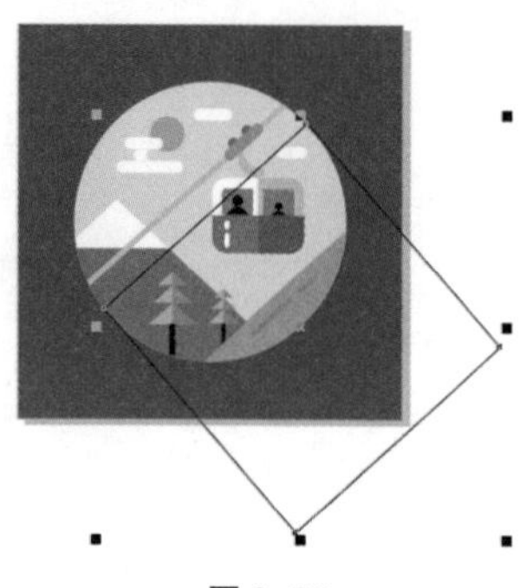

图 8-90

（26）按 F11 键，弹出“编辑填充”对话框。将“起点”选项颜色的 CMYK 值设为 83、67、45、33，“节点透明度”选项设为 0%，“终点”选项颜色的 CMYK 值设为 80、65、42、25，“节点透明度”选项设为 50%，其他选项的设置如图 8-91 所示。单击“确定”按钮，填充图形，并去除图形的轮廓线，效果如图 8-92 所示。

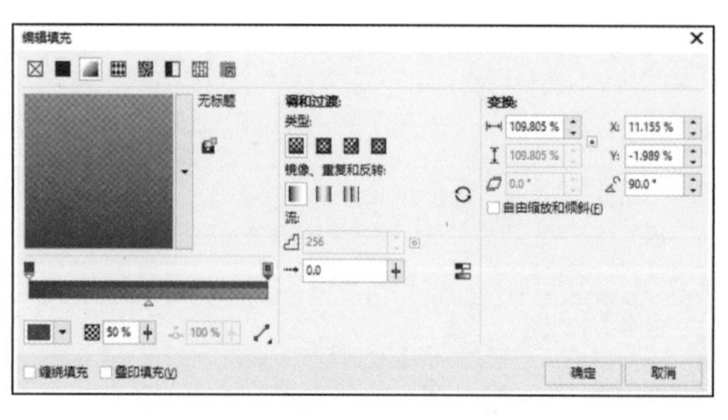

图 8-91

图 8-92

（27）选择“对象 > PowerClip > 置于图文框内部”命令，鼠标的光标变为黑色箭头形状，在下方矩形上单击鼠标左键，如图 8-93 所示。将渐变图形置入下方矩形中，效果如图 8-94 所示。旅游插画绘制完成，效果如图 8-95 所示。

图 8-93

图 8-94

图 8-95

8.2 海报设计——制作文化海报

8.2.1 【项目背景】

1. 客户名称

Circle。

2. 客户需求

Circle 是一个以文字、图片、视频等多媒体形式，实现信息即时分享、传播互动的平台。现需要为其制作一款宣传海报，能够适用于平台传播，以宣传博物馆知识为主要内容，要求内容明确清晰，展现平台品质。

8.2.2 【项目要求】

（1）海报内容以博物馆知识为主，将文字与图片相结合，表明主题。
（2）色调典雅，带给人平静、放松的视觉感受。
（3）画面干净整洁，能使观者体会到阅读的快乐。
（4）文字的设计清晰明了，阅读性强。
（5）设计规格为 420 mm（宽）×570 mm（高），分辨率 300 dpi。

8.2.3 【项目设计】

本案例设计流程如图 8-96 所示。

导入并排列图片

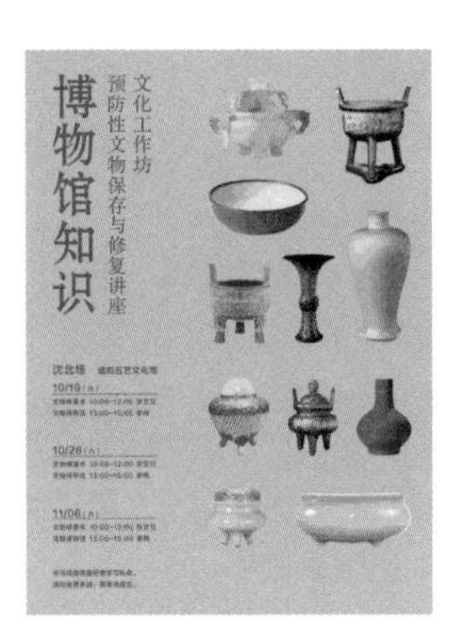

添加并编辑宣传文字

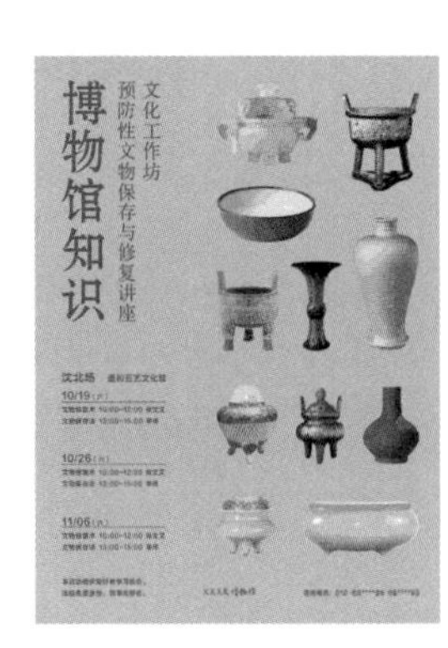

最终效果

图 8-96

8.2.4 【项目要点】

使用导入命令添加素材图片；使用选择工具、对齐与分布泊坞窗排列等工具来对齐图片；使用文本工具、文本属性面板添加标题和其他信息；使用 2 点线工具、轮廓笔工具添加装饰线条。

8.2.5 【项目制作】

1. 导入并排列图片

（1）按 Ctrl+N 组合键，弹出“创建新文档”对话框。设置文档的宽度为 420 mm，高度为 570 mm，取向为纵向，原色模式为 CMYK，渲染分辨率为 300 dpi。单击“确定”按钮，创建一个文档。

（2）双击“矩形”工具□，绘制一个与页面大小相等的矩形，如图 8-97 所示。设置图形颜色的 CMYK 值为 9、24、85、0，填充图形，并去除图形的轮廓线，效果如图 8-98 所示。

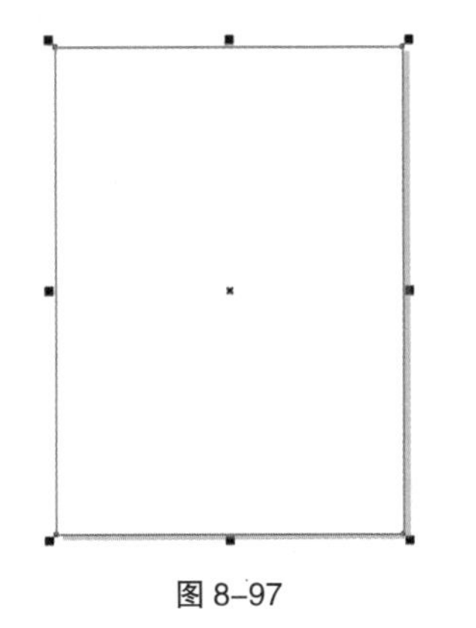

图 8-97

图 8-98

扫码观看
扩展案例

（3）按 Ctrl+I 组合键，弹出“导入”对话框。选择云盘中的“Ch08 > 素材 > 制作文化海报 > 01~11”文件，单击“导入”按钮，在页面中分别单击导入图片。选择“选择”工具，分别将图片拖曳到适当的位置，效果如图 8-99 所示。

（4）选择“选择”工具，按住 Shift 键的同时，依次单击需要的图片将其同时选取，如图 8-100 所示。（从左至右依次单击，以最右侧图片作为目标对象）

图 8-99

图 8-100

（5）选择“对象 > 对齐和分布 > 对齐与分布”命令，弹出“对齐与分布”泊坞窗，单击“底端对齐”按钮，如图 8-101 所示。图形底对齐效果如图 8-102 所示。

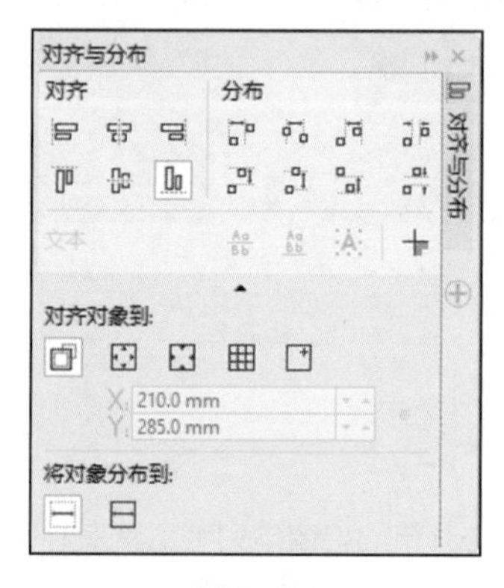

图 8-101

图 8-102

（6）选择“选择”工具，按住 Shift 键的同时，依次单击需要的图片将其同时选取，如图 8-103 所示。在“对齐与分布”泊坞窗中，单击“左对齐”按钮，如图 8-104 所示。图形左对齐效果如图 8-105 所示。（从下向上依次单击，顶端图片作为目标对象）

图 8-103

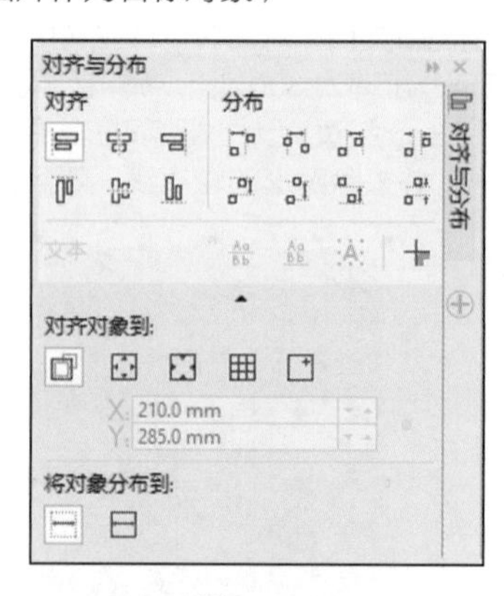

图 8-104

图 8-105

（7）选择“选择”工具，按住 Shift 键的同时，依次单击需要的图片将其同时选取，如图 8-106 所示。在“对齐与分布”泊坞窗中，单击“右对齐”按钮，如图 8-107 所示。图形右对齐效果如图 8-108 所示。（从上到下依次单击，底端图片作为目标对象）

图 8-106

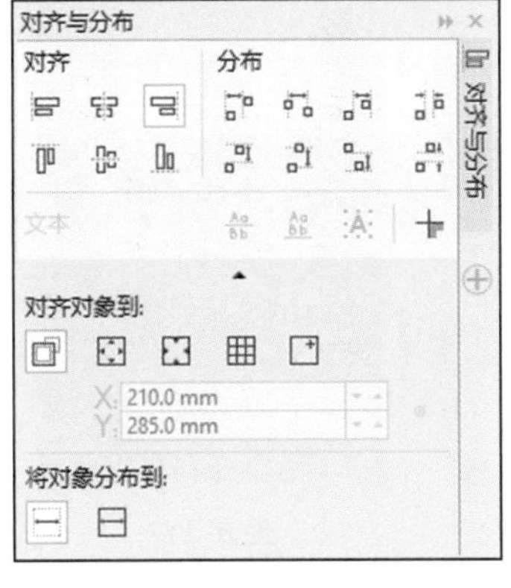

图 8-107

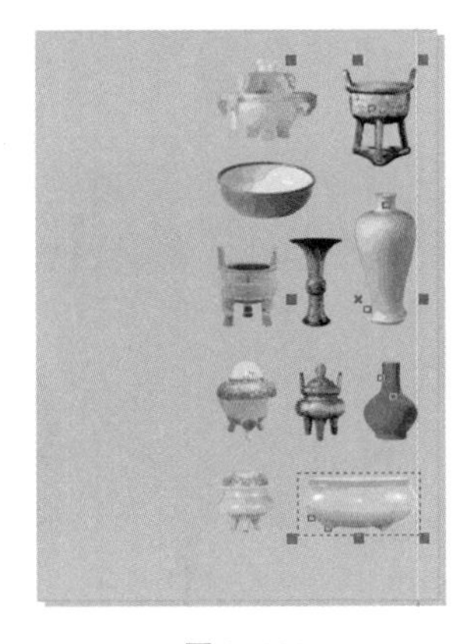

图 8-108

2. 添加宣传性文字

（1）选择“文本”工具字，在适当的位置输入需要的文字。选择“选择”工具，在属性栏中选取适当的字体并设置好文字大小。选取文字，单击“将文本更改为垂直方向”按钮，更改文字方向。效果如图 8-109 所示。设置文字颜色的 CMYK 值为 90、80、30、0，填充文字，效果如图 8-110 所示。

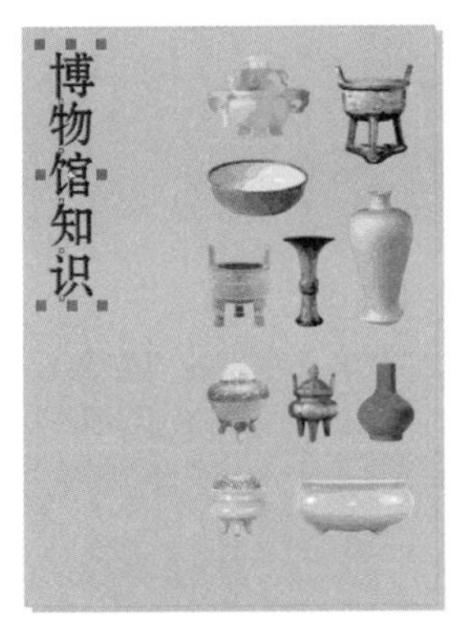

图 8-109

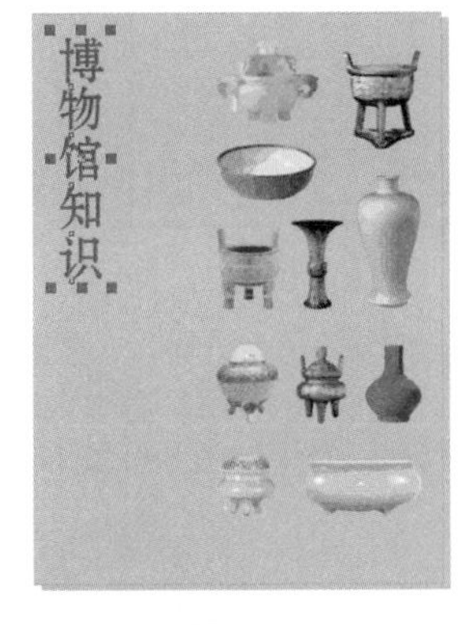

图 8-110

（2）选择“文本”工具字，在适当的位置拖曳出一个文本框，如图 8-111 所示。在文本框中输入需要的文字，在属性栏中选取适当的字体并设置好文字大小，效果如图 8-112 所示。选取文字，设置文字颜色的 CMYK 值为 90、80、30、0，填充文字，效果如图 8-113 所示。

（3）选择“文本 > 文本属性”命令，在弹出的“文本属性”面板中进行设置，如图 8-114 所示；按 Enter 键，效果如图 8-115 所示。

图 8-111

博物馆知识 文化工作坊 预防性文物保存与修复讲座

图 8-112

图 8-113

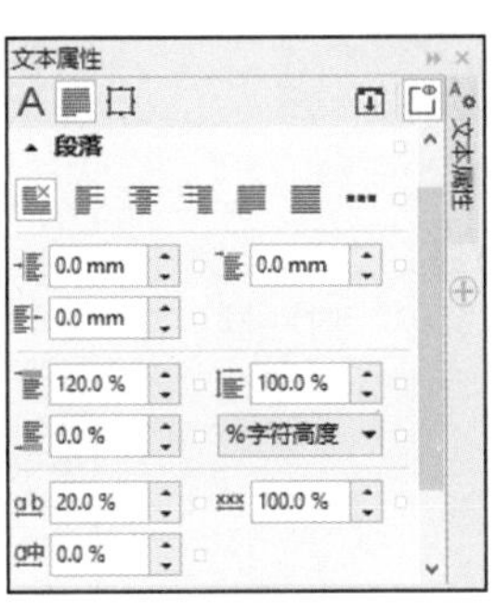

图 8-114

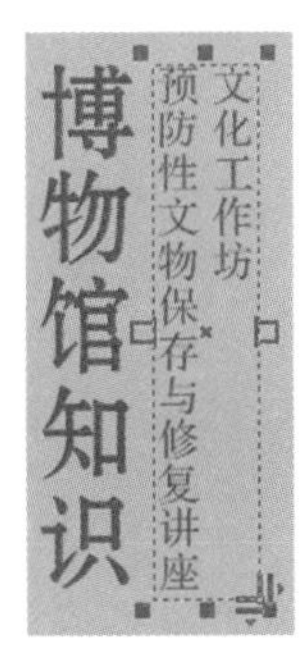

图 8-115

（4）选择“文本”工具字，在适当的位置拖曳出一个文本框，单击“将文本更改为水平方向”按钮，更改文字方向，如图 8-116 所示。在文本框中输入需要的文字，在属性栏中选取适当的字体并设置文字的大小，效果如图 8-117 所示。选取文字，设置文字颜色的 CMYK 值为 90、80、30、0，填充文字，效果如图 8-118 所示。

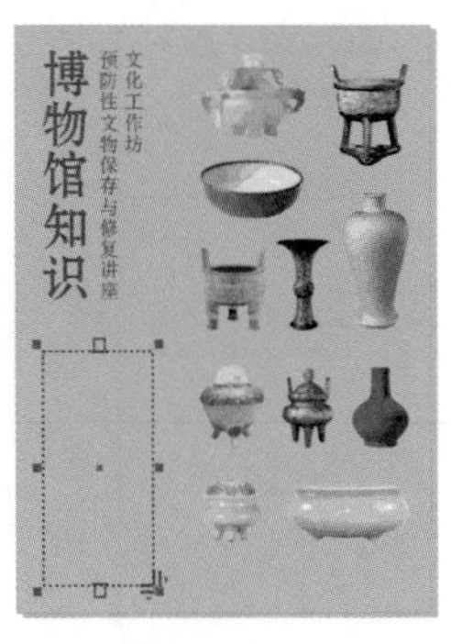

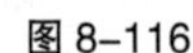

图 8-116

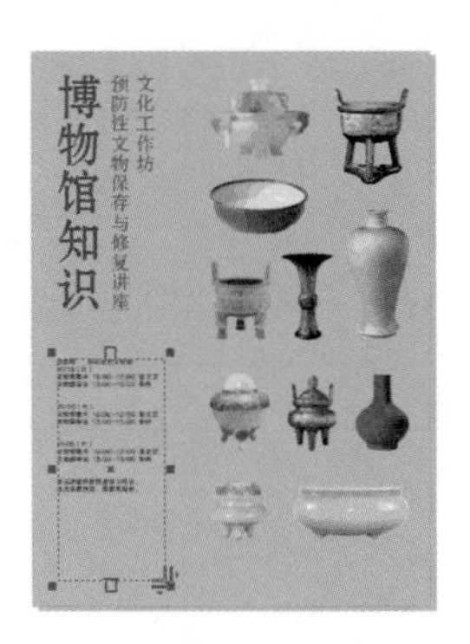

图 8-117

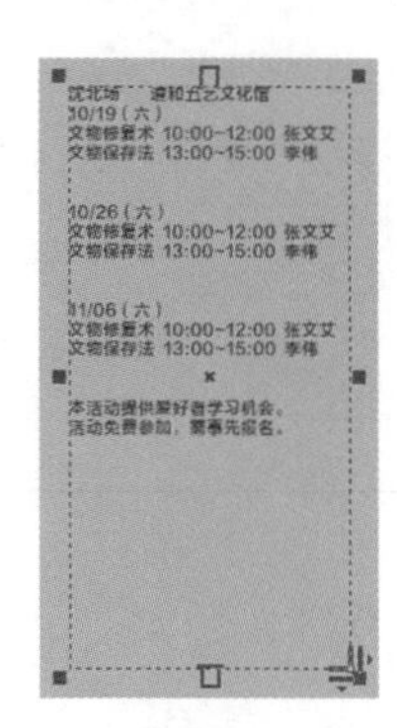

图 8-118

（5）在“文本属性”面板中，选项的设置如图 8-119 所示；按 Enter 键，效果如图 8-120 所示。

图 8-119

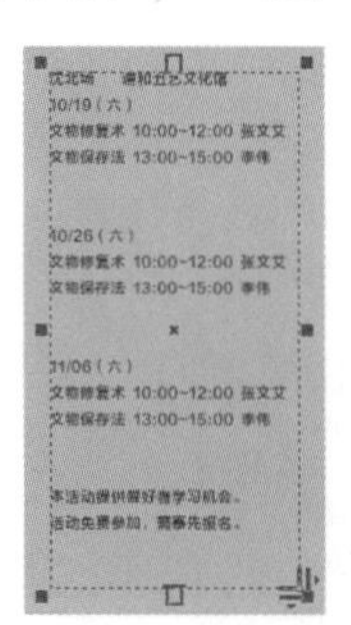

图 8-120

（6）选择“文本”工具字，选取文字“沈北场”，在属性栏中设置好文字大小，效果如图 8-121 所示。选取文字“道和五艺文化馆”，在属性栏中设置文字大小，效果如图 8-122 所示。使用相同的方法分别选取其他文字，设置文字相应的大小，效果如图 8-123 所示。

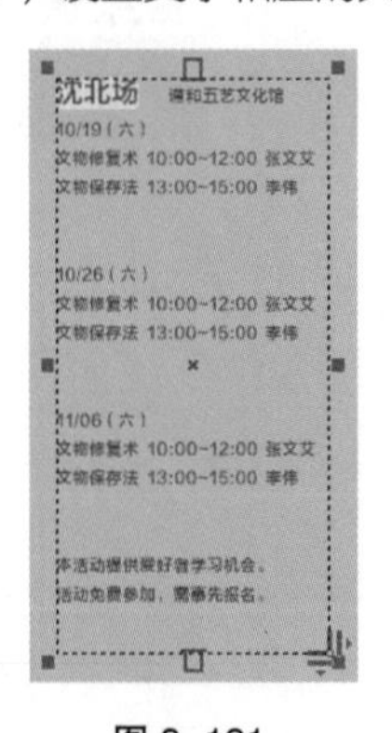

图 8-121

图 8-122

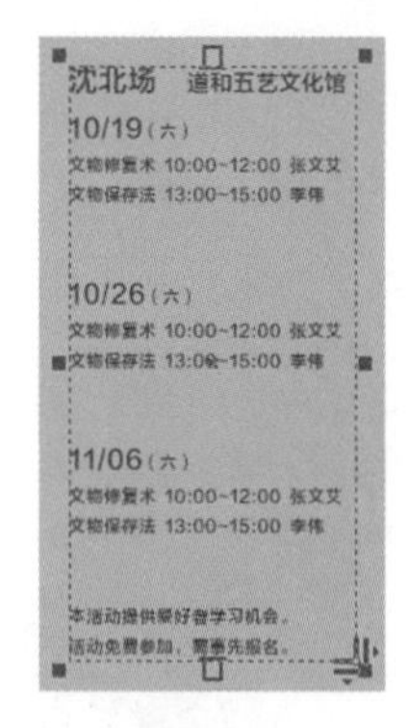

图 8-123

（7）选择“2 点线”工具，按住 Ctrl 键的同时，在适当的位置绘制一条直线，如图 8-124 所示。按 F12 键，弹出“轮廓笔”对话框，在“颜色”选项中设置轮廓线颜色的 CMYK 值为 90、80、30、0，其他选项的设置如图 8-125 所示；单击“确定”按钮，效果如图 8-126 所示。

图 8-124

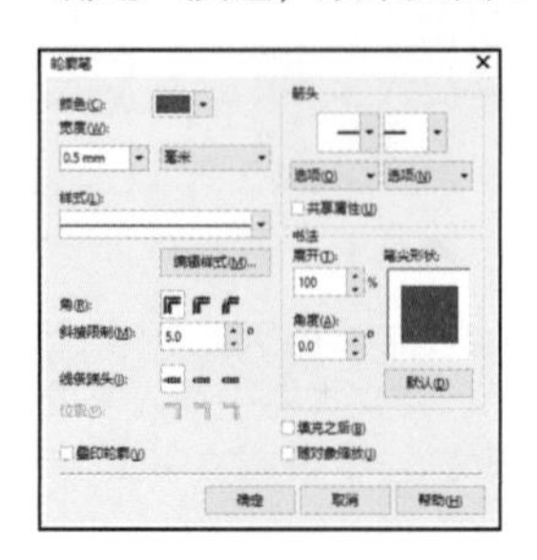

图 8-125

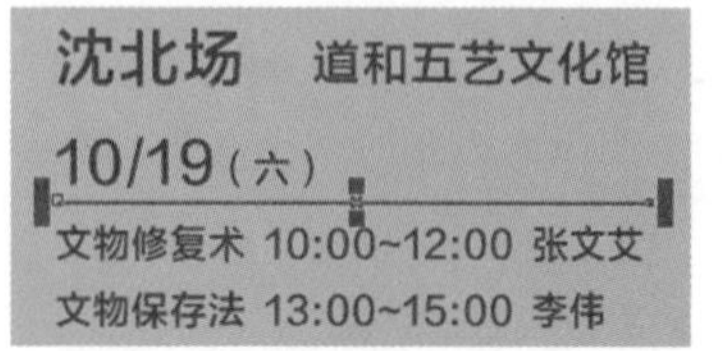

图 8-126

（8）选择“选择”工具，按数字键盘上的 + 键，复制直线。按住 Shift 键的同时，垂直向下拖曳复制的直线到适当的位置，效果如图 8-127 所示。按 Ctrl+D 组合键，根据需要再绘制一条直线，效果如图 8-128 所示。

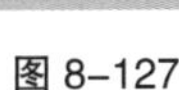
图 8-127

图 8-128

（9）选择“文本”工具，在适当的位置分别输入需要的文字。选择“选择”工具，在属性栏中分别选取适当的字体并设置好文字大小，效果如图 8-129 所示。将输入的文字同时选取，设置文字颜色的 CMYK 值为 90、80、30、0，填充文字，效果如图 8-130 所示。文化海报制作完成，效果如图 8-131 所示。

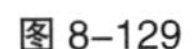
图 8-129

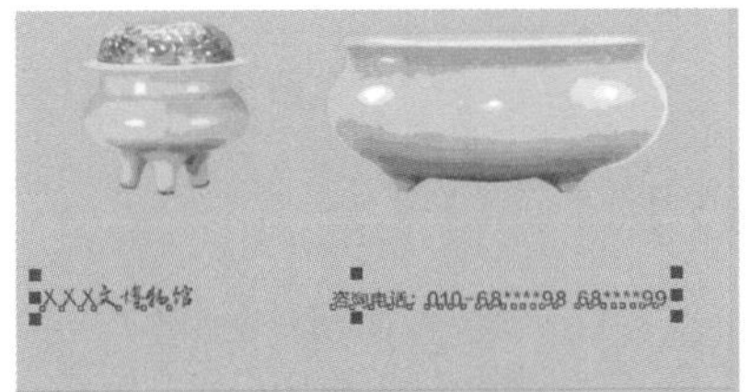

图 8-130

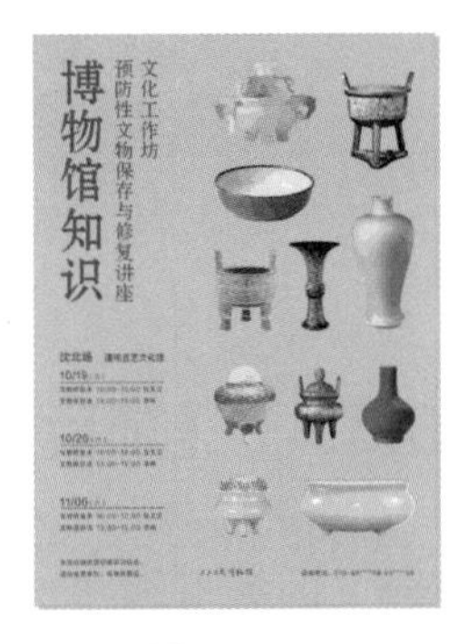

图 8-131

8.3 广告设计——制作 App 首页女装广告

8.3.1 【项目背景】

1. 客户名称

欧文娅莎女装。

2. 客户需求

欧文娅莎是一家女装服饰店，产品包括女性时装、精品配饰、包包等。店铺产品风格独特，涵盖各种材质和配色。现该店推出新款女装，需要为其设计宣传广告，希望借助广告动画的形式表现出产品的创新性和独特性。

8.3.2 【项目要求】

（1）广告设计要以新品女装为主题。

（2）设计要求使用直观醒目的文字来诠释广告内容，表现活动特色。

（3）画面色彩使用要富有朝气，给人青春洋溢的印象。

（4）设计风格要有特色，版式活而不散，能够引发顾客的兴趣及购买欲望。

（5）设计规格为 750 px（宽）×360 px（高），分辨率 72 dpi。

8.3.3 【项目设计】

本案例设计流程如图 8-132 所示。

添加广告底图

添加标题文字

添加装饰星形

最终效果

图 8-132

8.3.4 【项目要点】

使用矩形工具、导入命令和置于图文框内部命令制作广告底图；使用色度 / 饱和度 / 亮度命令调整人物图片的色调；使用文本工具、文本属性面板添加广告宣传文字；使用星形工具、旋转角度选项绘制装饰星形。

8.3.5 【项目制作】

1. 添加广告底图和标题文字

（1）按 Ctrl+N 组合键，弹出“创建新文档”对话框。设置文档的宽度为 750 px，高度为 360 px，取向为横向，原色模式为 RGB，渲染分辨率为 72 dpi。单击“确定”按钮，创建一个文档。

（2）双击“矩形”工具□，绘制一个与页面大小相等的矩形，如图 8-133 所示。设置图形颜色的 RGB 值为 30、218、253，填充图形，并去除图形的轮廓线，效果如图 8-134 所示。

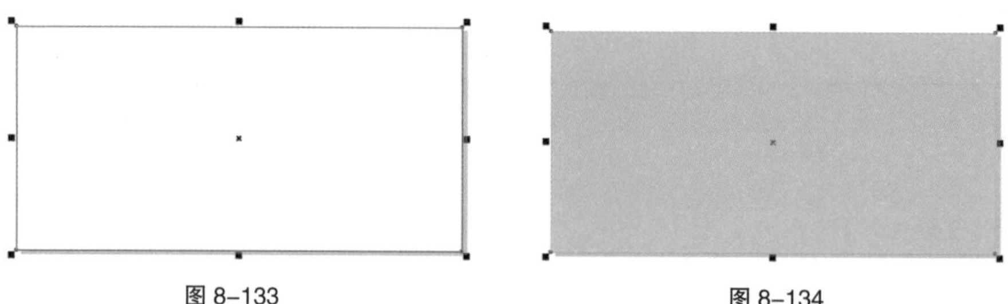

图 8-133　　图 8-134

扫码观看
扩展案例

（3）按 Ctrl+I 组合键，弹出“导入”对话框。选择云盘中的“Ch08 > 素材 > 制作 App 首页女装广告 > 01”文件，单击“导入”按钮，在页面中单击导入图片。选择“选择”工具，拖曳人物图片到适当的位置，并调整其大小，效果如图 8-135 所示。

（4）选择“效果 > 调整 > 色度 / 饱和度 / 亮度”命令。在弹出的对话框中进行设置，如图 8-136 所示；单击“确定”按钮，效果如图 8-137 所示。

图 8-135

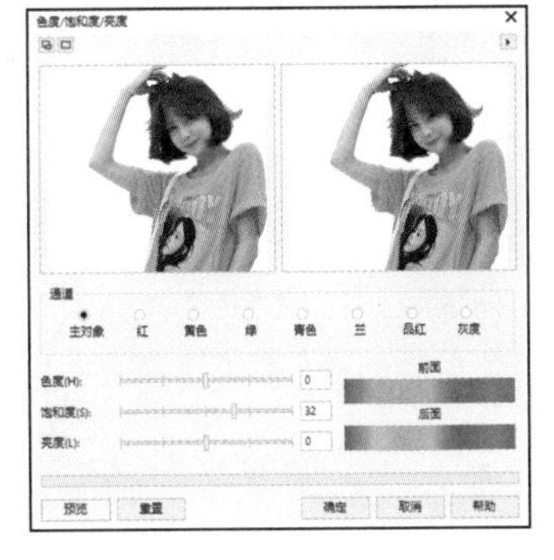

图 8-136

图 8-137

（5）按 Ctrl+I 组合键，弹出“导入”对话框。选择云盘中的“Ch08 > 素材 > 制作 App 首页女装广告 > 02”文件，单击“导入”按钮，在页面中单击导入图片。选择“选择”工具，拖曳衣服图片到适当的位置，并调整其大小，效果如图 8-138 所示。在属性栏中的“旋转角度”框中设置数值为 10；按 Enter 键，效果如图 8-139 所示。

图 8-138

图 8-139

（6）选择“选择”工具，用圈选的方法将所有图片同时选取，如图 8-140 所示。选择“对象 > PowerClip > 置于图文框内部”命令，鼠标的光标变为黑色箭头形状，在下方矩形上单击鼠标左键，如图 8-141 所示。将选中的图片置入下方矩形中，效果如图 8-142 所示。

图 8-140

图 8-141

图 8-142

（7）选择“贝塞尔”工具，在适当的位置绘制一个不规则图形，如图 8-143 所示。选择“选择”工具，填充图形为白色，并在属性栏中的“轮廓宽度”框中设置数值为 3px，按 Enter 键，效果如图 8-144 所示。

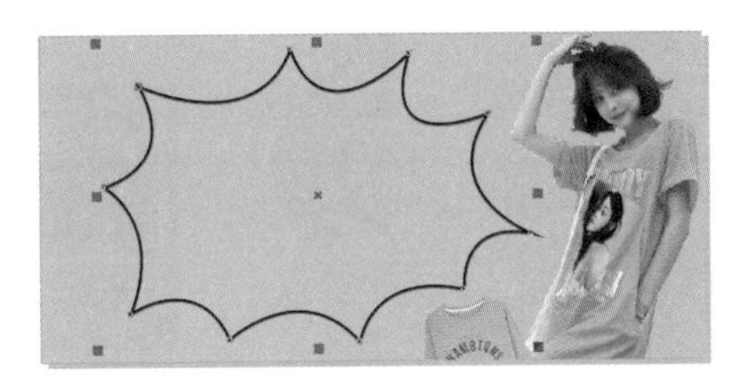

图 8-143

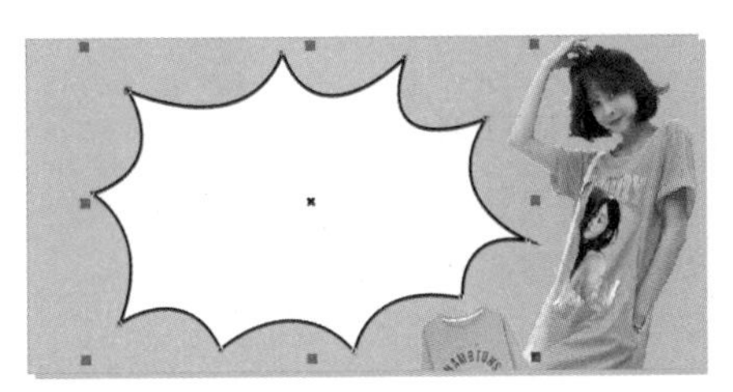

图 8-144

（8）选择“阴影”工具。在图形对象中从中间向右下拖曳光标，为图形添加阴影效果，在属性栏中的设置如图 8-145 所示。按 Enter 键，效果如图 8-146 所示。

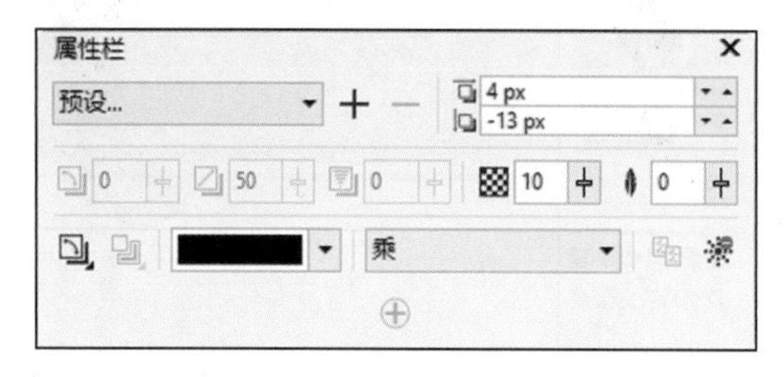

图 8-145

图 8-146

（9）选择“文本”工具，在页面中分别输入需要的文字。选择“选择”工具，在属性栏中分别选取适当的字体并设置文字大小，效果如图 8-147 所示。选取下方的文字，设置文字颜色的 RGB 值为 253、6、101，填充文字，效果如图 8-148 所示。

图 8-147

图 8-148

（10）选择“文本 > 文本属性”命令，在弹出的“文本属性”面板中进行设置，如图 8-149 所示；按 Enter 键，效果如图 8-150 所示。

图 8-149

图 8-150

2. 添加装饰星形

（1）选择“矩形”工具，在适当的位置绘制一个矩形。设置图形颜色的 RGB 值为 253、6、101，填充图形，并去除图形的轮廓线，效果如图 8-151 所示。

（2）按数字键盘上的 + 键，复制矩形。选择“选择”工具，向左上方拖曳复制的矩形到适当的位置；设置图形颜色的 RGB 值为 73、66、160，填充图形，效果如图 8-152 所示。

图 8-151

图 8-152

扫码观看
本案例视频

（3）选择“调和”工具，在两个矩形之间拖曳鼠标添加调和效果，在属性栏中的设置如图 8-153 所示。按 Enter 键，效果如图 8-154 所示。

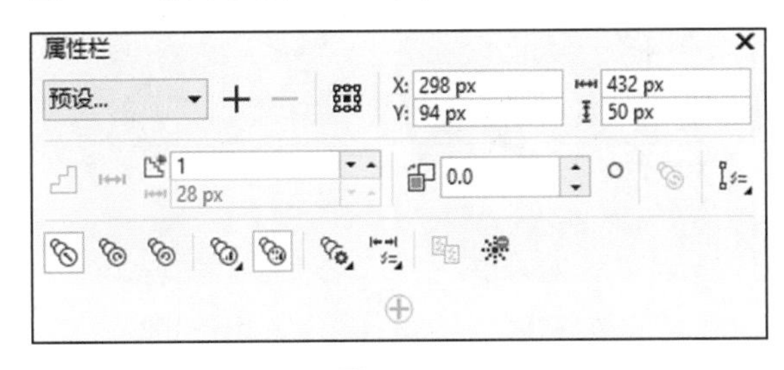

图 8-153

图 8-154

（4）选择“文本”工具，在适当的位置输入需要的文字。选择“选择”工具，在属性栏中选取适当的字体并设置文字的大小，填充文字颜色为白色，效果如图 8-155 所示。

（5）选择“椭圆形”工具，按住 Ctrl 键的同时，在适当的位置绘制一个圆形，并在属性栏中的“轮廓宽度” 3px 框中设置数值为 3px，按 Enter 键，效果如图 8-156 所示。设置图形颜色的 RGB 值为 253、6、101，填充图形，效果如图 8-157 所示。

图 8-155

图 8-156

图 8-157

（6）选择“文本”工具，在适当的位置输入需要的文字。选择“选择”工具，在属性栏中选取适当的字体并设置文字大小，填充文字颜色为白色，效果如图 8-158 所示。在属性栏中的“旋转角度” .0 ° 框中设置数值为 -20；按 Enter 键，效果如图 8-159 所示。

图 8-158

图 8-159

（7）选择“星形”工具，在属性栏中的设置如图 8-160 所示。在适当的位置绘制一个星形，如图 8-161 所示。设置图形颜色的 RGB 值为 255、234、0，填充图形，效果如图 8-162 所示。

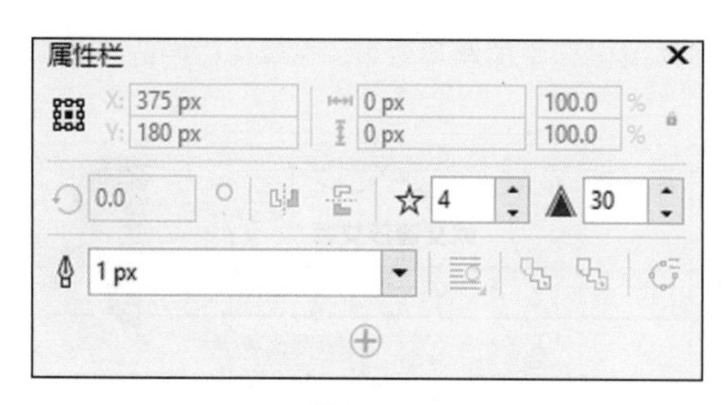

图 8-160

图 8-161

图 8-162

（8）保持图形的选取状态。在属性栏中的“旋转角度” 框中设置数值为 -20；按 Enter 键，效果如图 8-163 所示。按数字键盘上的 + 键，复制星形。选择“选择”工具，向右上方拖曳复制的星形到适当的位置，如图 8-164 所示。按住 Shift 键的同时，拖曳右上角的控制手柄，向中心等比例缩小星形，效果如图 8-165 所示。

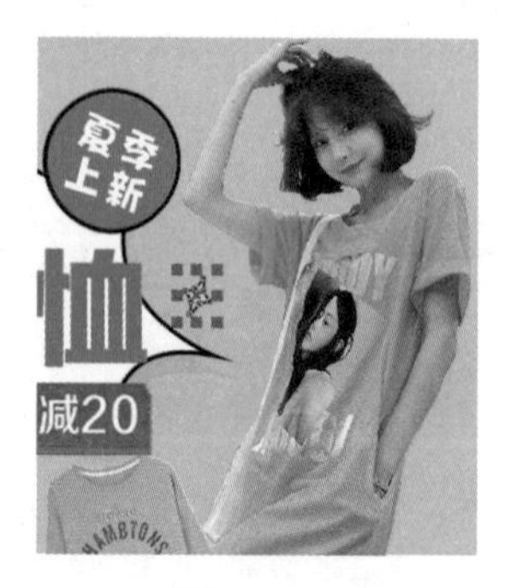

图 8-163

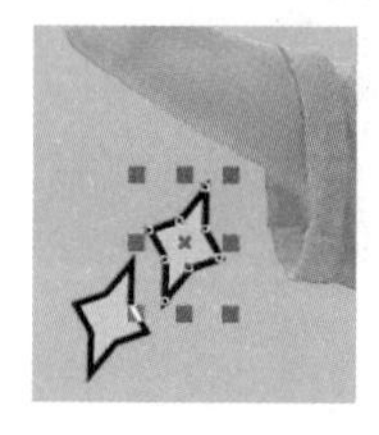

图 8-164

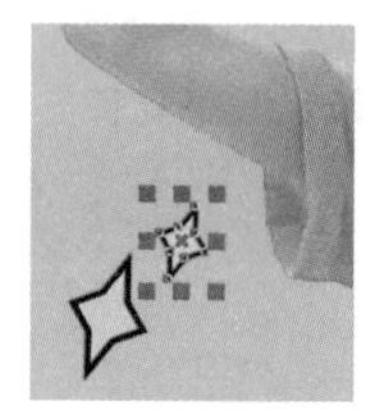

图 8-165

（9）用相同的方法复制其他星形，并调整其角度，效果如图 8-166 所示。按 Ctrl+I 组合键，弹出“导入”对话框。选择云盘中的“Ch08 > 素材 > 制作 App 首页女装广告 > 03、04”文件，单击“导入”按钮，在页面中分别单击导入图片。选择“选择”工具，分别拖曳衣服图片到适当的位置，调整其大小和角度。App 首页女装广告制作完成，效果如图 8-167 所示。

图 8-166

图 8-167

8.4 书籍装帧设计——制作美食书籍封面

8.4.1 【项目背景】

1. 客户名称

美食记出版社。

2. 客户需求

《面包师》是美食记出版社出版的为爱好烘焙工艺者提供参考的书籍。本案例是为该书进行书籍装帧设计。书籍的内容是面包烘焙，所以设计要求以面包图案为画面主要内容，并且要合理搭配与用色，使书籍看起来独具特色。

8.4.2 【项目要求】

（1）封面以面包烘焙为主，体现出本书的特色。
（2）使用实景照片进行展示，使画面看起来真实且富有特点。
（3）设计要求表现出书籍时尚、高端的风格。
（4）要求整个设计新颖独特，让人一目了然。
（5）设计规格均为 440 mm（宽）×285 mm（高），分辨率为 300 dpi。

8.4.3 【项目设计】

本案例设计流程如图 8-168 所示。

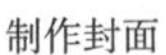

制作封面

制作封底

最终效果

图 8-168

8.4.4 【项目要点】

使用导入命令添加素材图片；使用色度 / 饱和度 / 亮度命令、亮度 / 对比度 / 强度命令调整图片色调；使用文本工具、文本属性面板添加封面名称及其他内容；使用矩形工具、椭圆形工具、合并命令、移除前面对象命令和文本工具制作标签；使用阴影工具为标签添加阴影效果。

8.4.5 【项目制作】

1. 制作封面

（1）按 Ctrl+N 组合键，弹出“创建新文档”对话框。设置文档的宽度为 440 mm，高度为 285 mm，取向为横向，原色模式为 CMYK，渲染分辨率为 300 dpi。单击“确定”按钮，创建一个文档。

（2）按 Ctrl+J 组合键，弹出“选项”对话框，选择“文档 / 页面尺寸”选项，在“出血”框中设置数值为 3.0，勾选“显示出血区域”复选框，如图 8-169 所示；单击“确定”按钮，页面效果如图 8-170 所示。

图 8-169

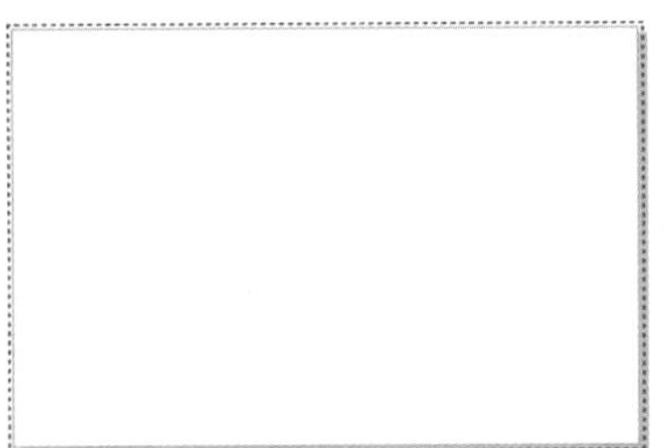

图 8-170

（3）选择“视图 > 标尺”命令，在视图中显示标尺。选择“选择”工具，在左侧标尺中拖曳一条垂直辅助线，在属性栏中将“X 位置”选项设为 210mm，按 Enter 键，如图 8-171 所示；用相同的方法，在 230mm 的位置上添加一条垂直辅助线，在页面空白处单击鼠标，如图 8-172 所示。

图 8-171

图 8-172

（4）按 Ctrl+I 组合键，弹出“导入”对话框。选择云盘中的“Ch08 > 素材 > 制作美食书籍封面 > 01”文件，单击“导入”按钮，在页面中单击导入图片。选择“选择”工具，拖曳图片到适当的位置，效果如图 8-173 所示。

（5）选择“效果 > 调整 > 色度 / 饱和度 / 亮度”命令，在弹出的对话框中进行设置，如图 8-174 所示；单击“确定”按钮，效果如图 8-175 所示。

图 8-173

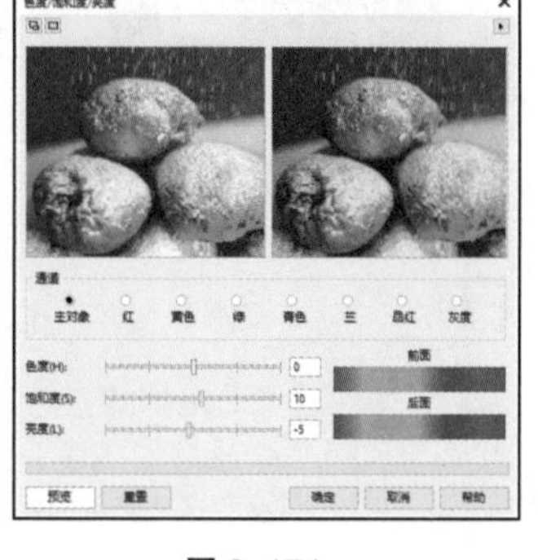

图 8-174

图 8-175

（6）选择“效果 > 调整 > 亮度 / 对比度 / 强度”命令，在弹出的对话框中进行设置，如图 8-176 所示；单击“确定”按钮，效果如图 8-177 所示。

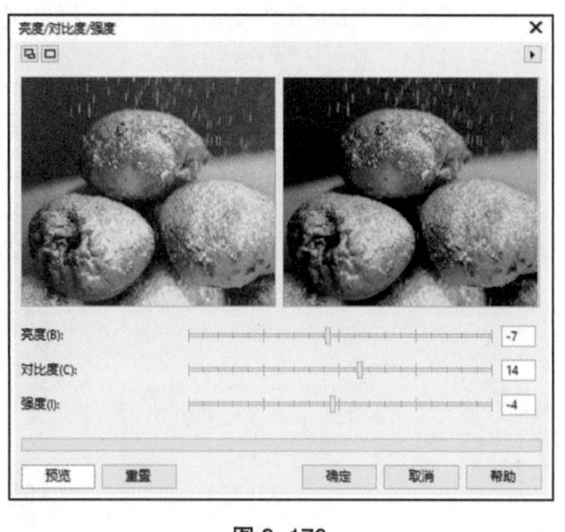

图 8-176

图 8-177

（7）选择“文本”工具，在封面中分别输入需要的文字；选择“选择”工具，在属性栏中分别选取适当的字体并设置文字大小，填充文字颜色为白色，效果如图 8-178 所示。选取文字“面包师”，选择“文本 > 文本属性”命令，在弹出的“文本属性”面板中进行设置，如图 8-179 所示；按 Enter 键，效果如图 8-180 所示。

图 8-178

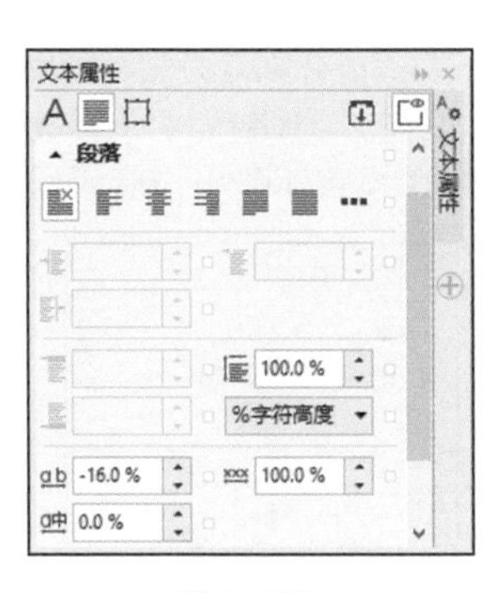

图 8-179

图 8-180

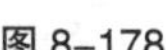

（8）选取文字“烘焙攻略”，在“文本属性”面板中，选项的设置如图 8-181 所示；按 Enter 键，效果如图 8-182 所示。

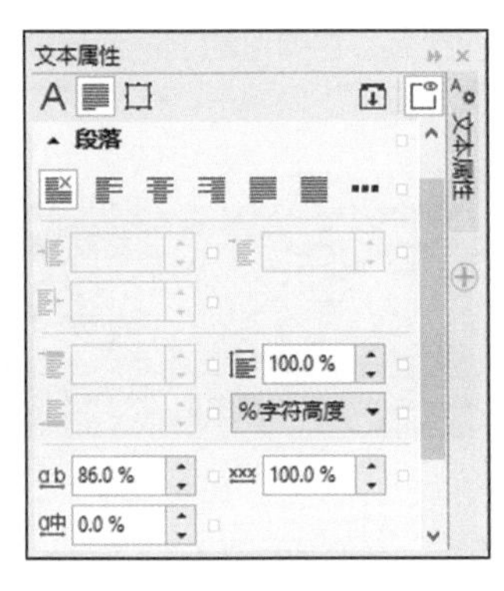

图 8-181

图 8-182

（9）选择“椭圆形”工具，按住 Ctrl 键的同时，在适当的位置绘制一个圆形，如图 8-183 所示。按数字键盘上的 + 键，复制圆形。选择“选择”工具，按住 Shift 键的同时，水平向右拖曳复制的圆形到适当的位置，效果如图 8-184 所示。连续按 Ctrl+D 组合键，按需要再绘制两个圆形，效果如图 8-185 所示。（为了方便读者观看，这里以白色显示）

图 8-183

图 8-184

图 8-185

（10）选择“矩形”工具，在适当的位置绘制一个矩形，如图 8-186 所示。选择“选择”工具，按住 Shift 键的同时，依次单击下方圆形将其同时选取，如图 8-187 所示。单击属性栏中的“合并”按钮，合并图形，如图 8-188 所示。

图 8-186

图 8-187

图 8-188

（11）保持图形的选取状态。设置图形颜色的 CMYK 值为 0、90、100、0，填充图形，并去除图形的轮廓线，效果如图 8-189 所示。按 Ctrl+PageDown 组合键，将图形向后移一层，效果如图 8-190 所示。

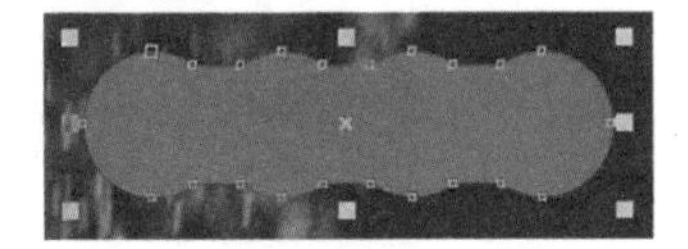

图 8-189

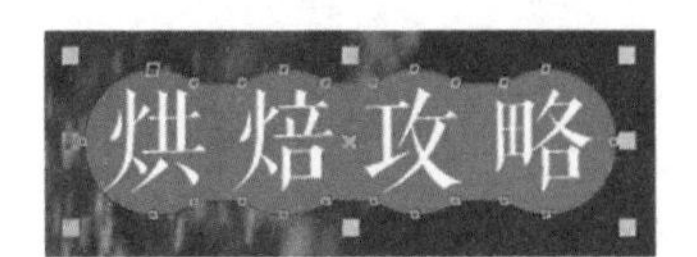

图 8-190

（12）选择“文本”工具字，在适当的位置分别输入需要的文字。选择“选择”工具，在属性栏中分别选取适当的字体并设置文字的大小，填充文字颜色为白色，效果如图 8-191 所示。选取文字“109 道手工面包”，在“文本属性”面板中，选项的设置如图 8-192 所示；按 Enter 键，效果如图 8-193 所示。

图 8-191

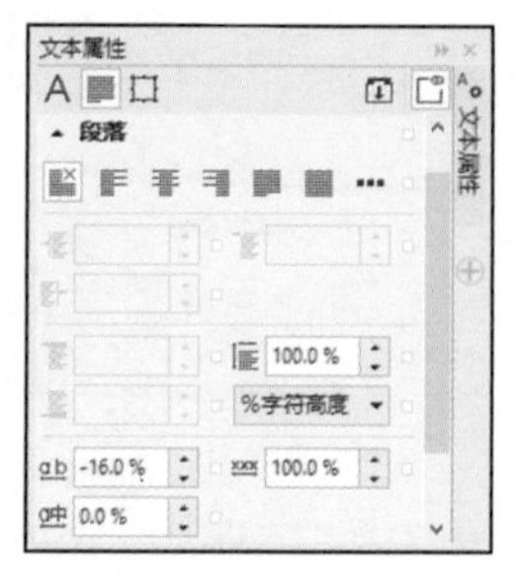

图 8-192

图 8-193

（13）选取右侧需要的文字，单击属性栏中的“文本对齐”按钮，在弹出的下拉列表中选择“右”选项，如图 8-194 所示，文本右对齐效果如图 8-195 所示。选择“文本”工具字，在文字“纳”右侧单击插入光标，如图 8-196 所示。

图 8-194

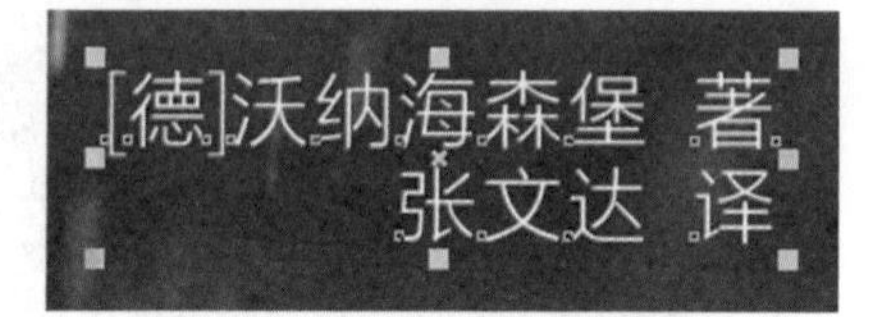

图 8-195

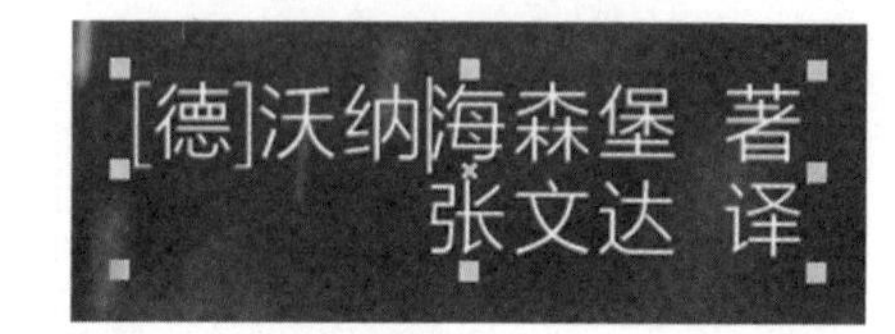

图 8-196

（14）选择“文本 > 插入字符”命令，弹出“插入字符”面板，在面板中按需要进行设置并选择需要的字符，如图 8-197 所示。双击选取的字符，插入字符，效果如图 8-198 所示。

图 8-197

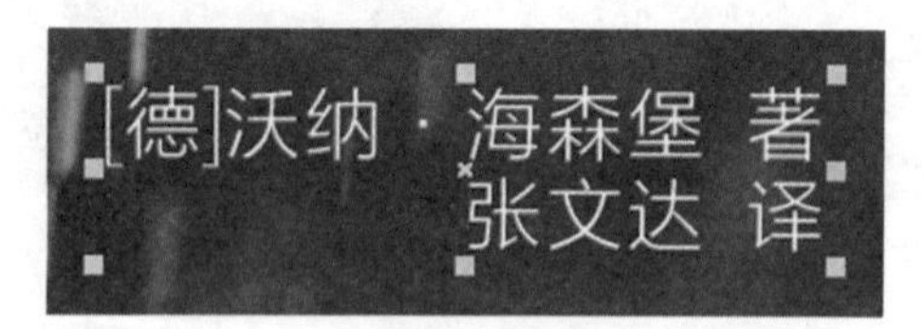

图 8-198

（15）选择“手绘”工具，按住 Ctrl 键的同时，在适当的位置绘制一条直线，效果如图 8-199 所示。按 F12 键，弹出“轮廓笔”对话框，在“颜色”选项中设置轮廓线颜色为白色，其他选项的设置如图 8-200 所示；单击“确定”按钮，效果如图 8-201 所示。

图 8-199

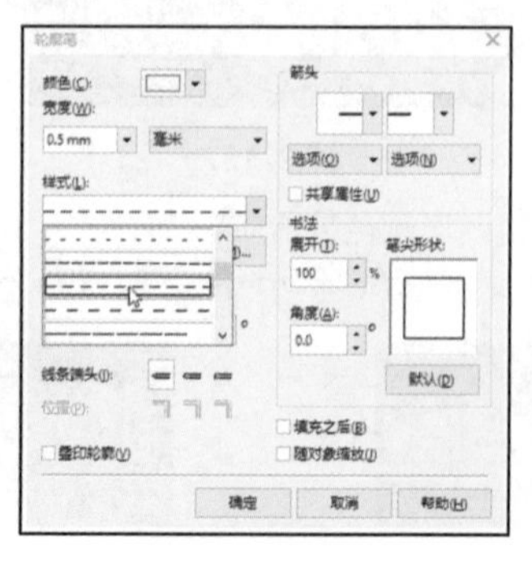

图 8-200

图 8-201

（16）选择“矩形”工具□，在适当的位置绘制一个矩形，如图 8-202 所示。在属性栏中将“转角半径”选项均设为 8.0 mm，如图 8-203 所示；按 Enter 键，效果如图 8-204 所示。

图 8-202

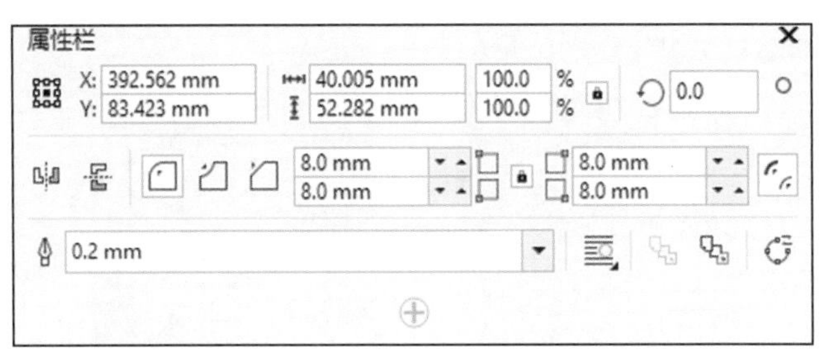

图 8-203

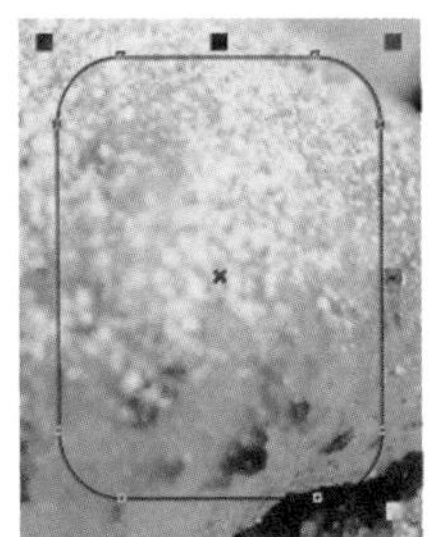

图 8-204

（17）选择“椭圆形”工具○，在适当的位置绘制一个椭圆形，如图 8-205 所示。选择“选择”工具，按住 Shift 键的同时，单击下方圆角矩形将其同时选取，如图 8-206 所示。单击属性栏中的“合并”按钮，合并图形，如图 8-207 所示。

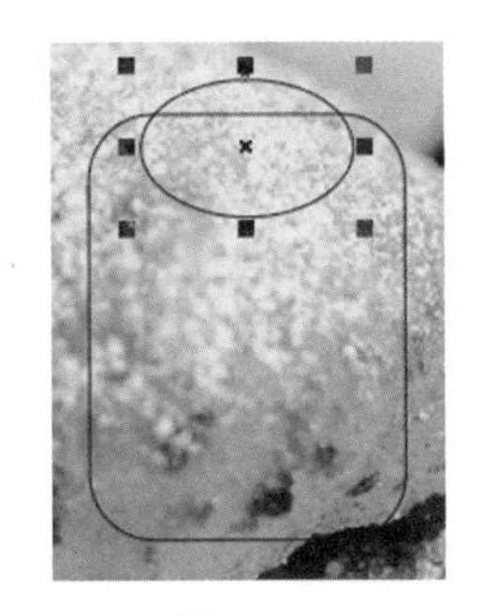

图 8-205

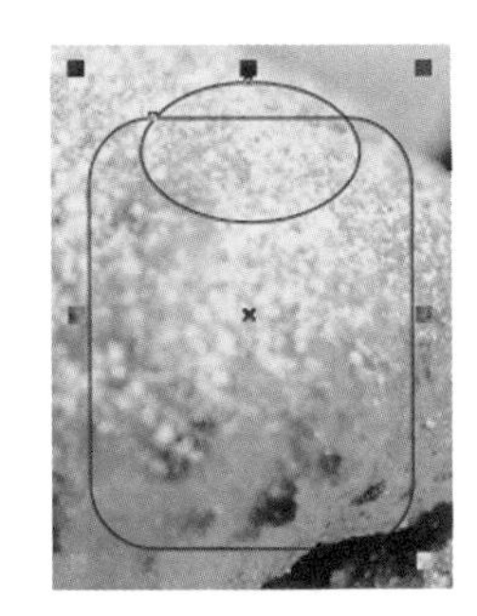

图 8-206

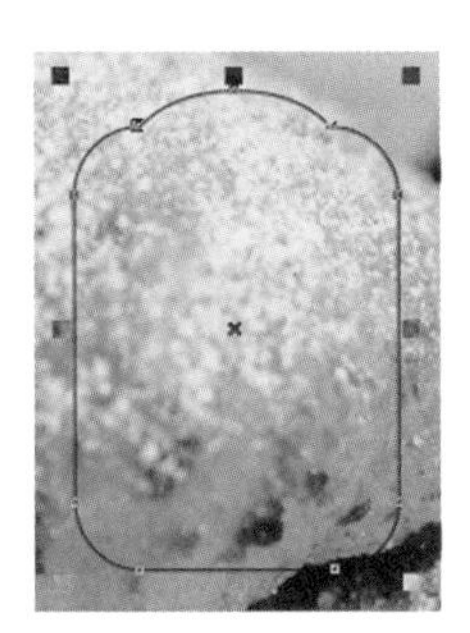

图 8-207

（18）按 Alt+F9 组合键，弹出“变换”泊坞窗，选项的设置如图 8-208 所示。再单击“应用”按钮 应用 ，缩小并复制图形，效果如图 8-209 所示。

图 8-208

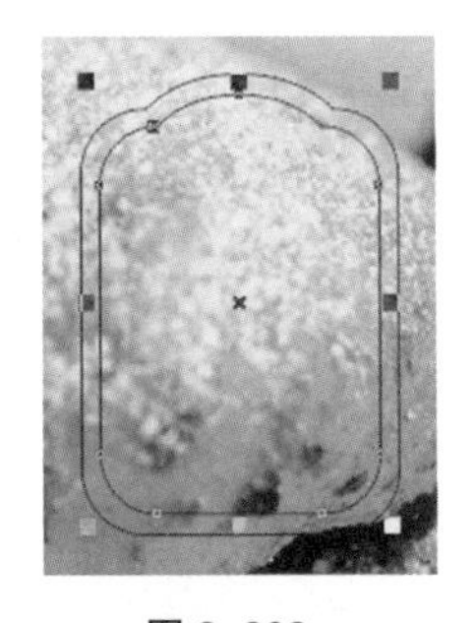

图 8-209

（19）按 F12 键，弹出“轮廓笔”对话框，在“颜色”选项中设置轮廓线颜色的 CMYK 值为 0、90、100、0，其他选项的设置如图 8-210 所示；单击“确定”按钮，效果如图 8-211 所示。

图 8-210

图 8-211

（20）选择“椭圆形”工具，按住 Ctrl 键的同时，在适当的位置绘制一个圆形，如图 8–212 所示。选择“选择”工具，按住 Shift 键的同时，单击后方需要的图形将其同时选取，如图 8–213 所示。单击属性栏中的“移除前面对象”按钮，将两个图形剪切为一个图形，效果如图 8–214 所示。填充图形为白色，并去除图形的轮廓线，效果如图 8–215 所示。

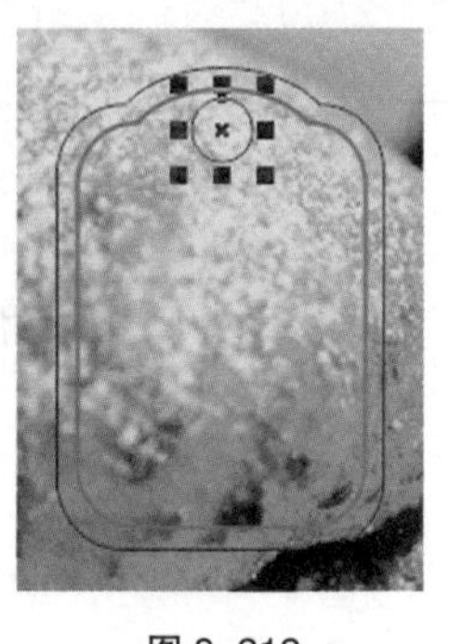

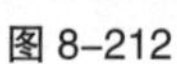

图 8–212

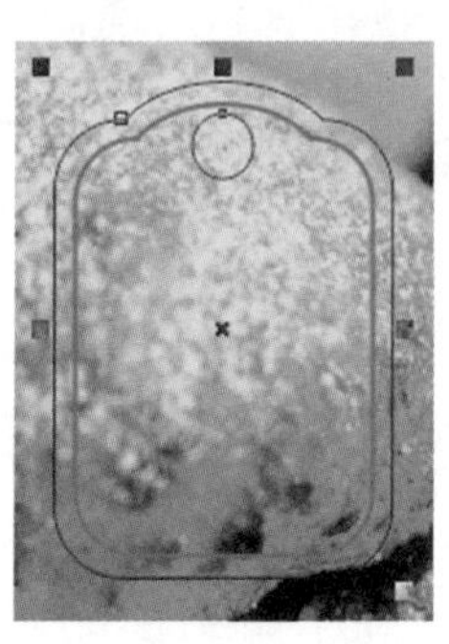

图 8–213

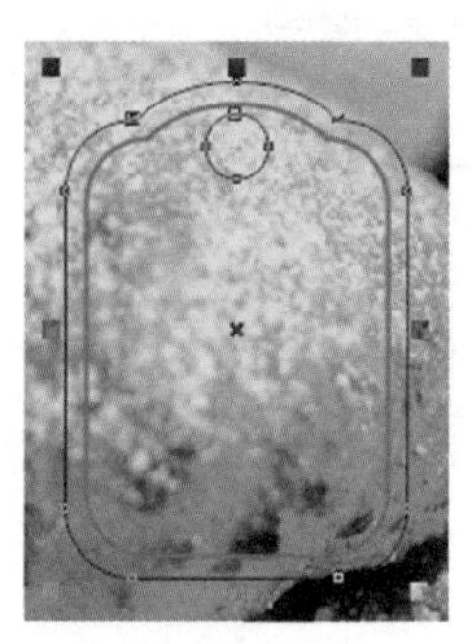

图 8–214

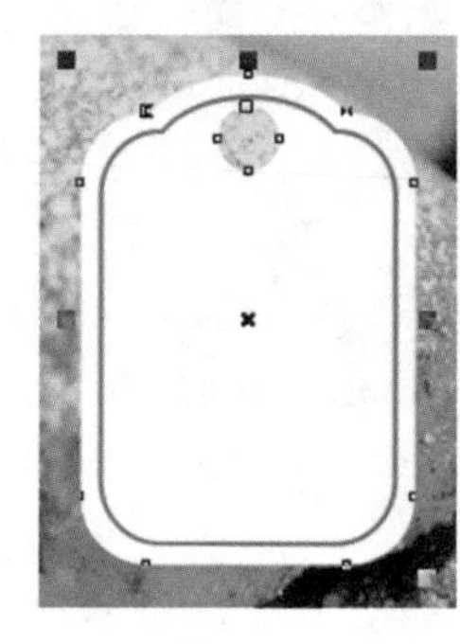

图 8–215

（21）选择“贝塞尔”工具，在适当的位置绘制一条曲线，如图 8–216 所示。选择“属性滴管”工具，将光标放置在下方图形轮廓上，光标变为图标，如图 8–217 所示。在轮廓上单击鼠标吸取属性，光标变为图标，在需要的图形上单击鼠标左键，填充图形，效果如图 8–218 所示。

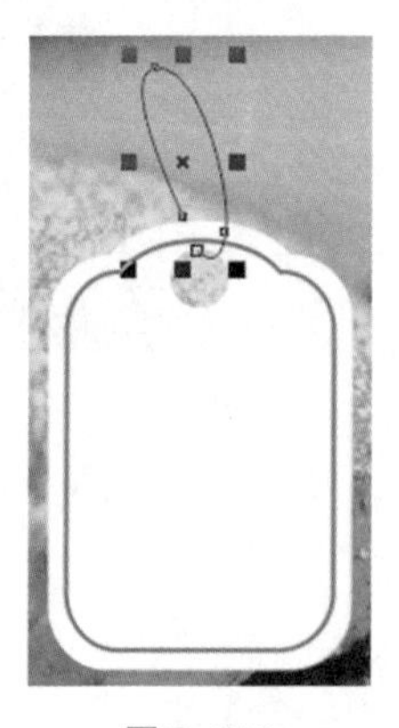

图 8–216

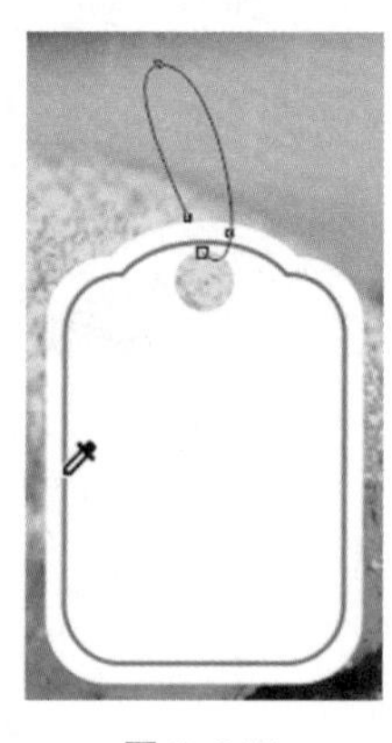

图 8–217

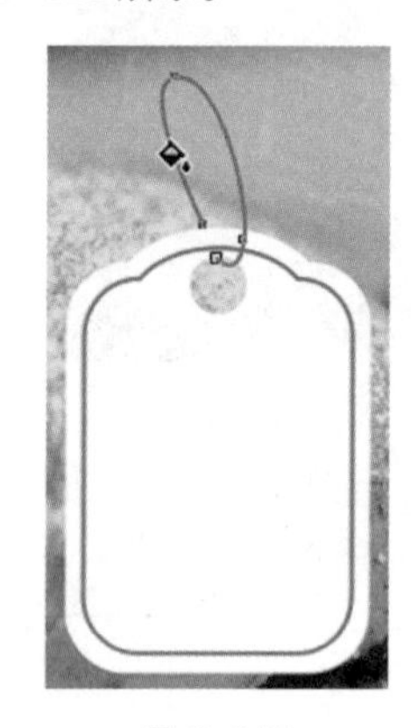

图 8–218

（22）选择“文本”工具，在适当的位置输入需要的文字。选择“选择”工具，在属性栏中选取适当的字体并设置文字大小，效果如图 8–219 所示。设置文字颜色的 CMYK 值为 65、96、100、62，填充文字，效果如图 8–220 所示。在“文本属性”面板中，选项的设置如图 8–221 所示；按 Enter 键，效果如图 8–222 所示。

图 8–219

图 8–220

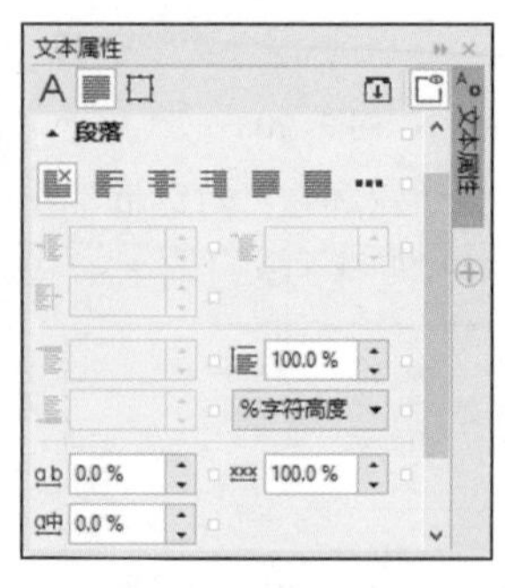

图 8–221

图 8–222

（23）选择“矩形”工具。在适当的位置绘制一个矩形，设置图形颜色的 CMYK 值为 0、90、100、0，填充图形，并去除图形的轮廓线，效果如图 8–223 所示。

（24）选择“文本”工具，在适当的位置分别输入需要的文字。选择“选择”工具，在属性栏中分别选取适当的字体并设置好文字大小，填充文字颜色为白色，效果如图 8–224 所示。

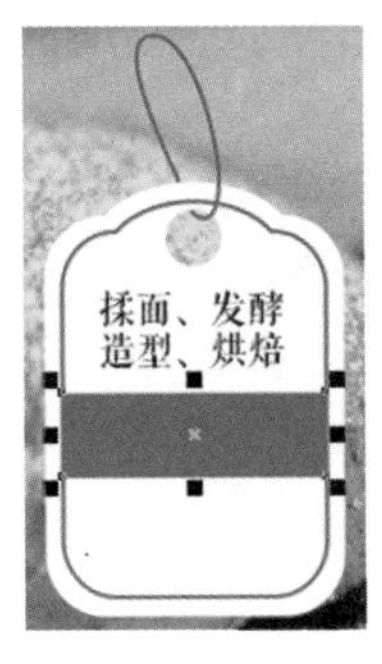

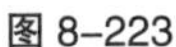

图 8-223

图 8-224

（25）选取文字“手工面包”，在“文本属性”面板中，选项的设置如图 8-225 所示；按 Enter 键，效果如图 8-226 所示。选择“椭圆形”工具，按住 Ctrl 键的同时，在适当的位置绘制一个圆形，设置轮廓线为白色，效果如图 8-227 所示。

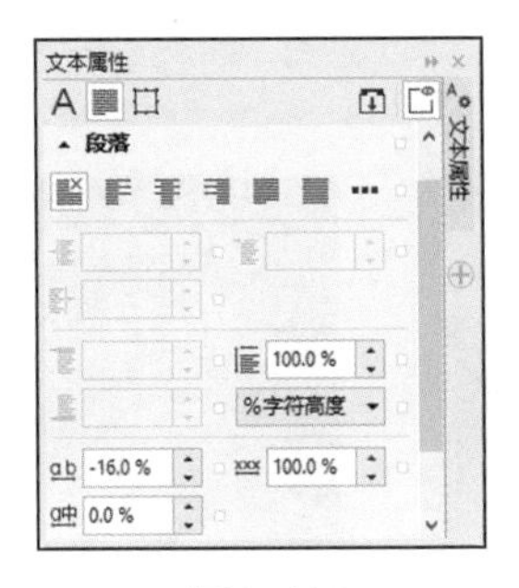

图 8-225

图 8-226

图 8-227

（26）选择“文本”工具，在适当的位置输入需要的文字。选择“选择”工具，在属性栏中选取适当的字体并设置文字的大小，效果如图 8-228 所示。设置文字颜色的 CMYK 值为 0、90、100、0，填充文字，效果如图 8-229 所示。

图 8-228

图 8-229

（27）单击属性栏中的“文本对齐”按钮，在弹出的下拉列表中选择“居中”选项，如图 8-230 所示，文本右对齐效果如图 8-231 所示。选择“文本”工具，选取文字“看视频”，在属性栏中设置文字大小，效果如图 8-232 所示。

图 8-230

图 8-231

图 8-232

（28）选择“选择”工具，用圈选的方法将图形和文字同时选取，按 Ctrl+G 组合键，将其群组，如图 8-233 所示。在属性栏中的“旋转角度” °框中设置数值为 16°；按 Enter 键，效果如图 8-234 所示。

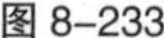
图 8-233

图 8-234

（29）选择“阴影”工具，在图形中由上至下拖曳光标，为图形添加阴影效果，在属性栏中的设置如图 8-235 所示；按 Enter 键，效果如图 8-236 所示。

（30）选择“文本”工具，在适当的位置输入需要的文字。选择“选择”工具，在属性栏中选取适当的字体并设置好文字大小，填充文字颜色为白色，效果如图 8-237 所示。

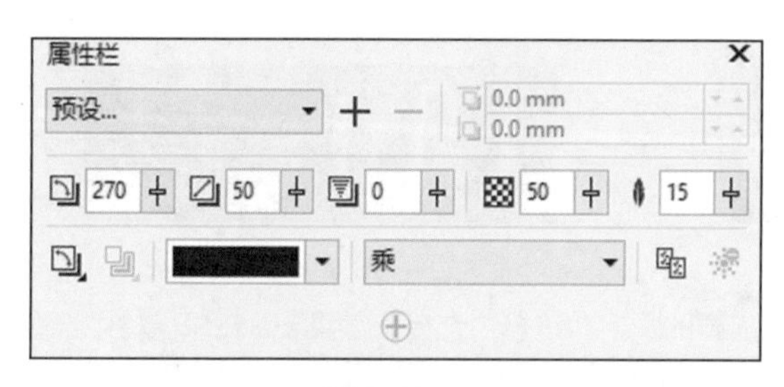

图 8-235

图 8-236

图 8-237

2. 制作封底和书脊

（1）按 Ctrl+I 组合键，弹出“导入”对话框。选择云盘中的“Ch08 > 素材 > 制作美食书籍封面 > 02”文件，单击“导入”按钮，在页面中单击导入图片。选择“选择”工具，拖曳图片到适当的位置，效果如图 8-238 所示。

扫码观看本案例视频

（2）选择“效果 > 调整 > 亮度 / 对比度 / 强度”命令，在弹出的对话框中进行设置，如图 8-239 所示；单击“确定”按钮，效果如图 8-240 所示。

图 8-238

图 8-239

图 8-240

（3）选择“矩形”工具，在适当的位置绘制一个矩形，填充图形为黑色，并去除图形的轮廓线，如图 8-241 所示。选择“透明度”工具，在属性栏中单击“均匀透明度”按钮，其他选项的设置如图 8-242 所示；按 Enter 键，透明效果如图 8-243 所示。

（4）选择“文本”工具，在适当的位置拖曳出一个文本框，如图 8-244 所示。在文本框中输入需要的文字，在属性栏中选取适当的字体并设置文字的大小，填充文字颜色为白色，效果如图 8-245 所示。

图 8-241

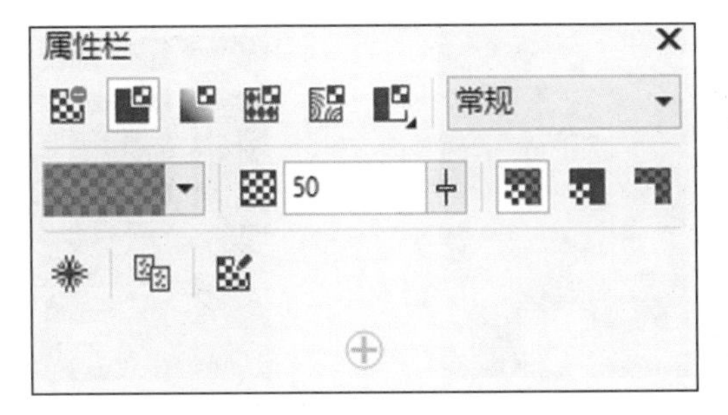

图 8-242

图 8-243

图 8-244

图 8-245

（5）在“文本属性”面板中，单击“两端对齐”按钮，其他选项的设置如图 8-246 所示；按 Enter 键，效果如图 8-247 所示。

图 8-246

图 8-247

（6）选择“矩形”工具，在适当的位置绘制一个矩形，填充图形为白色，并去除图形的轮廓线，如图 8-248 所示。选择“文本”工具，在适当的位置输入需要的文字。选择“选择”工具，在属性栏中选取适当的字体并设置好文字大小，效果如图 8-249 所示。

图 8-248

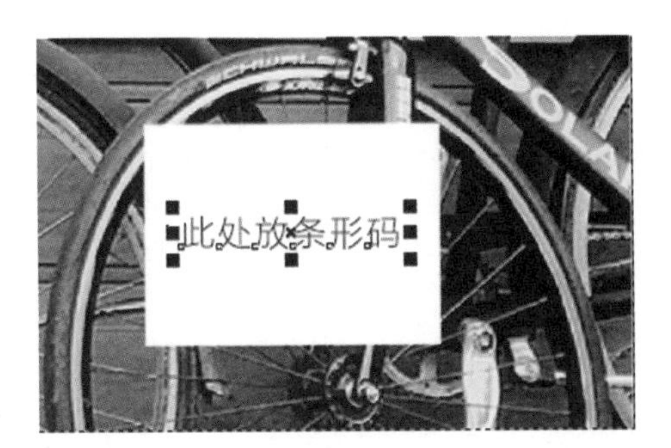

图 8-249

（7）选择“矩形”工具，在适当的位置绘制一个矩形，如图 8-250 所示。设置图形颜色的 CMYK 值为 0、90、100、0，填充图形，并去除图形的轮廓线，效果如图 8-251 所示。

图 8-250

图 8-251

（8）选择“选择”工具，在封面中选取需要的图形，如图 8-252 所示。按数字键盘上的 + 键，复制图形。向左拖曳复制的图形到书脊中，拖曳右上角的控制手柄，等比例缩小图形，按 Shift+PageUp 组合键，将图形移至图层前面，填充图形为白色，效果如图 8-253 所示。在属性栏中的“旋转角度” 框中设置数值为 -90°；按 Enter 键，效果如图 8-254 所示。

图 8-252

图 8-253

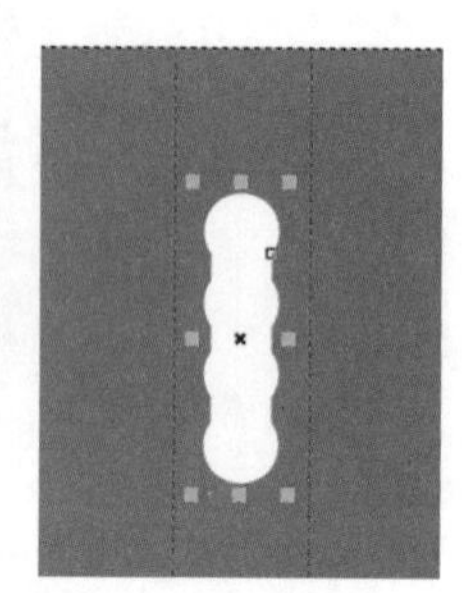

图 8-254

（9）使用相同的方法分别复制封面中其他图形和文字到书脊中，并填充相应的颜色，效果如图 8-255 所示。美食书籍封面制作完成，效果如图 8-256 所示。

图 8-255

图 8-256

8.5 包装设计——制作牛奶包装

8.5.1 【项目背景】

1. 客户名称

食佳股份有限公司。

2. 客户需求

食佳股份有限公司是一家以奶制品、干果、茶叶、休闲零食等食品的分装与销售为主的企业。现公司推出高钙低脂核桃奶，要求制作一款包装设计，传达出核桃奶健康美味的特点，并能够快速地吸引消费者的注意。

8.5.2 【项目要求】

（1）包装风格要求清新爽利，符合产品特色。

（2）字体要求简单干净，配合整体的包装风格，显得高端大气。

（3）设计要求简洁大气，图文搭配编排合理，视觉效果强烈。

（4）以真实简洁的方式向消费者传达信息内容。

（5）设计规格为 210 mm（宽）× 297 mm（高），分辨率为 300 dpi。

8.5.3 【项目设计】

本案例设计流程如图 8-257 所示。

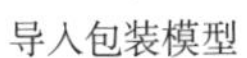
导入包装模型　　绘制卡通形象　　添加产品信息　　最终效果

图 8-257

8.5.4 【项目要点】

使用导入命令添加包装外形；使用椭圆形工具、矩形工具、贝塞尔工具、移除前面对象按钮、形状工具和填充工具绘制卡通形象；使用文本工具、文本属性面板添加商品名称及其他相关信息；使用贝塞尔工具、文本工具以及合并按钮制作文字镂空效果。

8.5.5 【项目制作】

1. 绘制卡通形象

（1）按 Ctrl+N 组合键，弹出“创建新文档”对话框。设置文档的宽度为 210 mm，高度为 297 mm，取向为纵向，原色模式为 CMYK，渲染分辨率为 300 dpi。单击“确定”按钮，创建一个文档。

（2）按 Ctrl+I 组合键，弹出“导入”对话框。选择云盘中的“Ch08 > 素材 > 制作牛奶包装 > 01”文件，单击“导入”按钮，在页面中单击导入图片。选择“选择”工具，拖曳图片到适当的位置，并调整其大小，效果如图 8-258 所示。选择“椭圆形”工具，在页面中拖曳鼠标绘制一个椭圆形，如图 8-259 所示。

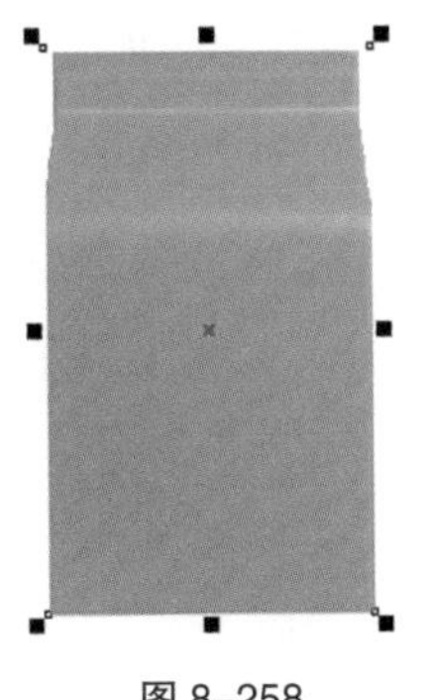

图 8-258

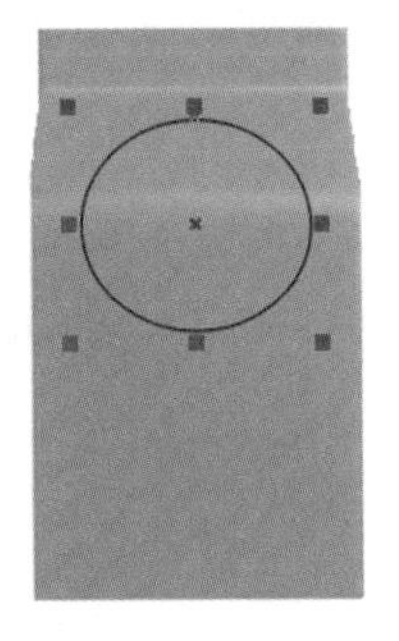

图 8-259

扫码观看
本案例视频

扫码观看
扩展案例

（3）使用“椭圆形”工具，再绘制一个椭圆形，如图 8-260 所示。按数字键盘上的 + 键，复制图形。选择“选择”工具，按住 Shift 键的同时，水平向右拖曳复制的图形到适当的位置，效果如图 8-261 所示。选择“矩形”工具，在适当的位置绘制一个矩形，如图 8-262 所示。

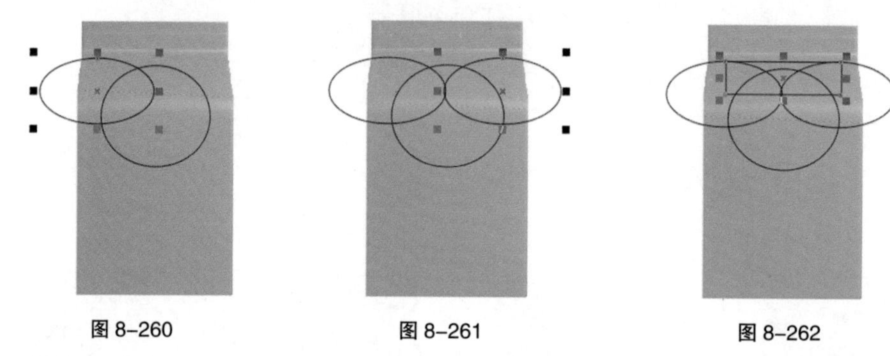

图 8-260　　图 8-261　　图 8-262

（4）选择“选择”工具，用圈选的方法将所绘制的图形同时选取，如图 8-263 所示。单击属性栏中的“移除前面对象”按钮，将四个图形剪切为一个图形，效果如图 8-264 所示。设置图形颜色的 CMYK 值为 0、20、20、0，填充图形，并去除图形的轮廓线，效果如图 8-265 所示。

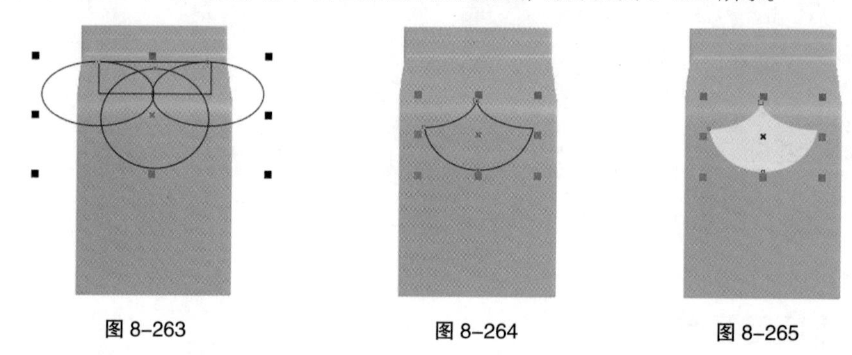

图 8-263　　图 8-264　　图 8-265

（5）选择“椭圆形”工具，在适当的位置绘制一个椭圆形，如图 8-266 所示。单击属性栏中的“转换为曲线”按钮，将图形转换为曲线，如图 8-267 所示。选择“形状”工具，选中并向下拖曳椭圆形下方的节点到适当的位置，效果如图 8-268 所示。

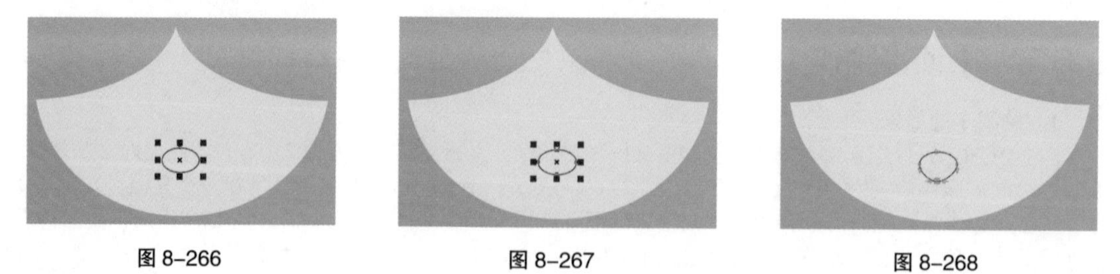

图 8-266　　图 8-267　　图 8-268

（6）选择“选择”工具，选取图形，按 F12 键，弹出“轮廓笔”对话框，在“颜色”选项中设置轮廓线颜色的 CMYK 值为 0、100、100、75，其他选项的设置如图 8-269 所示；单击“确定”按钮，效果如图 8-270 所示。设置图形颜色的 CMYK 值为 0、90、100、30，填充图形，效果如图 8-271 所示。

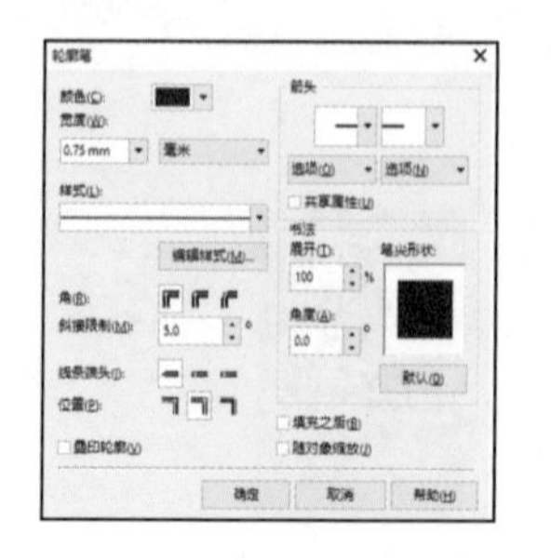

图 8-269

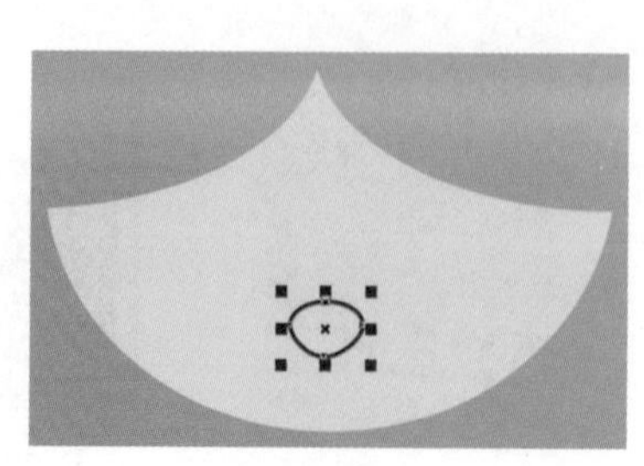

图 8-270

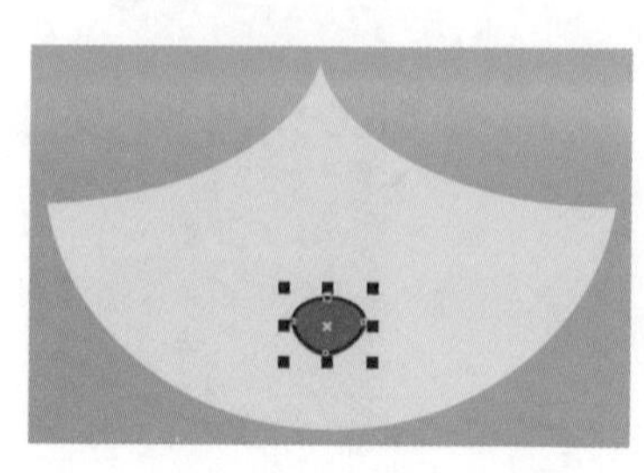

图 8-271

（7）选择“贝塞尔”工具，在适当的位置绘制一个不规则图形，填充图形为白色，并去除图形的轮廓线，效果如图 8-272 所示。

（8）选择“选择”工具，按数字键盘上的 + 键，复制图形。按住 Shift 键的同时，水平向右拖曳复制的图形到适当的位置，效果如图 8-273 所示。单击属性栏中的“水平镜像”按钮，水平翻转图形，效果如图 8-274 所示。

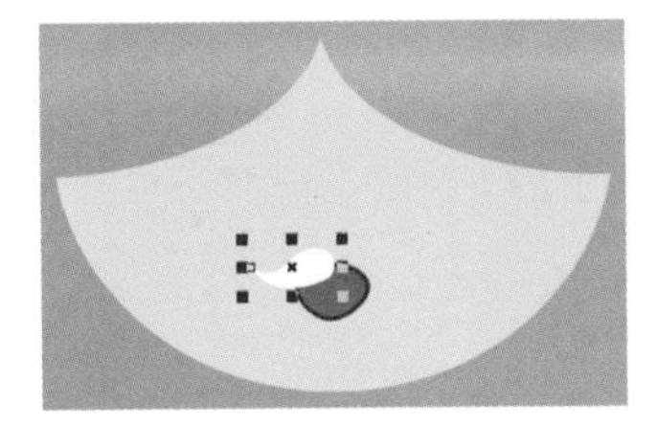
图 8-272

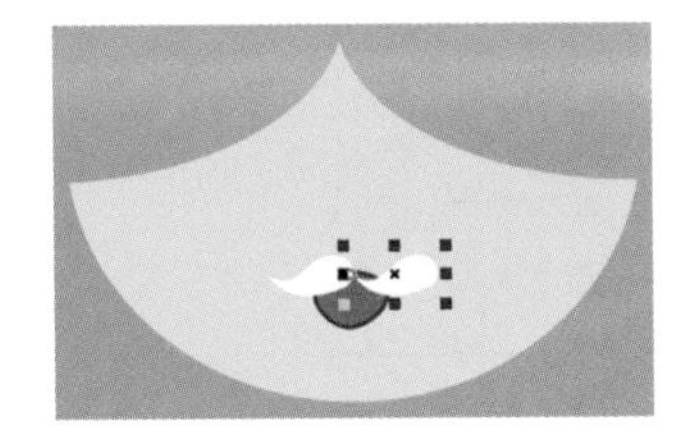
图 8-273

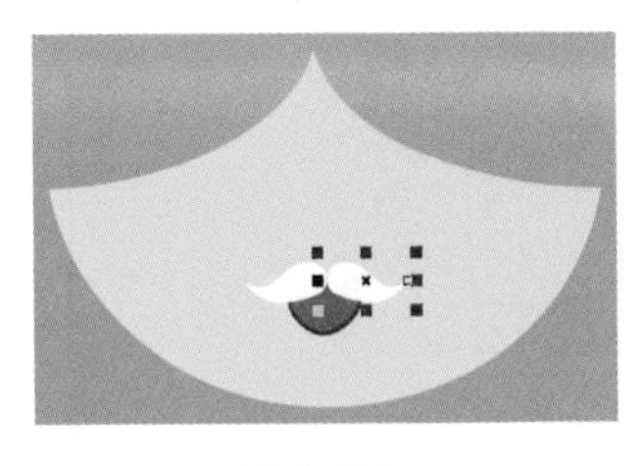
图 8-274

（9）选择“椭圆形”工具，在适当的位置绘制一个椭圆形，如图 8-275 所示。单击属性栏中的“转换为曲线”按钮，将图形转换为曲线，如图 8-276 所示。

（10）选择“形状”工具，选中并向下拖曳椭圆形下方的节点到适当的位置，效果如图 8-277 所示。选择“选择”工具，设置图形颜色的 CMYK 值为 0、40、40、0，填充图形，并去除图形的轮廓线，效果如图 8-278 所示。

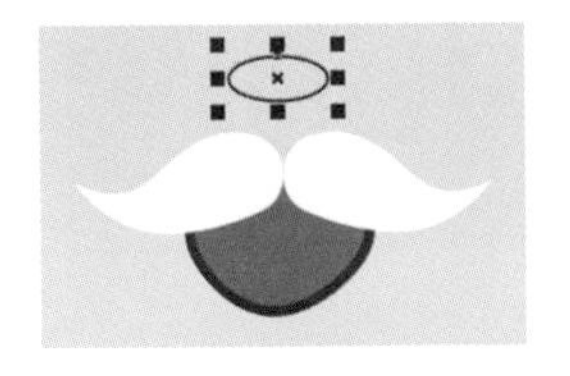
图 8-275

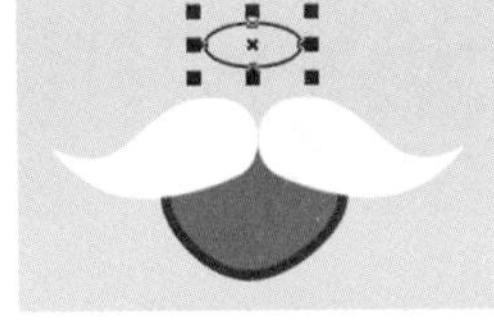
图 8-276

图 8-277

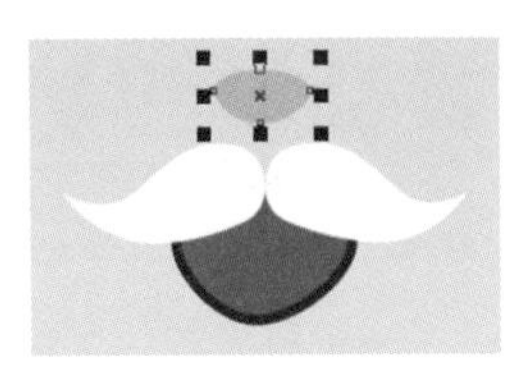
图 8-278

（11）选择“椭圆形”工具，按住 Ctrl 键的同时，在适当的位置绘制一个圆形，如图 8-279 所示。设置图形颜色的 CMYK 值为 0、60、60、40，填充图形，并去除图形的轮廓线，效果如图 8-280 所示。

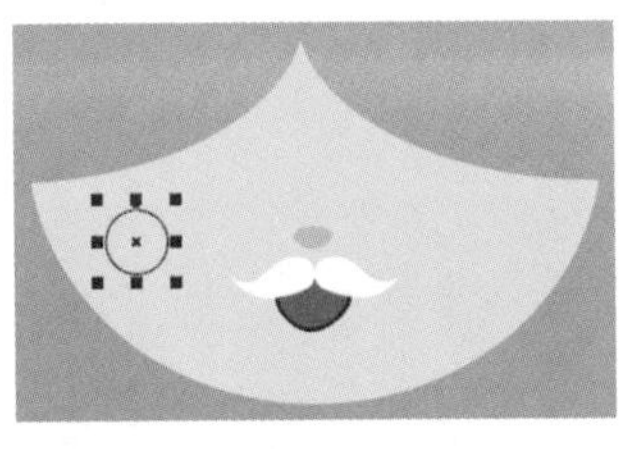
图 8-279

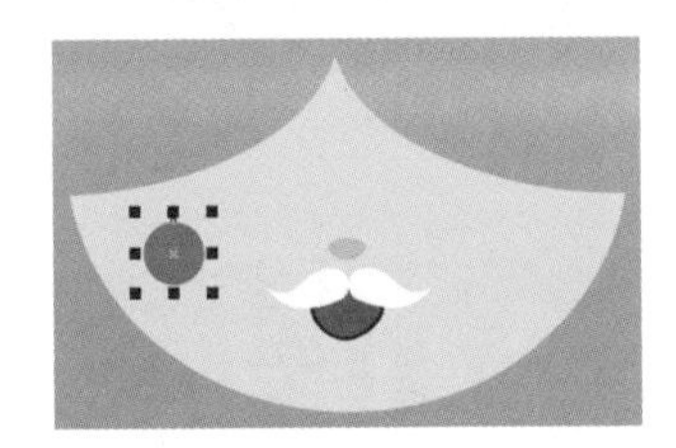
图 8-280

（12）使用“椭圆形”工具，再绘制一个椭圆形。设置图形颜色的 CMYK 值为 0、40、0、0，填充图形，并去除图形的轮廓线，效果如图 8-281 所示。

（13）选择“选择”工具，按住 Shift 键的同时，单击上方椭圆形将其一并选取，如图 8-282 所示。按数字键盘上的 + 键，复制图形。按住 Shift 键的同时，水平向右拖曳复制的图形到适当的位置。单击属性栏中的“水平镜像”按钮，水平翻转图形，效果如图 8-283 所示。

图 8-281

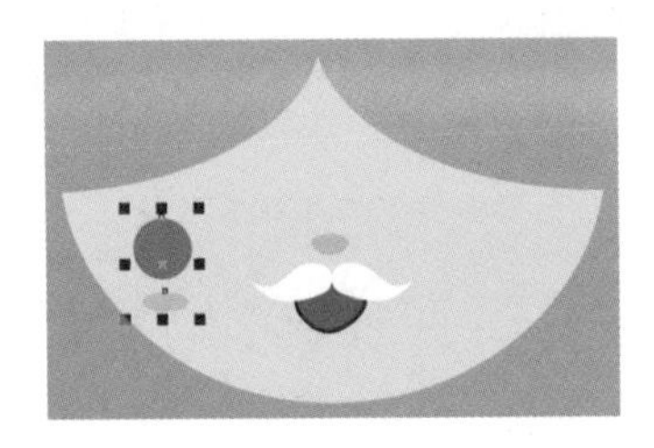
图 8-282

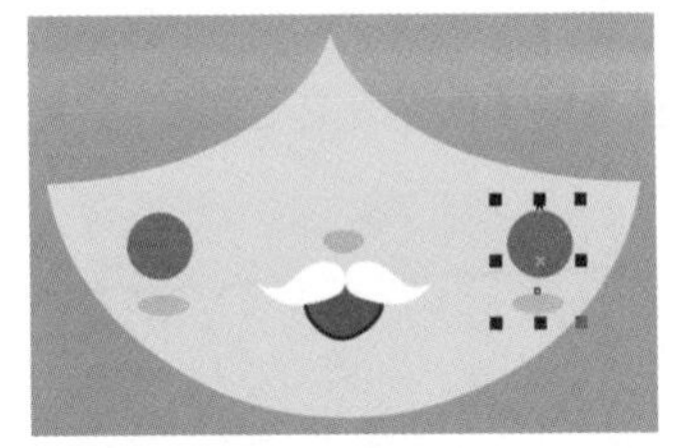
图 8-283

2. 添加产品信息

（1）选择“文本”工具，在页面中分别输入需要的文字。选择“选择”工具，在属性栏中分别选取适当的字体并设置文字的大小，填充文字颜色为白色，效果如图 8-284 所示。选取英文“MILK”，选择“文本 > 文本属性”命令，在弹出的“文本属性”面板中进行设置，如图 8-285 所示；按 Enter 键，效果如图 8-286 所示。

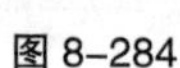
图 8-284

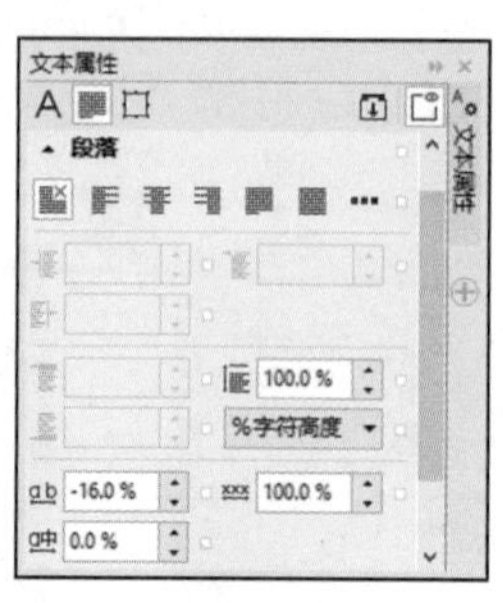

图 8-285

图 8-286

（2）按 Ctrl+Q 组合键，将文本转换为曲线，如图 8-287 所示。选择“形状”工具，用圈选的方法将文字下方需要的节点同时选取，如图 8-288 所示。向下拖曳选中的节点到适当的位置，效果如图 8-289 所示。

图 8-287

图 8-288

图 8-289

（3）选择“文本”工具，在适当的位置输入需要的文字。选择“选择”工具，在属性栏中选取适当的字体并设置好文字大小。单击“将文本更改为垂直方向”按钮，更改文字方向。填充文字为白色，效果如图 8-290 所示。

（4）选择“文本”工具，在适当的位置分别输入需要的文字。选择“选择”工具，在属性栏中分别选取适当的字体并设置文字大小。单击“将文本更改为水平方向”按钮，更改文字方向。填充文字颜色为白色，效果如图 8-291 所示。

图 8-290

图 8-291

（5）选择“贝塞尔”工具，在适当的位置绘制一个不规则图形，如图 8-292 所示。设置图形填充颜色的 CMYK 值为 63、82、100、51，填充图形，并去除图形的轮廓线，效果如图 8-293 所示。

（6）选择“文本”工具，在适当的位置输入需要的文字，选择“选择”工具，在属性栏中选取适当的字体并设置文字大小，填充文字颜色为白色，效果如图 8-294 所示。

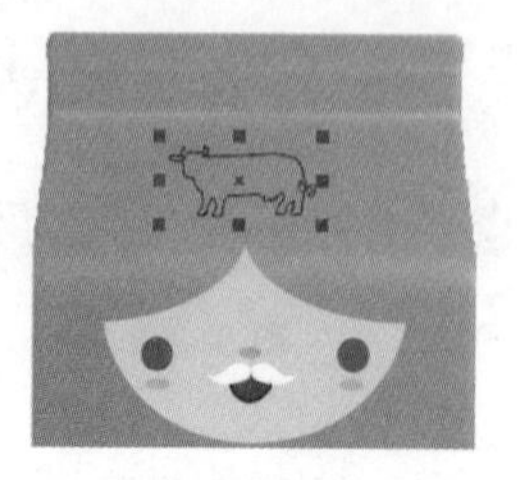
图 8-292

图 8-293

图 8-294

（7）选择“选择”工具，按住Shift键的同时，单击下方不规则图形将其一并选取，如图8-295所示。单击属性栏中的“合并”按钮，结合图形和文字，效果如图8-296所示。牛奶包装制作完成，效果如图8-297所示。

图8-295

图8-296

图8-297

8.6 课堂练习——手机电商广告设计

8.6.1 【项目背景】

1. 客户名称

黑壳科技有限公司。

2. 客户需求

黑壳科技有限公司是一家专注于电子产品研发和高端智能手机、智能家居生态链建设的创新型科技企业。黑壳科技有限公司最新型号手机即将面市，需要为新型手机的面市制作宣传广告，要求以宣传手机为主要内容，突出主题。

8.6.2 【项目要求】

（1）广告的画面背景以手机产品展示为主，突出宣传重点。
（2）画面质感丰富，能够体现品牌的品质与质量。
（3）广告整体色调柔和，能够让消费者感受到温馨舒适的氛围。
（4）广告设计整体图文搭配和谐，主次分明，画面整洁大气。
（5）设计规格为1920 px（宽）×830 px（高），分辨率为72 dpi。

8.6.3 【项目设计】

本案例设计效果如图8-298所示。

图8-298

8.6.4 【项目要点】

使用导入命令导入素材图片；使用文本工具、文本属性面板添加宣传性文字；使用插入字符命令添加需要的字符。

8.7 课后习题——旅游书籍封面设计

8.7.1 【项目背景】

1. 客户名称

艾力地理出版社。

2. 客户需求

艾力地理出版社即将出版一本关于旅游的书籍，书名为《如果可以去旅行》。现在需要为书籍设计封面，目的是通过封面吸引读者注意，有利于书籍的发布与销售。书籍设计要围绕旅游这一主题，并在封面得到充分体现。

8.7.2 【项目要求】

（1）书籍封面的设计使用摄影图片为背景素材，注重细节的修饰和处理。

（2）整体色调清新舒适，色彩丰富，搭配自然。

（3）书籍的封面要表现出旅游的轻松和舒适的氛围。

（4）文字设计与图片彼此迎合，配合图片的设计搭配。

（5）设计规格为 378 mm（宽）× 260 mm（高），分辨率为 300 dpi。

8.7.3 【项目设计】

本案例设计效果如图 8-299 所示。

图 8-299

8.7.4 【项目要点】

使用文本工具、文本属性面板制作封面文字；使用椭圆形工具、调和工具制作装饰圆形；使用手绘工具，透明度工具制作竖线；使用导入命令、矩形工具和旋转命令制作旅行照片。